全国水利水电高职教研会
中国高职教研会水利行业协作委员会 规划推荐教材

高职高专土建类专业系列教材

市政工程施工技术

主　编　吴伟民
副主编　及凤云　张晓战　吴红梅
主　审　汪敏玲

中国水利水电出版社
www.waterpub.com.cn
·北京·

内 容 提 要

本书是全国高职高专土建类专业系列教材，是根据全国水利水电高职教研会制定的《市政工程施工技术》教学大纲，并结合高等职业教育的教学特点和专业需要进行设计和编写的。全书分 3 篇，第一篇为道路工程施工技术，由路基施工技术、垫层及基层施工技术、沥青面层施工技术、水泥混凝土面层施工技术 4 章组成；第二篇为桥梁工程施工技术，由桥梁基础施工、涵洞与墩台施工、混凝土及预应力钢筋混凝土构配件制作、桥梁支座及构配件安装、几种主要桥型的施工方法简介 5 章组成；第三篇为管道工程施工技术，包括市政管道工程概述、市政管道开槽施工、市政管道不开槽施工、附属构筑物施工及管道维护管理等内容。

本教材主要作为高等职业教育市政类专业的教学用书，也可作为岗位培训教材或供市政工程技术人员学习参考。

图书在版编目（CIP）数据

市政工程施工技术/吴伟民主编 . —北京：中国水利水
电出版社，2008（2022.8 重印）
全国水利水电高职教研会、中国高职教研会水利行业
协作委员会规划推荐教材 . 高职高专土建类专业系列教
材
ISBN 978 - 7 - 5084 - 6101 - 4

Ⅰ.市… Ⅱ.吴… Ⅲ.市政工程—工程施工—高等学校：
技术学校—教材 Ⅳ.TU99

中国版本图书馆 CIP 数据核字（2008）第 189402 号

书　名	高 职 高 专 土 建 类 专 业 系 列 教 材 全 国 水 利 水 电 高 职 教 研 会 中国高职教研会水利行业协作委员会　规划推荐教材 **市政工程施工技术**
作　者	主 编 吴伟民 副主编 及凤云 张晓战 吴红梅 主 审 汪敏玲
出版发行	中国水利水电出版社 （北京市海淀区玉渊潭南路 1 号 D 座　100038） 网址：www.waterpub.com.cn E-mail：sales@mwr.gov.cn 电话：（010）68545888（营销中心）
经　售	北京科水图书销售有限公司 电话：（010）68545874、63202643 全国各地新华书店和相关出版物销售网点
排　版	中国水利水电出版社微机排版中心
印　刷	北京市密东印刷有限公司
规　格	184mm×260mm　16 开本　21.25 印张　530 千字
版　次	2008 年 12 月第 1 版　2022 年 8 月第 7 次印刷
印　数	18001—21000 册
定　价	**59.50 元**

"市政工程施工技术"是高等职业教育市政类专业的一门必修主干课程。其任务在于阐述市政工程中主要建设项目的施工原理、施工方法、构造要点，施工用材料的规格、标准、配合比设计，施工机械选用，现行市政、公路工程的行业规范和标准等内容。

本教材是以 2007 年 11 月在合肥召开的"全国高职高专土建类专业系列教材"编审会精神及全国水利水电高职教研会拟定的教材编写规划为依据编写的。教材对当前市政工程中道路、桥梁和管道等主要建设项目的施工技术做了全面系统的阐述，可以较全面地提高学员处理市政工程技术问题的能力，并为其今后从事本专业的技术工作打下坚实的基础。本书在内容编写上重实用性，注意与相关学科基本理论和知识的联系，突出反映新技术、新材料、新工艺、新标准在生产中的运用，培养学生对解决工程实践问题的能力；编排形式上力求做到层次分明、条理清晰、结构合理。

本教材由福建水利电力职业技术学院吴伟民任主编，及凤云、张晓战、吴红梅任副主编，河北省唐山市建设局汪敏玲教授级高工任主审。全书由 3 篇共 13 章组成。第一篇的第 1、2 章及第二篇第 4 章的第 5 节由吴伟民编写，第 3、4 章由河北工程技术高等专科学校及凤云编写；第二篇的第 1、2、3 章由浙江水利水电专科学校吴红梅编写，第 4、5 章由安徽水利水电职业技术学院张晓战编写；第三篇的第 1 章由山西水利职业技术学院杨晓贝编写，第 2 章由黄河水利职业技术学院侯根然编写，第 3、4 章由福建水利电力职业技术学院张支燦编写。吴伟民承担了全书的统稿工作。

本教材在编写中引用了大量的规范、专业文献和资料，恕未在书中一一注明。在此，对有关作者表示诚挚的谢意。

对书中存在的缺点和疏漏，恳请广大读者批评指正。

编　者

2008 年 12 月

第一篇 道路工程施工技术

道路是设置在大地上供各种车辆行驶的一种线形带状结构物,具有交通运输、城乡骨架、公共空间、抵御灾害和发展经济的功能。城市道路按其在系统中的地位和功能划分为:快速路、主干路、次干路、支路四大类。

道路一般由路基、路面、桥涵、隧道、其他人工构筑物以及不可缺少的附属工程设施等部分组成。

(1)路基。路基是公路线形结构的主体,是由土、石按照一定尺寸、结构要求建筑成的带状土工结构物。它与路面共同承受行车荷载的作用,同时抵御各种自然因素造成的危害,如图0.1所示。

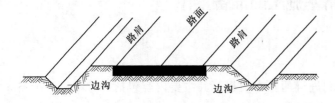
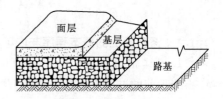

图 0.1 道路路基示意图　　　　图 0.2 路面结构示意图

(2)路面。路面是用各种路面材料按照一定的比例经混合拌制,分层铺筑于路基顶面后形成的结构物,主要供车辆安全、迅速和舒适地行驶。一般由面层、基层、垫层三部分组成,如图0.2所示。等级较高的道路还可将面层分为表面层、中面层、下面层,基层分为基层和底基层,垫层只有在地下水较高地带和季节性冰冻地区才设置。

(3)桥梁、涵洞。道路跨越河流、沟谷以及其他线路时,为了保证道路的连续性,则需要修建桥梁或涵洞等结构物。当结构物的单孔跨径小于5m或多孔跨径之和小于8m时,称为涵洞,当大于上述值时则称为桥梁。

(4)隧道。在山区修筑公路,经常有较高的山岭阻拦,如果选择绕的方式过山岭,有可能造成里程大大增加,纵坡陡峻,线形迂回较多,技术标准偏低。在这种情况下,可以考虑在一个适当的高程和地形处,打通一条山洞连接山岭两侧的公路,这样就可以避免上述路线的缺点而取得一条捷径。这类山洞就是公路隧道。还有一种情况,当公路需要穿越深水层或所跨越的江海湖泊不适宜修建桥梁时,也可以考虑隧道方案。

(5)沿线设施。在公路上,除了上述各种基本结构物以外,为了保证行车的安全、迅速、舒适、美观,还需要设置交通安全设施、交通管理设施、服务设施及环境保护设施等,如挡土墙、防护工程、排水设施、护栏、护柱、绿化带等。

由于目前针对市政工程的全国性通用新规范很少,考虑到近年来在路面面层施工中,新材料、新工艺、新设备发展很快,故在本篇的编写中分别采用了原建设部颁布的市政工程施工技术规范(路基、基层部分)和原交通部最新编制出版的公路工程施工技术规范(面层部分)。使用公路工程施工技术规范时,市政工程中城市快速路、主干路、次干路、支路的技术指标为相应的公路规范中高速公路、一级公路、二级公路、三级公路的技术指标。

1

第1章　路基施工技术

教学要求：了解路基施工的基本程序与内容、特点原则、基本施工方法，掌握施工前准备工作的内容与要求；掌握土质路基、土石路基、填石路基填筑施工的主要内容和施工技术要点，路堑开挖施工方案和施工技术要点，路基机械化施工的技术要点及施工机械选择；掌握石质路基的开挖和填筑方法；掌握路基压实标准和施工的技术要点；掌握路基地面水、地下水排除的方法和施工要点；路基、坡面、堤岸防护与加固施工要点；路基整修、维修及路基工程质量验收标准。

1.1　路基施工的准备工作

1.1.1　路基施工的基本程序与内容

1. 施工前的准备工作

施工前的准备工作是保证施工顺利进行的基本前提。其主要内容包括：劳动组织准备，物资准备，技术准备，施工现场准备，施工场外准备。

2. 修建小型构造物

小型构造物包括小桥、涵洞、挡土墙、盲沟等。这些工程通常与路基施工同时进行，但要求小型构造物先行完工，以利于路基工程不受干扰地全线展开，并避免路基填筑之后又来开挖修建涵洞、盲沟等构造物。

3. 路基土石方工程

此程序包括路堤填筑、路堑开挖、路基压实、整平路基表面（有横坡要求）、整修边坡、修建排水设施及防护加固设施等工作，所包含的工程量大，构造物的种类繁多，且又相互关联制约，并涉及周边环境，是保质量、保工期和节省投资及降低成本的关键所在。因此，施工中应严格按照施工组织设计的规定和监理工程师的指令，精心开展工作。

4. 路基工程的竣工检查与验收

竣工检查与验收应按竣工验收规范规定进行。其检查与验收的主要项目有：路基及其有关工程的位置、高程、断面尺寸、压实度或砌筑质量等及其相关的原始记录、图纸及其他资料等，所有检验项目均应满足规定的要求。

1.1.2　路基施工的特点和原则

（1）路基工程范围广，线路地质条件复杂多变，影响因素较多，且路基为隐蔽工程，一旦施工质量不合格，留下隐患，处理和根治将十分困难。因此，必须采用合理的施工方法，选择合适的施工材料，采用先进的施工工艺和机械设备，进行周密的施工组织和科学的管理，确保路基工程的施工质量，使路基具有足够的稳定性和耐久性。

（2）路基工程施工不仅需考虑对自身技术问题的解决（如城市道路路基施工时，地面拆迁多、地下线路多、配套工程多、施工干扰多，场地布置难、临时排水难、用土处理难、土基压实难等），而且要考虑其他设施和项目的影响（如路面、桥涵、隧道、防护与加固工程、排水设施等）及保护生态环境。

（3）在保证施工质量符合工艺要求和标准的条件下，应积极推广使用经过鉴定的新材料、新设备、新工艺和新的检验方法，并因地制宜合理利用当地材料和工业废料。

（4）路基用地范围内的各种管线工程和附属构筑物，应按照"先地下，后地上"、"先深后浅"的原则施工，避免道路反复开挖。回填时，必须重视管线沟槽回填土的质量，使其达到与路基相同的设计强度。

（5）路基施工必须贯彻安全生产的方针，制定安全技术措施，加强安全教育，严格执行安全操作规程，确保安全生产。

1.1.3 路基施工的基本方法

1．简易机械化施工

本方法以人力为主，配以机械或简易机械，能减轻工人的劳动强度，加快施工进度。

2．机械化施工或综合机械化施工

本方法是使用配套机械，主机配以辅机，相互协调，共同形成主要工序的综合机械化作业，能极大地减轻劳动强度，显著加快施工进度，提高工程质量和劳动生产率，降低工程造价，保证施工安全。目前，我国城市道路的施工大多数采用这种方法。

3．爆破法施工

本方法主要用于石质路基和冻土路基开挖，在隧道工程中，亦广泛应用，并配以相应的钻岩机钻孔与机械清理。亦可用于石料的开采与加工等。

4．水力机械化施工

本方法是使用水泵、水枪等水力机械，喷射强力水流，冲散土层并流运至指定地点沉积，亦可作采取砂料或地基加固之用。对于砂砾填筑路堤或基坑回填，还可起密实作用（即水夯法）。适用于挖掘比较松散的土质及地下钻孔等施工。

上述施工方法的选择，应根据工程性质、地质条件、施工条件等因素经过论证确定。当采用新技术、新工艺、新材料、新设备进行路基施工时，应采用不同的方案在试验路段上施工，其位置应是地质条件、断面形式、填料均具代表性的地段，其长度不宜小于 100m，以便从中选出路基施工的最佳方案，指导全线施工。

1.1.4 施工前的准备工作

施工准备工作的基本任务是为拟建工程的施工建立必要的技术和物质条件，统筹安排施工力量和施工现场。实践证明，认真做好施工准备工作，对于保证工程施工的顺利进行、发挥企业优势、合理供应资源、加快施工速度、提高工程质量、降低工程成本、增加经济效益、赢得社会信誉、实现管理现代化等具有重要的意义。

1．劳动组织准备

主要是建立健全施工队伍和组织机构，明确施工任务，制定必要的规章制度，确立施工应达到的目标等。劳动组织准备是做好一切准备工作的前提。

（1）建立健全施工组织机构。根据拟建工程项目的规模、结构特点和复杂程度，确定拟建工程项目的项目经理，设立项目经理部。

（2）组建施工队伍。根据所承揽工程的大小和工期，编制出施工总进度计划网络图，并进一步估算出全部工程的用工日数、平均用工人数、施工高峰期用工人数，以及各专业、工种的合理配合、技工、普工的比例等，选择能适应其工程质量和进度要求的施工队组，并与其签订劳动合同，实行合同管理。

（3）建立健全各项管理制度。其内容包括：工程质量检验与验收制度，工程技术档案管理制度，建筑材料（构件、配件、制品）的检查验收制度，技术责任制度，施工图纸学习与会审制度，技术交底制度，职工考勤、考核制度，工地及班组经济核算制度，材料出入库制度，安全操作制度，机具使用和保养制度等。

2. 物资准备

材料、构（配）件、制品、机具和设备是保证施工顺利进行的物资基础，这些物资的准备工作必须在工程开工之前完成。根据各种物资的需要量计划，分别落实货源，安排运输和储备，使其满足连续施工的要求。

3. 技术准备

技术准备是施工准备工作的核心。由于任何技术的差错或隐患都可能引起人身安全和质量事故，造成生命、财产和经济的巨大损失。因此必须认真地做好技术准备工作。

（1）原始资料的调查分析。进行拟建工程的实地勘测和调查，获得有关数据的第一手资料，对于拟定一个先进合理、切合实际的施工组织设计是非常必要的。

1）自然条件的调查分析。包括建设范围内水准点和绝对标高，地质构造、土的性质和类别、地基土的承载力、地震级别和裂度，河流流量与水质、最高洪水和枯水期的水位，地下水位的高低变化情况，含水层的厚度、流向、流量和水质，气温、雨、雪、风和雷电，土的冻结深度和冬雨季的期限等情况。

2）技术经济条件的调查分析。包括地方建筑施工企业的状况，施工现场的动迁状况，当地可利用的地方材料状况，国拨材料供应状况，地方能源和交通运输状况，地方劳动力和技术水平状况，当地生活供应、教育和医疗卫生状况，当地消防、治安状况和参加施工单位的力量状况等。

（2）熟悉、审查施工图纸。根据建设单位和设计单位提供各类设计图、城市规划图、国家有关的设计、施工验收规范和技术规定，熟悉施工图纸，掌握施工对象的特点、要求和内容。

（3）编制施工预算。施工预算是根据中标后的合同价、施工图纸、施工组织设计或施工方案、施工定额等文件进行编制的，它直接受中标后合同价的控制。它是施工企业内部控制各项成本支出、考核用工、"两价"对比、签发施工任务单、限额领料、基层进行经济核算的依据。

（4）编制中标后的施工组织设计。建筑施工生产活动的全过程是非常复杂的物质财富再创造的过程，为了正确处理人与物、主体与辅助、工艺与设备、专业与协作、供应与消耗、生产与储存、使用与维修以及它们在空间布置、时间排列之间的关系，必须根据拟建工程的规模、结构特点和建设单位的要求，在原始资料调查分析的基础上，编制出一份能切实指导该工程全部施工活动的科学方案（施工组织设计）。

4. 施工现场准备

施工现场是施工的全体参加者为夺取优质、高速、低耗的目标，而有节奏、均衡连续地进行战术决战的活动空间。施工现场的准备工作，主要是为了给拟建工程的施工创造有利的施工条件和物资保证。其具体内容如下：

（1）征地与拆迁。根据划定的建设用地范围征用土地，拆迁房屋、电信及管线等各种障碍物；对路线范围内的垃圾堆、水潭、草丛、软土、淤泥等进行妥善处理；复核地下隐蔽设施、外露的检查井、消防栓、人防通气孔的位置和标高，并在图纸上注明，以备施工交底；文物古迹、测量标志必须加以保护，园林绿地和公共设施应避免污染损坏。同时，做好场地排水，保证施工现场的道路、生产和生活用水、用电畅通。

（2）施工放样。路基开工前，应在现场恢复和固定路线，并标定用地范围。其内容主要包括：导线、中线及水准点复测、增设水准点并检查核对、横断面检查核对与补测，并提出改进设计的建议。具体要求：

1）施工负责人应会同设计或勘测部门现场交接中线控制桩和设计水准点，并设置护桩。

2）临设水准点应与设计水准点复测闭合，允许闭合差：快速路、主、次干路为 $\pm 12\sqrt{L}\mathrm{mm}$；支路为 $\pm 20\sqrt{L}\mathrm{mm}$（$L$ 为水准线长度公里数）。

3）控制点（包括直线上的转点、曲线上的交点、直缓、缓曲、曲中、曲缓、缓直等控制桩）的坐标闭合差。采用全站仪或 DS6 级经纬仪配以钢尺测量，允许误差：里程方向的纵坐标差不大于 10cm，垂直中线的横向坐标差不大于 5cm。

4）恢复道路中心桩。用全站仪或钢尺丈量，桩距在直线地段宜为 15～20m，曲线地段为 10m，平、竖曲线起止点和地形变化点必须加桩。中线桩间的纵向误差为 1/2000，横向误差为 ± 50mm，中线控制点间的纵向误差为 1/5000，横向误差为 ± 25mm。量距允许误差：小于 200m 为 $\pm 1/5000$，200～500m 为 $\pm 1/10000$，大于 500m 为 $\pm 1/20000$。

5）中线桩高程测量。用水准仪测量，视线长度不大于 100m，允许误差为 $40\sqrt{L}\mathrm{mm}$（L 为水准线长度公里数）。

6）在不受施工影响的位置引测辅助基线，设平面控制桩，以备施工过程中及时补桩。

7）定出路边线及上下边坡线桩，核对占地和拆迁是否满足施工需要，施工范围内尚存的障碍应作明显标志。

8）临时设置的水准点距离应以测高不加转点为原则，平原不得大于 200m，山区或丘陵宜为 100m。临时设置的水准点必须坚固稳定，对跨年度工程或怀疑被移动的水准点应复测校核后方可使用。

9）在中心桩两侧不受施工影响的位置设桩，定出路中心（或路肩边缘标高）。

10）应按中心桩位置复测原横断面，加桩处应补测横断面，并计算土石方量。

11）工地测量人员应复核原有桥涵和地下管线的位置和标高以及其他要求的有关测量。

（3）做好施工现场的补充勘探。对施工现场做补充勘探是为了进一步寻找枯井、防空洞、古墓、地下管道、暗沟和枯树根等隐蔽物，以便及时拟定处理隐蔽物的方案，并进行实施。

（4）建造临时设施。按照施工总平面图的布置，建造临时设施，为正式开工准备好生产、办公、生活、居住和储存等临时用房。

（5）安装、调试施工机具。按照施工机具需要量计划、组织施工机具进场，根据施工总平面图将施工机具安置在规定的地点及仓库。对于固定的机具要进行就位、搭棚、接电源、保养和调试等工作。对所有施工机具都必须在开工之前进行检查和试运转。

（6）做好建筑构（配）件、制品和材料的储存和堆放。按照建筑材料、构（配）件和制品的需要量计划组织进场，根据施工总平面图规定的地点和指定的方式进行储存和堆放。

（7）及时提供建筑材料的试验申请计划。按照建筑材料的需要量计划，及时提供建筑材料的试验申请计划。如钢材的机械性能和化学成分等试验；混凝土或砂浆的配合比和强度试验等。

（8）做好冬雨季施工安排。按照施工组织设计的要求，落实冬雨季施工的临时设施和技术措施。

（9）进行新技术项目的试制和试验。按照设计图纸和施工组织设计的要求，认真进行新技术项目的试制和试验。

（10）设置消防、保安设施。按照施工组织设计的要求，根据施工总平面图的布置，建立消防、保安等组织机构和有关的规章制度，布置安排好消防、保安等措施。

5. 施工场外准备

（1）材料的加工和订货。建筑材料、构（配）件和建筑制品大部分需外购，工艺设备更是如此。因此加强与加工部门、生产单位联系，签订供货合同，搞好及时供应，对于施工企业的正常生产是非常重要的；对于协作项目也是这样，除了要签订议定书之外，还必须做大量有关方面的工作。

（2）做好分包工作和签订分包合同。由于施工单位本身的力量所限，有些专业工程的施工、安装和运输等均需要向外单位委托或分包。根据工程量、完成日期、工程质量和工程造价等内容，与其他单位签订分包合同、保证按时实施。

（3）向上级提交开工申请报告。当材料的加工、订货和作好分包工作、签订分包合同等施工场外的准备工作完成后，应该及时地填写开工申请报告，并上报上级主管部门批准。

1.2　土质路基施工

1.2.1　土质路基填筑
1.2.1.1　填筑方案

1. 分层填筑

（1）水平分层填筑。填筑时按照横断面全宽分成若干水平层次，从最低处逐层向上填筑，每层填土的厚度可按压实机具的有效压实深度和压实度确定，如图 1.1（a）所示。

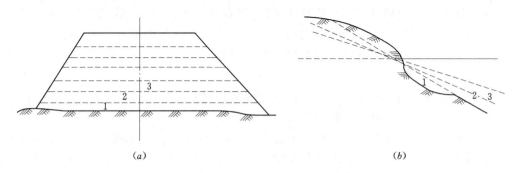

（a）　　　　　　　　　　　　　　　　（b）

图 1.1　分层填筑（图中数字为填筑顺序）
（a）水平分层填筑；（b）纵向分层填筑

（2）纵向分层填筑。用推土机从路堑取土填筑距离较短的路堤，依纵坡方向分层填筑、压实、直至达到设计高程，如图 1.1（b）所示。

2. 竖向填筑方案

在深谷陡坡地段，无法自下而上分层填筑路堤，只能从路堤的一端或两端按横断面全部高度逐步推进填筑，如图1.2所示。

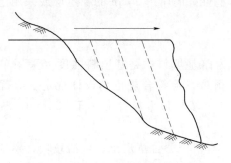

图1.2 竖向填筑

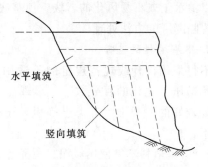

图1.3 混合填筑

3. 混合填筑方案

在深谷陡坡地段可采用上层水平分层填筑、下层竖向填筑的混合填筑方案，如图1.3所示。

1.2.1.2 土质路堤施工技术要点

1. 路堤基底的处理

路堤基底是指土石填料与原地面的接触部分。为使两者结合紧密，防止路堤沿基底发生滑动，或路堤填筑后产生过大的沉陷变形，则可根据基底的土质、水文、坡度和植被情况及填土高度采取相应的处理措施。

(1) 密实稳定的土质基底。当地面横坡不陡于1:5，应将原地面草皮等杂物清除。地面横坡为1:5~1:2.5时，在清除草皮杂物后，还应将原地面挖成台阶，每级台阶宽度应不小于1m，高度不大于30cm，台阶顶面做成向内倾斜2‰~4‰的斜坡，如图1.4所示。当横坡陡于1:2.5时，必须检算路堤整体沿路基底及基底下软弱层滑动的稳定性，抗滑稳定系数不得小于规范规定值，否则应采取措施改善基底条件或设置支挡结构物等作防滑处治。

(2) 覆盖层不厚的倾斜岩石基底。当地面横坡为1:5~1:2.5时，需挖除覆盖层，并将基岩挖成台阶。当地面横坡度陡于1:2.5时，应进行特殊处理，如设置护脚或护墙。

(3) 耕地或松土基底。路堤基底为耕地或松土时，应先清除有机土、种植土，平整压实后再进行填筑。在深耕地段，必要时应将松土翻挖、土块打碎，然后回填、找平、压实。经

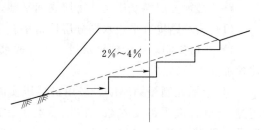

图1.4 斜坡基底的处理

过水田、池塘或洼地时，应根据具体情况采取排水疏干、挖除淤泥、打砂桩、抛填片石或砂砾石等处理措施，以保持基底的稳固。

(4) 路堤基底原状土的强度不符合要求时。应进行换填，其深度应不小于30cm，并予以分层压实，压实度应达到设计要求。

(5) 加宽旧路堤时。所用填土宜与旧路相同或选用透水性较好的土，清除地基上的杂

草，并沿旧路边坡挖成向内倾斜的台阶，其宽度不小于 1m。

（6）做好原地面临时排水设施，并与永久排水设施相结合。当路基稳定受到地下水的影响时，应予拦截或排除，引地下水至路堤基底范围以外。如处理有困难时，则应当在路堤底部填以渗水土或不易风化的岩块，使基底形成水稳性好的厚约 30cm 的稳定层或采用土工织物设置隔离层的方法处理。

2. 路基填料的选择

不得采用设计或规范规定的不适用土料作为路基填料，路基填料强度（采用单位压力与标准压力之比的百分数——承载比 CBR 来衡量）应符合规范和设计规定。应优先选用级配较好的砂类土、砾类土等粗粒土作为填料，填料最大粒径应小于 150mm。具体规定如下：

1）路堤填料不得使用淤泥、沼泽土、冻土、有机土、含草皮土、生活垃圾、树根和含有腐朽物质的土，以及有机质含量大于 5% 的土。

2）液限大于 50，塑性指数大于 26 的土，以及含水量超过规定的土，不得直接作为路基填料。需要应用时，必须采取技术措施，使其满足设计要求并经检验合格后方可使用。

3）钢渣、粉煤灰等材料，可用作路堤填料。其他工业废渣在使用前应进行有害物质的含量试验，避免有害物质超标，污染环境。

4）捣碎后的种植土，可用于路堤边坡表层以利绿化。

5）当采用细粒土填筑时，路堤填料最小强度应符合表 1.1 的规定。

表 1.1　　　　　　　　　　　　　　　　　路堤填料最小强度要求

项目分类	路面底面以下深度（m）	填料最小强度（CBR）（%）	
		快速路及主干路	次干路及支路
上路堤	0.8～1.5	4	3
下路堤	1.5 以上	3	2

3. 路基填筑压实要求

路基必须分层填筑压实，每层表面平整，路拱合适，排水良好。其施工要点如下：

（1）填筑路堤宜采用水平分层填筑法施工。

1）严格控制碾压最佳含水量。当用透水性不良的土填筑路堤时，应控制其含水量在最佳含水量 ±2% 之内。

2）严格控制松铺厚度。采用机械压实时，快速路及主干路的分层最大松铺厚度不应超过 30cm；次干路及支路，按土质类别、压实机具功能、碾压遍数等，经过试验确定，但最大松铺厚度不宜超过 50cm。填筑至路床顶面最后一层的最小压实厚度，不应小于 8cm。

3）严格控制路堤几何尺寸和坡度。路堤填土宽度每侧应比设计宽度宽出 30cm，压实合格后，进行削坡。

4）掌握压实方法。压实应先边后中，以便形成路拱；先轻后重，以适用逐渐增长的土基强度；先慢后快，以免松土被机械推动。同时应在碾压前，先行整平，可自路中线向路堤两边整成 2%～4% 的横坡。在弯道部分碾压时，应由低的一侧边缘向高的一侧边缘碾压，以便形成单向超高横坡，前后两次轮迹（或夯击）需重叠 15～20cm。应特别注意控制均匀压实，以免引起不均匀沉陷。

5）加强土的含水量检查。

（2）山坡路堤，当地面横坡不陡于 1:5 且基底处理合格，路堤可直接修筑在天然的土基上。地面横坡陡于 1:5 时，原地面应挖成台阶，并用小型夯实机加以夯实。填筑应由最低一层台阶开始，然后逐台向上填筑，分层夯实。所有台阶填完并合格后，即可按一般填筑要求进行。砂类土上则不挖台阶，但应将原地面以下 20～30cm 的表土翻松。

横坡陡峻地段的半填半挖路基，必须在山坡上从填方坡脚向上挖成向内倾斜的台阶，其宽度不应小于 1m。其中挖方一侧，在行车范围之内的宽度不足一个行车道宽度时，则应挖够一个行车道宽度，其上路床深度范围之内的原地面土应予以挖除换填，并按上路床填方的要求施工。

（3）若填方分几个作业段施工，两段交接处不在同一时间填筑，则先填地段应按 1:1 坡度分层留台阶。若两个地段同时填，则应分层相互交叠衔接，其搭接长度不得小于 2m。

（4）不同土质混合填筑路堤时，应符合下列规定：

1）以透水性较小的土填筑路堤下层时，应做成 4% 的双向横坡；如用于填筑上层时，除干旱地区外，不应覆盖在由透水性较好的土所填筑的路堤边坡上。

2）不同性质的土应分别填筑，不得混填。每种填料层累计总厚宜不小于 0.5m。

3）凡不因潮湿或冻融影响而使其体积增大的土应填在上层。

（5）机械作业时，要注意：

1）应根据工地地形、路基横断面形状和土方调配图等，合理地规定机械运行路线。土方集中的地点，应有全面、详细的机械运行作业图据以施工。

2）两侧取土且填高在 3m 以内的路堤，可用推土机从两侧分层推填，并配合平地机分层整平。土的含水量不够时，用洒水车控制洒水（注意控制洒水量，检查渗透均匀情况等），并适时用压路机碾压。

（6）填方集中地区路堤的施工，可按以下方法进行：

1）取土场运距在 1km 范围内时，可用铲运机运送，辅以推土机开道，翻松硬土，平整取土段，清除障碍和助推等。

2）取土场运距超过 1km 范围时，可用松土机械翻松，用挖掘机或装载机配合自卸汽车运输，用平地机平整填土，用洒水车洒水，并配合压路机碾压。

3）挖掘机、装载机与自卸车配合运输时，要合理布置取土场地的汽车运输路线，并设置必要的标志。汽车配备数量，应根据运距的远近和车型确定，其原则是满足挖装设备能力的需要。

（7）整个施工期间，必须保证排水畅通。

4. 桥涵及其他构筑物处的填筑施工要点

为了保证桥涵及其他构筑物（主要指桥台背、锥坡、挡土墙墙背等）的稳定和使用要求，必须认真细致地进行填筑施工，其要点是：

1）隐蔽工程需经监理工程师验收认可后，才能进行回填施工。

2）桥涵及其他构造物处的填料，除设计文件另有规定外，应采用砂类土或透水性强的土。当采用透水性弱的土时，应在土中增加石灰、水泥等掺和料，以改良其性质。

3）台背填土顺路线方向长度要求。顶部为距翼墙尾端不小于台高加 2m；底部距基础内缘不小于 2m；拱桥台背填土长度不应小于台高的 3～4 倍；涵洞填土长度每侧不应小于 2 倍孔径长度。

4）做好压实工作。结构物处的填土应分层填筑，每层松铺厚度不宜超过 15cm，路床顶面 2.5m 以内应采用砂砾石等透水材料或石灰土填筑。结构物处的压实度要求从填方基底或涵洞顶部至路床顶面均应比紧临路段对应层次的压实度高出两个百分点。

5）在回填压实施工中，应做到对称回填压实，并保持结构物完好无损。压路机压不到的地方，应使用小型机动夯具夯实，并达到规定的密实度。

6）施工中注意安排桥台背后填土与锥坡填土同时进行，以取得更佳效果。

7）涵洞缺口填土，应在两侧对称均匀分层回填压实。如使用机械回填，则涵台胸腔部分及检查井周围应先用小型压实机具压实后，方可用大机械进行大面积回填。

8）涵洞顶面填土压实厚度大于 50cm 后，方可允许重型机械和汽车通过。

9）挡土墙填料宜选用砂石土或砂类土。墙趾部分的基坑，应注意及时回填，并做成向外倾斜的横坡。回填结束后，挡土墙顶部应及时封闭。

10）若机动车车行道下的管、涵等结构物的埋深较浅，回填土压实度达不到规定数值时，可按表 1.2 的规定执行。

表 1.2　　　　　管、涵、沟槽、检查井、雨水口周围回填土填料和压实度要求

部　位			填　料	最低压实度（%）
胸腔	填料距路床顶<80cm		石灰土	90/95
			砂、砂砾	93/95
	>80cm		素土	90/95
管顶以上至路床顶	管顶居路床顶<80cm	管顶上 30cm 以内	石灰土	85/88
			砂、砂砾	88/90
		管顶上 30cm 以外	石灰土	92/95
			砂、砂砾	95/98
检查井及雨水口周围	路床顶以下 0～80cm		石灰土	92/95
			砂	95/98
	80cm 以下		石灰土	90/92
			砂	93/95

注 1. 表中数字为最低压实度。分子为重型击实标准的压实度，分母为轻型击实标准的压实度，两者均以相应的标准击实试验法求得最大干密度为 100%。

2. 管顶距路床顶小于 30cm 的雨水支管可采用水泥混凝土管包封。

3. 各地可根据具体情况选用与路基压实相同的击实标准。

1.2.1.3　土石路堤施工技术要点

（1）认真作好基底处理。土石路堤的基底处理同填土路堤。

（2）控制填料质量。天然土石混合材料中所含石料强度大于 20MPa 时，石块的最大粒径不得超过压实厚度的 2/3，超过的应清除；当所含石料为软质岩（强度小于 15MPa）时，

石料最大粒径不得超过压实层厚，超过的应打碎。

（3）在土石混合料填筑时，不得采用倾填方法施工，应分层填筑、分层压实，且应注意避免硬质石块（特别是尺寸过大的硬质石块）集中。松铺厚度宜为 30～40cm 或经试验确定（注意应根据压实机具类型和规格来考虑决定）。

（4）压实后渗水性差异较大的土石混合料应分层分段填筑，不宜纵向分幅填筑。如确需纵向分幅填筑，应将压实后渗水良好的土石混合料填筑于路堤两侧。

（5）当土石混合料来自不同路段，其岩性或土石混合比相差较大时，应分层分段填筑。如不能分层分段填筑，应将含硬质石块的混合料铺于填筑层的下面，且石块不得过分集中或重叠，上面再铺含软质石料混合料，然后整平碾压。

（6）土石路堤的路床顶面以下 30～50cm 范围内，应填筑符合路床要求的土并分层压实，填料最大粒径不大于 15cm。

1.2.1.4 填石路堤填筑施工技术要点

填石路堤是指用粒径大于 40mm，石料含量超过 70％的石料填筑的路堤。

（1）填石路堤的基底处理同填土路堤。

（2）填料的要求。膨胀性岩石、易溶性岩石、崩解性岩石和盐化岩石等均不得应用于路堤填筑。填石路堤的石料强度不应小于 15MPa（用于护坡的不应小于 20MPa），石料最大粒径不宜超过层厚的 2/3。

（3）施工中应将石块逐层水平填筑。分层厚度不宜大于 0.5m。大面向下摆放平稳，紧密靠拢，所有缝隙填以小石块或石屑。在路床顶面以下 50cm 范围内应铺有适当级配的砂石料，最大粒径不超过 15cm。超粒径石料应进行破碎，使填料颗粒符合要求。

（4）填石路堤应使用重型振动压路机分层洒水压实，压实时继续用小石块或石屑填缝，直到压实层顶面稳定、不再下沉且无轮迹、石块紧密、表面平整为止。

（5）填石路基倾填前，路堤边坡坡脚应用粒径大于 30cm 的硬质石料码砌。当设计无规定时，填石路堤高度小于或等于 6m 时，其码砌厚度不应小于 1m；大于 6m 时，不应小于 2m。

（6）当石块级配较差、粒径较大、填层较厚、石块间的空隙较大时，可于每层表面的空隙里扫入石渣、石屑、中粗砂，再以压力水将砂冲入下部，反复数次，使空隙填满；人工铺填块径 25cm 以下石料时，可直接分层摊铺，分层碾压。

（7）填石路堤的填料如其岩性相差较大，则应将不同岩性的填料分层或分段填筑。如路堑或隧道基岩为不同岩种互层，允许使用挖出的混合石料填筑路堤，但石料强度不应小于 15MPa，最大粒径不宜超过层厚 2/3。

（8）用强风化石料或软质岩石填筑路堤时，应按土质路堤施工规定先检验其 CBR 值。如 CBR 值不符合要求则不能使用；符合要求时，则按土质路堤的技术要求施工。

1.2.1.5 路堤边坡施工技术要点

为保证路基稳定，路基两侧需做成具有一定坡度的坡面。其坡度是以边坡的高度 H 与宽度 b 之比来表示。为应用方便，将高度定为 1，$m=b/H$，$1:m$ 称为坡度，如 1:0.5、1:1.5，如图 1.5 所示。其中图 (a) $m=b/H=2.5/5.0=0.5$，故其坡度表示为 1:0.5。m 值愈大，边坡愈缓，稳定性愈好，但工程量大，占地多，且边坡过缓使暴露面积过大，易受雨雪侵蚀，容易损坏，增加了养护工作量。可见，路基边坡坡度及施工质量的好坏对路

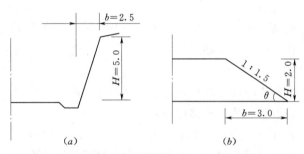

图 1.5　路基边坡坡度示意图（尺寸单位：m）

(a) 路堑；(b) 路堤

基的稳定和造价起着重要的作用。边坡施工的要点有：

（1）路堤边坡坡度应根据现场的填料种类、边坡高度和基底工程地质条件等确定。在核对设计文件时，应特别注意填料是否与设计要求相符和基底情况相一致。

路堤基底良好时，边坡坡度的要求如表 1.3 所示。

表 1.3　　　　　　　　　　　　　　路堤边坡高度和边坡坡度

填料种类	边坡高度 (m)			边坡坡度		
	全部高度	上部高度	下部高度	全部高度	上部高度	下部高度
粘性土、粉质土、砂性土	20	8	12	—	1:1.5	1:1.75
沙、砾	12	—	—	1:1.5	—	—
漂（石）土、卵石土、砾（角砾）类土、碎石土	20	12	8	—	1:1.5	1:1.75
不易风化的石块	20	8	12	—	1:1.3	1:1.5

（2）对边坡高度超过表 1.3 所列全部高度的路堤，宜进行路基稳定性验算。对于非粘性土，可采用直线滑动面法进行验算；对于粘性土，可采用圆弧滑动面法进行验算。验算时，稳定系数不得小于 1.25。

（3）填方边坡较高时，可在边坡中部每隔 8～10m 设边坡平台一道，其宽度为 1.3m，用浆砌片石或水泥混凝土预制块防护。边坡平台内侧设排水沟时，平台应做成 2％～5％向内侧倾斜的排水坡度，排水沟可用三角形或梯形断面。当水量大时，宜设置 30×30cm 的矩形、三角形或 U 形排水沟，排水沟可用水泥混凝土预制构件拼装，沟壁厚度 5～10cm。

（4）受水浸淹的路基边坡坡度，在设计水位以上部分视填料情况可采用 1:1.75～1:2，在水位以下部分可采用 1:2～1:3。如用渗水性好的土填筑或设边坡防护时，可采用较陡的边坡。

（5）填石路基应采用不易风化的开山石料填筑，边坡坡度可采用 1:1，边坡坡面应选用大于 25cm 的石块进行台阶式码砌，其厚度为 1～2m。填石路堤的高度不宜超过 20m。易风化岩石及软质岩石用作填料时，应按土质路堤边坡要求处理。

（6）护肩路基的护肩应采用当地不易风化的片石砌筑，高度一般不超过 2m，其内、外坡均直立，基底面以 1:5 坡度向内倾斜。当护肩高度小于 1m 时，顶宽宜采用 0.8m；当高度大于 1m 时，顶宽宜采用 1m。护肩内侧应填石，护肩的襟边宽度 L：当地基为弱风化硬质岩石时，取 0.2～0.6；当地基为强风化岩石或软质岩石时，取 0.6～1.5；当地基为弱风化密实的粗粒土时，取 1.0～2.0。

（7）砌石路基的砌石应选用当地不易风化的开山片石砌筑，内侧填石。

1）砌石顶宽采用 0.8m，基底面以 1:5 向内倾斜，砌石高度为 2～15m。砌石的襟边宽度与护肩的襟边宽度相同，砌石内、外坡度依砌石高度按表 1.4 采用。

2）砌石路基应每隔 15～20m 设伸缩缝一道。当基础条件变化时，应分段砌筑，并设沉降缝；当地基为整体岩石时，可将地基做成台阶形，但最低一层台阶的宽度不应小于 1.5m。

3）砌石顶部 0.5m 高度范围内应采用 M5 水泥砂浆砌筑；高度超过 8m 的砌石路基，底部 0.5m 高度范围内应用 M5 水泥砂浆砌筑；从上往下每隔 4m 用 M5 水泥砂浆砌筑一条水平加强带，肋带高度为 0.5m。

表 1.4 砌 石 边 坡 坡 度

序 号	砌石高度（m）	内坡坡度	外坡坡度	序 号	砌石高度（m）	内坡坡度	外坡坡度
1	≤5	1∶0.3	1∶0.5	3	≤15	1∶0.6	1∶0.75
2	≤10	1∶0.5	1∶0.67				

4）受水浸淹的砌石路基，应视水流冲刷情况，选用下述方法之一砌筑：

a. 表面用 M7.5 水泥砂浆勾缝，其余部分为干砌。

b. 迎水墙面 0.4～0.8m 厚度范围内用 M5 水泥砂浆砌筑，其余部分为干砌。

c. 全部砌石用 M7.5 水泥砂浆砌筑。

（8）护脚路基的护脚由干砌片石砌筑，断面为梯形，顶宽不小于 1m，内、外侧边坡坡度可采用 1∶0.5～1∶0.75，其高度不宜超过 5m。护脚断面面积与路堤断面面积之比应为 1∶6～1∶7。护脚外侧的襟边宽度与护肩的襟边宽度相同。

1.2.2 路堑开挖及其施工技术

路堑是道路通过山区与丘陵地区的一种常见路基形式，由于是开挖建造，所以结构物的整体稳定是路堑设计和施工的中心问题。

1. 路堑开挖方案

土质路堑开挖，应根据挖方数量大小及施工方法的不同而确定开挖方案。

（1）纵向全宽掘进开挖（横挖法）。纵向全宽掘进开挖是在路线一端或两端，沿路线纵向向前开挖，如图 1.6 所示。单层掘进开挖，其高度即等于路堑设计深度，掘进时逐段成型向前推进，由相反方向运土送出。单层掘进的高度受到人工操作安全及机械操作有效因素的限制，如果施工紧迫，对于较深路堑，可采用双层或多层开挖纵向掘进开挖，上层在前，下层随后，下层施工面上留有上层操作的出土和排水通道，层高视施工方便且能保证安全而定，一般为 1.5～2.0m。

（2）横向通道掘进开挖（纵挖法）。横向通道掘进开挖是先在路堑纵向挖出通道，然后分段同时由横向掘进，如图 1.7 所示。此法工作面多，既可人工施工，亦可机械施工，还可分层纵向开挖，即将路堑分为宽度和深度都合适的纵向层次向前掘进开挖。可采用各式铲运机施工；在短距离及大坡度时，可用推土机施工；如系较长较宽的路堑，可用铲运机并配以运土机具进行施工。

（3）混合式掘进开挖。混合式掘进开挖是上述二法的综合，即先顺路堑开挖通道，然后沿横向坡面挖掘，以增加开挖坡面，每一开挖坡面应能容纳一个施工组或一台开挖机械作业。在较大的挖土地段，还可沿横向再挖沟，配以传动设备或布置运土车辆。当路线纵向长度和深度都很大时，宜采用混合式开挖法。

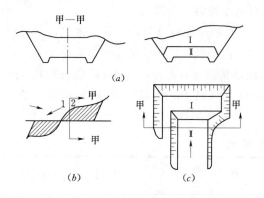

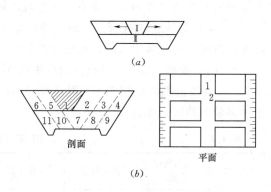

图 1.6 纵向全宽掘进开挖示意图
(a) 横剖面；(b) 纵剖面；(c) 平面

图 1.7 混合和横向掘进开挖示意图
(a) 双层混合；(b) 双层横向

2. 路堑开挖施工技术要点

(1) 做好施工前的准备工作。包括复查施工组织设计、核实调整土方调运图表、施工现场清理、施工放样、临时排水设施施工、施工机械的准备及环保措施的落实等。

(2) 进行土方开挖。

1) 已开挖的适用于种植草皮和其他用途的表土，应储存于指定地点，以便取用。

2) 根据试验，对开挖出的适用于填筑的材料应分类存放。不适用于填筑的材料，应按相关规定妥善处理。

3) 严禁掏洞取土（俗称"挖神仙土"）。土方开挖不论工程量和开挖深度大小，均应自上而下进行，在不影响边坡稳定的情况下采用爆破施工，需进行设计和经过施工方案审批。

(3) 换填符合要求的土。当路堑路床下为有机土、难以晾干压实的土、CBR 值达不到规定要求的土等不宜做路床的土时，均应清除，换填符合要求的上。

(4) 做好边沟与截水天沟的开挖施工。

1) 边沟、截水沟及其他引、截、排水设施应严格按照设计图纸施工，其出水口应通至桥涵进、出水口处。截水沟不应通过地面坑凹处，必须通过时，应按照路堤填筑要求将凹处填平压实后，再开挖沟槽，并防止不均匀沉陷和变形。

2) 平曲线边沟沟底内侧不得有积水，沟顶不得有水外溢现象发生。

3) 路堑和路堤交接处的边沟应平缓引向路堤两侧的天然沟或排水沟，不得冲刷路堤。路基坡脚附近不得积水。

4) 所有排水沟渠应从下游出口向上游开挖。

(5) 所有排截水设施应满足：沟基稳固，沟形整齐，沟坡、沟底平顺，沟内无浮土杂物，沟水排泄不对路基产生危害。严禁在未加处理的弃土上挖排水沟。

截水沟的弃土应用于路堑与截水沟间修筑土台，并分层压实（夯实），台顶设 2% 倾向截水沟的横坡，土台边缘坡脚距路堑顶的距离不应小于设计规定。

(6) 当挖方地段遇有地下含水层时，应根据现场实际情况，采取有效的排水措施予以处理。当路堑路床顶部以下位于含水量较多的土层时，应换填透水性良好的材料，换填深度应满足设计要求，并整平凹槽底面，设置渗沟，将地下水引出路外，再分层回填压实。

(7) 认真妥善处理弃土。

1）在开挖路堑弃土地段前，应提出弃土的施工方案（包括弃土方式、调运方案、弃土位置、弃土形式、坡脚加固方案、排水系统的布置及计划安排等），报有关单位批准后实施。

2）路基弃土应堆放齐整，不得任意倾倒，并采取必要的排水、防护和绿化措施。山坡上弃土应注意避免破坏或掩埋路基下侧的林木、农田、自然形成的天然排水通道及其他工程设施，沿河弃土应避免堵塞河道或引起水流冲毁农田、房屋。

3）弃土堆的边坡不应陡于 1∶1.5，顶面向外应设不小于 2％的横坡，其高度不宜大于3m。路堑旁的弃土堆，其内侧坡脚与路堑顶之间的距离，对于干燥硬土不应小于 3m；对于软湿土不应小于路堑深度加 5m。

4）在山坡上侧的弃土堆应连续而不中断，并在弃土前设截水沟；山坡下侧的弃土堆应每隔 50～100m 设不小于 1m 的缺口排水，弃土堆坡脚应进行防护加固。

5）严禁在岩溶漏斗处、暗河口处、贴近桥墩台处弃土。

6）尽可能与当地农田建设和自然环境相结合，利用弃土改地造田。

7）路侧弃土堆一般可设在附近低地或路堑处原地面下坡的一侧，当地面横坡缓于 1∶5时，可设在路堑两侧。

1.2.3 挖方路基的边坡坡度要求与施工技术要点

1. 路基的边坡坡度

（1）土的挖方边坡坡度主要与边坡高度、土的湿度、密实程度、地下水、地面水情况、土的成因类型及生成时代等因素有关。

（2）岩石的挖方边坡坡度主要与岩性、地质构造、岩石的风化破碎程度、边坡高度、地下水及地面水等因素有关。

2. 施工技术要点

（1）土的挖方边坡坡度应根据调查路线附近已建工程的人工边坡及自然山坡稳定状况，并参照表 1.5 来确定。土的密实程度划分应通过挖坑试验判别，其划分标准见表 1.6。

表 1.5　　　　　　　　　　土的挖方边坡坡度表

密实程度	边坡高度（m）		密实程度	边坡高度（m）	
	＜20	20～30		＜20	20～30
胶结	1∶0.3～1∶0.5	1∶0.5～1∶0.75	较松	1∶1.0～1∶1.5	1∶1.5～1∶1.75
密实、中密	1∶0.5～1∶1.25	1∶0.75～1∶1.5			

表 1.6　　　　　　　　　　土 的 密 实 程 度 表

分 级	试 坑 开 挖 情 况
胶结	细粒土密实度很高，粗颗粒之间呈弱胶结，试坑用镐开挖很困难，天然土表面可以陡立
密实	试坑坑壁稳定，开挖困难，土块用手使劲才能破碎，从坑壁取出大颗粒处能保持凹面形状
中密	天然表面不易陡立，试坑坑壁有掉块现象，部分需用镐开挖
较松	铁锹很容易铲入土中，试坑坑壁很容易崩塌

（2）砾石类土的挖方边坡坡度主要与砾石土成因、岩块成分和大小、密实程度及休止角有关，并应结合当地水文条件和边坡高度进行对比分析、论证确定边坡坡度大小。表 1.7、表 1.8 资料可供使用参考。

表 1.7　　　　　　　　　　　砾石类土路堑边坡坡度表

土体结合紧密程度	边坡高度（m）		
	10 以内	10～20	20～30
胶结	1：0.3	1：0.3～1：0.5	1：0.5
密实、半胶结	1：0.5	1：0.5～1：0.75	1：0.75～1：1
中等密实	1：0.75～1：1	1：1	1：1.25～1：1.5
稍密实	1：1～1：1.5	1：1.5	1：1.5～1：1.75
松散	1：1.5	1：1.5～1：1.75	

表 1.8　　　　　　　　　　砾石类土密实程度野外鉴定方法表

密实程度	骨架及充填物状态	开 挖 情 况
密实	骨架颗粒含量超过总量 70%，呈交错排列，连续接触；或虽有部分骨架颗粒连续接触，但充填物呈密实状态（e①<0.55）	锹、镐挖掘困难，用撬棍方能松动，井壁一般稳定
中等密实	骨架颗粒交错排列，部分连续接触；充填物包裹骨架颗粒，且呈中等密实状态（$0.55 \leqslant e \leqslant 0.70$）	锹、镐可以挖掘，井壁有掉块现象；从井壁取出大颗粒处，能保持凹面形状
稍密实	骨架颗粒含量小于总重的 60%，排列混乱，大部分不接触，充填物包裹大部分骨架颗粒，且呈疏松状态（$e>0.70$）或未填满	锹可以挖掘，井壁易坍塌；从井壁取出大颗粒后，砂性土立即坍塌

① e 为孔隙比。

（3）岩石挖方边坡在一般情况下，可参照表 1.9、表 1.10 采用。

表 1.9　　　　　　　　　　　岩石挖方边坡坡度表

岩 石 种 类	风化程度	边坡高度（m）	
		<20	20～30
各类岩浆岩、硬质灰岩、砾岩、砂岩、片麻岩、石英岩	微风化、弱风化	1：0.1～1：0.3	1：0.2～1：0.5
	强风化、全风化	1：0.5～1.0	1：0.5～1：1.25
各类页岩、泥岩、千枚岩、片岩等软质岩石	微风化、弱风化	1：0.25～1.075	1：0.5～1：1.0
	强风化、全风化	1：0.5～1：1.25	1：0.75～1：1.5

表 1.10　　　　　　　　　　岩石分化破碎程度分级表

分级	特 征				
	颜 色	矿物成分	结构构造	破碎程度	强 度
轻度	较新鲜	无变化	无变化	节理不多，基本上是整体，节理基本不张开	基本上不降低，用锤敲很容易回弹
中等	造岩矿物失去光泽，色变暗	基本不变	无显著变化	开裂成 20～50cm 的大块状，大多数节理张开较小	有降低，用锤敲声音仍较清脆
严重	显著改变	有次生矿物产生	不清晰	开裂成 5～20cm 的碎石状，有时节理张开较多	有显著降低，用锤敲声音低沉
极重	变化极重	大部分成分已改变	只具外形，矿物间已失去结晶联系	节理很多，爆破以后多呈碎石土状，有时细粒部分已具塑性	极低，用锤敲时不易回弹

（4）在边坡施工中，由于设计时所采用的参数可能与现场的实际土质情况不相符合，因此，施工技术人员应注意随着填、挖的进行，对影响边坡坡度稳定的因素进行认真的观察分析，如发现设计的边坡坡度不能达到边坡稳定的情况时，应按相关规定考虑变更设计，以确保边坡稳定。

1.2.4 土质路基机械化施工及施工机械选择

常用的路基土方施工机械有推土机、松土机、平地机、铲运机、挖掘机、自卸汽车、各类压实机械及水力机械等。这些机械可以单机作业，亦可组合配套综合作业。

1. 机械化施工技术要点

（1）采用机械按横挖法开挖路堑，且弃土（或以挖作填）运距较远时，宜用挖掘机配合自卸汽车作业，每层台阶高度可较原有分层高度增加3～4m。亦可用推土机开挖，但当弃土或以挖作填运距超过推土机的经济运距时，可用推土机推土堆积，再用装载机配合自卸汽车运土。

机械开挖路堑时，配以平地机或人工分层修刮平整边坡。其施工开挖图式见图1.8。

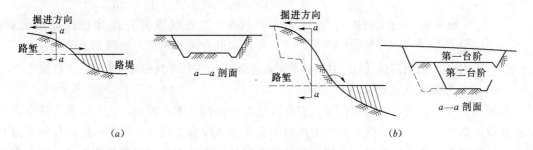

图1.8 横向全宽挖掘法

（2）采用机械按纵挖法开挖路堑时（图1.9），其施工要点是：

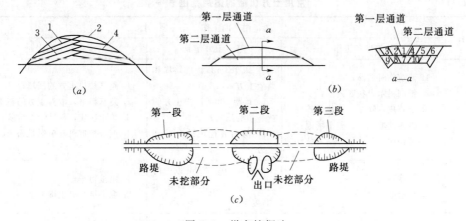

图1.9 纵向挖掘法

（a）分层纵挖法（图中数字为挖掘顺序）；（b）通道纵挖法（图中数字为拓宽顺序）；（c）分部纵挖法

1）当采用分层纵挖法挖掘的路堑长度较短（小于100m），开挖深度不大于3m，地面坡度较陡时，宜采用推土机作业。推土机作业时，每一铲挖地段的长度应能满足一次铲切达到满载的要求，一般为5～10m。铲挖宜在下坡时进行，对普通土下坡坡度宜为10%～18%；对于松土下坡坡度宜为10%～15%。傍山卸土的运行道应设有向内稍低的横坡和向外排水的通道。

2）当采用分层纵挖法挖掘的路堑长度较长（超过100m）时，宜采用铲运机作业。对于拖式铲运机和铲运推土机,其铲斗容积为 4～8m³ 的适宜运距为 100～400m;容积为 9～12m³ 的适宜运距为 100～700m。自行式铲运机适宜运距可参照上述运距加倍。铲运机在路基上的作业距离一般不宜小于 100m。铲运机作业面的长度和宽度应能使铲斗易于达到满载。有条件时,宜配备一台推土机配合铲运机作业。

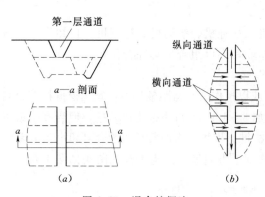

图 1.10 混合挖掘法

(a) 横向及平面图;(b) 平面纵向通道图

铲运机的运土道路,单道宽度不应小于 4m,双道宽度不应小于 8m。重载上坡纵坡不宜大于 8%,空驶上坡,纵坡不得大于 50%。弯道应尽可能平缓,避免急弯。路基表层应在回驶时刮平,重载弯道处表面应保持平整。

3) 铲运机卸土场的大小应满足分层铺卸的需要,并留有回转余地。填方卸土应边走边卸,防止成堆,行走路线外侧边缘至填方边缘的距离不宜小于 20cm。

(3) 当路线纵向长度和挖深都很大时,宜采用混合式开挖法,如图 1.10 所示。

(4) 开挖边沟、修筑路拱、刷刮边坡、整平路基表面时,宜采用平地机配合其他土方机械作业。

2. 土方工程施工机械的选择

各种土方工程机械,根据其性能,都有其适合的工作范围。因此,施工技术人员应根据工程性质、施工条件、工程的主要施工内容等来正确选择施工机械,安排和组织各种机械的作业,以发挥机械的使用效率,合理、保质、保时和经济地完成工程施工任务。常用土方机械的适用范围见表 1.11、表 1.12,可供选用时参考。

表 1.11   常用土方机械的适用范围表

机械名称	适 用 的 作 业 项 目		
	施工准备工作	基本土方作业	施工辅助作业
推土机	1. 修筑临时道路; 2. 推倒树木,拔除树根; 3. 铲草皮,除积雪及建筑碎屑; 4. 推缓陡坡地形,整平场地; 5. 翻挖回填井、坑、陷穴、坟	1. 高度 3m 以内的路堤和路堑土方; 2. 运距 100m 以内土方的挖、填与压实; 3. 傍山坡挖填结合路基土方	1. 路基缺口土方的回填; 2. 路基粗平,取弃土方的整平; 3. 填土压实,斜坡上挖台阶; 4. 配合挖掘机与铲运机松土、运土
铲运机	1. 铲除草皮; 2. 移运孤石	运距在 60～700m 以内的挖土、运土、铺平与压实(高度不限)	1. 路基粗平; 2. 取土坑与弃土堆整平
自动平地机	除草、除雪、松土	修筑 0.75m 以内路堤与 0.6m 以内路堑,以及挖填结合路基的挖、运、填土	开挖排水沟,平整路基,整修边坡
松土机	翻松旧路面、清除树根及废土层、翻松硬土		1. Ⅲ～Ⅳ类土的翻松; 2. 破碎 0.5m 以内的冻土层
挖掘机		1. 半径 7m 以内的挖土与卸土; 2. 装土供汽车远运	1. 挖沟槽与基坑; 2. 水下捞土(反向铲土等)

表 1.12　　　　　　　　　　　　　　　按施工条件选用土方机械

路基形式及施工方法	填挖高度（m）	土方移动水平直距（m）	主要施工机械名称	辅助机械	机械施工运距（m）	最小工作地段长度（m）
（一）路堤						
路侧取土	<0.75	<15	自动平地机		—	300～500
路侧取土	<3.00	<10	58.8kW 推土机		10～40	—
路侧取土	<3.00	<60	73.5～102.9kW 推土机		10～60	—
路侧取土	<6.00	20～100	6m³ 拖式铲运机		80～250	50～80
路侧取土	>6.00	50～200	6m³ 拖式铲运机		250～500	80～100
远运取土	不限	<500	6m³ 拖式铲运机	58.8kW 推土机	<700	>50～80
远运取土	不限	500～700	9～12m³ 拖式铲运机		<1000	>50～80
远运取土	不限	>500	9m³ 以上自动铲运机		>500	>50～80
远运取土	不限	>500	自卸汽车运土		>500	运土量大于5000m³
（二）路堑						
路侧弃土	<0.6	<15	自动平地机		—	300～500
路侧弃土	<3.00	<40	58.8kW 推土机		10～40	—
路侧下坡弃土	<4.00	<70	73.5～102.9kW 推土机		10～70	—
路侧弃土	<6.00	30～100	6m³ 拖式铲运机	58.8kW 推土机	100～300	50～80
路侧弃土	<15.0	50～200	6m³ 拖式铲运机		300～600	>100
路侧弃土	>15.0	>100	9～12m³ 拖式铲运机		<1000	>200
纵向利用	不限	20～70	58.8kW 推土机		20～70	—
纵向利用	不限	<100	73.5～102.9kW 推土机		<100	—
纵向利用	不限	40～600	6m³ 拖式铲运机		80～70	>100
纵向利用	不限	<800	9～12m³ 拖式铲运机		<1000	>100
纵向利用	不限	>500	9m³ 以上自动铲运机		>500	>100
纵向利用	不限	>500	自卸汽车运土		>500	运土量大于5000m³
（三）半挖半填横向利用	不限	<60	58.8～102.9kW 斜角推土机		10～60	—

注　表中均指Ⅰ、Ⅱ类土，如土质坚硬时应先用松土机疏松。

3. 机械化施工组织及要求

（1）机械化施工的组织要点。

1）建立健全施工管理体制，成立相应的组织机构和专业化的机械施工队伍，以便统一经营管理，实行独立经济核算。

2）实施全面质量管理，对施工和机械实行统一计划、统一管理、统一调度，统一规章制度，使各个工序和环节紧密衔接，保证施工的连续性和工程质量。

3）正确编制施工组织计划和正确选择技术操作方案。

4）根据工程实际，抓住重点，兼顾一般，把主要精力放在技术复杂、工期长的项目上。

5）加强技术培训，实施上岗证制，不断提高员工素质。

6）加强安全教育，应有切实可行的安全技术措施。

7）实施文明施工，保护环境。

（2）机械化施工的具体要求。

1）加强施工管理：制订机械使用与管理制度和油料供应制度；制订土方机械调运的措施；编制机械化施工组织技术方案和综合机械流水作业程序，按不同的工程内容，指导机械化施工；制订机械的日常保养、定期检修和机械保修制度，保证机械的正常运转，充分发挥机械的作用；设置临时机修厂房或机械修理场地，安装安全防护设施，并按机械的数量和完好程度，恰当配备检修人员。

2）以现场实际工程情况为依据，合理组织配备机械设备。根据实施性的施工组织设计按"就地取土填筑、近距离取土填筑、远距离取土填筑、就地弃土及短距离弃土"等情况进行机械配置。

a. 就地取土填筑。如果工程不大，取土和平整工序可由平地机完成；压实和土的润湿工作，可分别由压路机和洒水车完成。机械配备数量，宜视需完成的工程量、工期和设备的能力而定。

b. 近距离取土填筑。宜划段分层以推土机和铲运机担任运土工作，平地机和压路机分别担任整平和压实工作。机械的配备数量，宜最大限度地满足机械产量的要求，充分发挥机械效率。

c. 远距离取土填筑。远距离取土填筑的土一般来源于取土场或路堑，宜以推土机完成挖土程序，装载机或挖掘机完成装土工序（当土质不坚时，亦可不用推土机，而直接用装土设备装土），以自卸汽车完成运土工序。汽车数量应按装车设备能力和运距的长短而定，其余各工序按上述 a、b 办理。

d. 就地弃土或短距离弃土。可用推土机或铲运机完成。

1.3　石 质 路 基 施 工

1.3.1　爆破的基本原理和应用范围

1. 爆破作用的基本原理

为了爆破某一物体而在其中或表面放置一定数量的炸药，称为药包。它按形状可分为集中药包（药包的形状接近球形或立方体）、延长药包（药包的长边超过短边的 4 倍）、分集药包（将一个集中药包分为几个间隔一定距离的集中子药包）。

（1）药包在无限介质内的作用。药包在无限介质内爆炸时，炸药在瞬间内通过化学反应由固态转化为气态，体积增加百倍乃至数千倍，并产生不小于 15000MPa 的静压力，同时产生温度高达 1500～4500℃、速度高达每秒上千米的冲击波，自药包中心按球面等量向外扩散，传递给周围介质，使介质产生各种不同程度的破坏和振动现象。这种现象随距药包中心的距离增大而逐渐消失。介质按破坏程度的不同，大致可分为四个爆破作用圈，如图 1.11 所示。

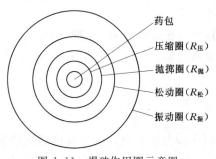

图 1.11　爆破作用圈示意图

1）压缩圈（$R_压$ 表示压缩圈半径）。在这个作用圈范围内，介质直接承受药包爆炸所产生的极其巨大的作用力。如果介质是可塑性的土，便会遭到压缩形成空腔；如果是坚硬的脆性岩石，便会被粉碎。所以把 $R_压$ 这个球形区叫做压缩圈或破碎圈。

2）抛掷圈。在压缩圈范围以外至 $R_抛$ 的区间，所受的爆破作用力虽较压缩圈内小，但介质原有的结构受到破坏，分裂成为不同尺寸和形状的碎块，而且爆炸尚有余力,足以使这些碎块获得运动速度。如果在有限介质内,这个区间的某一部分处在临空的自由条件下,破坏了的介质碎块便会产生抛掷现象,因而叫做抛掷圈。但在无限介质内不会产生任何的抛掷现象。

3)松动圈。在抛掷圈以外至 $R_{松}$ 的区间,爆炸力大大减弱,但仍能使介质结构受到不同程度的破坏,只是爆炸已无余力使破碎岩石产生抛掷运动,因而叫松动圈。

4)振动圈。在松动圈以外到 $R_{振}$ 的区间,微弱的爆破作用力不能使介质产生破坏。这时介质只能在冲击波的传播下,发生振动现象,就叫做振动圈。振动圈以外爆破作用能量就会消失了。

(2)药包在有限介质内的爆破作用与爆破漏斗。药包在有限介质内爆炸时,在具有临空的表面上会出现一个爆破坑,一部分炸碎的土石被抛至坑外,一部分仍落在坑底。由于爆破坑形状如同漏斗,称为爆破漏斗,如图 1.12 所示。

爆破漏斗的形状和大小,不但与药量大小、炸药及介质的性能等有关,同时还与临空面的数量和所处的边界条件有关。爆破漏斗一般用以下几个要素表示:

最小抵抗线 W:药包中心到临空面的最短距离。药包爆炸作用首先沿着最小抵抗线方向(阻力最小的地方)使岩土产生破坏、隆起鼓包或抛掷出去,这就是作为爆破理论基础的"最小抵抗线原理"。

爆破漏斗口半径 r:最小抵抗线与临空面交点至漏斗口边缘的距离。当地面坡度等于零时,用 r_0 表示。

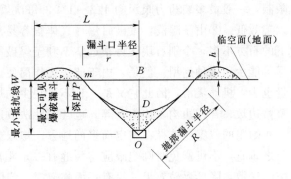

图 1.12　有限介质内的爆破漏斗示意图

抛掷漏斗半径 R:从药包中心沿漏斗边缘至坑口的距离。

爆破作用的性质通常用爆破作用指数 n 来表示。爆破作用指数是指爆破漏斗口半径与最小抵抗线的比值,即 $n=r/W$。当 $n=1$ 时,称为标准抛掷爆破;$n>1$ 时,称为加强抛掷爆破;$n<1$ 时,称为减弱抛掷爆破。

地形平坦时,爆破漏斗呈倒置的圆锥体。图 1.12 中,mDl 称为可见的爆破漏斗;mOl 称为爆破漏斗。可见的爆破漏斗体积 V_{mDl} 与爆破漏斗体积 V_{mOl} 之比的百分率 E_0 称为平坦地形的抛掷率,即 $E_0=V_{mDl}/V_{mOl}$。

2. 工程爆破的适用范围

(1)松动爆破。松动爆破通常用于将岩石破碎而不大量抛掷岩块。其爆破方法有药室法、钻孔(深孔、浅孔)法和药壶法等。

1)减弱松动爆破。多用于道路路堑开挖和边坡的整修。

2)一般松动爆破。常用于岩土爆破。

3)加强松动爆破。一般用于平坦或坡度较平缓地带微风化岩层中路堑、沟渠工程的开掘。其特点是既可抛出一定数量的岩块,又可保持边坡稳定。

(2)抛掷爆破。

1)标准抛掷爆破。常用于药室大爆破,特别是山区斜坡地形开掘路堑、渠道等。其中最有利地形条件是 30°~70°的坡地。

2）加强抛掷爆破。多用于平坦地形中开挖基坑、路堑、沟渠等，既可开挖岩土，又能将大部分碎块抛掷到一定距离与位置。施工中的相弃爆破即是其中的一种类型。

3）定向爆破。多用于移挖作填或直接利用挖方填筑路堤、水堤等工程。它是利用爆破能量将岩土集中抛掷到所要求的指定位置的爆破施工方法。

3. 常用的爆破方法、起爆器材与起爆方法

开挖岩石路基常用的爆破方法，一般可分为中小型爆破和大型爆破两大类。

（1）中小型爆破方法。

1）裸露药包法。将药包置于被炸物体表面或经清理的岩缝中，药包表面用草皮或稀泥覆盖，然后进行爆破。主要用于破碎大孤石或进行大块岩石的二次爆破。

2）炮眼法（钢钎炮）。指炮眼直径和深度分别小于 7cm 和 5m 的爆破方法。一般情况下，单独使用钢钎炮爆破石方是不大经济的，这是因为：①炮眼直径小，炮眼浅，装药量受限制，一般最多装药为眼深的 1/3～1/2，每次爆破的石方量不大（通常不超过 10m³），所以工效低。②由于眼浅，爆破时爆炸气体很容易冲出，变成不做功的声波，以致响声大而炸下的石方不多，个别石块飞得很远，不利于爆破能量的利用。因此，在路基石方集中时，应尽可能少用这种炮型。但是，由于此法操作简便，对设计边坡的岩体振动损害小，平均耗药量也少，机动灵活，因此它又是一种不可缺少的炮型。常用于土石方量分散而小的工程以及整修边坡、开挖边沟、炸孤石等，也常用此法改造地形，为其他炮型服务。

炮眼的位置应选择在临空面多的地方。炮眼方向不要与岩石的节理和裂缝相平行，而应与之垂直，不可避免时则炮眼应与裂缝有一定距离，如图 1.13 所示，否则爆炸气体将会沿裂缝逸散，降低爆破效果。只有一面临空时，炮眼应与临空面斜交呈 30°～60°夹角。

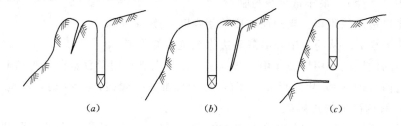

图 1.13　炮眼布置图

炮眼深度通常等于要炸去的阶梯高度，也可根据岩石的坚硬程度按下式计算：

$$L = CH \qquad (1.1)$$

式中：L 为炮眼深度，m；H 为爆破岩石的厚度、阶梯高度，m；C 为系数，坚石采用 1.0～1.15，次坚石为 0.85～0.95，软石为 0.7～0.9。

用成排炮眼爆破时，同排各炮眼的间距可视岩石的硬度及粘结性参照下式计算确定：

$$a = bW \qquad (1.2)$$

式中：a 为炮眼间距离，m；W 为最小抵抗线，m；b 为系数，采用火花起爆为 1.2～2.0，采用电力起爆为 0.8～2.3。

用多排炮眼爆破时，炮眼应按梅花形交错布置，排与排之间的距离约等于同排炮眼间距离的 0.86 倍。

装药高度一般为炮孔深度的 1/3～1/2，特殊情况下也不得超过 2/3。对于松动爆破或减

弱爆破，装药高度可降到炮孔深度的 1/3～1/4。

提高爆破效果的措施：可选用空心炮（炮眼底部设一段不装药的空心炮孔）、石子炮（底部或中部装一部分石子）、木棍炮（用直径为炮孔直径 1/3，长 6～10cm 的木棍装在炮眼底部或中部）进行爆破。

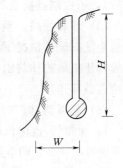

图 1.14 药壶法爆破

3）药壶法（葫芦炮）。指在深 2.5m 以上的炮眼底部用少量炸药经一次或多次烘膛，使炮眼底部扩大成葫芦形，集中埋置炸药，以提高爆破效果的一种炮型，如图 1.14 所示。它适用于结构均匀致密的硬土、次坚石、坚石。对炮眼深度小于 2.5m、节理发达的软石或薄层岩石、渗水或雨季施工，不宜采用。

炮位应与阶梯高度相适应，遇高阶梯时，宜用分层分排的群炮。炮眼深度一般以 5～7m 为宜。为避免超爆，药壶距边坡应预留一定间隙。扩大药壶时应不致将附近岩层震垮。

药壶法的用药量计算公式： $$Q = KW^3 \tag{1.3}$$

式中：Q 为炸药用量，kg；W 为最小抵抗线，m，一般为阶梯高度的 0.5～0.8 倍；K 为单位岩石的硝铵炸药消耗量，kg/m³，一般软石取 0.26～0.28，次坚石取 0.28～0.34，坚石取 0.34～0.35。

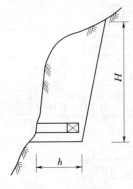

图 1.15 猫洞炮

单排炮群用电雷管起爆时，每排药包间距为 $a = (0.8～1.0)W$；用火雷管起爆时，每排药包间距为 $a = (1.4～2.0)W$。当组织多排药壶炮群时，各排之间的药包间距为 $b = 1.5W$。炮眼布置成三角形时，上下层药包间距 $a = 2W_T$（W_T 为下层最小抵抗线）。

4）猫洞炮。将集中药包直接放入直径为 0.2～0.5m、眼深 2～6m 的水平或略有倾斜的炮洞中，称猫洞炮，如图 1.15 所示。它适用于硬土、胶结良好的古河床、冰渍层、软石和节理比较发育的次坚石，坚石中则可利用裂缝整修成洞。此种炮型对独岩和特大孤石的爆破效果更佳。

其用药量计算公式：

当被炸松的岩体能坍滑出路基时： $$Q = KW^3 f(\alpha) d \tag{1.4}$$

当被炸松的岩体不能坍滑出路基时： $$Q = 0.35 KW^3 d \tag{1.5}$$

以上两式中：K 为形成标准抛掷爆破的单位耗药量，kg/m³；$f(\alpha)$ 为抛坍系数，$f(\alpha) = 26/\alpha$，其中 α 为地面横坡度；d 为堵塞系数，可近似用 $d = 3/h$ 计算，其中 h 为眼深（m）。

药包间距 $a = (1.0～1.3)W$，W 为两相邻药包计算抵抗线的平均值。

（2）大爆破。大爆破系采用导洞和药室装药，用药量在 1000kg 以上的爆破，如图 1.16 所示。大爆破主要用于石方大量集中、地势险要或工期紧迫的路段施工。

（3）微差爆破（毫秒爆破）。微差爆破是指两相邻药包或前后排药包以毫秒的时间间隔（一般为 15～17ms）依次起爆的爆破，可提高爆破效果。

（4）光面爆破。光面爆破是指在开挖限界处，按适当间隔布置炮孔，在有侧向临空面的条件下（主爆孔的药包先爆

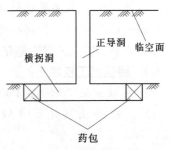

图 1.16 导洞和药室布置图

破后），用控制抵抗线和药量的方法进行的爆破，可形成光滑平整的边坡。

（5）预裂爆破。预裂爆破是指在开挖限界处，按适当间隔布置炮孔，在没有侧向临空面和最小抵抗线的情况下，即在开挖主爆孔的药包爆破前，用控制药量的办法，预先炸出一条裂缝，使拟爆破体与山体分开，作为隔振减振带，起保护和减弱开挖限界以外山体或建筑物的地震破坏作用。

（6）起爆器材。

1）火雷管（也称普通雷管）。火雷管由雷管壳、正副装药、加强帽三部分组成，在管壳开口的一端留有 15mm 长的空隙，以便插入导火索，另一端做成窝槽状。它是用导火索来引爆的。

2）电雷管。电雷管的构造与火雷管基本相同，不同的是在管壳口的一端有一个电气点火装置，通电时，电流通过电桥丝将引燃剂点燃，使正起爆药爆炸。电雷管是用电流点火引爆炸药的。

电雷管又分为即发电雷管和迟发电雷管。即发电管用于同时点火同时起爆的爆破线路中，迟发电雷管用于同时点火，但不同时爆炸的爆破线路中。迟发电雷管构造与即发电雷管基本相同，只是在引火药与起爆药之间装有燃烧速度相当准确的缓燃剂。

（7）起爆方法。

1）导火索及火花起爆法。导火索是点燃火雷管的辅助材料，外形为圆形索线，索心内装有黑火药，中间有纱导线，心外紧缠着数层纱包线与防潮纸（或防潮剂）。对导火索的要求是燃烧完全、燃速恒定。根据使用要求导火索的正常燃烧速度为 $100\sim120s/m$，缓燃燃速为 $180\sim210s/m$。

2）电力起爆法。电雷管是用点火器通过电爆导线起爆的。点火器即为产生电流的电源，如干电池组、蓄电池、手摇起爆机（小型发电机）等。

3）传爆线及传爆线起爆法。传爆线又称导爆索，其索心用黑索金或泰安等高级烈性炸药制成，爆速为 $6800\sim7200m/s$，内有双层棉织物，一层为防潮层，一层为缠绕着的纱线。为与导火索区别，表面涂成红色或红黄相间等色。传爆线着火较困难，使用时须在药室外的一段传爆线上捆扎一个 8 号雷管来起爆。传爆网路与药包的连接方式有并联、串联、并簇联等。由于传爆线的爆速快，故在大量爆破的药室中，使用传爆线起爆可以提高爆破效果，但必须严格遵守安全规程。

1.3.2　爆破施工技术

1. 爆破法施工开挖石方的程序

（1）爆破法开挖石方应遵循的程序见图 1.17。

（2）爆破法施工简图如图 1.18 所示。

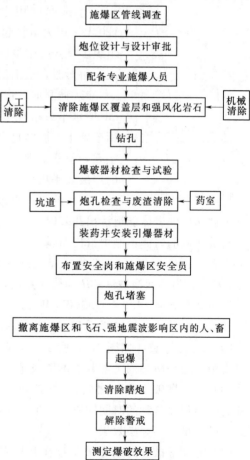

图 1.17　爆破法开挖石方程序框图

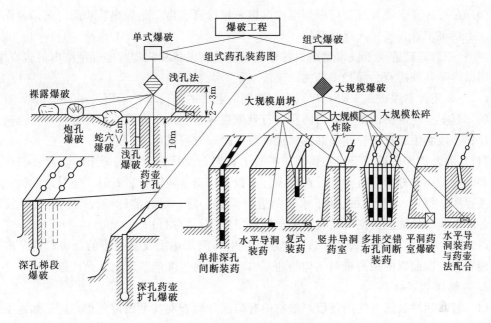

图 1.18　爆破法施工简图

2. 爆破施工技术要点

(1) 爆破施工设计的基本文件包括：爆破工点的地质图、地形图；采用爆破方法的依据和相应的炮眼布置图，爆破规模较小时，可只提出钻孔、装药和起爆的说明或规定；主要爆破参数和控制装药量的设计计算书；爆破安全距离计算及其安全防护措施；起爆网路的说明或设计计算书；设计文件批准书。

(2) 纵向开挖法适用于路堑拉槽、旧路降坡地段，根据不同的开挖深度和爆破条件，可采用台阶形分层爆破或全面爆破；横向开挖法适用于半挖半填路基和旧路拓宽，可沿路基横断面方向，从挖填交界处，向高边坡一侧开挖；综合开挖法适用于深长路堑，采用纵向开挖法的同时，可在横断方向开挖一个或数个横向通道，再转向两端纵向开挖。

(3) 接近设计坡面部分的开挖，采用爆破施工时，应采用预裂光面爆破，以保护边坡稳定和整齐。爆破后的悬凸危石、碎裂块体，应及时清除整修。

(4) 沟槽、附属结构物基坑的开挖，宜采用控制爆破，以保持岩石的整体性。在风化岩层上，应作防护处理。

(5) 路基和基坑完工后，应按设计要求，对标高、纵横坡度和边坡进行检查，做好边坡基底的整修工作，碎裂块体应全部清除。超挖回填部分应严格控制填料的质量，以防渗水软化。

(6) 填筑路段石料不足时，可在路基外部填石、内部填土或下部填石、上部填土，土石上下结合面应设置反滤层。

(7) 路基岩石爆破，应根据爆破工点周围的环境及施工机具，结合地形、地质条件选择合理的爆破方案，制订爆破施工设计文件。爆破参数应通过现场试验，确认无误后方能在施工中正式采用。

(8) 市区石方爆破应以小型爆破、控制爆破或静态破碎为主，郊区及有条件的市区可采用中型爆破。爆破施工应制定爆破设计文件和安全技术措施，经公安部门批准后实施。

（9）在市区及交通要道，应采用电力起爆和导爆管起爆。起爆炮孔装药，必须制作起爆药包，严禁将雷管直接投入炮孔装填。

（10）控制爆破适用于城市道路中各种建筑物及其设备和文物古迹近距离内的岩石爆破，并可用以拆除各种砖石、混凝土结构。

（11）采用控制爆破施工时，应减少一次同时起爆的炸药量；采用间隔装药和微差爆破；爆破的飞石安全距离仍需估算，为防止飞石带来破坏，应采用高强度填孔材料和安全防护措施；计算参数必须通过试验验证并达到预期效果时，方可采用。

（12）静态破碎法适用于切割或破碎混凝土和岩石设计。破碎混凝土时，对被破碎体的结构和强度，应先进行分析，然后选择设计参数；切割（破碎）岩石时，应对地质构造、岩石坚硬程度、层理、节理以及地下水状况进行调查了解，综合实际情况，然后选择设计参数；各种不同型号的破碎剂应通过有关部门鉴定后方可使用。

（13）一次起爆的用药量，对结构物地基产生的振动速度及其相应的危害程度，应通过试验确定。一次起爆的用药量对结构物地基引起的振动速度严禁超出其允许值。

3. 其他注意事项

（1）对需用爆破法开挖的路段，如空中有缆线，应查明其平面位置和高度；如地下有管线，应查明其平面位置和埋设深度；同时调查开挖边界线外的建筑物结构类型、完好程度、距开挖界距离，然后制定爆破方案。

（2）进行爆破作业时，必须由经过专业培训并取得爆破证书的专业人员进行施爆。

（3）开挖风化较严重、节理发育或岩层产状对边坡稳定不利的石方，宜用小型排炮微差爆破。小型排炮药室距设计边坡线的水平距离，不应小于炮孔间距的1/2。

（4）当岩层走向与路线走向基本一致、倾角大于15°、且倾向道路或开挖边界线外有建筑物、施爆可能对建筑物地基造成影响时，应在开挖层的边界沿设计坡面打预裂孔，孔深同炮孔深度，孔内不装炸药和其他爆破材料，孔的距离不宜大于炮孔纵向间距的1/2。

（5）开挖层靠近边坡的两列炮孔或靠顺层边坡的一列炮孔，宜采用减弱松动爆破。

（6）开挖边坡外有必须保证安全的和重要的建筑物，即使采用了减弱松动爆破都无法保证建筑物安全时，应采用人工开凿、化学爆破或控制爆破。

（7）在开挖区应注意排水，在纵向和横向形成坡面开挖面，其坡度应满足排水要求，以确保爆破出的石料不受积水浸泡。

（8）炮眼位置选择：炮位设置应避开溶洞和大的裂隙；避免在两种岩石硬度相差很大的交界面处设置炮孔药室；非群炮的单炮或数炮施爆，炮孔宜选在抵抗线最小、临空面较多，且与各临空面大致距离相等的位置，同时应为下次布设炮孔创造更多的临空面；群炮宜分排或分段采用微差爆破；非群炮的单炮或数炮施爆，炮眼方向宜与岩石临空面大致平行，一般按岩石外形、节理、裂隙等情况，分别选择正眼炮、斜眼炮、平炮眼或吊眼炮等。

1.4　路基压实施工技术

路基压实是路基施工过程中的一个关键工序，是提高路基强度与稳定性的根本技术措施之一，也是保证道路质量最经济有效的基本手段。通过压实，使土颗粒位置重新组合，彼此挤紧，孔隙缩小，形成密实的整体，从而使土的单位质量增大、强度增加、稳定性提高，塑性变形、渗透系数、毛细水作用及隔温性能也得到明显改善。从某种意义上说，没有压实合格的路基，也就没有合格的道路。

1.4.1　土基压实标准及其应用

1. 土基压实标准

土基的压实程度用压实度来表示，以此来检查和控制压实的质量。压实度是指土被压实后的干密度与该土的标准最大干密度之比，用百分率表示。

标准最大干密度是指按照标准击实试验法，土在最佳含水量时得到的干密度。而土被压实后的干密度是指在施工条件下，获取施工压实后的土样通过试验所得到的干密度。

压实度按式（1.6）计算：

$$K = \frac{\rho_d}{\rho_0} \times 100\% \tag{1.6}$$

式中：K 为压实度，%；ρ_d 为压实土的干密度，kg/m^3；ρ_0 为压实土的标准最大干密度，kg/m^3。

我国现行规范《城市道路路基工程施工及验收规范》（CJJ 44—91）规定的压实标准见表 1.13，表中给出轻、重两种击实标准的压实度，一般情况下应采用重型击实标准，特殊情况下可采用轻型击实标准。

表 1.13　　　　　　　　　　路 基 压 实 度 表

挖填类型	深度范围（cm）	最 低 压 实 度（%）		
		快速路及主干路	次干路	支 路
填方	0～80	95/98	93/95	90/92
	80～150	93/95	90/92	87/90
	>150	87/90	87/90	87/90
挖方	0～30	93/95	93/95	90/92

注　1. 表中数字为最低压实度，分子为重型击实标准的压实度，分母为轻型击实标准的压实度，两者均以相应的标准击实试验法求得最大干密度为 100%。

2. 表列深度均由路床顶算起。

3. 填方高度小于 80cm 及不填不挖路段，原地面以下 0～30m 范围内，土的压实度应不低于表列挖方的要求。

2. 压实标准规定的应用

（1）表 1.13 的规定仅适用于土质路基。

（2）对于土石路堤的压实程度可采用以下方法来判定：

1）采用灌砂法或水袋法检测。其标准干密度应根据每一种填料的不同含石量的最大干密度作出标准干密度曲线，然后根据试坑取试样的含石量，从标准干密度曲线上查出对应的标准干密度。

2）当采用灌砂法或水袋法检验有困难时，可在规定深度范围内，通过 12t 以上振动压路机进行压实试验，当压实层顶面稳定，不再下沉时，可判为密实状态。采用强夯或冲击压路机施工时，其压实层厚与质量控制标准可通过现场试验或参照相应的技术规范确定。

3）如几种填料混合填筑，则应从试坑挖取的试样中计算各种填料的比例，利用混合料中几种填料的标准干密度曲线查得对应的标准干密度，用加权平均的计算方法，计算所挖试坑的标准干密度。

（3）填石路堤的压实质量宜采用施工参数（压实功率、碾速度、压实遍数、铺筑层厚等）与压实质量检测联合控制判定。我国城市道路路基工程施工及验收规范规定，填石路堤须用重型压路机或振动压路机分层碾压，表面不得有波浪、松动现象，路床顶面压实度标准是 12～15t 压路机的碾压轮迹深度不应大于 5mm。填石用岩石分类及压实质量控制标准见表 1.14～表 1.17。

表 1.14　　　　　　　　　　　　　岩　石　分　类　表

岩石类型	单轴饱和抗压强度（MPa）	代 表 性 岩 石
硬质岩石	≥60	1. 花岗岩、闪长岩、玄武岩等岩浆岩类； 2. 硅质、铁质胶结的砾岩及砂岩、石灰岩、白云岩等沉积岩类； 3. 片麻岩、石英岩、大理岩、板岩、片岩等变质岩类
中硬岩石	30～60	
软质岩石	50～30	1. 凝灰岩等喷出岩类； 2. 泥砾岩、泥质砂岩、泥质页岩、泥岩等沉积岩类； 3. 云母片岩或千枚岩等变质岩类

表 1.15　　　　　　　　　　　硬质石料压实质量控制标准

分 区	路面底面以下深度（m）	摊铺层厚（mm）	最大粒径（mm）	压实干重度（kN/m³）	孔隙率（%）
上路堤	0.80～1.50	≤400	小于层厚 2/3	由试验确定	≤23
下路堤	>1.50	≤600	小于层厚 2/3	由试验确定	≤25

表 1.16　　　　　　　　　　　中硬石料压实质量控制标准

分 区	路面底面以下深度（m）	摊铺层厚（mm）	最大粒径（mm）	压实干重度（kN/m³）	孔隙率（%）
上路堤	0.80～1.50	≤400	小于层厚 2/3	由试验确定	≤22
下路堤	>1.50	≤500	小于层厚 2/3	由试验确定	≤24

表 1.17　　　　　　　　　　　软质石料压实质量控制标准

分 区	路面底面以下深度（m）	摊铺层厚（mm）	最大粒径（mm）	压实干重度（kN/m³）	孔隙率（%）
上路堤	0.80～1.50	≤300	小于层厚	由试验确定	≤20
下路堤	>1.50	≤400	小于层厚	由试验确定	≤22

（4）桥涵及其他构筑物处填土压实标准是：高速路和主干道的桥台、涵身背后和涵洞顶部的填土压实标准为 96%；其他道路为 94%。

（5）零填、路堑路床及高填方路堤的压实标准参照表 1.13 执行。

3. 压实机具的选择

压实机具选择的主要依据是：

（1）土质。对于砂性土的压实效果，振动式压路机较好，夯击式机具次之，碾压式压路机较差；对于粘性土，则碾压式压路机和夯击式机具较好，振动式压路机较差甚至无效。

（2）土层厚度。不同压实机具，在最佳含水量条件下，适应于一定的最佳压实厚度，并具有相应的压实遍数。

（3）压实位置。压实面积大的地方适宜于采用大型的压实机具；压实面积小的地方，如桥台、台背、涵台胸腔部分、检查井周围等用小型压实机具才能确保压实质量。

（4）被压土的强度极限。为防止压实过度，失效而造成浪费，一般，压实时压实机具施加于土的单位压力不应超过土的强度极限。不同土的强度极限亦是选择机具和控制压实功能的参考因素。

压路机的技术性能及土的强度极限见表 1.18 和表 1.19，供选择压实机具时参照。

表 1.18　　　　　　　　　　压路机的技术性能表

| 机具名称 | 最大有效压实厚度（实厚）（m） | 碾压行程次数 | | | | 适宜的 |
		粘性土	亚粘土	粉砂土	砂性土	
人工夯实	0.10	3～4	3～4	2～3	2～3	粘性土与砂性土
牵引式光面碾	0.15	—	—	7	5	粘性土与砂性土
羊足碾（2个）	0.20	10	8	6	—	粘性土
自动式光面碾 5t	0.15	12	10	7	—	粘性土与砂性土
自动式光面碾 10t	0.25	10	8	6	—	粘性土与砂性土
气胎路碾 25t	0.45	5～6	4～5	3～4	2～3	粘性土与砂性土
气胎路碾 50t	0.70	5～6	4～5	3～4	2～3	粘性土与砂性土
夯击机 0.5t	0.40	4	3	2	1	砂性土
夯击机 1.0t	0.60	5	4	3	2	砂性土
夯板 1.5t 落高 2m	0.65	6	5	2	1	砂性土
履带式	0.25	6～8		6～8		粘性土与砂性土
振动式	0.40	—		2～3		砂性土

表 1.19　　　　　　　　　　碾压与夯实时土的强度极限

| 土　类 | 土的极限强度（kPa） | | |
	光面碾	气胎碾	夯板（直径 70～100cm）
低粘性土（砂土、低液限粘土、粉土）	294～588	294～392	294～686
中等粘性土（粉质中液限粘土、中液限粘土）	588～980	392～588	686～1176
高粘性土（高液限粘土）	980～1470	588～784	1176～1960
极粘的土（很高液限粘土）	1470～1764	784～980	1960～2254

注　表列值适用于最佳含水量下的土。

1.4.2　压实工作组织

压实工作的组织以压实原理为依据，通过精心组织施工，以尽可能小的压实功能获得良好的压实效果为目的，并注意以下技术要点与要求：

（1）严格控制松铺层厚度，压实前可自路中线向路两边作 2‰～4‰ 的横坡，对松铺层进行整平。

（2）严格控制在最佳含水量规定范围内进行压实。

（3）掌握"先轻后重、先慢后快"进行压实的原则组织压实；轮迹重叠达到规定要求。一般应在 30～50cm 以上。

（4）正确合理地使用压实机具。

（5）注意全宽压实及压实的均匀性。

（6）做好各项技术交底。

（7）加强经常性的检测。

（8）为保证路基边缘的压实度，施工中一般要超宽 30～50cm。

1.5　路基的防护与加固

1.5.1　路基防护与加固的原则

（1）路基的防护与加固工程可分为：边坡坡面防护，沿河、滨海路堤防护与加固，路基支挡工程三类。工程中应根据当地条件，因地制宜选用经济合理、耐久适用的防护措施，以改善环境，保护生态平衡。

（2）工程施工前应进行现场核对，如发现设计与实地不符，应及时作补充调查，进行变更设计并报有关部门批准后施工。

（3）路基防护与加固工程施工应严格执行砌筑砌体的有关规定和质量标准，材料必须符合设计规定的强度、规格和其他品质要求；防护工程的砂浆、混凝土，应用机械拌和，并应随拌随用；回填土宜选用砂性土，严格控制含水量，分层填筑，充分压（夯）实；泄水孔、伸缩缝的位置要准确，孔正缝直，尺寸符合设计要求。

（4）在路基土石方施工时或完毕后，应及时进行路基防护施工和养护。各类防护与加固应在稳定的基础或坡体上施工，施工前必须检查验收，严禁对失稳的土体进行防护。

1.5.2　坡面防护与加固的方法

坡面防护包括植物防护和工程防护，施工必须适时，以防止水、气温、风沙等的作用破坏边坡的坡面。

1. 植物防护

植物防护一般采用铺草、种草或植灌木（树木）等形式，应根据当地气候、土质、含水量等因素，选用易于成活、便于养护和经济的植物类种。

（1）种草防护适用于边坡稳定、坡面冲刷轻微的路堤与路堑边坡，一般应选用根系发达、茎干低矮、枝叶茂盛、生长力强、多年生长的草种，并尽量用几种草籽混种。草籽应均匀撒布在已清理好的土质坡面或人工铺筑厚 10～15cm 的种植土上，草籽入土深度不小于 5cm，种完后拍实松土，洒水润湿，并注意保养。路堑边坡较陡或较高时，可通过试验采用草籽与含肥料的有机质泥浆混合，喷射于坡面。

（2）铺草皮防护适用于边坡较陡、冲刷较严重、径流速度大于 0.6m/s、附近草皮来源较易地区的路基，草皮品种与种草相仿。草皮规格应不过于损坏根系，便于成活、运输和铺植，一般为 20cm×40cm，厚约 6～10cm。铺草皮前应将坡面整平，必要时加铺 6～10cm 厚的种植土层。铺砌形式有平铺、水平叠铺、垂直叠铺、斜交叠铺及网格式等，每块草皮钉 2～4 根竹木梢桩，使草皮与坡面紧贴固定。

（3）灌木（树木）防护适用于土边坡。在坡面上植树与铺草皮相结合，可使坡面形成一个良好的覆盖层，植树品种，以根系发达、枝叶茂盛、生长迅速的低矮灌木为主。

（4）植物防护的标准、规模及检查项目等应按路基设计及环境保护设计规定执行。

2．工程防护

工程防护适用于不宜于草木生长的陡坡面，一般采用抹面、捶面、喷浆、勾（灌）缝、坡面护墙等形式。在施工前，应将坡面杂质、浮土、松动石块及表层风化破碎岩体等清除干净；当有潜水露出时，应作引水或截流处理。

（1）抹面、捶面防护施工，应符合下列要求：

1）抹面防护可采用水泥砂浆、水泥石灰砂浆或石灰煤渣混合砂浆等材料，其厚度及配合比见表1.20。抹面防护适用于易风化而表面平整、尚未剥落的岩石，如页岩、泥岩、千枚岩、泥炭岩等软质岩层边坡。抹面可以分片或满布，施工前岩体的表面要冲洗干净，抹面宜分两次进行，底层抹全厚的2/3，面层1/3，面积较大时，每隔5～10m设缝宽2cm的伸缩缝一道，缝中用沥青麻丝或油毛毡填塞紧密，必要时坡顶设天沟，并用相同材料对沟壁进行抹面。

表 1.20　　　　　　　　　　抹面混合材料配合比及厚度参考表

材料名称	石灰炉渣混合灰浆（两层共厚3～4cm）			石灰炉渣三合土（厚6～7cm）		水泥石灰砂浆（厚3cm）		四合土（厚8～10cm）	
	体积比		每平方米用料	质量比	每平方米用料	体积比	每平方米用料	质量比	每平方米用料
	表层（1.5～2.5cm）	底层（1.5～2.5cm）							
水泥						1	3.5kg		
石灰	1	1	7.5kg	1	230kg	2	3.0kg	1	12kg
炉渣	2～2.5	3～4	0.03m³	5	1.1m³			9	118kg
粘土				1	0.3m³			3	36kg
砂						6	72kg	9(7)	0.03m³
纸（竹）筋			0.5kg						
卤水			0.14kg						

注　本表是根据成都、广州、西安、兰州等铁路局的资料汇编而成。

2）捶面防护材料为多合土。捶面防护适用于土质边坡，边坡土体的表面要平整、密实、湿润，捶面多合土的配合比应经试捶确定。经拍（捶）打后，多合土应与坡面紧贴，厚度均匀，表面光滑。

（2）喷浆、喷射混凝土（或带锚杆铁丝网）防护可承受土侧压力，防止坡面土侧滑，施工时应符合下列要求：

1）施工前，坡面如有较大裂缝、凹坑时，应先嵌补，使坡面平顺整齐；岩体表面要冲洗干净，土体表面要平整、密实、湿润。

2）打孔至稳定岩（土）层，锚杆孔冲洗干净，然后插入锚杆，并用水泥砂浆固定。

3）铁丝网应与锚杆连接牢固，均不得外露，并与坡面保持设计规定的间隙。

4）喷层厚度应均匀，喷后应养护7～10d，喷层周边与未防护坡面的衔接处应做好封闭处理，并按有关规定留够试件。

（3）对岩体坡面进行勾缝、灌缝防护施工时，应先将缝内冲洗干净，并依据缝宽和缝深不同，分别按下列要求施工：

1）岩体节理多而细者，宜用勾缝，砂浆应嵌入缝中，与岩体牢固结合。

2）缝宽较大，宜用砂浆灌缝，插捣密实，灌满到缝口抹平，砂浆体积配合比（水泥∶砂）可用 1∶4 或 1∶5。

3）缝宽而深，宜用混凝土灌缝，振捣密实，灌满至缝口抹平，混凝土体积配合比（水泥∶砂∶石子）可用 1∶3∶6 或 1∶4∶6。

（4）坡面护墙防护适用于严重风化破碎、容易产生碎落、塌方的岩石路堑边坡或易受冲刷、膨胀性较大的不良土质路堑边坡。坡面护墙是不能承受土侧压力的结构物，因此坡面应平顺密实，边坡必须稳定（不陡于 1∶0.5）。护面墙的形式有满实体式、窗孔式和拱式三种。窗孔内可干砌片石、植草或锤面，使用后两种，更能增加绿化景观和节省材料。坡面护墙防护构造如图 1.19～图 1.22 所示。其技术要求如下：

1）墙基应坚固可靠，基底强度不小于 300kPa，否则应适当采用加固措施。冰冻地基的墙基应埋置在冰冻线以下 25cm，若为软基，应采取加固措施或做成拱形跨越。

2）护面墙墙底一般做成向内倾斜的反坡，其倾斜度根据地基状态决定，土质地基取 0.1～0.2，岩石地基取 0.2。

3）为了增加护面墙的稳定性，在墙较高时，应分级修筑，视断面上基岩好坏，每 6～10m 高为一级，并设不小于 1m 宽的平台；墙背每 4～6m 高设一耳墙（错台），其宽 0.5～1.0m，墙背坡陡于 1∶0.5 时，耳墙宽 0.5m，墙背坡缓于 1∶0.5 时，耳墙宽 1.0m。

4）砌体石质坚硬，石块间必须顶密、错缝，严禁通缝、叠砌、贴砌和浮塞，砌体勾缝应牢固、美观。墙面及两端面砌筑平顺，墙背与坡面密贴结合，墙顶与边坡间缝隙应封严。

5）沿墙身长度每隔 10～15m 或修筑在不同岩层时，应设置 2cm 宽的伸缩（沉降）缝一道，用沥青麻（竹）丝填塞缝隙，深入 10～20cm。泄水孔一般为 6cm×6cm 或 10cm×10cm，在泄水孔后面，用碎石和砂做成反滤层。

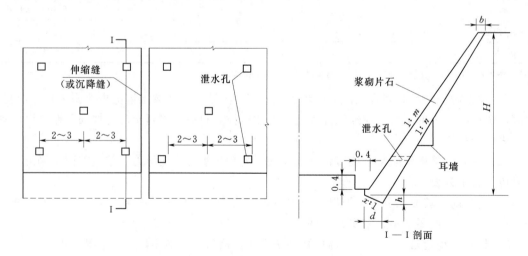

图 1.19　实体式坡面护墙（尺寸单位：m）

3. 工程防护的标准应满足的要求

（1）符合施工要求，原始资料齐全。

（2）各种胶结材料和石料的强度均达到设计要求，并按现行规范、标准检查验收。

（3）喷层厚度检查。每 50m 长度内上、中、下部应各任意抽测一处，厚度均不应小于设计的 90%。

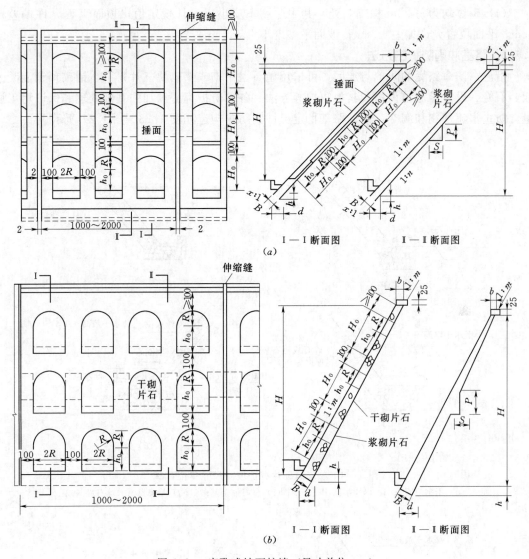

图 1.20 窗孔式坡面护墙（尺寸单位：m）

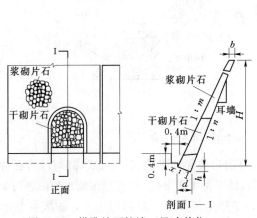

图 1.21 拱孔坡面护墙（尺寸单位：m）

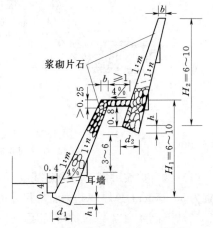

图 1.22 两级式坡面护墙（尺寸单位：m）

（4）砌体均为每20m检查3处。其中厚度不应小于设计规定值，顶面高程允许偏差±3cm，平面位置允许偏差±5cm；坡面平整度不大于5cm。

1.5.3　路基冲刷防护的方法

沿河、滨海路堤的防护与加固，可采用抛石、干砌或浆砌块（片）石、铺砌预制混凝土板、石笼、设置导流结构物和其他防护等方法。各种防护都必须加强基础处理和保证圬工质量，防止水流冲刷和淘空，保证路基稳定。冲刷防护构造如图1.23～图1.27所示。

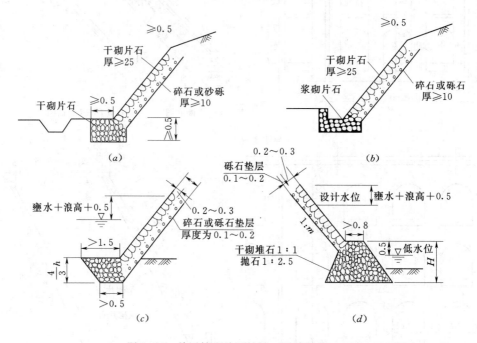

图1.23　单层铺砌片石护坡（尺寸单位：m）
（a）干砌片石基础；（b）浆砌片石基础；（c）墁石铺砌基础；（d）干砌抛石、堆石埽基础

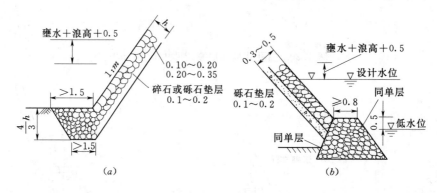

图1.24　双层铺砌片石护坡（尺寸单位：m）
（a）墁石铺砌基础；（b）干砌抛石、堆石埽基础

（1）抛石护坡可用于防护路基或河岸水下部分的边坡和坡脚，抛石大致成梯形石埽，石料尺寸宜为30～50cm，总厚度约为石块尺寸的3～4倍，且不得小于2倍，抛石宜在低水位时进行。

（2）干砌块（片）石护坡可用于水流方向较平顺的河岸或一般路堤边坡，护坡可分单层或双层铺砌，厚度不宜小于20cm，边坡不宜陡于1：2，选用的石料应符合质量标准，砌筑

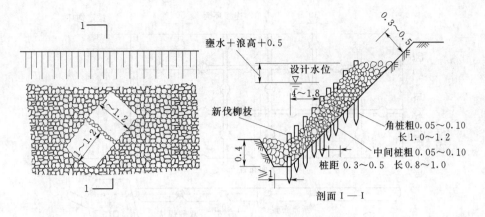

图 1.25　编格内铺石护坡（尺寸单位：m）

应垫层平整，嵌挤紧密，大面平顺，上下错缝。当采用河卵石时，必须长方向垂直于坡面，成横行栽砌牢固。

（3）浆砌块（片）石护坡可用于受主流冲刷的路堤边坡，砌石厚度宜为 30～60cm，石料应符合质量标准，砌筑应垫层平整，砂浆饱满，无干靠、空洞和蚯蚓缝等现象。

（4）铺砌预制混凝土板时，应按设计规格和要求经检验合格后方可使用。当采用现浇筑混凝土板时，宜在混凝土中加入速凝剂，以提高早期强度，并注意在表面收浆时抹镘。

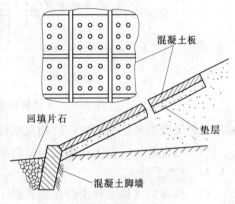

图 1.26　混凝土板护坡

（5）当水流湍急且当地缺乏较大石料时，可制作框笼，内部填石滚入水中。加固堤岸石笼的制作方法和规格，各地可根据条件确定。

此外，在上述的防护与加固施工中，还需做到：

1）开挖基坑时，应核对地质情况。基础底面必须放置在设计高程上，基础完成后应及时用水稳性材料回填，并做好施工原始记录。

2）坡面密实、平整、稳定后，方可铺砌（包括垫层）。

3）使用的砂浆或混凝土必须有配合比和强度试验，并按有关规定留够试件。石材强度应符合设计要求。

4）坡岸砌体两端及顶部边坡与岩坡衔接应牢固、平顺、密贴，防止水进入坡岸背面。

5）分段施工时，每隔 10～15m 宜设一道伸缩缝；基底土质变化处应设沉降缝，并做好伸缩沉降缝及泄水孔。泄水孔后面，应设置反滤层。

（6）为改变水流方向、调节水流速度，保护路基，一般采用顺坝和丁坝为导流构筑物。导流构筑物施工时，应详细调查核对坝址处地质、河道、水文条件，如有发生新的变化，应及时修改设计，并报有关部门批准后方可施工。施工过程中应严格控制工程质量标准，并认真处理好坝根与相连地层或其他防护设施的嵌接。

（7）防水林带防护。在沿河路基边坡外河滩上种植防水林带，能起到导流河水、防浪、

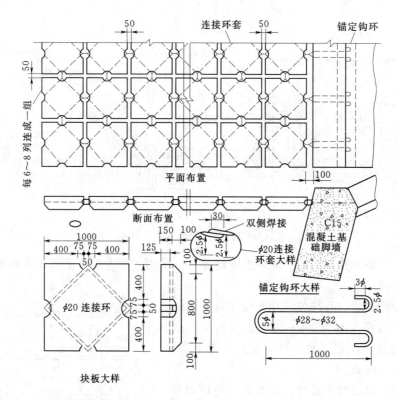

图 1.27 柔性混凝土板护坡构造图（尺寸单位：mm）

减速、淤滩固滩和达到防护河岸使路基稳固的作用。

（8）综合防护。以工程措施与植物防护相结合，因地制宜的综合治理。

1.5.4 支挡工程

（1）路基的支挡工程主要指各类挡土墙。施工前应做好场地临时排水，土质基坑应保持干燥，墙后填料应适时分层回填压实，浆砌或混凝土墙体待水泥混凝土强度达设计强度的70％以上时方可回填。填料宜优先选用砂砾或砂性土，严禁用有机质土、杂填土、冻土或过湿土，并应土质均匀，含水量适中。墙趾部分的基坑应及时回填压实，填土过程中，应防止水的浸害，回填结束后，顶部应及时封闭。

（2）砌体用的水泥、石灰、砂、石等要求质地均匀，水泥不失效，砂石洁净，石灰充分消解，水中不得含有对水泥、石灰有害的物质；石料强度不得低于设计要求，且不应小于300MPa，无裂缝，不易风化；河卵石无脱层、蜂窝，表面无青苔、泥土，厚度与大小相称；片石最小边长及中间厚度不小于15cm，宽度不超过厚度的2倍；块石形状大致正方，厚度不宜小于20cm，长、宽均不小于厚度，顶面与底面平整。用于镶面时，应打去锋棱凸角，表面凹陷部分不得超过2cm；砂浆强度不低于设计标号，拌和均匀、和易性适中。

（3）混凝土挡土墙包括各种轻型结构和加筋土挡土墙，以及护墙、护肩、护脚等支挡工程，按设计要求及有关的规定施工。

1.5.5 路基边坡施工中易出现的问题及处理方法

1. 土质路基产生沉陷，致使边坡变形或破坏

（1）主要原因：由于施工中填料选择不当、填筑方法不合理、压实不足或地基处理未达

到要求等所致。

（2）处理方法：

1）填料选择不当时，视情况采用换填、掺好料改善、做灰土桩等方法处理。

2）填筑方法不合理造成沉陷的，应进行检测，视检测结果，尽量采用 1）中相应措施处理，否则应返工重做。

3）压实不足，应视检验情况重新用重型压路机进行补压，如分析检测结果认为补压不行，则应对压实度不足的压实层进行返工。

4）基底处理不当，造成承载力不足时，则应对地基进行加固处理或返工。

由于路基沉陷而导致边坡破坏的处理，关键是防止路堤沉陷，而加强路基排水并保持排水设施有效可靠，是防止发生沉陷的基本措施之一。若路堤铺筑后，有相当一段时间不铺筑路面，亦可待其自然沉落后，再视具体情况进行处理。

2. 路基边坡塌方

路基边坡塌方按其破坏规模与原因的不同，可分为剥落、碎落、滑塌、崩塌、坍塌等多种形式。在施工过程中，出现这些问题，应认真进行分析，采取相应的措施予以处理。

（1）剥落、碎落。剥落是指边坡土层或风化岩层表面，在大气干湿或冷热的循环作用下，表面发生胀缩现象，使表层土或岩石呈片或带状从坡面上剥落下来，而且老的脱落后，新的又不断产生。

碎落是指坡面的岩石成碎块的一种剥落现象，其规模与危害程度比剥落严重。

处理方法：当设计文件中已有护坡设计时，应随着工程进展，及时进行护坡工程施工；若设计文件中没有护坡设计时，应视情况进行处理。

（2）滑塌、崩塌。滑塌是指路基边坡土体或岩石沿着一定的滑动面整体向下滑动，其规模与危害程度较碎落更为严重，有时滑动体可达数百立方米以上。

崩塌是指大的石块或土块脱离原有岩体或土体而沿边坡倾落下来，崩塌体的各部分相对位置在移动过程中完全打乱。

（3）坍塌（亦称堆坍）。坍塌是指由丁上体（或土石混杂的堆物、松散地质层）遇水软化，整体性松散，而边坡坡度在 $45°\sim60°$ 之间，且边坡无支撑的情况下产生的塌方。

（4）沿地质层面滑动。由于边坡中有许多地质构造层，且有些向路中线倾斜，这就可能造成沿地质层面的滑动。可采用植物防护（种草、铺草皮、植树）和工程防护（抹面与勾缝、灌浆与喷浆、坡面护墙、锚固）的方法处理，具体参见 1.5.2 "坡面防护与加固的方法"部分。

1.6 路 基 排 水 设 施 施 工

1.6.1 地面排水设施施工技术

常用的路基地面排水设施，主要包括边沟、截水沟、排水沟、跌水、急流槽、雨水井、检查井、渡槽、倒虹吸管等。它们分别按排水的需要，单独或综合设置于路基的不同部位。

1. 边沟的施工技术要点

边沟是指设置在挖方路基的路肩外侧，或低路堤的坡脚外侧，为汇集和排除路面、路肩及边坡的流水，在路基两侧设置的纵向水沟。常用边沟横断面布置如图 1.28 所示。

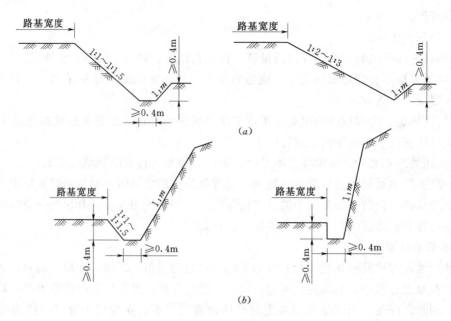

图 1.28 边沟横断面图

(a) 填方；(b) 挖方

（1）挖方地段和填土高度小于边沟深度的填方地段均应设置边沟；路堤靠山一侧的坡脚应设置不渗水的边沟。

（2）为了防止边沟水流漫溢或冲刷，在平原区和丘陵地区，边沟应分段设置出水口，多雨地区梯形边沟每段长度不宜超过300m，三角形边沟不宜超过200m。

（3）平曲线处边沟施工时，沟底纵坡应与曲线前后沟底纵坡平顺衔接，曲线外侧边沟应适当加深，其增加值等于超高值。

（4）土质地段当沟底纵坡大于3‰时，应采取加固措施。采用干砌片石对边沟进行铺砌时，应选用有平整面的片石，各砌缝要用小石块嵌紧；采用浆砌片石铺砌时，砌缝砂浆应饱满，沟身不漏水；沟底采用抹面时，抹面应平整压光。

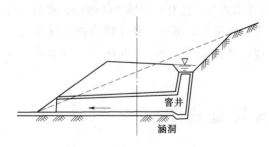

图 1.29 涵洞进口处窨井示意图

（5）在边沟与填方毗邻处设跌水或急流槽时，宜将水流直接引到填方坡脚之外，以免冲刷边坡，影响路基稳定。

（6）当边沟水流流向桥涵进水口时，为避免边沟流水冲刷，应在涵洞进口处设置窨井，见图1.29。也可根据地形需要，在进口前（或出口后）设置急流槽或跌水等构造物。

（7）在边沟的回头弯处，应顺着边沟方向沿山坡开挖排水沟，将水流引出路基范围以外的自然沟，或用急流槽引下山坡，以免增加对回头弯边沟的冲刷。

（8）在暴雨较大的地区，且挖方路基的纵坡陡长，下端接有小半径曲线或平缓的纵坡路段，可在变坡点附近或进入弯道前，设置横向排水沟。必要时增设涵洞，将边沟水排除于路基范围以外。

2. 截水沟的施工技术要点

截水沟设置在挖方路基边坡坡顶以外，或山坡路堤上方的适当处，用以截引路基上方流向路基的地面径流，防止冲刷与浸蚀挖方边坡和路堤坡脚，并减轻边沟的泄水负担。岩石裸露和坡面不怕水冲刷的路段，可不设置截水沟（天沟）。截水沟断面形式见图1.30。

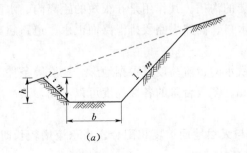

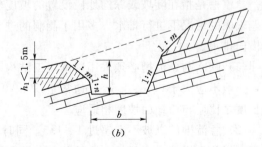

图1.30 截水沟断面图
(a) 土沟；(b) 石沟

（1）在无弃土堆的情况下，截水沟的边缘离开挖方路基坡顶的距离视土质而定，以不影响边坡稳定为原则。如系一般土质至少应离开5m，对黄土地区不应小于10m，并应进行防渗加固。截水沟挖出的土，可在路堑与截水沟之间修成土台并进行夯实，台顶应筑成2%倾向截水沟的横坡，见图1.31。

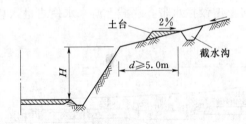

图1.31 挖方路段上的截水沟

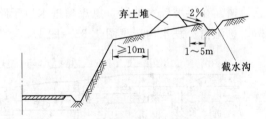

图1.32 有弃土堆时的截水沟

路基上方有弃土堆时，截水沟应离开弃土堆坡脚1～5m，弃土堆坡脚离开路基挖方坡顶不应小于10m，弃土堆顶部应设2%倾向截水沟的横坡，见图1.32。

（2）山坡上路堤的截水沟离开路堤坡脚至少2m，并用挖截水沟的土填在路堤与截水沟之间，修筑向沟倾斜坡度2%的护坡道或土台，使路堤内侧地面水流入截水沟。

（3）截水沟长度超过500m时，应选择适当地点设出水口，将水引至山坡侧的自然沟中或桥涵进水口。必要时，还可设置排水沟、跌水或急流槽。

（4）对土质松软、透水性较大或裂隙较多的岩石路段、沟底纵坡较大的土质截水沟及其出水口，应采用培土、衬砌等加固措施，防止渗漏和冲刷沟底及沟壁。

3. 排水沟（泄水沟）的施工技术要点

排水沟是将边沟、截水沟和路基附近低洼处汇集的水引向路基以外的水沟。

（1）排水沟的线形要求平顺，尽可能采用直线形，转弯处宜做成弧线，其半径不宜小于10m；排水沟长度根据实际需要而定，通常不宜超过500m。

（2）排水沟沿线路布设时，应离路基尽可能远一些，距路基坡脚不宜小于3～4m。

（3）当排水沟、截水沟、边沟因纵坡过大产生水流速度大于沟底、沟壁土的容许冲刷流速时，沟表面应采取加固措施。

4. 跌水与急流槽（吊沟）的施工技术要点

跌水是指在陡坡或深沟地段设置的沟底为阶梯形，水流呈瀑布跌落式通过的沟槽。跌水有单级式和多级式两种，其作用是降低流速，消减水的能量。

急流槽是指在陡坡或深沟地段设置的坡度较陡的沟槽。其作用是在很短的距离内、水面落差很大的情况下进行排水。多用于涵洞的进出水口、高路堤路段排泄路面汇水、道路超高段横向排水。

（1）跌水与急流槽必须采用浆砌圬工结构。跌水的台阶高度可根据地形、地质等条件决定，一般不应大于 0.5~0.6m，通常是 0.3~0.4m。多级台阶的各级高度可以不同，其高度与长度之比应与原地面坡度相适应。

（2）急流槽的纵坡不宜超过 1∶1.5，同时应与天然地面坡度相配合。当急流槽较长时，槽底可用几个纵坡，一般是上段较陡，向下逐渐放缓。

（3）当急流槽很长时，应分段砌筑，每段不宜超过 10m，接头处用防水材料填塞密实。急流槽的砌筑应使自然水流与涵洞进、出口之间形成一个过渡段，基础应嵌入地面以下，基底要求砌筑抗滑平台并设置端护墙。

（4）路堤急流槽的修筑，应能为水流流入排水沟提供一个顺畅通道，路缘石开口及流水进入路堤边坡急流槽的过渡段应连接圆顺。

（5）在高路堤道路纵坡不大的地段，急流槽进水口在路肩上可做成簸箕形，导引水流流入急流槽。在纵坡较大地段，急流槽进水口于路肩上增设拦水带，拦截上游来水使之进入急流槽。急流槽、跌水构造见图 1.33~图 1.35。

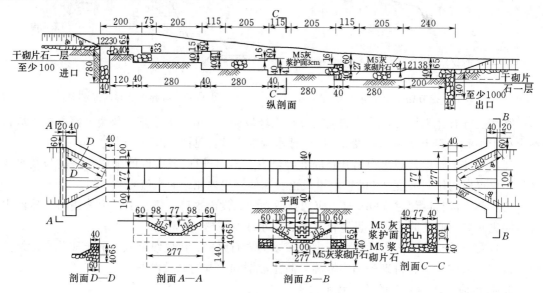

图 1.33　跌水结构图（尺寸单位：cm）

5. 雨水井与检查井的施工技术要点

在道路宽、车道多、雨量大的地段，可采用雨水井与检查井排除超高路段积水。处理分隔带旁积水的雨水井，可设置于分隔带旁的路缘带内，如无路缘带，则可直接设于路面的边缘。雨水井与检查井的设置距离应根据当地降雨量决定，弯道处约每隔 40m 设一口。

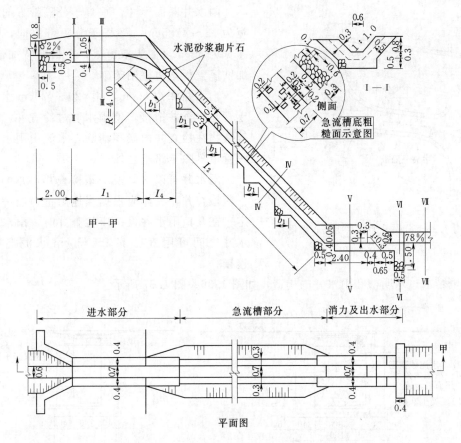

图 1.34　急流槽结构图（尺寸单位：cm）

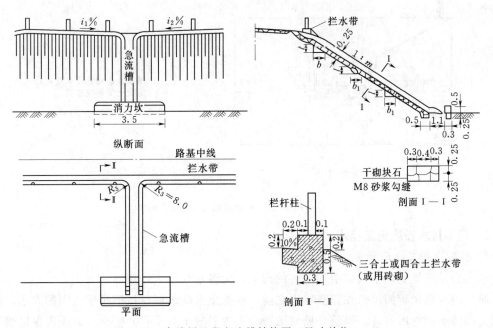

图 1.35　高路堤地段急流槽结构图（尺寸单位：cm）

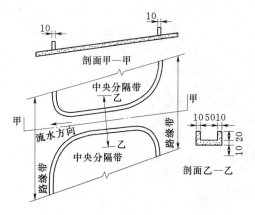

图 1.36　分隔带上过水明槽布置图
（尺寸单位：cm）

雨水井断面尺寸，垂直于分隔带方向一般净宽为 38～41.5cm，平行于分隔带方向，单篦式净宽为 60cm（如为双篦式，上口净宽加倍），上加铁篦盖板，边墙用砖砌。

雨水井深约 60cm，用 $\phi20～\phi30cm$ 水泥混凝土管与检查井衔接，使雨水通过检查井，将泥砂等杂物在检查井内淤积清除，水流由雨水井的另一管道排除至路基之外。

雨水井可以一口设一座检查井，亦可几口设一座检查井，具体应根据当地雨量与经济比较决定。在几口雨水井设一座检查井时，雨水井与雨水井之间可用直径 $\phi20～\phi30cm$ 水泥混凝土管连接。

分隔带上过水明槽和雨水井的构造，如图 1.36、图 1.37 所示。

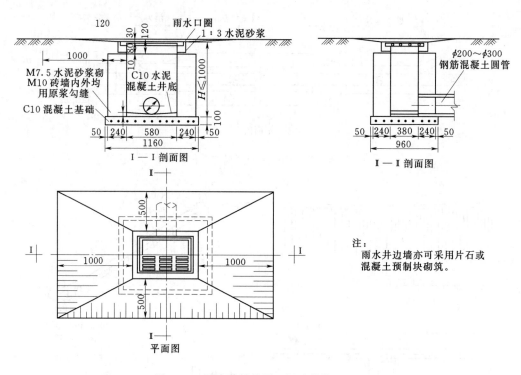

图 1.37　雨水井结构图（尺寸单位：mm）

1.6.2　地下排水设施施工技术

1. 暗沟的施工技术要点

暗沟为设在地面以下用以引导水流的沟渠，无渗水和汇水作用。

暗沟的构造比较简单。在路基填土之前，或挖出泉眼之后，按照泉眼范围的大小，剥除泉眼上层浮土，挖出泉井，砌筑井壁与沟壁，上盖混凝土（或石）盖板。井深应保证盖板顶面的填土厚度不小于 50cm，井宽按泉眼大小决定。暗沟高约为 20cm，宽 20～30cm。过水暗沟（如两雨水井之间的水道连接），亦可采用混凝土水管。

（1）当地下水位较高、潜水层埋藏不深时，可采用暗沟（或排水沟）截留地下水及降低地下水位，沟底宜埋入不透水层内。沟壁最下一排渗水孔（或裂缝）的底部宜高出沟底不小于 20cm。暗沟设在路基旁侧时，宜沿路线方向布置，设在低洼地带或天然沟谷处时，宜顺山坡的沟谷走向布置。排水沟也可兼排地表水，但在寒冷地区不宜用于排除地下水。

（2）暗沟（或排水沟）采用混凝土浇筑或浆砌片石砌筑时，应在沟壁与含水地层接触面的高度处设置一排或多排向沟中倾斜的渗水孔，沟壁外侧应填以粗粒透水材料或土工合成材料作反滤层。沿沟槽每隔 10～15m 或当沟槽通过软硬岩层分界处时，应设置伸缩缝或沉降缝。

2. 渗井的施工技术要点

渗井（渗水井）是指为将边沟排不出的水渗到地下透水层中而设置的用透水材料填筑的竖井。其构造如图 1.38 所示。

（1）渗井尺寸 50～60cm，井内按层次在下层透水范围内填碎石或卵石，上层不透水层范围内填砂或砾石。填充料采用筛洗过的不同粒径的材料，应层次分明，不得粗细料混杂填塞。井壁和填充料之间应设反滤层。

（2）渗井离路堤坡脚不应小于 10m，渗井顶部四周（进口部分除外）用粘土筑堤维护，井顶应加混凝土盖，严防渗井淤塞。

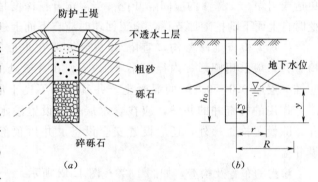

图 1.38 渗井构造及渗水扩散曲线图
（a）渗井构造图；（b）渗水扩散曲线图

3. 渗沟的施工技术要点

渗沟是在地面以下汇集流向路基的地下水，并将其排除到路基范围之外。当路线所经地段遇有潜水、层间水、路堑顶部出现地下水或地下水位较高，影响路基或路堑边坡稳定时，需修建渗沟将水排除。

渗沟有填石渗沟（盲沟）、管式渗沟和洞式渗沟三种形式。其施工要点如下：

（1）渗沟周围应设置排水层（或管、洞）、反滤层和封闭层。

（2）填石渗沟适用于渗流不长的地段。其埋置深度应满足渗水材料的顶部（封闭层以下）不低于原有地下水位的要求；当排除层间水时，渗沟底部应埋于最下面的不透水层上；在冰冻地区，渗沟埋深不得小于当地最小冻结深度。填石渗沟的纵坡不小于 1%，一般采用 5%，出水口底面高程应高出沟外最高水位 0.2m。

填石渗沟的断面通常为矩形或梯形，渗沟的底部和中间用粒径 3～5cm 的碎石或卵石填筑，在其周围按一定比例分层（层厚约 15cm）填较细颗粒的中砂、粗砂、砾石，做成反滤层，材料在使用前须经筛选和清洗。用土工合成材料包裹有孔的硬塑管时，管四周填以大于塑管孔径的等粒径碎、砾石组成渗沟。填石渗沟顶部的封闭层，用双层反铺草皮或其他材料（如土工合成的防渗材料）铺成，并在其上夯填厚度不小于 0.5m 的粘土防水层。

（3）管式渗沟适用于地下水引水较长、流量较大的地区。当管式渗沟长度为 100～300m

时，其末端宜设横向泄水管分段排除地下水。管式渗沟的泄水管可用陶瓷管、混凝土、石棉、水泥或塑料等材料制成，管壁应设泄水孔，交错布置，间距不宜大于20cm。渗沟的高度应使填料的顶面高于原地下水位。沟底垫枕一般采用干砌片石；如沟底深入到不透水层时宜采用浆砌片石、混凝土或土工合成的防水材料。

（4）洞式渗沟适用于地下水流量较大的地段，洞壁宜采用浆砌片石砌筑，洞顶应用盖板覆盖，盖板之间应留有空隙，使地下水流入洞内。洞式渗沟的高度要求同管式渗沟。

（5）渗沟的平面布置，除路基边沟下（或边沟旁）的渗沟应按路线方向布置外，用于截断地下水的渗沟轴线宜布置成与渗流方向垂直，用作引水的渗沟应布置成条形或树枝形。

（6）渗沟的出水口宜设置端墙，端墙下部留出与渗沟排水通道大小一致的排水沟，端墙排水孔底面距排水沟沟底的高度不宜小于0.2m，在寒冷地区不宜小于0.5m。端墙出口的排水沟应进行加固，防止冲刷。

（7）渗沟的开挖宜自下游向上游进行，并应随挖随支撑并迅速回填，不可暴露太久，以免造成坍塌。支撑渗沟应间隔开挖。当渗沟开挖深度超过6m时，宜选用框架式支撑，在开挖时自上而下随挖随加支撑，施工回填时应自下而上逐步拆除支撑。

（8）为检查维修渗沟，宜隔30～50m或在平面转折和坡度由陡变缓处设置检查井。检查井一般采用圆形，内径不小于1.0m，在井壁处的渗沟底应高出井底0.3～0.4m，井底铺一层厚0.1～0.2m的混凝土。井基如遇不良土质，应采取换填、夯实等措施。兼起渗井作用的检查井的井壁，应在含水层范围设置渗水孔和反滤层。深度大于20m的检查井，除设置检查梯外，还应设置安全设备。井口顶部应高出附近地面约0.3～0.5m，并设井盖。

渗沟的布置及构造，如图1.39～图1.42所示。

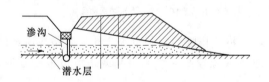

图1.39　拦截潜水流向路堤的渗沟

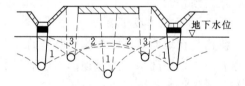

图1.40　降低地下水的渗沟（图中数字为降低后的地下水位线）

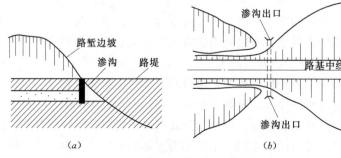

（a）

（b）

图1.41　截断路堑层间水的渗沟
（a）剖面图；（b）平面图

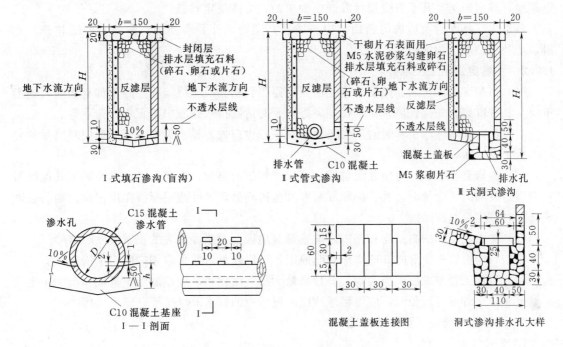

图 1.42 渗沟构造图（尺寸单位：cm）

1.7 路基的整修维修与验收标准

1.7.1 路基整修施工技术要点

（1）路基工程基本完成后，必须进行全线的竣工测量，包括中线测量、横断面测量及高程测量等，以作为竣工验收的依据。

（2）当路基土石方工程基本完工时，应由施工单位会同施工监理人员，按设计文件要求检查路基中线、高程、宽度、边坡坡度和截、排水系统。根据检查结果编制整修计划，进行路基及排水系统整修。

（3）路基边坡应做到设计要求的边坡比。土质路基表面的整修，可用机械辅以人工切土或补土，并配合压路机械碾压。深路堑边坡整修应自上而下进行削坡整修，不得在边坡上以土贴补。石质路基坡面上的松石、危石应及时清除。

（4）边坡需要加固的地段，应预留加固位置和厚度，使完工后的坡面与设计边坡一致。当路堑或填方边坡受雨水冲刷形成小冲沟时，应将原边坡挖成台阶，分层填补，仔细夯实，再按设计坡面削坡。如填补的厚度很小（10~20cm），而又非边坡加固地段时，可用种草整修的方法，以种植土来填补，但应顺适、美观、牢靠。

（5）填土经压实后，不得有松散、软弹、翻浆及表面不平整现象。反之，需重新处理。

（6）土质路基表面做到设计高程后宜用平地机刮平，石质路基表面应用石屑嵌缝紧密、平整，不得有坑槽和松石。

（7）边沟的整修应挂线进行。对各种水沟的纵坡（包括取土坑纵坡）应仔细检查，使沟底平整，排水畅通。凡不符合设计及规定要求的，应按规定整修。

截水沟、排水沟及边坡的断面、边坡坡度，应按设计要求办理。沟的表面应整齐、光滑，填补的凹坑应拍捶密实。

1.7.2 路基维修施工技术要点

（1）路基工程完工后、路面未施工前及道路工程初验后至终验前，路基如有损毁，施工单位应负责维修，并保证路基排水设施完好，及时清除排水设施中淤积物、杂草等。

对较长时间中途停工和暂时不做路面的路基，也应做好排水设施，复工前应对路基各分项工程予以修整。

（2）整修路基表面，应使其无坑槽，并保持规定的路拱。在路堤、雨水冲刷或其他原因发生裂缝沉陷时，应及时修补、加固或采取其他措施处理，并查明原因作出记录。遇路堑边坡坍方时，应及时清除。

（3）在未经加固的高路堤和路堑边坡或潮湿地区，对路堤有害的积雪应及时清除。

（4）当构造物有变形时，应详细查明原因，予以修复，并采取相应的稳定措施。

（5）路基工程完成后，当大雨、连日暴雨、积雪融化后，应控制施工机械和车辆在土质路基上通行。若不可避免时，应将碾压造成的坑槽中的积水及时排干，整平坑槽。

1.7.3 路基工程质量检查验收标准

1. 土质路基

（1）填土压实后，不得有松散、软弹、翻浆及表面不平整现象，路拱合适，排水良好。

（2）凡有影响路基质量及设计要求换土的路段，必须选点抽查，挖坑检验。坑深至0.8m，如发现不合格，必须重新处理。

（3）各类沟槽的回填土不得含污泥、腐殖土及其他有害物质。

（4）土质路基的压实度必须满足表1.13规定，检验频率：每摊铺层每1000m² 为一组，每组至少为三点，必要时可根据需要加密。检验方法可用环刀法或灌砂法。

2. 石质路基

（1）石方路堑的开挖宜采用光面爆破法。爆破后应及时清理险石、松石，确保边坡安全、稳定。

（2）填石要严格遵守《城市道路路基工程施工及验收规范》（CJJ 44—91）及1.4节的有关规定。修筑填石路堤时，应进行地表清理，逐层水平填筑石块，摆放平稳，码砌边部。填筑层厚度及石块尺寸应符合设计和规范规定。填石空隙用石渣、石屑嵌压稳定。上、下路床填料和石料最大尺寸应符合规范规定。采用振动压路机分层碾压，压至填筑层顶面石块稳定，20t 以上压路机振压两遍无明显标高差异，经重型压路机或振动压路机分层碾压，表面不得有波浪、松动等现象

（3）路基表面应整修平整，石质路基允许偏差见表1.21。

3. 路床

（1）土石路床必须用12～15t压路机碾压检验，其轮迹不得大于5mm。

（2）石质路床必须嵌缝紧密，不得有坑槽和松石。

（3）土质路床不得有翻浆、软弹、起皮、波浪、积水等现象，压实度不得小于表1.13的规定，每1000m² 至少测三点。

（4）路床允许偏差应符合表1.22的规定。

表 1.21　　　　　　　　　　　　　　　石质路基允许偏差表

序号	项目		允许偏差(mm)	检验频数		检验方法
				范围(m)	点数	
1	路中线标高①		+50 −200	20	3	用水准仪沿横断面测量左、中、右各一位
2	路基宽	路堑挖深≤3m	+100 0	20	2	用尺量（沿横断面由路中心向两边各量一点）
		路堑挖深>3m	+200 −50	20	2	
		填方	不小于设计规定			
3	边坡		不陡于设计规定	20	2	用坡度尺量，每侧量一点

① 合格率必须达到100%。

表 1.22　　　　　　　　　　　　　　　路 床 允 许 偏 差 表

序号	项目	允许偏差		检 验 频 数			检验方法
		石路床(mm)	土路床(mm)	范围(m)	点 数		
1	路中线标高①	±20	±20	20	1		用水准仪测量
2	平整度	30	20	20	路宽(m)	<9 1	3m直尺法，量取最大间隙值
						9～15 2	
						>15 3	
3	宽度	+100 0	+200 0	40	1		用尺量
4	横坡	±0.5%	±20且不大于±0.3%	20	路宽(m)	<9 2	用水准仪测量
						9～15 4	
						>15 6	

① 合格率必须达到100%。

4. 边坡和边沟

（1）土质边坡必须平整、坚实、稳定，严禁贴坡。

（2）边沟上口线应整齐直顺，沟底平整，排水畅通。

（3）边沟、边坡允许偏差应符合表1.23的规定。

表 1.23　　　　　　　　　　　　　　　边坡、边沟允许偏差表

序号	项目	允许偏差(mm)	检验频数		检 验 方 法
			范围(m)	点数	
1	边坡坡度	不陡于设计规定	20	2	用坡度尺量，每侧边坡各一点
2	沟底标高	0 −30	20	2	用水准仪测量，每侧边沟各一点
3	沟底宽	不小于设计规定	20	2	用尺量，每侧边沟各一点

5. 附属结构物

（1）砌体的砂浆必须配比准确，填筑饱满密实。

（2）灰缝整齐均匀，缝宽符合要求，勾缝不得空鼓脱落。

（3）应分层砌筑，层间咬合紧密，必须错缝。

（4）沉降缝必须直顺，上下贯通。

（5）预埋构件、泄水孔、反滤层、防水设施等必须符合设计要求。

（6）干砌石块不得松动、叠砌和浮塞。

（7）护坡、护脚、护面墙、挡土墙允许偏差应符合表 1.24 的规定。

表 1.24　　　　　　　护坡、护脚、护面墙、挡土墙允许偏差表

序号	项　目		允　许　偏　差　（mm）			检验频数		检验方法
			浆砌料石、砖、砌块、挡土墙	浆砌片（块）石		干砌片（块）石、护底护坡	范围（m）	点数	
				挡土墙	护底护坡				
1	砂浆强度等级①		平均值不低于设计强度等级						见注
2	断面尺寸		+10 0	不小于 设计规定	不小于 设计规定	不小于 设计规定	20	2	用尺量，宽度上、下各一点
3	顶面高程		±10	±15			20	2	用水准仪测量
4	轴线位移		10	15			20	2	用经纬仪测量，纵横向各一点
5	墙面垂直度		0.5%H 且≤20	0.5%H 且≤30			20	2	用垂线检验
6	平整度①	料石	20	30			20	2	用 2m 直尺靠量
		砖、砌块	10	30					
7	水平缝平直度		10				20	2	拉 20m 小线检验
8	墙面坡度		不陡于设计规定				20	1	用坡度尺检验
9	基底高程	土方	±30	±30			20	2	用水准仪测量
		石方	±100	±100					

注　1. 表中 H 为构筑物高度，单位 mm。

　　2. 浆砌卵石的规格可参照浆砌块石的规定。

　　3. 各个构筑物或每 50m³ 砌体制作一组（6 块）砂浆试块，配合比变更时，也应制作试块。

　　4. 砂浆试块的平均强度不低于设计规定，任意一组试块的强度最低值不低于设计规定的 85%。

① 合格率必须达到 100%。

复 习 思 考 题

1.1　路基施工的基本程序、特点和基本方法是什么？

1.2　路基施工前准备工作主要有哪些？

1.3　路堤填筑方案有哪几种？其适用条件如何？

1.4　土质路堤基底处理的施工要点有哪些？

1.5　路堤填料应符合哪些要求？

1.6　路基填筑压实的基本要求有哪些？采用水平分层填筑法进行路堤填筑压实施工时的施工要点有哪些？

1.7　土石路堤、填石路堤填筑施工技术要点有哪些?

1.8　路堑开挖有哪些方案,应如何选用?

1.9　路堑开挖施工技术要点有哪些?

1.10　土方工程施工机械的选择应考虑哪些因素?机械化施工的具体要求有哪些?

1.11　土基压实程度如何表示?计算公式如何?我国现行压实标准有几种?如何应用?

1.12　压实机具选择的依据是什么?压实工作的技术要点与要求有哪些?

1.13　爆破作用的基本原理是什么?

1.14　中小爆破方法主要有哪些?

1.15　爆破施工中,必须遵循的规定有哪些?

1.16　什么叫光面爆破?什么叫预裂爆破?

1.17　路基防护与加固的原则有哪些?

1.18　坡面防护加固有哪些方法?其施工技术要点是什么?

1.19　路基冲刷防护有哪些方法?其施工技术要点是什么?'

1.20　路基边坡施工中易出现哪些问题?其处治方法及施工技术要点是什么?

1.21　常用的路基地面排水设施主要有哪些?

1.22　边沟施工技术要点主要有哪些?

1.23　截水沟主要的作用是什么?

1.24　排水沟施工技术要点有哪些?

1.25　暗沟的主要作用是什么?其施工技术要点有哪些?

1.26　渗沟的主要作用是什么?有哪几种主要形式?

1.27　路基整修施工技术要点是什么?

1.28　路基维修施工技术要点是什么?

1.29　路基检查验收的主要内容和标准是什么?

第 2 章　垫层、基层施工技术

教学要求：了解各种垫层、基层的施工程序与施工技术要点，掌握级配碎砾石、石灰稳定土、水泥稳定土、石灰工业废渣类各种底基层、基层的材料要求、混合料配合比设计方法及施工技术要点。

2.1　垫层、填隙碎石施工技术

2.1.1　垫层

垫层是设置于底基层与土基之间的结构层，起排水、隔水、防冻、防污等作用，以加强土基和改善基层的工作条件，通常设于路基处于潮湿和过湿及有冰冻翻浆的路段。铺设在地下水位较高地区能起隔水作用的垫层称隔离层；铺设在冰冻较深地区能起防冻作用的垫层称防冻层。垫层还能扩散由基层传下来的应力，以减小土基的应力和变形，且能阻止路基土挤入基层中，从而保证了基层的结构性能。路面垫层材料宜采用水稳性好的粗粒料或各种稳定类粒料，厚度一般多采用经验值，其施工技术要求和填筑标准可参照后续的相关内容，在此不做专门介绍。

2.1.2　填隙碎石

填隙碎石是指用单一尺寸的粗碎石做主骨料，用填隙料填满碎石间的孔隙，以增加密实度和稳定性，形成嵌锁结构。可作为各级道路的底基层和次干路或支路的基层。

1. 材料要求

（1）用做基层时，碎石的最大粒径不应超过 53mm；用做底基层时，不应超过 63mm。

（2）粗碎石可用具一定强度的各种岩石或漂石轧制，但漂石的粒径应为粗碎石最大粒径的 3 倍以上；也可以用稳定的矿渣轧制，但其干密度和质量应比较均匀，且干密度不小于 960kg/m³。材料中的扁平、长条和软弱颗粒的含量不应超过 15%。

（3）填隙碎石、粗碎石的颗粒组成见表 2.1 规定。填隙料的颗粒组成见表 2.2。

表 2.1　　　　　　　　　　　填隙碎石、粗碎石的颗粒组成表

编号	通过质量百分率（%）／筛孔尺寸（mm）／标称尺寸（mm）	63	53	37.5	31.5	26.5	19	16	9.5
1	30～60	100	25～60		0～15		0～5		
2	25～50		100		25～50	0～15		0～5	
3	20～40			100	35～70		0～15		0～5

表 2.2　　　　　　　　　　　填隙料的颗粒组成表

筛孔尺寸（mm）	9.5	4.75	2.36	0.6	0.075	塑性指数
通过质量百分率（%）	100	85～100	50～70	30～50	0～10	<6

（4）粗碎石的压碎值应符合下述规定：用做基层时不大于26%，用做底基层时不大于30%，细集料应干燥。

（5）应采用振动轮每米宽质量不小于1.8t的振动压路机进行碾压。填隙料应填满粗碎石层内部的全部孔隙。碾压后，表面粗碎石间的孔隙应填满，但不得使填隙料覆盖粗集料而自成一层，表面应看得见粗碎石。碾压后基层的固体体积率应不小于85%，底基层的固体体积率应不小于83%。

（6）填隙碎石基层未洒透层沥青或未铺封层时，禁止开放交通。

2. 施工程序及技术要点

填隙碎石的施工程序如图2.1所示，施工技术要点如下：

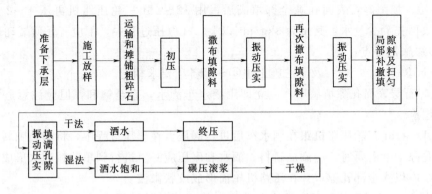

图 2.1　填隙碎石工艺流程图

（1）准备下承层。不论填隙碎石下是底基层、垫层或土基，都要求平整坚实、无松散或软弱点，压实度要符合要求。

（2）施工放样。在下承层上恢复中线。直线段每15～20m设一桩，平曲线段每10～15m设一桩，并在两侧路肩外设指示桩。同时要进行水平测量，在两侧指示桩上标出基层边缘的设计高程。

（3）备料。根据各路段基层或底基层的宽度、厚度及松铺系数，计算各段需要的粗碎石数量；根据运料车辆的车厢体积，计算每车料的堆放距离。填隙料的用量约为粗碎石质量的30%～40%。

（4）运输和摊铺粗碎石。运输时，应控制每车装料的数量基本相等，在同一料场供料的路段内，由远到近将粗碎石按计算的距离卸于下承层上，应特别注意卸料距离的控制，防止出现有的路段料不够或料过多的现象。用平地机或其他合适的机具将粗碎石均匀地摊铺在预定的宽度上，表面应力求平整，并有规定的路拱，且应同时摊铺路肩用料。然后，检查松铺材料层的厚度是否符合要求，必要时，应进行减料或补料。

（5）撒铺填隙料和碾压。

1）干法施工要点：

a. 初压。用8t两轮压路机碾压3～4遍，使粗碎石稳定就位。在直线和不设超高的平曲线段上，碾压从两侧路肩开始，逐渐错轮向路中进行；在设超高的平曲线段上，碾压从内侧路肩开始，逐渐错轮向外侧路肩进行。错轮时，每次重叠1/3轮宽。在第一遍碾压后，应再次找平。初压终了时，表面应平整，并具有要求的路拱和纵坡。

b. 撒铺填隙料。采用石屑撒布机或类似的设备将干填隙料均匀地撒铺在已压稳的粗碎石层上，松铺厚度约 2.5～3.0cm。必要时，用人工或机械扫匀。

c. 碾压。用振动压路机慢速碾压，将全部填隙料振入粗碎石间的孔隙中。如无振动压路机，可采用重型振动板。碾压方法与初压相同，但路面两侧应多压 2～3 遍。

d. 再次撒布填隙料。松铺厚度约为 2.0～2.5cm

e. 再次碾压。此时，应重点找补局部填隙料的不足处，多余的填隙料则予以扫除。

f. 整修。再次碾压后，如表面仍有未填满的孔隙，则应再补撒填隙料并用振动压路机继续碾压，直至全部孔隙被填满为止。

g. 分层铺筑。当需分层铺筑时，应将已压成的填隙碎石外露 5～10mm，然后再在其上摊铺第二层粗碎石，并按前述各项要求进行施工。

h. 终压。填隙碎石表面孔隙全部填满后，用 12～15t 三轮压路机再压 1～2 遍。碾压前，宜在表面先洒少量水，其量为 3kg/m² 以上，在碾压过程中，不应有任何蠕动现象。

2) 湿法施工要点：

a. 与上述（1）～（4）及干法施工中ⓐ～ⓕ各项要求相同。

b. 粗碎石层表面孔隙填满后，应立即用洒水车洒水，直至饱和，但应注意避免多余水浸泡下承层。

c. 用 12～15t 三轮压路机跟在洒水车后进行碾压。在碾压过程中，将湿填隙料不断扫入所出现的孔隙中。需要时，应添加新料。洒水和碾压应一直进行到填隙料和水形成粉砂浆为止。粉砂浆应填塞全部孔隙，并在压路机轮前形成纹状微波。

d. 干燥。碾压完成的路段应让水分蒸发一段时间。结构层变干后，表面多余的细料或细料覆盖层均应扫除干净。

e. 当需分层铺筑时，应待结构层变干后，将已压成的填隙碎石层表面的填隙料扫去一些，使表面粗碎石外露 5～10mm，然后在其上摊铺第二层粗碎石，再按上述要求施工。

应特别指出：填隙碎石基层未洒透层沥青或未铺封层时，禁止开放交通。填隙碎石基层质量的好坏，取决于两个关键：①从上到下粗碎石间的孔隙一定要填满，即应达到规定的密实度，压实良好的填隙碎石密实度通常约为固体体积率的 85％～90％；②表面粗碎石间的孔隙既要填满填隙料，填隙料又不能覆盖粗碎石而自成一层，表面应看得见粗碎石，其棱角可外露 5～10mm，这对薄沥青面层非常重要，它可保证薄沥青面层与基层粘结良好，避免薄沥青面层在基层顶面发生推移破坏。

2.2 级配碎砾石施工技术

级配碎（砾）石是指粗、中、小碎（砾）石集料和石屑各占一定比例的混合料，当其颗粒组成符合规定的密实级配要求时，称为级配碎（砾）石。级配碎石可用做道路的基层和底基层及较薄沥青面层与半刚性基层之间的中间层；而级配砾石适用于轻交通道路的基层以及各种道路的底基层，天然砂砾如符合规定的级配要求，且塑性指数在 6 或 9 以下时，可以直接用做基层。

2.2.1 材料要求

（1）砾石为天然材料，碎石可用各种岩石（软质岩石除外）、漂石或矿渣轧制。漂石轧制碎石时，其粒径应是碎石最大粒径的 3 倍以上，矿渣应是已崩解稳定的，其干密度不小于

$960kg/m^3$，且干密度和质量比较均匀。碎（砾）石中针片状颗粒的总含量应不超过 20％，且不含粘土块、植物等有害物质。用做基层时，碎（砾）石的最大粒径不应超过 37.5mm；用做底基层时，不应超过 53mm。

（2）石屑及其他细集料可以使用一般碎石场的细筛余料或专门轧制的细碎石集料，亦可用天然砂砾或粗砂代替，但其颗粒尺寸应合适，且天然砂砾或粗砂应有较好的级配。

（3）压碎值要求。级配碎石或级配碎砾石所用石料的压碎值应满足表 2.3 的规定。

表 2.3　　　　　　　级配碎石或级配碎砾石压碎值要求表

道路类型	快速路及主干路	次干路	支路	道路类型	快速路及主干路	次干路	支路
基层	≤26％	≤30％	≤35％	底基层	≤30％	≤35％	≤40％

（4）级配碎石或级配碎砾石的颗粒组成范围见表 2.4～表 2.6。

表 2.4　级配碎（砾）石的颗粒组成范围表

通过质量百分率（％）　编号 项目	1	2	3
筛孔尺寸 （mm）　53	100		
37.5	90～100	100	
31.5	81～94	90～100	100
19.0	63～81	73～88	85～100
9.5	45～66	49～69	52～74
4.75	27～51	29～54	29～54
2.36	16～35	17～37	17～37
0.6	8～20	8～20	8～20
0.075	0～7[1]	0～7[1]	0～7[1]
液限（％）	<28	<28	<28
塑性指数	<6（或9[2]）	<6（或9[2]）	<6（或9[2]）

①　对于无塑性的混合料，小于 0.075mm 的颗粒含量应接近高限。

②　潮湿多雨地区塑性指数宜小于 6，其他地区塑性指数宜小于 9。

表 2.5　未筛分碎石底基层颗粒组成范围表

通过质量百分率（％）　编号 项目	1	2
筛孔尺寸 （mm）　53	100	
37.5	85～100	100
31.5	69～88	83～100
19.0	40～65	54～84
9.5	19～43	29～59
4.75	10～30	17～45
2.36	8～25	11～35
0.6	6～18	6～21
0.075	0～10	0～10
液限（％）	<28	<28
塑性指数	<6（或9[1]）	<6（或9[1]）

①　在潮湿多雨地区，塑性指数宜小于 6，其他地区塑性指数宜小于 9。

表 2.6　　　　　　　砂砾底基层的级配范围表

筛孔尺寸（mm）	53	37.5	9.5	4.75	0.6	0.075
通过质量百分率（％）	100	80～100	40～100	25～85	8～45	0～15

（5）材料的应用要求：

1）级配碎（砾）石用作次干路及支路的基层时，其颗粒组成和塑性指数应满足表 2.4 中 2 号级配要求，同时级配曲线宜为圆滑曲线。

2）当塑性指数偏大时，塑性指数与 0.5mm 以下细土含量的乘积应符合下述规定：在年降雨量小于 600mm 的地区，地下水位对土基没有影响时，乘积不应大于 120；在潮湿多雨地区，乘积不应大于 100。

3）级配碎石用作快速路及主干路的基层或中间层时，其颗粒组成和塑性指数应满足表 2.4 中 3 号级配要求。级配砾石用作底基层的颗粒组成和塑性指数应满足表 2.4 中 1 号级配要求，同时级配曲线宜为圆滑曲线。

4）未筛分碎石用作次干路及支路的底基层时，其颗粒组成和塑性指数应符合表 2.5 中 1 号级配的规定。用作快速路及主干路的底基层时，其颗粒组成和塑性指数应符合表 2.5 中 2 号级配的要求。

5）用做底基层的砂砾、砂砾土或其他粒状材料的级配，应位于表 2.6 的范围内。液限应小于 28%，塑性指数应小于 9。

2.2.2 施工程序与施工技术要点

1. 路拌法施工程序与施工要点

路拌法施工程序如图 2.2 所示，其施工技术要点如下：

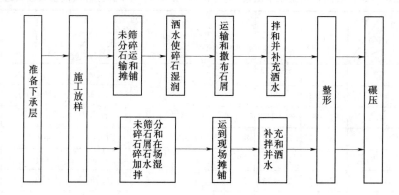

图 2.2　路拌法施工工艺流程图

（1）备料。

1）计算材料用量。采用未筛分碎石或不同粒级的碎（砾）石和石屑组成级配碎（砾）石时，应按使用要求和相应的级配号（见表 2.4、表 2.5）计算不同粒级碎（砾）石和石屑的配合比；根据各路段基层或底基层的宽度、厚度及规定的压实干密度，并按确定的配合比分别计算各段需要的未筛分碎石、不同粒级碎（砾）石和石屑的数量，同时计算出每车料的堆放距离。

2）未筛分碎石、级配碎（砾）石和石屑可按预定比例在料场混合，同时洒水加湿，使混合料的含水量超过最佳含水量约 1%。

（2）运输和摊铺集料。

其施工要点基本同"2.1.2 填隙碎石"❶，但还需注意：

1）集料在下承层上的堆置时间不应过长，运送集料较摊铺集料工序只宜提前数天。未筛分碎石和石屑分别运送时，应先运送碎石，且料堆每隔一定距离应留一缺口。

2）集料的松铺系数和厚度应通过试验确定。人工摊铺时，其松铺系数约为 1.40～1.50；平地机摊铺时，约为 1.25～1.35。

---

❶　如无说明，引见时内容均为本篇本章的章节层次的内容。

3) 现场拌和时，未筛分碎石摊铺平整后，在较潮湿的情况下，将石屑计算堆放距离丈量好，并卸下石屑，用平地机并辅以人工将石屑均匀摊铺在碎石层上。

4) 采用不同粒级的碎（砾）石和石屑时，应将大碎（砾）石铺于下层，中碎石铺于中层，小碎（砾）石铺于上层。洒水使碎（砾）石湿润后，再摊铺石屑。

（3）拌和与整形。

1) 一般应采用专用稳定土拌和机拌和级配碎（砾）石，若无稳定土拌和机时，可采用平地机或多铧犁与缺口圆盘耙相配合进行拌和。其要点是：

a. 用稳定土拌和机时，应拌和两遍以上，拌和深度应直到级配碎（砾）石层底。在进行最后一遍拌和之前，必要时先用多铧犁紧贴底面翻拌一遍。

b. 用平地机进行拌和时，宜翻拌 5～6 遍，使石屑均匀分布于碎（砾）石料中。平地机拌和的作业长度，每段宜为 300～500m。平地机刀片的安装角度宜符合表 2.7 和图 2.3 的要求。

表 2.7　　　　　　　　　　　　　　　平地机刀片安装角度表

拌和条件	平面角 α （°）	倾角 β （°）	切角 γ （°）	拌和条件	平面角 α （°）	倾角 β （°）	切角 γ （°）
干拌	30～50	45	3	湿拌	35～40	45	2

c. 用缺口圆盘耙与多铧犁相配合拌和时，用多铧犁在前翻拌，圆盘耙紧跟后面拌和，即采用边翻边耙的方法，每一作业段长度宜为 100～150m，共 4～6 遍，应注意随时检查调整翻耙的深度。并特别注意用多铧犁翻拌时，第一遍由路中心开始，将混合料向中间翻，且机械应慢速前进；第二遍从两边开始，将混合料向外翻。

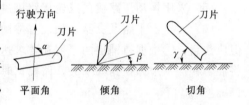

图 2.3　平地机刀片安装示意图

2) 使用在料场已拌和均匀的级配碎（砾）石混合料时，摊铺后如有离析现象，应用平地机进行补充拌和。

3) 用平地机将拌和均匀的混合料按规定的路拱进行整平和整形，并注意消除粗细集料的离析现象。

4) 用拖拉机、平地机或轮胎压路机在已初平的路段上快速碾压一遍，以暴露潜在的不平整之处，再用平地机进行整平和整形。

（4）碾压。

1) 整形后，当混合料的含水量等于或略大于最佳含水量时，立即用 12t 三轮压路机（每层压实厚度不应超过 15～18cm）、振动压路机或轮胎压路机进行碾压（每层压实厚度不应超过 20cm）。直线和不设超高的平曲线段，由两侧路肩开始向路中心碾压；在设超高的平曲线段，由内侧向外侧路肩进行碾压。碾压时，后轮应重叠 1/2 轮宽，并必须超过两段的接缝处。后轮压完路面全宽时，即为一遍，碾压一直进行到要求的密实度，一般需压 6～8 遍，使表面轮迹深度不大于 5mm 为止。压路机的碾压速度，头两遍以 1.5～1.7km/h 为宜，以后用 2.0～2.5km/h。路面的两侧应多压 2～3 遍。

2) 严禁压路机在已完成的或正在碾压的路段掉头或急刹车。

3）凡含土的级配碎石层，都应进行滚浆碾压，一直压到碎石层中无多余细土泛到表面为止。滚到表面的浆（或事后变干的薄土层）应清除干净。

　　（5）横缝的处理。两作业段的衔接处，应搭接拌和。第一段拌和后，留5～8m不进行碾压；第二段施工时，前段留下未压部分与第二段一起拌和整平后，再进行碾压。

　　（6）纵缝的处理。首先应避免纵向接缝。在必须分两幅铺筑时，纵缝应搭接拌和。前一幅全宽碾压密实后，在后一幅拌和时，应将相邻的前幅边部约30cm搭接拌和，整平后一起碾压密实。

　　2. 中心站集中厂拌法施工要点（以级配碎石为例）

　　（1）中心站采用强制式拌和机、卧式双转轴桨叶式拌和机、普通水泥混凝土拌和机等多种机械进行集中拌和。在正式拌和前，必须先调试所用厂拌设备。

　　（2）对于快速路及主干路的基层和中间层，宜采用不同粒级的单一尺寸碎石和石屑，按预定配合比在拌和机内拌制混合料。不同粒级的碎石和石屑等细集料应隔离分别堆放，细集料应有覆盖，防止雨淋。

　　（3）在采用未筛分碎石和石屑时，如未筛分碎石或石屑的颗粒组成发生明显变化，应重新调试设备。

　　（4）将级配碎石用于快速路及主干路时，应用沥青混凝土摊铺机或其他碎石摊铺机摊铺混合料，摊铺机后面应设专人消除粗细料离析现象。

　　（5）采用振动压路机或三轮压路机进行碾压，其碾压方法同2.2.2的"1. 路拌法"。

　　（6）对于次干路及支路，如没有摊铺机，也可用自动平地机（或摊铺箱）摊铺混合料。但应注意：①根据摊铺层的厚度和要求达到的压实干密度，计算每车混合料的摊铺面积；②将混合料均匀地卸在路幅中央，路幅宽时，亦可卸成两行；③用平地机将混合料按松铺厚度摊铺均匀。

　　（7）用平地机摊铺混合料后的整形和碾压与路拌法施工要点相同。

　　（8）接缝的处理要点。

　　1）横向接缝：①用摊铺机摊铺混合料时，靠近摊铺机当天未压实的混合料，可与第二天摊铺的混合料一起碾压，但应特别注意对其含水量的检查控制。②用平地机摊铺时，每天的工作缝按上述搭接拌和方法处理。

　　2）纵向接缝：应避免纵向接缝。如一台摊铺机摊铺宽度不够时，宜采用两台一前一后相隔约5～8m同步向前摊铺。如仅有一台时，可先在一条摊铺带上摊铺一定长度后，再开到另一条摊铺带上摊铺，然后一起进行碾压。

　　在不能避免纵向接缝的情况下，纵缝必须垂直相接，不应斜接，其处理要点是：①在前一幅摊铺时，后一幅的一侧应用方木或钢模板作支撑，其高度与级配碎石层的压实厚度相同，并在摊铺后一幅之前，将方木或钢模板除去。②如在摊铺前一幅时，未用方木或钢模板支撑，靠边缘的30cm左右难于压实，且形成一个斜坡。则在摊铺后一幅时，应先将未完全压实部分和不符合路拱要求部分挖松并补充洒水，待后一幅混合料摊铺后，再一起进行整平和碾压。

　　需着重指出：施工中，主要应控制颗粒的级配组成，特别是其中的最大粒径5mm以下及0.5mm以下和0.075mm以下的颗粒含量以及塑性指数。严格控制级配集料的均匀性（包括级配组成和含水量）和压实度。级配集料（含未筛分碎石）底基层不宜做成槽式，宜做成满铺式，以利排除进入路面结构层的水，否则两侧要设置纵向盲沟。对未筛分碎石，一定要在较潮湿情况下才能往上铺撒石屑，否则一旦开始拌和，石屑就会落到底部。级配碎石基层未洒透层沥青或未铺封层时，禁止开放交通。

2.3　水泥稳定土施工技术

水泥稳定土是指用水泥作结合料所得混合料的一个广义的名称，它包括用水泥稳定的各种细粒土、中粒土和粗粒土。在经过粉碎的或原来松散的土中，掺入足量的水泥和水，经拌和得到的混合料在压实和养生后，当其抗压强度符合规定的要求时，称为水泥稳定土。

用水泥稳定细粒土得到的强度符合要求的混合料，视所用土类而定，可简称为水泥土、水泥砂或水泥石屑等。用水泥稳定中粒土和粗粒土得到的强度符合要求的混合料，视所用原材料而定，可简称为水泥碎石，水泥砂砾等。

水泥稳定土适用于各种道路的基层和底基层，但水泥土不得作快速路及主干路的基层。

2.3.1　材料要求

（1）对于次干路及支路所用的粗粒土、中粒土、细粒土应满足以下要求：

1）用水泥稳定土做底基层时，土单个颗粒的最大粒径不应超过 53cm（指方孔筛，下同）。水泥稳定土的颗粒组成应在表 2.8 所列范围内，土的均匀系数应大于 5。细粒土的液限不应超过 40%，塑性指数不应超过 17。对于中粒土和粗粒土，如土中小于 0.6mm 的颗粒含量在 30% 以下，塑性指数可稍大。实际工作中，宜选用均匀系数大于 10、塑性指数小于 12 的土。塑性指数大于 17 的土，宜采用石灰稳定，或用水泥和石灰综合稳定。

表 2.8　　　　　　　　做底基层时水泥稳定土的颗粒组成范围

筛孔尺寸（方孔）（mm）	53	4.75	0.6	0.075	0.002
通过质量百分率（%）	100	50～100	17～100	0～50	0～30

2）水泥稳定土做基层时，单个颗粒的最大粒径不应超过 37.5mm。其颗粒组成应在表 2.9 的范围内。集料中不宜含有塑性指数大于 12 的土。对于次干路及支路宜按接近级配范围的下限组配混合料，或采用表 2.10 中的 2 号级配。

表 2.9　　　　　　　　做基层时水泥稳定土的颗粒组成范围

筛孔尺寸（方孔）（mm）	通过质量百分率（%）	筛孔尺寸（方孔）（mm）	通过质量百分率（%）
37.5	90～100	2.36	20～70
26.5	60～100	1.18	14～57
19	54～100	0.6	8～47
9.5	39～100	0.075	0～30
4.75	28～84		

3）级配碎石、未筛分碎石、砂砾、碎石土、煤矸石和各种粒状矿渣，均适宜用水泥稳定。碎石包括岩石碎石、矿渣碎石、破碎砾石等。

（2）用于快速路及主干路的粗粒土和中粒土应满足下列要求：

1）用水泥稳定土做底基层时，单个颗粒的最大粒径不应超过 37.5mm。水泥稳定土的颗粒组成应在表 2.10 所列 1 号级配范围内，土的均匀系数应大于 5。对于中粒土和粗粒土，宜采用表 2.10 中的 2 号级配，但小于 0.075mm 的颗粒含量和塑性指数可不受限制。其余要求同"次干路及支路"情况。

表 2.10   水泥稳定土的颗粒组成范围

项目	通过质量百分率（%） 编号	1	2	3	项目	通过质量百分率（%） 编号	1	2	3
筛孔尺寸（mm）	37.5	100	100		筛孔尺寸（mm）	2.36		18～38	17～35
	31.5		90～100	100		0.6	17～100	8～22	8～22
	26.5			90～100		0.075	0～30	0～7①	0～7①
	19		67～90	72～89	液限（%）				<28
	9.5		45～68	47～67	塑性指数				<9
	4.75	50～100	29～50	29～49					

① 集料中 0.5mm 以下细粒土有塑性指数时，小于 0.075mm 的颗粒含量不应超过 5%；细粒土无塑性指数时，小于 0.075mm 的颗粒含量不应超过 7%。

2) 用水泥稳定土做基层时，单个颗粒的最大粒径不应超过 31.5mm。水泥稳定土的颗粒组成在表 2.10 所列 3 号级配范围内。

3) 用水泥稳定土做基层时，对所用的碎石或砾石，应预先筛分成 3～4 个不同粒级，然后配合，使颗粒组成符合表 2.10 所列级配范围。

（3）水泥稳定粒径为较均匀的砂时，宜在砂中添加少部分塑性指数小于 10 的粘性土或石灰土，也可添加部分粉煤灰，加入比例可按使混合料的标准干密度接近最大值确定，一般约为 20%～40%。

（4）水泥稳定土中碎石或砾石的压碎值应符合下列要求：

             基层   底基层

快速路及主干路不大于 30%   快速路及主干路不大于 30%

次干路及支路不大于 35%   次干路及支路不大于 40%

（5）有机质含量超过 2% 的土，必须先用石灰进行处理，闷料一夜后再用水泥稳定。

（6）硫酸盐含量超过 0.25% 的土，不应用水泥稳定。

（7）普通硅酸盐水泥、矿渣硅酸盐水泥和火山灰质硅酸盐水泥都可用于稳定土，但应选用初凝时间 3h 以上和终凝时间较长（宜在 6h 以上）的水泥，不应使用快硬水泥、早强水泥以及已受潮变质的水泥，宜采用 32.5 级或 42.5 级的水泥。

（8）综合稳定土中用的石灰应是消石灰粉或生石灰粉。

（9）凡是饮用水（含牲畜饮用水）均可用于水泥稳定土施工。

2.3.2 混合料组成设计要点

1. **基本要求**

（1）各级道路用水泥稳定土的 7d 浸水抗压强度应符合表 2.11 的规定。

（2）水泥稳定土的组成设计应根据表 2.11 的强度标准，通过试验选取最适宜于稳定的土，确定必需的水泥剂量和混合料的最佳含水量。在需要改善混合料的物理力学性质时，还应确定掺加料的比例。

表 2.11　水泥稳定土抗压强度标准

层位 ＼ 道路等级	次干路及支路	快速路及主干路	层位 ＼ 道路等级	次干路及支路	快速路及主干路
基层（MPa）	2.5～3.0	3.0～5.0	底基层（MPa）	1.5～2.0	1.5～2.5

（3）综合稳定土的组成设计应通过试验选取最适宜于稳定的土，确定必需的水泥和石灰剂量以及混合料的最佳含水量。

（4）采用综合稳定土时，如水泥用量占结合料总量的 30％ 以上，应按相关的技术要求进行组成设计。水泥和石灰的比例宜取 60：40、50：50 或 40：60。

（5）水泥稳定土的各项试验应按现行试验规程进行。

2. 原材料的试验

（1）在稳定土施工前，应采集所定料场中有代表性的土样进行下列项目的试验：①颗粒分析；②液限和塑性指数；③击实试验；④碎石或砾石的压碎值；⑤有机质含量（必要时做）；⑥硫酸盐含量（必要时做）。

（2）如碎石、碎石土、砂砾、砂砾土等的级配不好，宜先改善其级配。

（3）应检验水泥的等级和终凝时间。

3. 混合料的设计步骤

（1）分别按下列五种水泥剂量配制同一种土样、不同水泥剂量的混合料。

1）做基层用：

中粒土和粗粒土：3％，4％，5％，6％，7％；

塑性指数小于 12 的细粒土：5％，7％，8％，9％，11％；

其他细粒土：8％，10％，12％，14％，16％。

2）做底基层用：

中粒土和粗粒土：3％，4％，5％，6％，7％；

塑性指数小于 12 的细粒土：4％，5％，6％，7％，9％；

其他细粒土：6％，8％，9％，10％，12％。

（2）确定混合料的最佳含水量和最大干密度，至少应做三个不同水泥剂量混合料的击实试验，即最小剂量、中间剂量和最大剂量，其余两个混合料的最佳含水量和最大干密度用内插法确定。

（3）按规定的压实度，分别计算不同水泥剂量的试件应有的干密度。

（4）按最佳含水量和计算得的干密度制备试件。进行强度试验时，作为平行试验的最少试件数量应不小于表 2.12 中的规定。如试验结果的偏差系数大于表中规定的值，则应重做试验，并找出原因，加以解决。如不能降低偏差系数，则应增加试件数量。

（5）试件在规定温度下保湿养生 6d，浸水 24h 后，按现行试验规程进行无侧限抗压强度试验。

（6）计算试验结果的平均值和偏差系数。

（7）根据上述强度标准，选定合适的水泥剂量，此剂量试件室内试验结果的平均抗压强度 $\overline{R}$ 应达到下述要求：

表 2.12　最少试件数量

土类 ＼ 偏差系数	＜10％	10％～15％	15％～20％
细粒土	6	9	
中粒土	6	9	13
粗粒土		9	13

$$\overline{R} \geqslant \frac{R_d}{1 - Z_a C_V} \tag{2.1}$$

式中：R_d 为设计抗压强度；C_V 为试验结果的偏差系数（以小数计）；Z_a 为标准正态分布表中随保证率（或置级度 a）而变的系数，快速路和主干路应取保证率 95%，即 $Z_a = 1.645$，其他道路取 90%，即 $Z_a = 1.282$。

水泥改善土的塑性指数应不大于 6，承载比应不小于 240。

表 2.13	水泥最小剂量表	
拌和方法 土类	路拌法	集中厂拌法
中粒土和粗粒土	4%	3%
细粒土	5%	4%

（8）工地实际采用的水泥剂量应比室内试验确定的剂量多 $0.5\% \sim 1.0\%$。采用集中厂拌法施工时，可只增加 0.5%；采用路拌法施工时，宜增加 1%。

（9）水泥最小剂量，见表 2.13。

（10）综合稳定土的组成设计与上述步骤相同。

2.3.3 路拌法施工程序与施工技术要点

1. 施工程序（工艺流程）

准备下承层→施工放样→备料、摊铺土→洒水闷料→整平和轻压→摆放和摊铺水泥→拌和（干拌）→加水并湿拌→整形→碾压→接缝和掉头处的处理→养生。

2. 施工要点

（1）准备下承层。

1）下承层表面应平整、坚实，具有规定的路拱，下承层的平整度和压实度应符合检查验收要求。做基层时，要准备底基层；做老路面的加强层时，要准备老路面；做底基层时，要准备土基。所有准备工作均应达到相应的规定要求。

2）施工要点：

a. 土基准备。不论是路堤还是路堑，都必须用 12~15t 三轮压路机或等效的碾压机械进行 3~4 遍碾压检验。在碾压过程中，如发现土过干、表层松散，应适当洒水；如土过湿，发生"弹簧"现象，应挖开晾晒、换土、掺石灰或水泥，使其达到规定要求。

b. 底基层准备。检查压实度时，对于柔性底基层，还应进行弯沉检验。凡不符合设计要求的路段，必须视具体情况进行处理，使之达到规范规定的标准。

c. 老路面准备。检查其材料是否符合底基层材料的技术要求，如不符合要求，应翻松老路面并采取必要的措施处理，使其达到规定要求。

d. 底基层或老路面上的低洼和坑洞，应填补并压实；搓板和辙槽应铲除；松散处应耙松洒水并重新压实，使其达到平整密实。

e. 新完成的底基层或土基必须按规定项目进行检查验收，凡不合格路段，必须采取措施处理，使其达到验收标准后，方可在其上铺筑水泥稳定土层。

f. 按规定要求逐个断面检查下承层高程。

3）对槽式断面的路段，两侧路肩上每隔一定距离（约 5~10m）交错开挖泄水沟（或做盲沟）。

（2）施工放样。

1）在底基层、老路面或土基上恢复中线，直线段每 15~20m 设一桩，平曲线段每 10~

15m 设一桩，并在两侧路肩边缘外设指示桩。

2）在两侧指示桩上用明显标记标出水泥稳定土层边缘的设计高程。

（3）备料。

1）利用老路面或土基上部材料时。清除其表面上的石块等杂物，每隔 10～20m 挖一小洞，使洞底高程与预定的水泥稳定土层的底面高程相同，并在洞底做一标记，以控制翻松及粉碎的深度；用犁、松土机或装有强固齿的平地机或推土机将老路面或土基的上部翻松到预定的深度，土块应粉碎并达到要求；经常用犁将土向路中心翻松，使预定处治层的边部成一个垂直面，防止处治宽度超过规定；用专用机械粉碎粘性土，当无专用机械时，也可用旋转耕作机、圆盘耙粉碎塑性指数不大的土。

2）利用料场的土（包括细、中、粗粒土）时。先将树木、草皮、树根和杂土清除干净；在预定的深度范围内采集合格的土，并筛除土中超尺寸的颗粒；对于塑性指数大于 12 的粘性土，可视土质和机械性能确定土是否需要过筛；根据各路段水泥稳定土层的宽度、厚度、预定的干密度及水泥剂量，计算各路段需要的干燥土及每平方米需要水泥的数量；根据料场土的含水量和所用运料车辆的吨位，计算每车土和水泥的堆放距离；堆料前，应先洒水湿润预定堆料的下承层表面，但不应过分潮湿而造成泥泞；材料运输时，应控制每车的数量基本相等；在同一料场供料的路段内，由远到近将料按上述计算距离卸置于下承层表面上，卸料距离应严格掌握，避免有的路段料不够或过多，料堆每隔一定距离应留一缺口；土在下承层上的堆置时间不宜过长，运送土只宜比摊铺土工序提前 1～2d；当路肩用料与稳定土层用料不同时，应先将两侧路肩培好，在路肩上每隔 5～10m 交错开挖临时泄水沟，路肩料层与稳定土层的压实厚度应相同。

（4）摊铺土。

1）通过试验确定土的松铺系数。人工摊铺混合料时，掺水泥稳定砂砾，取 1.30～1.35；掺水泥土，取 1.53～1.58。

2）摊铺土应在摊铺水泥的前一天进行。其长度按日进度的需要量控制，满足次日完成掺加水泥、拌和、碾压成形即可。雨季施工，如第二天有雨，不宜提前摊铺土。

3）土应均匀摊铺在预定的宽度上，表面应力求平整，并有规定的路拱。

4）摊料过程中，应将土块（或粉碎）、超尺寸颗粒及其他杂物拣出。

5）检验松铺土层的厚度，应达到规定要求。

6）除洒水车外，严禁其他车辆在土层上通行。

（5）洒水闷料。

1）如已整平的土（含粉碎的老路面）含水量过小，应在土层上洒水闷料。洒水应均匀，防止出现局部水分过多或水分不足现象，并严禁洒水车在洒水段内停留和掉头。

2）细粒土应经一夜闷料，中、粗粒土视其中细土含量的多少，可缩短闷料时间。

3）如为综合稳定土，应先将石灰与土拌和后一起闷料。

（6）整平和轻压。对人工摊铺的土层整平后，再用 6～8t 两轮压路机碾压 1～2 遍，使土表面平整并有一定的压实度。

（7）摆放和摊铺水泥。

1）按计算出的每袋水泥的纵横间距，在土层上安放标记。

2）将水泥当日直接运送到摊铺路段，卸于做标记的地点，并检查有无遗漏或多余。运水泥的车应有防雨设备。

3）用刮板将水泥均匀摊开，并注意使每袋水泥的摊铺面积相等。水泥铺完后，表面应无空白也无水泥过分集中情况。

（8）拌和（干拌）。

1）一般应采用专用稳定土拌和机进行拌和，并设专人跟随拌和机随时检查拌和深度，并配合机手调整拌和深度。拌和深度应达稳定层底，并侵入下承层 5～10mm，以利上下层粘结，严禁在拌和层底部留有素土夹层。通常应拌和两遍以上，在最后一遍拌和之前，必要时，可先用多铧犁紧贴底面翻拌一遍。直接铺在土基上的拌和层也应避免素土夹层。

2）在无专用拌和机械情况下，可用农用旋转耕作机与多铧犁或平地机相配合进行拌和，也可以用缺口圆盘耙与多铧犁或平地机相配合拌和水泥稳定细粒土和中粒土。其施工方法与"级配碎（砾）石的拌和"相似，但应注意拌和效果，拌和时间不能过长。

（9）加水、湿拌。

1）在干拌后，如混合料含水量不足，应用喷管式洒水车（普通洒水车不适宜用作路面施工）补充洒水，水车起洒处和另一端掉头处都应超出拌和段 2m 以上。洒水车不应在正进行拌和以及当天计划拌和的路段上掉头和停留，以防止局部水量过大。

2）洒水后，再次进行拌和，使水分在料中均匀分布。拌和机械应紧跟在洒水车后面进行拌和，减少水分流失。

3）洒水及拌和过程中，应及时检查含水量，含水量宜略大于最佳含水量。对稳定粗、中粒土，含水量宜大 0.5%～1.0%，对稳定细粒土，宜大 1%～2%。并应配合人工拣出超出尺寸的颗粒，消除粗细颗粒"窝"以及局部过分潮湿或过分干燥之处。

4）要求拌和后混合料色泽一致，没有灰条、灰团和花面，即无明显粗细集料离析现象，且水分合适和均匀。

（10）整形。

1）混合料拌匀符合要求后，应立即用平地机初步整形。在直线段，平地机由两侧向路中心进行刮平，在平曲线段，则由内侧向外侧进行刮平。必要时，再返回刮一遍。

2）用拖拉机、平地机或轮胎压路机立即在初平的路段上快速碾压一遍，以暴露潜在的不平整。

3）用平地机再次进行整形，并将高处料直接刮出路外，将轮迹低洼处表层 5cm 以上耙松，补充新拌料再碾压一遍。

4）每次整形均应达到规定的坡度和路拱，并应特别注意接缝顺适平整。

5）当用人工整形时，先用锹和耙将混合料摊平，用路拱板进行初步整形；再用拖拉机初压 1～2 遍后，根据实测的松铺系数，确定纵横断面的高程，并设置标记和挂线；最后用锹耙按线整形，再用路拱板校正成形。如为水泥土，在拖拉机初压后，可用重型框式路拱板（拖拉机牵引）进行整形。

6）在整形过程中，严禁任何车辆通行，并保证无明显的粗细集料离析现象。

（11）碾压。

1）制订碾压方案。根据路宽、压路机的轮宽和轮距的不同，制订碾压方案，应使各部分碾压到的次数尽量相同，路面的两侧应多压 2～3 遍。

2）进行碾压施工，控制碾压质量。整形后，应在混合料的含水量等于或略大于最佳含水量时，立即用轻型压路机并配合 12t 以上压路机在结构层全宽内进行碾压。碾压技术要求同"级配碎（砾）石碾压"。采用人工摊铺和整形的稳定土层，宜先用拖拉机或 6～8t 两轮压路机或轮胎压路机碾压 1～2 遍，然后再用重型压路机碾压。

碾压过程中，稳定土的表面应始终保持湿润，如水分蒸发过快，应及时均匀补洒少量的水，但严禁洒大水碾压。如有"弹簧"、松散、起皮等现象，应及时翻开重新拌和（加适量的水泥）或用其他处治方法，使其达到质量要求。

经过拌和、整形的稳定土，宜在水泥初凝前及试验确定的延迟时间内完成碾压，并达到要求的密实度，在 12t 以上压路机碾压下，轮迹深度不得大于 5mm。

在碾压结束前，用平地机再终平一次，使其纵向顺适，路拱和超高符合设计要求。对局部低洼处，可不再进行找补，留待铺筑沥青面层时处理。

（12）接缝和掉头处的处理。

1）同日施工的两工作段的衔接处，应采用搭接。前一段拌和整形后，留 5～8m 不碾压，后一段施工时，前段留下未压部分应再加部分水泥重新拌和，并与后一段一起碾压。

2）经过拌和、整形的水泥稳定土，应在试验确定的延迟时间内完成碾压。

3）应注意每天最后一段末端缝（即工作缝）的处理。工作缝和掉头处的处理方法：

a. 在已碾压完成的水泥稳定土层末端，沿稳定土挖一条横贯铺筑层全宽的宽约 30cm 的槽，直挖到下承层顶面。此槽应与路的中心线垂直，靠稳定土的一面应切成垂直面，并放两根与压实厚度等厚、长为全宽一半的方木紧贴其垂直面（图 2.4）。

b. 用原挖出的素土回填至槽内。

c. 如拌和机械或其他机械必须到已压成的水泥稳定土层上掉头，应采取措施保护掉头作业段。一般可在准备用于掉头的约 8～10m 长的稳定土层上先覆盖一张厚塑料布或油毡纸，然后铺上约 10cm 厚的土、砂或砂砾。

d. 第二天，邻接作业段拌和后，除去方木，用混合料回填。靠近方木未能拌和的一小段，应人工进行补充拌和。整平时，接缝处的水泥稳定土应较已完成断面高出约 5cm，以利形成一个平顺的接缝。

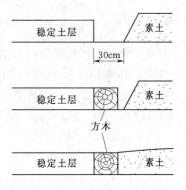

图 2.4　横向接缝处理示意图

e. 整平后，用平地机将塑料布上大部分土除去（注意勿刮破塑料布），然后人工除去余下的土，并收起塑料布。

4）纵缝的处理。水泥稳定土层的施工应该避免纵向接缝，必须分两幅施工时，纵缝必须垂直相接，不应斜接。纵缝方法处理如下：

a. 在前一幅施工时，靠中央一侧用方木或钢模板做支撑，方木或钢模板的高度与稳定土层的压实厚度相同。

b. 混合料拌和结束后，靠近支撑木（或板）的一部分，应人工进行补充拌和，然后整形和碾压。

c. 养生结束后，在铺筑另一幅之前，拆除支撑木（或板）。

d. 第二幅混合料拌和结束后，靠近第一幅的部分，应人工进行补充拌和，然后进行整形和碾压。

2.3.4　中心站集中厂拌法施工技术要点

（1）水泥稳定土可以在中心站用厂拌设备进行集中拌和（图 2.5）。集中拌和时需满足：土块应粉碎，最大尺寸不得大于 15cm，级配符合要求，配料准确，拌和均匀；含水量宜略大于最佳值，使混合料运到现场摊铺后碾压时的含水量不小于最佳值；不同粒级的碎石或砾石以及细集料（如石屑和砂）应隔离，分别堆放。

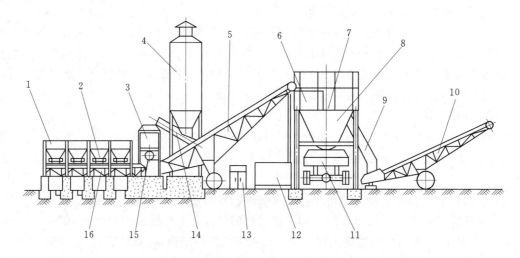

图 2.5　WBC200 型稳定土厂拌设备布置图

1—配料料斗；2—皮带给料机；3—小粉料仓；4—粉料筒仓；5—斜置集料皮带输送机；6—搅拌机；
7—平台；8—混合料储仓；9—溢料管；10—堆料皮带输送机；11—自卸汽车；12—供水系统；
13—控制柜；14—螺旋输送机；15—叶轮给料机；16—水平集料皮带输送机

（2）在正式拌制混合料之前，必须先调试所用的设备，使混合料的颗粒组成和含水量都达到规定的要求。原集料的颗粒组成发生变化时，应重新调试设备。

（3）在潮湿多雨地区或其他地区的雨季施工时，应采取措施，保护集料，特别是细集料（如石屑和砂等）应有覆盖，防止雨淋。

（4）应根据集料和混合料含水量的大小，及时调整加水量。

（5）应尽快将拌成的混合料运送到铺筑现场，车上的混合料应该覆盖，减少水分损失。

（6）应采用沥青混凝土摊铺机或稳定土摊铺机摊铺混合料，如下承层是稳定细粒土，应先将下承层顶面拉毛，再摊铺混合料。

（7）拌和机与摊铺机的生产能力应互相匹配。摊铺机宜连续摊铺，拌和机的产量宜大于400t/h。如拌和机的生产能力较小，在用摊铺机摊铺混合料时，应采用最低速度摊铺，减少摊铺机停机待料的情况。

（8）在摊铺机后面应设专人消除粗细集料离析现象，特别应该铲除局部粗集料"窝"，并用新拌混合料填补。

（9）宜先用轻型两轮压路机跟在摊铺机后及时进行碾压，后用重型振动压路机、三轮压路机或轮胎压路机继续碾压密实。

（10）没有摊铺机时，可采用摊铺箱摊铺或自动平地机摊铺混合料：

1）根据铺筑层的厚度和要求达到的压实干密度，计算每车混合料的摊铺面积；

2）将混合料均匀地卸在路幅中央，路幅宽时，也可将混合料卸成两行；

3）用平地机将混合料按松铺厚度摊铺均匀；

4）设一个 3～5 人的小组，携带一辆装有新拌混合料的小车，跟在平地机后面，及时铲除粗集料"窝"和粗集料"带"，补以新拌的均匀混合料或细混合料，并与粗集料拌和均匀。

（11）用平地机摊铺混合料后的整形和碾压均与"路拌法施工"相同。

（12）集中厂拌法施工时横向接缝的施工应满足：用摊铺机摊铺混合料时，不宜中断，如因故中断时间超过 2h，应设置横向接缝，摊铺机应驶离混合料末端；人工将末端含水量合适的混合料修整整齐，紧靠混合料放两根方木，方木的高度应与混合料的压实厚度相同，整平紧靠方木的混合料；方木的另一侧用砂砾或碎石回填约 3m 长，其高度应高出方木几厘米；将混合料碾压密实；在重新开始摊铺混合料之前，将砂砾或碎石和方木除去，并将下承层顶面清扫干净；摊铺机返回到已压实层的末端，重新开始摊铺混合料。

如摊铺中断后，未按上述方法处理横向接缝，而中断时间已超过 2h，则应将摊铺机附近及其下面未经压实的混合料铲除，并将已碾压密实且高程的平整度符合要求的末端挖成与路中心线垂直的断面，然后再摊铺新的混合料。

（13）应避免纵向接缝。道路基层分两幅摊铺时，宜采用两台摊铺机一前一后相隔约 5～10m 同步向前摊铺混合料，并一起进行碾压。在不能避免纵向接缝的情况下，纵缝必须垂直相接，且前一幅摊铺时，在靠中央的一侧用方木或钢模板做支撑，方木或钢模板的高度应与稳定土层的压实厚度相同；养生结束后，在摊铺另一幅之前，拆除支撑木（或板）。

（14）用平地机摊铺混合料时，横向接缝和纵向接缝的处理方法与"路拌法施工"相同。

2.3.5　养生及交通管制

（1）水泥稳定土底基层分层施工时，下层水泥稳定土碾压完后，宜养生 7d 后，再铺筑上层水泥稳定土。在铺筑上层稳定土之前，应始终保持下层表面湿润，铺筑时，还应在下层表面撒少量水泥或水泥浆。底基层养生 7d 后，方可铺筑基层。

水泥稳定级配碎石（或碎石）基层分两层用摊铺机铺筑时，下层分段摊铺和碾压密实后，宜立即摊铺上层，否则在下层顶面应撒少量水泥或水泥浆。

（2）每一段碾压完成并经压实度检查合格后，应立即开始养生。

（3）应采用湿砂养生，且不得采用湿粘性土覆盖。砂层厚为 7～10cm，砂铺匀后，应立即洒水，并在整个养生期间保持砂的潮湿状态。养生结束后，必须将覆盖物清除干净。

（4）对于基层，也可用沥青乳液进行养生。沥青乳液的用量按 0.8～1.0kg/m²（指沥青用量）选用，应分两次喷洒。第一次喷洒沥青含量约 35% 的慢裂沥青乳液，使其能稍透入基层表层。第二次喷洒浓度较大的沥青乳液。如不能避免施工车辆在养生层上通行，应在乳液喷洒后撒布 3～8mm 的小碎（砾）石，作为下封层。

（5）无条件时，也可用洒水车经常洒水进行养生。每天洒水的次数应视气候而定。整个养生期间应始终保持稳定土层表面潮湿，必要时，还需用两轮压路机压实。

（6）如基层上为水泥混凝土面板，且面板是用小型机械施工的，则基层完成后可较早铺筑混凝土面层。

（7）在养生期间未采用覆盖措施的水泥稳定土层上，除洒水车外，应封闭交通。在采用了覆盖措施的水泥稳定土层上，应限制重车通行，且车速不得超过 30km/h。

（8）养生期结束后，如其上为沥青面层，应先清扫基层，并立即喷洒透层沥青。在喷洒透层或粘层沥青后，宜再均匀撒布 5～10mm 的小碎（砾）石，用量约为全铺一层用量的

60％～70％。如喷洒的透层沥青能透入基层，且运料车和面层混合料摊铺机在上行驶不会破坏沥青膜时，也可以不撒小碎（砾）石。

在清扫干净的基层上，先做下封层，可防止基层干缩开裂，同时保护基层免遭施工车辆破坏。沥青面层的底面层宜在铺设下封层后的 10～30d 内开始铺筑，对于水泥混凝土面层，也不宜让基层长期暴晒，以免开裂。

如水泥稳定土层上为薄沥青面层，面层每边应展宽 20cm 以上。在基层全宽上喷洒透层、粘层沥青或设下封层，沥青面层边缘向外侧做成三角形。如设置路缘石，必须注意防止路缘石阻滞路面上表面水和结构层中水的排除。

2.3.6　施工组织与作业段划分

（1）水泥稳定土施工时，必须采用流水作业法，使各工序紧密衔接。特别是要尽量缩短从拌和到完成碾压之间的延迟时间。

（2）应做水泥稳定土的延迟时间对其强度影响的试验，以确定合适的延迟时间。

（3）综合考虑水泥的终凝时间、延迟时间对混合料密实度和抗压强度的影响、施工机械和运输车辆的效率和数量、工人操作的熟练程度、接缝处理、施工季节和气候条件的影响等因素，确定出路拌法施工每一作业段的合理长度。

一般情况下，当稳定土层宽为 7～8m 时，每一流水作业段以 200m 为宜，但每天的第一个作业段应稍短，可为 150m。如稳定土层较宽，则作业段应再缩短。

2.3.7　其他相关规定

（1）水泥剂量的确定。水泥剂量以水泥质量占全部粗细土颗粒（即砾石、砂粒、粉粒和粘粒）干质量的百分率表示，当用水泥稳定中粒土和粗粒土做基层时，水泥剂量不宜超过 6％，必要时应首先改善集料的级配后再用水泥稳定。但在只能使用水泥稳定细粒土做基层时或水泥稳定集料的强度要求明显大于规定时，水泥剂量不受 6％ 的限制。

（2）施工季节。水泥稳定土结构层宜在春末和气温较高季节组织施工，施工期的日最低气温应在 5℃ 以上。冰冻地区，应在第一次重冰冻（－3～－5℃）到来之前半个月至一个月结束施工。降雨时，应停止施工，但已经摊铺的水泥混合料应尽快碾压密实。路拌法施工时，应采取措施排出下承层表面的水，勿使运到路上的集料过分潮湿。

（3）压实度要求。在混合料等于或略大于最佳含水量时进行碾压，应使其达到规范规定的压实度标准。

（4）严格控制基层厚度和高程，其路拱横坡应与面层一致。

（5）压路机与压实厚。应用 12t 以上的压路机碾压。用 12～15t 三轮压路机碾压时，每层的压实厚度不应超过 15cm；用 18～20t 三轮压路机和振动压路机时，厚度不应超过 20cm；

对水泥稳定中粒土和粗粒土，采用能量大的振动压路机或对水泥稳定细粒土采用振动羊足碾与三轮压路机配合碾压时，每层的压实厚度可根据试验结果适当增加。压实厚度超过上述厚度时，应分层铺筑，每层的最小压实厚度为 10cm，下层可稍厚。对于稳定细粒土以及用摊铺机摊铺混合料，均应采用先轻型、后重型压路机碾压。

（6）水泥稳定土基层施工中，严禁用薄层贴补法进行找平。

（7）支路的水泥稳定土基层和底基层可采用路拌法施工，对于次干路，应采用专用的稳定土拌和机或使用集中拌和法制备混合料，对于快速路及主干路，直接铺筑在土基上的底基层下层可以用稳定土拌和机进行路拌法施工，当土基上层已用石灰或固化剂处理时，底基层的下层也宜用集中拌和法拌制混合料。其上的各个稳定层都应采用集中厂拌法拌制混合料，并用摊铺机摊铺基层混合料。

（8）基层分两层施工时，在铺筑上层前，应在下层顶面先撒薄层水泥或水泥净浆。

（9）水泥土（含水泥石灰综合稳定土）禁止用做高级沥青路面的基层。这是因为：①水泥土的干缩系数和干缩应变以及温缩系数都明显大于水泥砂砾和水泥碎石，容易产生严重的收缩裂缝，并影响沥青面层，增加面层不少裂缝。②当水泥土的强度没有充分形成时，如表面水由沥青面层渗入，水泥土基层的表层会发生软化，即使是几毫米厚的软化层也会导致沥青面层龟裂破坏。③水泥土的抗冲刷能力明显小于水泥级配集料，一旦表面水由沥青面层的裂缝或由水泥混凝土面板的接缝透入，容易产生冲刷现象。

2.4 石灰稳定土施工技术

2.4.1 一般规定

（1）按照土中单个颗粒的粒径大小和组成，将土分为细粒土、中粒土和粗粒土三种。

（2）石灰剂量以石灰质量占全部粗细土颗粒干质量的百分率表示。

（3）石灰稳定土适用于各级道路的底基层，一般不作为城市道路的基层。

（4）石灰稳定土层应在春末和夏季组织施工。施工期的日最低气温应在 5℃ 以上，并应在第一次重冰冻（−3～−5℃）到来之前一个月到一个半月完成。稳定土层宜经历半个月以上温暖和热的气候养生。多雨地区，应避免在雨季进行石灰土结构层的施工。

（5）在混合料处于最佳含水量或略小于最佳含水量（1%～2%）时进行碾压，应使其达到规范规定的压实度标准。

2.4.2 材料要求

石灰稳定土是指在粉碎的或原来松散的土（包括各种粗、中、细粒土）中，掺入足量的石灰和水，经拌和、压实及养生后得到的混合料，当其抗压强度符合规定要求时，称为石灰稳定土。

石灰土是指用石灰稳定细粒土得到的强度符合要求的混合料。

用石灰稳定中粒土和粗粒土得到的强度符合要求的混合料，原材料为天然砂砾或级配砂砾时，称石灰砂砾土；原材料为碎石或级配碎石时，称石灰碎石土。

1. 土

塑性指数为 15～20 的粘性土以及含有一定数量粘性土的中粒土和粗粒土均适宜于用石灰稳定。塑性指数在 15 以上的粘性土更适宜于用石灰和水泥综合稳定。无塑性指数的级配砂砾、级配碎石和未筛分碎石，应在添加 15% 左右的粘性土后才能用石灰稳定。塑性指数在 10 以下的亚砂土和砂土用石灰稳定时，应采取适当的措施或采用水泥稳定。塑性指数偏大的粘性土，施工中应加强粉碎，其土块最大尺寸不应大于 15mm。

（1）相关规定。

1）石灰稳定土用做快速路及主干路的底基层时，颗粒的最大粒径不应超过 37.5mm，用做次干路及支路的底基层时，颗粒的最大粒径不应超过 53mm。

2）级配碎石、未筛分碎石、砂砾、碎石土、砂砾土、煤矸石和各种粒状矿渣等均适宜用做石灰稳定土的材料。但石灰稳定土中碎石、砂砾或其他粒状材的含量应在80％以上，并应具有良好的级配。

3）硫酸盐含量超过0.8％的土和有机质含量超过10％的土不宜用石灰稳定。

（2）石灰稳定土中的碎石或砾石的压碎值用做快速路及主干路的底基层时不大于35％，用做次干路及支路的底基层时不大于40％。

2．石灰

对石灰，其技术指标应符合表2.14的规定。并注意：①应尽量缩短石灰的存放时间，如在野外堆放时间较长时，应覆盖防潮；②使用等外石灰、贝壳石灰、珊瑚石灰等，应进行试验，只有当混合料的强度符合标准时，才可使用。

表2.14　　　　　　　　　　　　石灰的技术指标表

项目		类别	钙质生石灰			镁质生石灰			钙质消石灰			镁质消石灰		
		等级	Ⅰ	Ⅱ	Ⅲ	Ⅰ	Ⅱ	Ⅲ	Ⅰ	Ⅱ	Ⅲ	Ⅰ	Ⅱ	Ⅲ
有效钙加氧化镁含量（％）			≥85	≥80	≥70	≥80	≥75	≥65	≥65	≥60	≥55	≥60	≥55	≥50
未消化残渣含量（5mm圆孔筛的筛余，％）			≤7	≤11	≤17	≤10	≤14	≤20						
含水量（％）									≤4	≤4	≤4	≤4	≤4	≤4
细度	0.71mm方孔筛的筛余（％）								0	≤1	≤1	0	≤1	≤1
	0.125mm方孔筛的累计筛余（％）								≤13	≤20	—	≤13	≤20	—
钙镁石灰的分类界限，氧化镁含量（％）			≤5			>5			≤4			>4		

注　硅、铝、镁氧化物含量之和大于5％的生石灰，有效钙加氧化镁含量指标，Ⅰ等≥75％，Ⅱ等≥70％，Ⅲ等≥60％；未消化残渣含量指标与镁质生石灰指标相同。

2.4.3　混合料组成设计要点

1．原材料试验

（1）在稳定土施工前，应采集所定料场中有代表性的土样进行下列项目的试验：①颗粒分析；②液限和塑性指数；③击实试验；④碎石或砾石的压碎值；⑤有机质含量（必要时做）；⑥硫酸盐含量（必要时做）。

（2）如碎石、碎石土、砂砾、砂砾土等的级配不好，宜先改善其级配。

（3）检验石灰的有效钙和氧化镁含量。

2．混合料的设计步骤

（1）试样制备。按下列石灰剂量配制同一种土样、不同石灰剂量的混合料。

塑性指数小于12的粘性土：8％，10％，11％，12％，14％；

塑性指数大于12的粘性土：5％，7％，8％，9％，11％。

（2）确定混合料的最佳含水量和最大干密度，至少应做三个不同石灰剂量混合料的击实试验，即最小剂量、中间剂量和最大剂量，其余两个混合料的最佳含水量和最大干密度用内插法确定。

（3）按规定的压实度，分别计算不同石灰剂量的试件应有的干密度。

（4）按最佳含水量和计算得的干密度制备试件。进行强度试验时，作为平行试验的最少试件数量应不小于表2.12中的规定。

（5）试件在规定温度下保湿养生 6d，浸水 24h 后，按现行试验规程进行无侧限抗压强度试验。

（6）计算试验结果的平均值和偏差系数。

（7）根据强度标准，选定合适的石灰剂量。用做快速路及主干路的底基层时，抗压强度标准值不小于 0.5～0.7；用做次干路及支路的底基层时，抗压强度标准值不小于 0.8。

（8）工地实际采用的石灰剂量应比室内试验确定的剂量多 0.5%～1.0%。采用集中厂拌法施工时，可只增加 0.5%；采用路拌法施工时，宜增加 1%。

（9）综合稳定土的组成设计步骤与上述步骤相同。

2.4.4　路拌法施工程序与施工技术要点

1. 施工程序

准备下承层→施工放样→备料、摊铺土→洒水闷料→整平和轻压→卸置和摊铺石灰→拌和与洒水→整形→碾压→接缝和掉头处的处理→养生。

2. 主要施工程序的施工要点

（1）备料。除应满足上述"备料"的要求之外，还应满足：

1）对于塑性指数小于 15 的粘性土，可视土质情况和机械性能确定是否需要过筛。

2）当分层采集土时，应将土先分层堆放在一场地上，然后从前到后将上下层土一起装车运送到现场，以利土质均匀。

3）石灰应选择公路两侧宽敞、临近水源且地势较高的场地集中堆放。当堆放时间较长时，应覆盖封存，同时做好堆放场地的临时排水设施。

4）生石灰块，应在使用前 7～10d 消解，且消解的石灰应保持一定湿度，使不产生扬尘，也不过湿成团。消石灰宜过孔径 10mm 筛，并尽快使用。

（2）通过试验确定土的松铺系数。人工摊铺混合料时，对石灰土砂砾，取 1.52～1.56（路外集中拌和）；对石灰土，取 1.53～1.58（现场拌和）或 1.65～1.70（路外集中拌和）。其他要求与水泥稳定土中"摊铺土"的要求相同。

（3）卸置和摊铺石灰。

1）按计算所得的每车石灰的纵横间距，用石灰在土层上做标记，同时画出摊铺的石灰标线。

2）用刮板将石灰均匀摊开，表面应无空白位置。量测石灰的松铺厚度，根据石灰的含水量和松密度，校核石灰用量是否合适。

3）铺土、铺灰的计算公式与示例。

在稳定土施工备料时，往往需要把设计配合比中的材料质量比换算成体积比。然后将各种材料用自卸车或人工堆放于路槽中，并整成规则的现状，用皮尺或米绳丈量计数。

a. 消石灰与土由质量比换算成体积比的计算公式

$$石灰体积：土体积 = \frac{P_2}{\rho_2} : \frac{P_1}{\rho_1} \tag{2.2}$$

$$\rho_2 = \frac{天然松方湿密度}{1 + w_2} \tag{2.3}$$

$$\rho_1 = \frac{天然松方湿密度}{1 + w_1} \tag{2.4}$$

以上三式中：P_2、P_1 分别为消石灰及土的质量百分比，$P_1 = 100\%$；ρ_2 为消石灰的天然松方干密度，kg/m^3；ρ_1 为土的天然松方干密度，kg/m^3；w_2 为消石灰的含水量；w_1 为土的含水量。

b. 土的松铺厚度（石灰亦同理）

$$h_1 = \frac{\rho_0 \dfrac{P_1}{P_1 + P_2} h_0}{\rho_1} \qquad (2.5)$$

式中：h_1 为土的松铺厚度，cm；ρ_0 为石灰土的最大干密度，kg/m^3；h_0 为石灰土压实（设计）厚度，cm。

c. 每延米铺张层的消石灰天然松方体积用量（土亦同理）

$$V_2 = \frac{b_0 \rho_0 \dfrac{P_2}{P_1 + P_2} h_0}{\rho_2} \qquad (2.6)$$

式中：V_2 为每延米铺张层的消石灰天然松方体积用量，m^3；b_0 为铺张层设计宽度，m；h_0 为铺张层设计（压实）厚度，cm。

例题：设剂量为 11% 的石灰土结构层，结构层宽度 6m，压实厚度 15cm。经试验：石灰土最大干密度 $1680kg/m^3$，消石灰天然松方湿密度为 $495kg/m^3$，土的天然松方湿密度为 $1092kg/m^3$，实测消石灰含水量 28%，土的含水量 4%。

解：消石灰与土的体积比

$$\frac{\dfrac{11}{495}}{1.28} : \frac{\dfrac{100}{1092}}{1.04} = 1 : 3.35$$

土的松铺厚度

$$h_1 = \frac{1680 \times 100/(100+11) \times 15}{1092/1.04} = 21.6 \ (\text{cm})$$

每延米消石灰用量

$$V_2 = \frac{6 \times 0.15 \times 1680 \times 11/(100+11)}{495/1.28} = 0.39 \ (\text{m}^3)$$

（4）拌和与洒水。

1）使用生石灰粉时，宜先用平地机或多铧犁将石灰翻到土层中间，但不能翻到底部。

2）在没有专用拌和机械的情况下，可用农用旋转耕作机与多铧犁或平地机相配合拌和三遍。先用耕作机拌和两遍、后用多铧犁或平地机将底部素土翻起，再用耕作机翻拌两遍，并随时检查调整翻犁的深度，使稳定土层全部翻透。

3）如为石灰稳定级配碎石或砾石时，应先将石灰和需添加的粘性土拌和均匀，再均匀地摊铺在级配碎石或砂砾层上，一起进行拌和。

4）用石灰稳定塑性指数大的粘土时，应采用两次拌和。第一次加 70%～100% 预定剂量的石灰进行拌和，闷放 1～2d 后，再补足需用石灰，进行第二次拌和。

（5）接缝和掉头处的处理。对同日施工的两工作段的衔接处采用搭接形式，前一段拌和整形后，留 5～8m 不进行碾压，后一段施工时，应与前段留下未压部分一起进行拌和。拌和机械及其他机械不宜在已压成的石灰稳定土层上掉头。如必须掉头，应采取措施保护掉头部分，使灰土层表层不受破坏。

其他工序的施工如准备下承层、施工放样、洒水闷料、整平和轻压、整型和碾压、纵缝的处理等均与水泥稳定土施工中所述要点相同。

2.4.5 养生与交通管制要点

石灰稳定土养生期不宜少于7d。养生期间，应使灰土层保持一定的湿度，不应过湿或忽干忽湿。且每次洒水后，应用两轮压路机将表层压实。石灰稳定土基层碾压结束后1~2d，当其表面较干燥（如灰土的含水量不大于10%，石灰粒料土的含水量为5%~6%）时，可以立即喷洒透层沥青，然后做下封层或铺筑面层。

石灰稳定土分层施工时，下层石灰稳定土碾压完成后，可以立即铺筑上一层石灰稳定土，但需有专门的养生期。

其余养生与交通管制要点与水泥稳定土相同。

中心站集中厂拌法施工程序与施工、路缘处理要点与水泥稳定土相同。

2.5 石灰工业废渣稳定土施工技术

石灰工业废渣稳定土是指将一定数量的石灰和粉煤灰或石灰和煤渣与其他集料相配合，加入适量的水（通常为最佳含水量）经拌和、压实及养生后得到的混合料，当其抗压强度符合规定要求时，称为石灰工业废渣稳定土（简称为石灰工业废渣）。

二灰、二灰土、二灰砂是指将一定数量的石灰和粉煤灰或一定数量的石灰、粉煤灰和土相配合以及一定数量的石灰、粉煤灰和砂相配合，加入适量的水（通常为最佳含水量），经拌和、压实及养生后得到的混合料，当其抗压强度符合规定的要求时，分别简称为二灰、二灰土、二灰砂。

二灰级配碎石、二灰级配砾石（称二灰级配集料）是指用石灰和粉煤灰稳定级配碎石或级配砾石得到的混合料，当其强度符合要求时，分别称为石灰、粉煤灰级配碎石或石灰、粉煤灰级配砾石。

石灰煤渣土和石灰煤渣集料是指用石灰、煤渣和土或石灰、煤渣和集料得到的强度符合要求的混合料，分别称为石灰煤渣土和石灰煤渣集料。

石灰工业废渣稳定土可用做各级道路的基层和底基层，但二灰、二灰土和二灰砂仅可用做高级路面的底基层，而不得用做基层。

石灰工业废渣混合料采用质量配合比计算，即以石灰：粉煤土：集料（或土）的质量比表示。

2.5.1 材料要求

（1）石灰工业废渣稳定土所用石灰质量应符合规定的Ⅲ级消石灰或Ⅲ级生石灰的技术指标，应尽量缩短石灰的存放时间。如存放时间较长，应采取覆盖封存措施，妥善保管。

有效钙含量在20%以上的等外石灰、贝壳石灰、珊瑚石灰、电石渣等，当其混合料的强度通过试验符合标准时，可以应用。

（2）粉煤灰中SiO_2、Al_2O_3和Fe_2O_3的总含量应大于70%，粉煤灰的烧失量不应超过20%；粉煤灰的比表面积宜大于$2500cm^2/g$（或90%通过0.3mm筛孔，70%通过0.075mm筛孔）。干粉煤灰和湿粉煤灰都可以应用，但湿粉煤灰的含水量不宜超过35%。

（3）煤渣的最大粒径不应大于30mm，颗粒组成宜有一定级配，且不宜含杂质。

（4）宜采用塑性指数12~20的粘性土（亚粘土），土块的最大粒径不应大于15mm，有机质含量超过 10％的土不宜选用。

（5）二灰稳定的中粒土和粗粒土不宜含有塑性类土。

（6）用于一般道路的二灰稳定土应符合：二灰稳定土用做底基层时，石料颗粒的最大粒径不应超过 53mm；二灰稳定土用做基层时，石粒颗粒的最大粒径不应超过 37.5mm；碎石、砾石或其他粒状材料的质量宜占 80％以上，并符合规定的级配范围。

（7）用于高等级道路的二灰稳定土应符合：各种细粒土、中粒土和粗粒土都可用二灰稳定后用做底基层，但土中碎石、砾石颗粒的最大粒径不应超过 37.5mm；二灰稳定土用做基层时，二灰的质量应占 15％，最多不超过 20％，石料颗粒的最大粒径不应超过 31.5mm，其颗粒组成宜符合规定的级配范围，粒径小于 0.075mm 的颗粒含量宜接近 0。

对所用的砾石或碎石，应预先筛分成 3～4 个不同粒级，然后再配合成颗粒组成符合表表 2.15、表 2.16 所列级配范围的混合料。

表 2.15   二灰级配砂砾石中集料的颗粒组成范围

筛孔尺寸（mm）／通过质量百分率（％）／编号	1	2	筛孔尺寸（mm）／通过质量百分率（％）／编号	1	2
37.5	100		2.36	25～45	27～47
31.5	85～100	100	1.18	17～35	17～35
19.0	65～85	85～100	0.60	10～27	10～25
9.50	50～70	55～75	0.075	0～15	0～10
4.75	35～55	39～59			

表 2.16   二灰级配碎石中集料的颗粒组成范围

筛孔尺寸（mm）／通过质量百分率（％）／编号	1	2	筛孔尺寸（mm）／通过质量百分率（％）／编号	1	2
37.5	100		2.36	18～38	18～38
31.5	90～100	100	1.18	10～27	10～27
19.0	72～90	81～98	0.60	6～20	6～20
9.50	48～68	52～70	0.075	0～7	0～7
4.75	30～50	30～50			

（8）碎石或砾石的压碎值应满足表 2.3 的规定。

（9）凡饮用水（含牲畜饮用水）均可使用。

2.5.2 混合料组成设计要点

1. 一般规定

（1）石灰工业废渣稳定土的 7d 浸水抗压强度应符合表 2.17 的规定。

表 2.17   二灰混合料抗压强度标准

层位／道路等级	次干路及支路	快速路及主干路	层位／道路等级	次干路及支路	快速路及主干路
基层	0.6～0.8	0.8～1.1	底基层	≥0.5	≥0.6

（2）石灰工业废渣稳定土的组成设计应根据表 2.17 的强度标准，通过试验选取最适宜于稳定的土，确定石灰与粉煤灰或石灰与煤渣的比例，确定石灰粉煤灰或石灰煤渣与土的质量比例，确定混合料的最佳含水量。

（3）对于 CaO 含量 2%～6% 的硅铝粉煤灰，采用石灰粉煤灰做基层或底基层时，石灰与粉煤灰的比例可以是 1∶2～1∶9。

（4）采用二灰土做基层或底基层时，石灰与粉煤灰的比例可用 1∶2～1∶4（对于粉土，以 1∶2 为宜），石灰粉煤灰与细粒土的比例可以是 30∶70～10∶90。

（5）采用二灰级配集料做基层时，石灰与粉煤灰的比例可用 1∶2～1∶4，石灰粉煤灰与集料的比应是 20∶80～15∶85。

（6）采用石灰煤渣做基层或底基层时，石灰与煤渣的比例可用 20∶80～15∶85。

（7）采用石灰煤渣土做基层或底基层时，石灰与煤渣的比例可选用 1∶1～1∶4，石灰煤渣与细粒土的比例可以是 1∶1～1∶4。混合料中石灰不应少于 10%，或通过试验选取强度较高的配合比。

（8）采用石灰煤渣集料做基层或底基层时，石灰∶煤渣∶集料可选用 (7～9)∶(26～33)∶(67～58)。

（9）为提高石灰工业废渣的早期强度，可外加 1%～2% 的水泥。

2. 原材料的试验

在石灰工业废渣稳定土施工前，应取有代表性的样品进行下列试验：土的颗粒分析；液限和塑性指数；石料的压碎值试验；有机质含量（必要时做）；石灰的有效钙和氧化镁含量；收集或试验粉煤灰的化学成分、细度和烧失量。

3. 混合料的设计步骤

（1）制备不同比例的石灰粉煤灰混合料（如 10∶90，15∶85，20∶80，25∶75，30∶70，35∶65，40∶60，45∶55 和 50∶50），确定其各自的最佳含水量和最大干密度，确定同一龄期和同一压实度试件的抗压强度，选用强度最大时的石灰粉煤灰比例。

（2）根据试验所得的二灰比例，制备同一种土样的 4～5 种不同配合比的二灰土或二灰级配集料。其配合比宜在上述的配合比范围内选用。

（3）用重型击实试验法确定最佳含水量和最大干密度。并按规定达到的压实度，分别计算不同配合比时二灰土、二灰级配集料试件应有的干密度。

（4）按最佳含水量和计算得到的干密度制备试件。进行强度试验时，作为平行试验的试件数量应符合表 2.12 规定的数量。如试验结果的偏差系数大于表中规定值，则应重做试验，并找出原因加以解决。如不能降低偏差系数，则应增加试件数量。

（5）试件在规定温度下保湿养生 6d，浸水 24h 后，按试验规程规定进行无侧限抗压强度试验，并计算试验结果的平均值和偏差系数。

（6）根据上述强度标准，选定混合料的配合比。

（7）石灰煤渣混合料的配合比设计可参照上述步骤进行。

2.5.3　路拌法施工程序与施工技术要点

1. 施工程序

如图 2.6 所示。

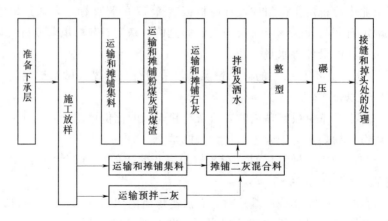

图 2.6　路拌法施工的工艺程序

2. 施工技术要点

(1) 备料。

1) 粉煤灰应含有足够的水分, 防止扬尘。对堆放过程中出现结块, 使用时应将其打碎。

2) 集料和石灰的备料与石灰稳定土中的要求相同。

3) 计算材料用量。根据各路段石灰工业废渣稳定土层的宽度、厚度及预定的干密度, 计算各路段需要的干混合料质量; 根据混合料的配合比、材料的含水量以及所用运料车辆的吨位, 计算各种材料每车料的堆放距离。

4) 培路肩。如路肩用料与稳定土层用料不同, 应采取培肩措施, 先将两侧路肩培好。路肩料层的压实厚度应与稳定土层的压实厚度相同。在路肩上每隔 5~10m 应交错开挖临时泄水沟。

5) 在预定堆料的下承层上, 在堆料前应先洒水, 使其表面湿润。

(2) 运输与摊铺。

1) 材料装车时, 应控制每车装料量基本相等。

2) 采用二灰时, 应先将粉煤灰运到现场; 采用二灰稳定土时, 应先将土运到现场。在同一料场供料的路段内, 由远到近按计算的距离卸置材料于下承层上, 并且料堆每隔一定距离留一缺口。材料堆置时间不应过长。

3) 通过试验确定各种材料及混合料的松铺系数。二灰土的松铺系数约为 1.5~1.7; 二灰集料的松铺系数约为 1.3~1.5; 人工铺筑石灰煤渣土的松铺系数约为 1.6~1.8; 石灰煤渣集料的松铺系数约为 1.4。用机械拌和及机械整型时, 集料松铺系数约为 1.2~1.3。

4) 采用机械路拌时, 应采用层铺法。每种材料摊铺均匀后, 宜先用两轮压路机碾压 1~2 遍, 然后再运送并摊铺下一种材料。摊铺时, 应力求平整, 并具有规定的路拱。集料应较湿润, 必要时先洒少量水。

(3) 拌和及洒水。对二灰级配集料, 应先将石灰和粉煤灰拌和均匀, 然后均匀摊铺在集料层上, 再一起进行拌和。其余"拌和及洒水"施工要点与水泥稳定土 2.3 节及石灰稳定土 2.4 节相同。

人工整型及平地机整型, 碾压、接缝和掉头处的处理、路缘处理施工要点与水泥稳定土及石灰稳定土相同。

2.5.4　中心站集中厂拌法施工技术要点

（1）对于高等级道路，应采用专用稳定土集中厂拌机械拌制混合料，石灰工业废渣稳定土的集中拌和流程如图 2.7 所示。

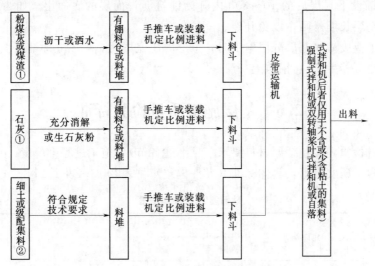

注：①进入下料斗的粉煤灰、石灰、土和细集料都不应潮湿。
　　②如拌制基层用二灰级配集料，则至少应有 3 个集料下料斗，分装粗
　　　细集料。

图 2.7　石灰工业废渣稳定土的集中拌和工艺流程图

（2）集中拌和的施工技术要求。

1）土块最大尺寸不应大于 15mm；粉煤灰块不应大于 12mm，且 9.5mm 和 2.36mm 筛孔的通过量应分别大于 95％和 75％。

2）各种粒级集料应分开堆放，石灰、粉煤灰和细集料应有覆盖。

3）配料准确，拌和均匀。

4）混合料含水量应略大于最佳含水量，使其运到现场碾压时的含水量能接近最佳值。

（3）拌成混合料的堆放时间，不宜超过 24h，宜当天运至铺筑现场。

（4）如压实层末端未用方木作支撑处理，在碾压后末端成一斜坡，则应在第二天开始接铺新混合料之前，将斜坡挖除，并挖成一横向（与路中线垂直）垂直向下的断面。挖出的混合料加水到最佳含水量拌匀后仍可使用。

（5）其他的施工要点要求与水泥稳定土中所述相同。

2.5.5　养生及交通管制要点

（1）碾压完成后的第二天或第三天开始养生，每天洒水次数视天气而定，应保持表面潮湿。亦可用泡水养生法。对二灰稳定粗、中粒土的基层，也可用沥青乳液和沥青下封层进行养生，养生期一般为 7d。二灰层宜采用泡水养生法，养生期为 14d。在养生期间，除洒水车外，应封闭交通。

（2）对二灰集料基层，养生结束后，宜先让施工车辆慢速通行 7～10d，磨去表面的二灰薄层，或用带钢丝刷的机械扫去表面的二灰薄层。清扫和冲洗干净后再喷洒透层或粘层沥

青。其后宜撒 5～10mm 的小碎（砾）石，均匀撒布约 60％～70％的面积（如喷洒的透层沥青能透入基层，当运料车辆和面层混合料摊铺机在上行驶不会破坏沥青膜时，可以不撒小碎（砾）石）。然后应尽早铺筑沥青面层的底面层。

在清扫干净的基层上，也可先做下封层，防止基层干缩开裂，同时保护基层免受施工车辆破坏。宜在铺设下封层后的 10～30d 内开始铺筑沥青面层的底面层。如为水泥混凝土面层，也不宜让基层长期暴晒，以免开裂。

（3）石灰工业废渣底基层分层施工时，下层碾压完毕后，可以立即铺筑上一层，不需专门的养生期。也可养生 7d 后铺筑上一层。

2.6　基层施工质量检验标准

基层的质量检验内容包括原材料要求（见上述各节）、施工过程中厚度、平整度、宽度、横坡、中线高程、压实度等，具体标准（允许偏差）见表 2.18～表 2.21。

表 2.18　　　　　　　　砂石基层允许偏差表

序号	项目	允许偏差	检验频数			检验方法
			范围	点　　数		
1	厚度	+20mm -10%	1000m²	1		用尺量
2	平整度	≤15mm	20m	路宽 （m）	<9	1	用3m直尺量取最大值
					9～15	2	
					>15	3	
3	宽度	不小于设计规定	40m	1		用尺量
4	横坡	±20mm且横坡差 ≤±0.3%	20m	路宽 （m）	<9	2	用水准仪测量
					9～15	4	
					>15	6	
5	中线高程	±20mm	20m	1		用水准仪测量
6	压实密度①	≥2.3t/m³	1000m²	1		灌砂法

注　各类基层在 12t 以上压路机碾压下，轮迹深度均不得大于 5mm。
①　为重点检查项目，合格率要达到 100％。

表 2.19　　　　　　　　碎石基层允许偏差表

序号	项目	允许偏差	检验频数			检验方法
			范围	点　　数		
1	厚度	±10%	1000m²	1		用尺量
2	平整度	15mm	20m	路宽 （m）	<9	1	用3m直尺量取最大值
					9～15	2	
					>15	3	
3	宽度	不小于设计规定	40m	1		用尺量

序号	项目	允许偏差	检验频数			检验方法
			范围	点　数		
4	横坡	±20mm 且横坡差 ≤±0.3%	20m	路宽 (m)	<9　　2 9～15　　4 >15　　6	用水准仪测量
5	中线高程	±20mm	20m	1		用水准仪测量
6	压实密度①	嵌缝　≥2.1t/m³ 不嵌缝　≥2.0t/m³	1000m²	1		灌砂法

注　本表也适用于用工业废渣铺底的基层。

①　为重点检查项目，合格率要达到100%。

表 2.20　　　　　　　　　　　石灰土类基层允许偏差表

序号	项目	压实度及允许偏差	检验频数		检验方法
			范围	点　数	
1	厚度	+20mm −10%	1000m²	1	用尺量
2	平整度	≤10mm	20m	1	用3m直尺量取最大值
3	宽度	不小于设计规定	40m	1	用尺量
4	横坡	±20mm 且横坡差 不大于±0.3%	20m	路宽 (m)　　<9　　2 9～15　　4 >15　　6	用水准仪测量
5	中线高程	±20mm	20m	1	用水准仪测量
6	压实度①	轻型击实98% 重型击实95%	1000m²	1	灌砂法

注　本表包括掺入一定比例的碎（砾）石、天然砂砾或工业废渣等材料铺筑的基层。

①　为重点检查项目，合格率要达到100%。

表 2.21　　　　　　　　水泥、石灰、粉煤灰类混合料基层允许偏差表

序号	项　目	压实度及允许偏差	检验频数		检 验 方 法
			范围	点数	
1	厚度	±10mm	50m	1	用尺量
2	平整度	≤10mm	20m	1	用3m直尺量取最大值
3	宽度	不小于设计规定	40m	1	用尺量
4	横坡	±20mm 且横坡差不大于±0.3%	20m	1	用水准仪测量
5	中线高程	±20mm	20m	1	用水准仪测量
6	压实度①	轻型击实98% 重型击实95%	1000m²	1	用环刀法测定

①　为重点检查项目，合格率要达到100%。

复 习 思 考 题

2.1 什么叫填隙碎石，主要作用有哪些，适用范围如何？施工程序有哪些？

2.2 级配碎石路拌法施工程序有哪些？其碾压程序的实施技术要点是什么？

2.3 级配砾石施工的程序有哪些？

2.4 什么叫水泥稳定土？混合料设计时应遵循哪些基本规定？

2.5 水泥稳定土路拌法施工程序有哪些？碾压程序应掌握哪些技术要点？

2.6 石灰稳定土一般应用要点有哪些？

2.7 石灰稳定土人工沿路拌和法的施工程序及施工技术要点是什么？

2.8 什么叫石灰工业废渣稳定土？

2.9 石灰工业废渣稳定土中心站集中厂拌法拌和程序是什么？其施工技术要点有哪些？

第3章 沥青面层施工技术

教学要求：通过对本章的学习使学生了解沥青路面的特点、沥青路面的分类，冷拌沥青混合料的施工方法，透水沥青、改性沥青等新材料的特点及施工工艺；熟悉透层、粘层施工技术和沥青贯入式路面施工技术；掌握热拌沥青混合料施工技术和沥青面层施工质量验收标准。

3.1 概　　述

3.1.1 沥青路面的特点

沥青路面是指沥青混合料经过摊铺、碾压等一系列工艺而形成的路面面层结构。而沥青混合料是由沥青和矿质集料在高温条件下拌和而成的，沥青混合料的力学性质受温度、荷载大小和荷载作用时间长短的影响很大。沥青混合料的力学性质决定着沥青路面的使用性能。

由于沥青路面使用了粘结力较强、有一定弹性和塑性变形能力的沥青材料，使其与水泥混凝土路面相比具有足够的强度、表面平整无接缝、振动小、行车舒适、抗滑性能好、耐久性好、施工期短、养护维修方便等优点，因此在我国的城市道路和公路中被广泛采用，成为我国高等级公路和城市道路的主要路面形式。但它也存在表面易受硬物损坏、且容易磨光降低抗滑性等缺点，同时它对基层和路基的强度有很高要求。

3.1.2 沥青路面的分类

应用于各种道路上的沥青面层归纳起来主要有四种基本类型，即热拌沥青混合料、沥青表面处治与封层、沥青贯入式、冷拌沥青混合料。其中热拌及冷拌沥青混合料又可根据混合料的级配类型分为沥青混凝土（AC）、沥青稳定碎石（ATB）、沥青玛蹄脂碎石（SMA）、排水式沥青磨耗层（OGFC）、排水式沥青碎石基层（ATPB）和沥青碎石（AM）。

1. **热拌沥青混合料**

用不同粒级的碎石、天然砂或机制砂、矿粉及沥青按一定设计配合比在拌和机中热拌所得的不同空隙率的混合料称热拌沥青混合料。热拌沥青混合料的级配类型有三种：密级配、开级配和半开级配，密级配又分为连续密级配和间断密级配。沥青混凝土就是其中的一种连续密级配。

热拌沥青混合料适用于各种等级道路的沥青面层。高速公路、一级公路的沥青上面层、中面层及下面层应采用沥青混凝土混合料铺筑，沥青碎石混合料仅适用于过渡层及整平层。其他等级道路的上面层宜采用沥青混凝土混合料铺筑。

2. **沥青表面处治与封层**

沥青表面处治是我国早期沥青路面的主要类型，广泛使用于砂石路面以提高路面等级、解决晴雨通车所做的简易式沥青路面。现在除了三级公路以下的地方性公路上继续使用外，已逐渐为更高等级的沥青路面类型所代替。传统的表面处治使用喷洒法或称层铺法施工。喷撒法表面处治除在轻交通道路上用作沥青表面层外，还可在旧沥青面层或水泥混凝土路面上用作封层以封闭旧面层的裂缝和改善旧面层的抗滑性能。

封层是指为封闭表面空隙、防止水分浸入而在沥青面层或基层上铺筑的有一定厚度的沥青混合料薄层。铺筑在沥青面层表面的称为上封层，铺筑在沥青面层下面、基层表面的称为下封层。其实封层是属于表面处治的一种，近年来封层的用途越来越广泛，出现了石屑封层、微表处、超薄磨耗层等类型。

沥青表面处治与封层主要用来解决沥青路面的表面功能，对增加沥青路面的构造深度、提高表面抗滑、减少行车噪音起着决定作用。

在市政工程中，沥青表面处治适用于城市道路的支路和街坊路及在沥青面层或水泥混凝土面层上加铺的罩面或磨耗层。

3. 沥青贯入式路面

沥青贯入式路面是指在初步压实的碎石（或破碎砾石）上分层浇洒沥青、撒布嵌缝料或再在上部铺筑热拌沥青混合料封层，经压实而成的沥青面层。沥青贯入式路面是一种多孔隙结构，尤其是下部粗碎石之间的孔隙最大。作为面层，沥青贯入式路面必须有封面料，以密闭其表面，减少表面水透入路面结构层，并提高贯入式面层本身的耐用性。沥青贯入式路面是靠矿料颗粒间的嵌锁作用以及沥青的粘结作用获得所需的强度和稳定性。

沥青贯入式路面在市政工程中适用于城市道路的次干路和支路。

4. 冷拌沥青混合料

以乳化沥青或稀释沥青为结合料与矿料在常温或加热温度很低的条件下拌和，所得的混合料为冷拌沥青混合料。冷拌沥青混合料适用于城市道路支线的沥青面层和各级道路沥青路面的联结层或整平层及低等级城市道路的路面补坑。

3.1.3 施工准备工作

沥青路面在正式开始施工前，应做好技术、资源、现场等多方面的准备工作。

1. 技术准备

（1）进一步熟悉和核对设计文件。熟悉和核对设计文件特别是结构及各项技术指标、质量要求等，并考虑其技术经济的合理性和施工的可行性。应认真仔细进行现场核对，如发现有疑问、错误、漏洞等及其他与实际情况不符之处，应按有关规定及时变更设计。

（2）编制实施性施工组织设计。主要是编制实施性施工方案、施工进度计划、施工预算和安全生产技术措施设计等控制和指导施工的文件，要保证其内容实事求是，客观具体，具有可操作性。

（3）提前落实沥青路面所用混合料的施工配合比。一个完整的混合料设计应分三阶段进行，第一阶段是目标配合比设计阶段，第二阶段是生产配合比设计阶段，第三阶段是生产配合比验证阶段也即是施工配合比设计阶段。通过这三个阶段确定沥青混合料的材料品种、矿料级配及沥青用量。沥青混合料的配合比设计用马歇尔试验进行。

（4）技术交底。施工前应向参与施工的技术人员和班组长、工人分层次进行交底，必要时应举办短期有针对性的培训班，贯彻施工技术规范和操作规程、安全规程、质量保证、质量标准，进行技术交底，以确保工程质量。

（5）施工放样。在路面施工前，应根据设计文件和施工实际需要补钉中心桩，恢复中线、补测水准点、横断面等。还应根据各结构层宽度、厚度分别放样，以指导和规范施工。

2. 资源准备

（1）施工机械机具准备。应按照合同规定，配备足够的施工机械、设备和器具，并保证均处于良好的技术状态及满足施工的要求，并应有相匹配的维修措施。

（2）材料准备。面层施工所使用的材料必须经过选择和检验，按规定的规格、技术品质和数量按计划安排运至工地，凡不合格的材料，均不得进场；进场发现不合格者，应运出施工现场，不得用于施工。

（3）安全防护准备。应严格执行安全操作规程，加强安全教育，准备好各种安全防护和劳动防护用品。进一步核对安全防护措施的可靠性和有效性。

3. 施工现场准备

（1）交通管制。为了确保施工安全和有序进行施工，对施工范围内道路的两端路口，要采取有效的交通管制措施，确保施工段断绝交通。

（2）沥青面层施工前应对基层进行检查，基层质量不符合要求的不得铺筑沥青面层。其要求是：具有足够的强度和适宜的刚度；具有良好的稳定性；干湿收缩变形较小；表面平整、密实、拱度与面层一致，高程符合要求。

（3）半刚性基层与沥青层宜在同一年内施工，以减少路面开裂。

（4）以旧沥青路面做基层时，应根据旧路面质量，确定对原有路面修补、铣刨、加铺罩面层。旧沥青路面的整平应按高程控制铺筑，分层整平的一层最大厚度不宜超过 100mm。

（5）以旧的水泥混凝土路面做基层加铺沥青面层时，应根据旧路面质量，确定处理工艺，确认满足基层要求后，方能加铺沥青层。

（6）旧路面处理后必须彻底清除浮灰，根据需要并作适当的铣刨处理，洒布粘层油，再铺筑新的结构层。

3.2 沥青路面材料

3.2.1 材料的一般规定

（1）沥青路面使用的各种材料运至现场后必须取样进行质量检验，经评定合格后方可使用，不得以供应商提供的检测报告或商检报告代替现场检测。使用前必须由监理工程师认可。

（2）沥青路面材料的选择必须经过认真的料源调查，确认料源应尽可能就地取材。质量符合使用要求，石料开采必须注意环境保护，防止破坏生态平衡。

（3）集料粒径规格以方孔筛为准。不同料源、品种、规格的集料不得混杂堆放。

3.2.2 沥青

公路工程所用的沥青有多种，常见的有道路石油沥青、乳化沥青、液体石油沥青、煤沥青、改性沥青等。

（1）道路石油沥青。各个沥青等级的适用范围应符合表 3.1 的规定。道路石油沥青的质量应符合表 3.2 规定的技术要求，经建设单位同意，沥青的 PI（针入度指数）值、60℃动力粘度，10℃延度可作为选择性指标。

（2）沥青路面采用的沥青标号，宜按照公路等级、气候条件、交通条件、路面类型及在结构层中的层位及受力特点、施工方法等，结合当地的使用经验，经技术论证后确定。

表 3.1	道路石油沥青的适用范围
沥青等级	适　用　范　围
A 沥青	各个等级的公路，适用于任何场合和层次
B 沥青	1. 高速公路、一级公路沥青下面层及以下的层次，二级及二级以下公路的各个层次。 2. 用作改性沥青、乳化沥青、改性乳化沥青、稀释沥青的基质沥青
C 沥青	三级及三级以下公路的各个层次

1) 对高速公路、一级公路，夏季温度高、高温持续时间长、重载交通、山区及丘陵区上坡路段、服务区、停车场等行车速度慢的路段，尤其是汽车荷载剪应力大的层次，宜采用稠度大、60℃粘度大的沥青，也可提高高温地区气候分区的温度水平选用沥青等级；对冬季寒冷的地区或交通量小的公路、旅游公路宜选用稠度小、低温延度大的沥青；对温度日温差、年温差大的地区宜注意选用针入度指数大的沥青。当高温要求与低温要求发生矛盾时应优先考虑满足高温性能的要求。

2) 当缺乏所需标号的沥青时，可采用不同标号参配的调和沥青，其掺配比例由试验室确定。掺配后的沥青质量应符合表3.2的要求。

（3）沥青必须按品种、标号分开存放。除长时间不使用的沥青可放在自然温度下存储外，沥青在储罐中贮存的温度不宜低于130℃，并不得高于170℃。桶装沥青应直立堆放，并加盖苫布。

（4）道路石油沥青在贮运、使用及存放过程中应有良好的防水措施，避免雨水或加热管道蒸气进入沥青中。

3.2.3　乳化沥青

乳化沥青是指石油沥青与水在乳化剂、稳定剂等作用下经乳化加工制得的均匀沥青产品，也称沥青乳液。

（1）乳化沥青适用于沥青表面处治路面、沥青贯入式路面、冷拌沥青混合料路面，修补裂缝，喷洒透层、粘层与封层等。乳化沥青的品种和适用范围宜符合表3.4的规定。

（2）乳化沥青的质量应符合表3.3的规定。在高温条件下宜采用粘度较大的乳化沥青，寒冷条件下宜使用粘度较小的乳化沥青。

（3）乳化沥青类型根据集料品种及使用条件选择。阳离子乳化沥青适用于各种集料品种，阴离子乳化沥青适用于碱性石料。乳化沥青的破乳速度、粘度宜根据用途与施工方法选择。

（4）制备乳化沥青的基质沥青，对高速公路和一级公路，宜符合表3.2中道路石油沥青A、B级沥青的要求，其他情况可采用C级沥青。

（5）乳化沥青宜放在立式罐中，并保持适当搅拌，贮存期宜不离析、不冻结、不破乳。

3.2.4　液体石油沥青

（1）液体石油沥青适用于透层、粘层及拌制冷拌沥青混合料。根据使用目的与场所，可选用快凝、中凝、慢凝的液体石油沥青，其质量应符合道路用液体石油沥青技术要求。

（2）液体石油沥青宜采用针入度较大的石油沥青，使用前按先加热沥青后加稀释剂的顺序，掺配煤油或轻柴油，经适当的搅拌、稀释制成。掺配比例根据使用要求由试验室确定。

（3）液体石油沥青在制作、贮存、使用的全过程中必须通风良好，并有专人负责，确保安全。基质沥青的加热温度严禁超过140℃，液体沥青的贮存温度不得高于50℃。

表 3.2

道路石油沥青技术要求

指标	单位	等级	160号[④]	130号[④]	110号	90号[④]	70号[③]	50号[③]	30号[④]	试验方法[①]
			沥青标号							
针入度(25℃,100g,5s)[①]	0.1mm	—	140~200	120~140	100~120	80~100	60~80	40~60	20~40	T0604
适用气候分区[⑥]	—	—	注[④]	注[④]	2-1 2-2	1-1 1-2 1-3 2-2 2-3	1-3 1-4 2-2 2-3 2-4	1-4	注[④]	附录A
针入度指数 PI[②]	—	A	$-1.5\sim+1.0$							T0604
		B	$-1.8\sim+1.0$							
软化点(R&B)	℃	A	≥38	≥40	≥43	≥45	≥44 ≥45 ≥46	≥49	≥55	T0606
		B	≥36	≥39	≥42	≥43	≥42 ≥43 ≥44	≥46	≥53	
		C	≥35	≥37	≥41	≥42	≥43	45	50	
60℃动力粘度[②]	Pa·s	A	—	≥60	≥120	≥160	≥140 ≥160 ≥180	≥200	≥260	T0620
10℃延度[②]	cm	A	≥50	≥50	≥40	≥45 ≥30 ≥20	≥25 ≥20 ≥15	≥15	≥10	T0605
		B	≥30	≥30	≥30	≥30 ≥20 ≥15	≥20 ≥15 ≥10	≥10	≥8	
15℃延度	cm	A,B	≥80	≥80	≥60	≥50	≥40	≥30	≥20	T0605
蜡含量(蒸馏法)[②]	%	A	≤2.2							T0615
		B	≤3.0							
		C	≤4.5							
闪点	℃		≥230	≥230	≥230	≥245	≥260	≥260	≥260	T0611
溶解度	%		≥99.5							T0607
密度(15℃)	g/cm³		实测记录							T0603
TFOT(或RTFOT)后[⑤]										T0610 或 T0609
质量变化	%		≤±0.8							
残留针入度比(25℃)	%	A	≥48	≥54	≥55	≥57	≥61	≥63	≥65	T0604
		B	≥45	≥50	≥52	≥54	≥58	≥60	≥62	
		C	≥40	≥45	≥48	≥50	≥54	≥58	≥60	
残留延度(10℃)	cm	A	≥12	≥12	≥10	≥8	≥6	≥4	—	T0605
		B	≥10	≥10	≥8	≥6	≥4	≥2	—	
残留延度(15℃)	cm	C	≥40	≥35	≥30	≥20	≥15	≥10	—	T0605

① 试验方法按照现行《公路工程沥青及沥青混合料试验规程》(JTJ 052—2000)的规定执行。用于仲裁试验求取 PI 时的 5 个温度关系的相关系数不得小于 0.997。

② 经建设单位同意，表中 PI 值、60℃动力粘度、10℃延度可作为选择性指标，也可不作为施工质量检验指标。

③ 70号沥青可根据需要要求供应商提供针入度范围为 60~70 或 70~80 的沥青，50号沥青可提供针入度范围为 40~50 或 50~60 的沥青。

④ 30号沥青仅适用于沥青稳定基层。130号和 160号沥青除寒冷地区可直接在中低级公路上直接应用外，通常用作乳化沥青、稀释沥青、改性沥青的基质沥青。

⑤ 老化试验以 TFOT(沥青的薄膜加热试验)为准，也可以用 RTFOT(沥青的旋转薄膜加热试验)代替。

⑥ 气候分区见《公路沥青路面施工技术规范》(JTG F40—2004)附录A。

表3.3

道路用乳化沥青技术要求

试验项目		单位	阳离子				阴离子				非离子		试验方法
			喷洒用		拌和用		喷洒用			拌和用	喷洒用	拌和用	
			PC-1	PC-2	PC-3	BC-1	PA-1	PA-2	PA-3	BA-1	PN-2	BN-1	
破乳速度			快裂	慢裂	快裂或中裂	慢裂或中裂	快裂	慢裂	快裂或中裂	慢裂或中裂	慢裂	慢裂	T0658
粒子电荷			阳离子（＋）				阴离子（一）				非离子		T0653
筛上残留物（1.18mm）	%		≤0.1				≤0.1				≤0.1		T0652
粘度	恩格拉粘度计 E_{25}		2~10	1~6	1~6	2~30	2~10	1~6	1~6	2~30	1~6	2~30	T0622
	道路标准粘度计 $C_{25,3}$	S	10~25	8~20	8~20	10~60	10~25	8~20	8~20	10~60	8~20	10~60	T0621
蒸发残留物	残留分含量	%	≥50	≥50	≥50	≥55	≥50	≥50	≥50	≥55	≥50	≥55	T0651
	溶解度	%	≥97.5				≥97.5				≥97.5		T0907
	针入度（25℃）	0.1cm	50~200	50~300	45~150	45~150	50~200	50~300	45~150	45~150	50~300	60~300	T9604
	延度（15℃）	cm	≥40				≥40				≥40		T0605
与粗集料的粘附性、裹附面积		%	—	≥2/3	—	—	—	≥2/3	—	—	≥2/3	—	T0654
与粗、细粒式集料拌和试验			—	—	均匀	均匀	—	—	均匀	均匀	—	均匀	T0659
水泥拌和试验的筛上剩余		%	—	—	—	—	—	—	—	—	—	≤3	T0657
常温储存稳定性： 1d		%	≤1	≤1	≤1	≤1	≤1	≤1	≤1	≤1	≤1	≤1	T0655
5d		%	≤5	≤5	≤5	≤5	≤5	≤5	≤5	≤5	≤5	≤5	

注：1. P为喷洒型，B为拌和型，C、A、N分别表示阳离子、阴离子、非离子乳化沥青。
　　2. 粘度可选用恩格拉粘度计或沥青标准粘度计之一测定。
　　3. 表中破乳速度与集料的粘附性、拌和试验所使用的石料品种有关，质量检验时应采用工程上实际使用的石料进行试验，仅进行乳化沥青产品质量评定时可不要求此三项指标。
　　4. 储存稳定性根据施工实际情况选用试验时间，通常采用5d，乳液生产后能当天使用时也可用1d的稳定性。
　　5. 当乳化沥青需要在低温冰冻条件下储存或使用时，尚需进行－5℃低温储存稳定性试验，要求设有粗颗粒、不结块。
　　6. 如果乳化沥青是将高浓度产品运到现场经稀释后使用时，表中的蒸发残留物等各项指标稀释前指稀释前乳化沥青的要求。

表 3.4　　　　　　　　　　　乳化沥青品种及适用范围

分　类	品种及代号	适　用　范　围
阳离子乳化沥青	PC - 1	表处、贯入式路面及下封层用
	PC - 2	透层油及基层养生用
	PC - 3	粘层油用
	BC - 1	稀浆封层或冷拌沥青混合料用
阴离子乳化沥青	PA - 1	表处、贯入式路面及下封层用
	PA - 2	透层油及基层养生用
	PA - 3	粘层油用
	BA - 1	稀浆封层或冷拌沥青混合料用
非离子乳化沥青	PN - 2	透层油用
	BN - 1	与水泥稳定集料同时使用（基层路拌或再生）

3.2.5　煤沥青

（1）道路用煤沥青的标号根据气候条件、施工温度、使用目的选用，其质量应符合道路用煤沥青技术要求。

（2）道路用煤沥青适用于下列情况：

1）各种等级公路的各种基层上的透层，宜采用 T-1 级或 T-2 级，其他等级不符合喷洒要求时可适当稀释使用；

2）三级及三级以下的公路铺筑表面处治或贯入式沥青路面，宜采用 T-5、T-6 或 T-7 级；

3）与道路石油沥青、乳化沥青混合使用，以改善渗透性。

（3）道路用煤沥青严禁用于热拌热铺的沥青混合料，作其他用途时的贮存温度宜为 70～90℃，且不得长时间贮存。

3.2.6　改性沥青

改性沥青是通过掺加橡胶、树脂、高分子聚合物、天然沥青、磨细的橡胶粉，或其他材料等外掺剂（改性剂）制成的沥青结合料，从而使沥青或沥青混合料的性能得以改善。

（1）改性沥青可单独或复合采用高分子聚合物、天然沥青及其他改性材料制作。

（2）各类聚合物改性沥青的质量应符合表 3.5 的技术要求，当采用表列以外的聚合物及复合改性沥青时，可通过试验研究制定相应的技术要求。

表 3.5　　　　　　　　　　　聚合物改性沥青技术要求

指标	单位	SBS[①]类（Ⅰ类）				SBR[②]类（Ⅱ类）			EVA[③]、PE[④]类（Ⅲ类）				试验方法
		Ⅰ-A	Ⅰ-B	Ⅰ-C	Ⅰ-D	Ⅱ-A	Ⅱ-B	Ⅱ-C	Ⅲ-A	Ⅲ-B	Ⅲ-C	Ⅲ-D	
针入度（25℃，100g，5s）	0.1mm	＞100	80～100	60～80	40～60	＞100	80～100	60～80	＞80	60～80	40～60	30～40	T0604
针入度指数 PI		≥-1.2	≥-0.8	≥-0.4	≥0	≥-1.0	≥-0.8	≥-0.6	≥-1.0	≥-0.8	≥-0.6	≥-0.4	T0604
延度（5℃，5cm/min）	cm	≥50	≥40	≥30	≥20	≥60	≥50	≥40	—				T0605

指标	单位	SBS①类（Ⅰ类）				SBR②类（Ⅱ类）			EVA③、PE④类（Ⅲ类）				试验方法
		Ⅰ-A	Ⅰ-B	Ⅰ-C	Ⅰ-D	Ⅱ-A	Ⅱ-B	Ⅱ-C	Ⅲ-A	Ⅲ-B	Ⅲ-C	Ⅲ-D	
软化点 $T_{R\&B}$	℃	≥45	≥40	≥55	≥60	≥45	≥48	≥50	≥48	≥52	≥56	≥60	T0606
运动粘度（135℃）	Pa·s	≤3											T0625 T0619
闪点	℃	≥230				≥230			≥230				T0611
溶解度	%	≥99				≥99			—				T0607
弹性恢复（25℃）	%	≥55	≥60	≥65	≥75	—			—				T0662
粘韧性	N·m	—				≥5			—				T0624
韧性	N·m	—				≥2.5			—				T0624
储存稳定性②离析，48h软化点差	℃	≤2.5				—			无改性剂明显析出，凝聚				T0661
TFOT（或RTFOT）后残留物													
质量变化	%	≤±1.0											T0610 或 T0609
针入度比（25℃）	%	≥50	≥55	≥60	≥65	≥50	≥55	≥60	≥50	≥55	≥58	≥60	T0604
延度（5℃）	cm	≥30	≥25	≥20	≥15	≥30	≥20	≥10	—				T0605

注 1. 表中135℃运动粘度可采用《公路工程沥青及沥青混合料试验规程》（JTJ 052—2000）中的"沥青布氏旋转粘度试验方法进行测定"。若在不改变改性沥青物理力学性质并符合安全条件的温度下易于泵送和拌和，或经证明适当提高泵送和拌和温度时能保证改性沥青的质量，容易施工，可不要求测定。

2. 贮存稳定性指标适用于工厂生产的成品改性沥青。现场制作的改性沥青对储存稳定性指标可不作要求，但必须在制作后，保持不间断的搅拌或泵送循环，保证使用前没有明显的离析。

① SBS为苯乙烯—丁二烯—苯乙烯嵌段共聚物。
② SBR为苯乙烯—丁二烯橡胶。
③ EVA为乙烯—醋酸乙烯共聚物。
④ PE为聚乙烯。

（3）制作改性沥青的基质沥青应与改性剂有良好的配伍性，其质量宜符合表3.2中A级或B级道路石油沥青的技术要求。供应商在提供改性沥青的质量报告时应提供基质沥青的质量检验报告或沥青样品。

（4）天然沥青可以单独与石油沥青混合使用或与其他改性沥青混融后使用。天然沥青的质量要求宜根据其品种参照相关标准和成功的经验执行。

（5）用作改性剂的SBR乳胶中的固体物含量不宜少于45%，使用中严禁长时间暴晒或遭冰冻。

（6）改性沥青的剂量以改性剂占改性沥青总量的百分数计算，乳胶改性沥青的剂量应以扣除水以后的固体物含量计算。

（7）改性沥青宜在固定式工厂或在现场设厂集中制作，也可在拌和厂现场边制作边使用，改性沥青的加工温度不宜超过180℃。胶乳类改性剂和制成颗粒的改性剂可直接投入拌和缸中生产改性沥青混合料。

（8）用溶剂法生产改性沥青母体时，挥发性溶剂回收后的残留量不得超过 5%。

（9）现场制作的改性沥青宜随配随用，需作短时间保存，或运送到附近的工地时，使用前必须搅拌均匀，在不发生离析的状态下使用。改性沥青制作设备必须设有随机采集样品的取样口，采集的试样宜立即在现场灌模。

（10）工厂制作的成品改性沥青到达施工现场后存贮在改性沥青罐中，改性沥青罐中必须加设搅拌设备并进行搅拌，使用前改性沥青必须搅拌均匀。在施工过程中应定期取样检验产品质量，发现离析等质量不符合要求的改性沥青不得使用。

3.2.7　改性乳化沥青

在制作乳化沥青的过程中同时加入聚合物乳胶，或将聚合物乳胶与乳化沥青成品混合，或对聚合物改性沥青进行乳化加工得到的乳化沥青产品。

改性乳化沥青宜按表 3.6 选用，质量应符合表 3.7 的技术要求。

表 3.6　　　　改性乳化沥青的品种和使用范围

品　　种		代　　号	使　用　范　围
改性乳化沥青	喷洒型改性乳化沥青	PCR	粘层、封层、桥面防水粘结层用
	拌和用乳化沥青	BCR	改性稀浆封层和微表处理

表 3.7　　　　改性乳化沥青技术要求

试　验　项　目		单　位	品　种　及　代　号		试验方法
			PCR	BCR	
破乳速度		—	快裂或中裂	慢裂	T0658
粒子电荷		—	阳离子（＋）	阳离子（＋）	T0653
筛上剩余量（1.18mm）		%	≤0.1	≤0.1	T0652
粘度	恩格拉粘度 E_{25}	—	1～10	3～30	T0622
	沥青标准粘度 $C_{25,3}$	S	8～25	12～16	T0621
蒸发残留物	含量	%	≥50	≥60	T0651
	针入度（25℃，100g，5s）	0.1mm	40～120	40～100	T0604
	软化点	℃	≥50	≥53	T0606
	延度（5℃）	cm	≥20	≥20	T0605
	如解读（三氯乙烯）	%	≥97.5	≥97.5	T0607
与矿料的粘附性，裹覆面积		—	≥2/3		T0654
贮存稳定性	1d	%	≤1	≤1	T0655
	5d	%	≤5	≤5	T0655

注　1. 破乳速度与集料粘附性、拌和试验所使用的石料品种有关。工程上施工质量检验时应采用实际的石料试验，仅进行产品质量评定时可对这些指标提出要求。

2. 当用于填补车辙时，BCR 蒸发残留物的软化点宜提高至不低于 55℃。

3. 贮存稳定性根据施工实际情况选择试验天数，通常采用 5d，乳液生产后能在第二天试用完时也可选用 1d。个别情况下改性乳化沥青 5d 的贮存稳定性难以满足要求，如果经搅拌后能够达到均匀一致并不影响正常使用，此时要求改性乳化沥青运至工地后存放在附有搅拌装置的贮存罐内，并不断地进行搅拌，否则不准使用。

4. 当改性乳化沥青或特种改性乳化沥青需要在低温冰冻条件下贮存或使用时，尚需进行 -5℃ 低温贮存稳定性试验，要求没有粗颗粒、不结块。

3.2.8 粗集料

（1）沥青层用粗集料包括碎石、破碎砾石、筛选砾石、钢渣、矿渣等，但高速公路和一级公路不得使用筛选砾石和矿渣。粗集料必须由具有生产许可证的采石场生产或施工单位自行加工。

（2）粗集料应该洁净、干燥、表面粗糙，质量应符合表 3.8 的规定，当单一规格集料质量指标达不到表中要求，而按照集料配合比计算的质量指标符合要求时，工程上允许使用。对受热易变质的集料，宜采用经拌和机烘干后的集料进行检验。

表 3.8 沥青混合料用集料质量技术要求

指 标	单位	高速公路及一级公路		其他等级公路	试验方法
		表面层	其他层次		
石料压碎值	%	≤26	≤28	≤30	T0316
洛杉矶磨耗损失	%	≤28	≤30	≤35	T0317
表观相对密度	—	≥2.60	≥2.50	≥2.45	T0304
吸水率	%	≤3.0	≤3.0	≤3.0	T0304
坚固性	%	≤12	≤12	—	T0314
针片状颗粒含量 其中粒径<9.5mm 其中粒径>9.5mm	%	≤15 ≤12 ≤18	≤18 ≤15 ≤20	≤20	T0312
水洗法<0.075mm 颗粒含量	%	≤1	≤1	≤1	T0310
软石含量	%	≤3	≤5	≤5	T0320

注 1. 坚固性试验可根据需要进行。

  2. 用于高速公路、一级公路时，多孔玄武岩的视密度可放宽至 2.45t/m³，吸水率可放宽至 3%，但必须得到建设单位的批准，且不得用于 SMA（沥青玛蹄脂碎石混合料）路面。

  3. 对 S14 即 3~5 规格的粗集料，针片状颗粒含量可不予要求，<0.075mm 含量可放宽至 3%。

（3）粗集料的粒径规格应按规范的规定生产和使用。

（4）采石场在生产过程中必须彻底清除覆盖层及泥土夹层。生产碎石用的原石不得含有土块、杂物，集料成品不得堆放在泥土地上。

（5）高速公路、一级公路沥青路面的表面层（或磨耗层）的粗集料的磨光值应符合表 3.9 的要求。除 SMA、OGFC（大孔开级配排水式沥青磨耗层）路面外，允许在硬质粗集料中掺加部分较小粒径的磨光值达不到要求的粗集料，其最大掺加比例由磨光值试验确定。

（6）粗集料与沥青的粘附性应符合表 3.9 的要求，当使用不符合要求的粗集料时，宜掺加消石灰、水泥或用饱和石灰水处理后使用，必要时可同时在沥青中掺加耐热、耐水、长期性能好的抗剥落剂，也可采用改性沥青的措施，使沥青混合料的水稳定性检验达到要求。掺加外加剂的剂量由沥青混合料的水稳定性的检验确定。

（7）破碎砾石应采用粒径大于 50mm，含泥量不大于 1% 的砾石轧制，破碎砾石的破碎面应符合表 3.10 的要求。

（8）筛选砾石仅适用于三级及三级以下公路的沥青表面处治路面。

（9）经过破碎且存放期超过 6 个月以上的钢渣可用作粗集料使用。除吸水率允许适当放宽外，各项质量指标应符合表 3.8 的要求。钢渣在使用前应进行活性检验，要求钢渣中的游离氧化钙含量不大于 3%，浸水膨胀率不大于 2%。

表 3.9   **粗集料与沥青的粘附性、磨光值的技术要求**

雨量气候区	1（潮湿区）	2（湿润区）	3（半干区）	4（干旱区）	试验方法
年降雨量（mm）	＞1000	1000～500	500～250	＜250	附录 A①
粗集料的磨光值 PSV 不小于高速公路、一级公路表面层	42	40	38	36	T0321
粗集料与沥青的粘附性不小于 （1）高速公路、一级公路表面层； （2）高速公路、一级公路的其他层次及其他公路的各个层次	5 4	4 4	4 3	3 3	T0616 T0663

① 气候分区见《公路沥青路面施工技术规范》（JTG F40—2004）附录 A。

表 3.10   **粗集料对破碎面的要求**

路面部位及混合料类型	具有一定数量破碎面颗粒的含量（%）		试验方法
	1 个破碎面	2 个或 2 个以上破碎面	
沥青路面表面层 高速公路、一级公路 其他等级公路	 ≥100 ≥80	 ≥90 ≥60	T0346
沥青路面中下面层、基层 高速公路、一级公路 其他等级公路	 ≥90 ≥70	 ≥80 ≥50	
SMA 混合料	≥100	≥90	
贯入式路面	≥80	≥60	

3.2.9　细集料

（1）沥青路面的细集料包括天然砂、机制砂、石屑。细集料必须由具有生产许可证的采石场、采砂场生产。

（2）细集料应洁净、干燥、无风化、无杂质，并有适当的颗粒级配，其质量应符合表 3.11 的规定。细集料的洁净程度，天然砂以小于 0.075mm 含量的百分数表示，石屑和机制砂以砂当量（适用于 0～4.75mm）或亚甲蓝值（适用于 0～2.36mm 或 0～0.15mm）表示。

表 3.11   **沥青混合料用细集料质量要求**

项　目	单　位	高速公路、一级公路	其他等级公路	试验方法
表观相对密度	—	≥2.50	≥2.45	T0328
坚固性（＞0.3mm 部分）	%	≥12	—	T0340
含泥量（＜0.075mm 的含量）	%	≤3	≤5	T0333
砂当量	%	≥60	≥50	T0334
亚甲蓝值	g/kg	≤25	—	T0349
棱角型（流动时间）	s	≥30		T0345

（3）天然砂可采用河砂或海砂，通常宜采用粗、中砂，其规格应符合规范中的规定。砂的含泥量超过规定时应水洗后使用，海砂中的贝壳类材料必须筛除。开采天然砂必须取得当地政府主管部门的许可，并符合水利及环境保护的要求。热拌密级配沥青混合料中天然砂的用量通常不宜超过集料总量的 20%，SMA 和 OGFC 混合料不宜使用天然砂。

（4）石屑是采石场破碎石料时通过 4.75mm 或 2.36mm 的筛下部分，其规格应符合表 3.12 的要求。采石场在生产石屑的过程中应具备抽吸设备，高速公路和一级公路的沥青混合料，宜将 S14 与 S16 组合使用，S15 可在沥青稳定碎石基层或其他等级公路中使用。

表 3.12　　　　　　　　　　沥青混合料用机制砂或石屑规格

规格	公称粒径（mm）	水洗法通过各筛孔的质量百分率（%）							
		9.5	4.75	2.36	1.18	0.6	0.3	0.15	0.075
S15	0～5	100	90～100	60～90	40～75	20～55	7～40	2～20	0～10
S16	0～3	—	100	80～100	50～80	25～60	8～45	0～25	0～15

注　当生产石屑采用喷水抑制扬尘工艺时，应特别注意含粉量不得超过表中要求。

（5）机制砂宜采用专用的制砂机制造，并选用优质石料生产，其级配应符合 S16 的要求。

3.2.10　填料

（1）沥青混合料的矿粉必须采用石灰岩或岩浆岩中的强基性岩石等憎水性石料经磨细得到的矿粉，原石料中的泥土杂质应除净。矿粉应干燥、洁净，能自由地从矿粉仓流出，其质量应符合表 3.13 的要求。

表 3.13　　　　　　　　　　沥青混合料用矿粉质量要求

项　目	单　位	高速公路、一级公路	其他等级公路	试验方法
表观密度	t/m³	≥2.50	≥2.45	T0352
含水量	%	≤1	≤1	T0103 烘干法
粒度范围＜0.6mm ＜0.15mm ＜0.075mm	%	100 90～100 75～100	100 90～100 70～100	T0351
外观	—	无团粒结块	—	
亲水系数	—	＜1		T0353
塑性指数	%	＜4		T0364
加热安定性	—	实测记录		T0355

（2）拌和机的粉尘可作为矿粉的一部分回收使用。但每盘用量不得超过填料总量的 25%，掺有粉尘填料的塑性指数不得大于 4%。

（3）粉煤灰作为填料使用时，用量不得超过填料总量的 50%，粉煤灰的烧失量应小于 12%，与矿粉混合后的塑性指数应小于 4%，其余质量要求与矿粉相同。高速公路、一级公路的沥青面层不宜采用粉煤灰做填料。

3.3　透层、粘层施工技术

3.3.1　透层施工技术要点

（1）沥青路面各类基层都必须喷洒透层油，沥青层必须在透层油完全渗透入基层后方可铺筑。基层上设置下封层时，透层油不宜省略。气温低于 10℃或大风天气，即将降雨时不得喷洒透层油。

（2）根据基层类型选择渗透性好的液体沥青、乳化沥青、煤沥青作透层油，喷洒后通过钻孔或挖掘确认透层油渗透入基层的深度宜不小于 5mm（无机结合料稳定集料基层）～10mm（无结合料基层），并能与基层联结成为一体。透层油的质量应符合本章第 2 节的要求。

（3）透层油的粘度通过调节稀释剂的用量或乳化沥青的浓度得到适宜的粘度，基质沥青的针入度通常宜不小于 100。透层用乳化沥青的蒸发残留物含量允许根据渗透情况适当调整，当使用成品乳化沥青时可通过稀释得到要求的粘度。透层用液体沥青的粘度通过调节煤油或轻柴油等稀释剂的品种和掺量经试验确定。

（4）透层油的用量通过试洒确定，不宜超出表 3.14 要求的范围。

表 3.14　　　　　　　　　　　沥青路面透层材料的规格和用量表

用途	液 体 沥 青		乳 化 沥 青		煤 沥 青	
	规 格	用量（L/m²）	规格	用量（L/m²）	规格	用量（L/m²）
无结合料粒料基层	AL（M）-1、2 或 3 AL（S）-1、2 或 3	1.0～2.3	PC-2 PA-2	1.0～2.0	T-1 T-2	1.0～1.5
半刚性基层	AL（M）-1 或 2 AL（S）-1 或 2	0.6～1.5	PC-2 PA-2	0.7～1.5	T-1 T-2	0.7～1.0

注　表中用量是指包括稀释剂和水分等在内的液体沥青、乳化沥青的总量。乳化沥青中的残留物含量以 50％为基准。

（5）用于半刚性基层的透层油宜紧接在基层碾压成型后表面稍变干燥，但尚未硬化的情况下喷洒。

（6）在无结合料粒料的基层上洒布透层油时，宜在铺筑沥青层前 1～2d 洒布。

（7）透层油宜采用沥青洒布车一次喷洒均匀，使用的喷嘴宜根据透层油的种类和粘度选择并保证均匀喷洒，沥青洒布车喷洒不均匀时宜改用手工沥青洒布机喷洒。

（8）喷洒透层油前应清扫路面，遮挡防护路缘石及人工构造物避免污染，透层油必须洒布均匀，有花白遗漏应人工补洒，喷洒过量的立即撒布石屑或砂吸油，必要时作适当碾压。透层油洒布后不得在表面形成能被运料车和摊铺机粘起的油皮，透层油达不到渗透深度要求时应更换透层油稠度或品种。

（9）透层油洒布后的养生时间随透层油的品种和气候条件由试验确定，确保液体沥青中的稀释剂全部挥发，乳化沥青渗透且水分蒸发，然后尽早铺筑沥青面层，防止工程车辆损坏透层。

3.3.2　粘层施工技术要点

（1）符合下列情况之一时，必须喷洒粘层油：

1）双层式或三层式热拌热铺沥青混合料路面的沥青层之间。

2）水泥混凝土路面、沥青稳定碎石基层或旧沥青路面层上加铺沥青层。

3）路缘石、雨水口、检查井等构造物与新铺沥青混合料接触的侧面。

（2）粘层油宜采用快裂或中裂乳化沥青、改性乳化沥青，也可采用快、中凝液体石油沥青其规格和质量应符合规范要求，所使用的基质沥青标号宜与主层沥青混合料相同。

（3）粘层油品种和用量，应根据下卧层的类型通过试洒确定，并符合表 3.15 的要求。

（4）粘层油宜采用沥青喷洒车喷洒，并选用适宜的喷嘴，洒布速度和喷洒量保持稳定。

表 3.15 沥青路面粘层材料的规格和用量表

下卧层类型	液 体 沥 青		乳 化 沥 青	
	规 格	用量（L/m²）	规 格	用量（L/m²）
新建沥青层或旧沥青路面	AL（R）-3～AL（R）-6 AL（M）-3～AL（M）-6	0.3～0.5	PC-3 PC-3	0.3～0.6
水泥混凝土	AL（M）-3～AL（M）-6 AL（S）-3～AL（S）-6	0.2～0.4	PC-3 PC-3	0.3～0.5

注 表中用量是指包括稀释剂和水分等在内的液体沥青、乳化沥青的总量。乳化沥青中的残留物含量以 50％ 为基准。

当采用机动或手摇的手工沥青洒布机喷洒时，必须由熟练的技术工人操作，均匀洒布。气温低于 10℃ 时不得喷洒粘层油，寒冷季节施工不得不喷洒时可以分成两次喷洒。路面潮湿时不得喷洒粘层油，用水洗刷需待表面干燥后喷洒。

（5）喷洒的粘层油必须呈均匀雾状，在路面全宽度内均匀分布成一薄层，不得有洒花漏空或呈条状，也不得有堆积。喷洒不足的要补洒，喷洒过量处应予刮除。喷洒粘层油后，严禁运料车外的其他车辆和行人通过。

（6）粘层油宜在当天洒布，待乳化沥青破乳、水分蒸发完成，或稀释沥青中的稀释剂基本挥发完成后，紧跟着铺筑沥青层，确保粘层不受污染。

3.4 热拌沥青混合料路面施工技术

3.4.1 热拌沥青混合料的种类及基本要求

1. 热拌沥青混合料种类

热拌沥青混合料（HMA）适用于各种等级的城市道路和公路的沥青路面。其种类按集料公称最大粒径、矿料级配、空隙率划分，分类见表 3.16。

表 3.16 热拌沥青混合料种类

混合料类型	密 级 配			开 级 配		半开级配	公称最大粒径（mm）	最大粒径（mm）
	连续级配		间断级配	间断级配				
	沥青混凝土	沥青稳定碎石	沥青玛蹄脂碎石	排水式沥青磨耗层	排水式沥青碎石基层	沥青碎石		
特粗式	—	ATB-40	—	—	ATPB-40	—	37.5	53.0
粗粒式	—	ATB-30	—	—	ATPB-30	—	31.5	37.5
	AC-25	ATB-25	—	—	ATPB-25	—	26.5	31.5
中粒式	AC-20	—	SMA-20	—	—	AM-20	19.0	26.5
	AC-16	—	SMA-16	OGFC-16	—	AM-16	16.0	19.0
细粒式	AC-13	—	SMA-13	OGFC-13	—	AM-13	13.2	16.0
	AC-10	—	SMA-10	OGFC-10	—	AM-10	9.5	13.2
砂粒式	AC-5	—	—	—	—	—	4.75	9.5
设计空隙率（％）	3～5	3～6	3～4	＞18	＞18	6～12		

注 设计空隙率可按配合比要求适当调整。

2. 基本要求

（1）各层沥青混合料应满足所在层位的功能要求，便于施工不容易离析。各层应连续施工并连接成为一个整体。当发现混合料结构组合及级配类型的设计不合理时，应进行修改、调整，以确保沥青路面的使用性能。

（2）沥青面层集料的最大粒径宜从上至下逐渐增大，并应与压实层厚度相匹配，对热拌热铺密级配沥青混合料，沥青层一层的压实厚度不宜小于集料公称最大粒径的 2.5～3 倍，对 SMA 和 OGFC 等嵌挤型混合料不宜小于公称最大粒径的 2～2.5 倍，以减少离析便于压实。

3.4.2　施工前的准备工作

（1）铺筑沥青面层前，应检查基层或下卧沥青层的质量，不符合要求的不得铺筑沥青面层。旧沥青路面或下卧层已被污染时，必须清洗或经铣刨处理后方可铺筑沥青混合料。

（2）石油沥青加工及沥青混合料施工温度应根据沥青标号及粘度、气候条件、铺装层的厚度确定。

1）普通沥青混合料的施工温度宜通过在 135℃ 及 175℃ 条件下测定的粘度-温度曲线按表 3.17 的规定确定。缺乏粘温曲线数据时，可参照表 3.18 的范围选择，并根据实际情况确定使用高值或低值。当表中温度不符合实际情况时，容许作适当调整。

表 3.17　　　　　　　　　确定沥青混合料拌和及压实温度的适宜温度

粘　　　度	适宜于拌和的沥青结合料粘度	适宜于压实的沥青结合料粘度	测定方法
表观粘度	(0.17±0.02) Pa·s	(0.28±0.03) Pa·s	T0625
运动粘度	(170±20) mm²/s	(280±30) mm²/s	T0619
赛波特粘度	(85±10) s	(140±15) s	T0623

表 3.18　　　　　　　　　　热拌沥青混合料的施工温度　　　　　　　　　　单位：℃

施　工　工　序		石 油 沥 青 的 标 号			
		50 号	70 号	90 号	110 号
沥青加热温度		160～170	155～165	150～160	145～155
矿料加热温度	间歇式拌和机	集料加热温度比沥青温度高 10～30			
	连续式拌和机	矿料加热温度比沥青温度高 5～10			
沥青混合料出料温度		150～170	145～165	140～160	135～155
混合料贮料仓贮存温度		贮料过程中温度降低不超过 10			
混合料废弃温度		＞200	＞195	＞190	＞185
运输到现场温度		≥150	≥145	≥140	≥135
混合料摊铺温度	正常施工	≥140	≥135	≥130	≥125
	低温施工	≥160	≥150	≥140	≥135
开始碾压的混合料内部温度	正常施工	≥135	≥130	≥125	≥120
	低温施工	≥150	≥145	≥135	≥130
碾压终了的表面温度	钢轮压路机	≥80	≥70	≥65	≥60
	轮胎压路机	≥85	≥80	≥75	≥70
	振动压路机	≥75	≥70	≥60	≥55
开放交通的路表温度		≥50	≥50	≥50	≥45

注　1. 沥青混合料的施工温度采用具有金属探测针插入式数显温度计测量。表面温度可采用表面接触式温度计测定。当采用红外线温度计测量表面温度时，应进行标定。
　　2. 表中未列入的 130 号、160 号及 30 号沥青的施工温度由试验确定。

2）聚合物改性沥青混合料的施工温度根据实践经验并参照表 3.19 选择。通常较普通沥青混合料的施工温度提高 10～20℃。对采用冷态乳胶直接喷入法制作的改性沥青混合料，集中烘干温度应进一步提高。

表 3.19 聚合物改性沥青混合料的正常施工温度范围 单位：℃

工　　序	聚 合 物 改 性 沥 青 品 种		
	SBS 类	SBR 乳胶类	EVA、PE 类
沥青加热温度	160～165		
改性沥青现场制作温度	165～170	—	165～170
成品改性沥青加热温度	≤175	—	175
集料加热温度	190～220	200～210	185～195
改性沥青 SMA 混合料出厂温度	170～185	160～180	165～180
混合料最高温度（废弃温度）	195		
混合料贮存温度	拌和出料后降低不超过 10		
摊铺温度	≥160		
初压开始温度	≥150		
碾压终了的表面温度	≥90		
开放交通时的路标温度	≤50		

注 1. 沥青混合料的施工温度采用具有金属探测针插入式数显温度计测量。表面温度可采用表面接触式温度计测定。当采用红外线温度计测量表面温度时，应进行标定。

2. 当采用表列以外的聚合物或天然沥青改性沥青时，施工温度由试验确定。

3）SMA 混合料的施工温度应视纤维品种和数量、矿粉用量的不同，在改性沥青混合料的基础上作适当提高。

3.4.3　沥青混合料的拌和

沥青混合料的拌和是沥青面层施工的关键环节之一，拌和厂的材料、机械设备和产品质量都会直接影响着沥青混合料的各项技术指标以及面层的质量。

1. 材料

沥青混合料使用的材料分为两大部分，一是矿料，二是沥青。材料的技术指标应满足本章第 2 节中的相关规定。同时并注意细集料和沥青的存放，应避免潮湿和被雨淋。

2. 沥青混合料必须在沥青拌和厂（场、站）采用拌和机械拌制

（1）热拌沥青混合料的拌和工艺流程如图 3.1 所示。

（2）热拌沥青混合料的拌制。

1）沥青拌和厂的设置除应符合国家有关环境保护、消防、安全等规定外，还应具备下列条件：

a. 拌和厂应设置在空旷、干燥、运输条件良好的地方。

b. 沥青应分品种、分标号密封储存。各种矿料应分别堆放在具有硬质基底的料仓或场地上，并不得混杂。矿粉等填料不得受潮。集料宜设置防雨顶棚。拌和厂应有良好的排水设施。

c. 拌和厂应配备试验室，并配置足够的仪器设备。

d. 拌和厂应有可靠的电力供应。

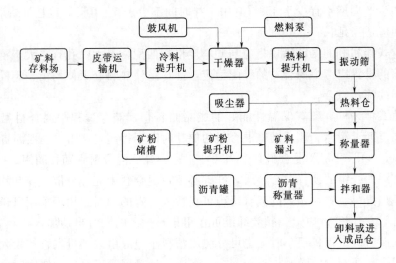

图 3.1　热拌沥青混合料拌和工艺流程

2）热拌沥青混合料可采用间歇式拌和机或连续式拌和机拌制。高速公路、一级公路的沥青混凝土宜采用间歇式拌和机拌和。连续式拌和机使用的集料必须稳定不变，一个工程从多处进料、料源或质量不稳定时，不得采用连续式拌和机拌和。

3）沥青混合料拌和设备的各种传感器必须定期标定，周期不少于每年一次。冷料供料装置需经标定得出集料供料曲线。

4）间歇式拌和机应符合下列要求：

a. 总拌和能力满足施工进度要求。拌和机除尘设备完好，能达到环保要求。

b. 冷料仓的数量满足配合比需要，通常不宜少于 5～6 个。具有添加纤维、消石灰等外掺剂的设备。

5）集料与沥青混合料取样应符合现行试验规程的要求。从沥青混合料运料车上取样时，必须在设置取样台分几处采集一定深度下的样品。

6）集料进场宜在料堆顶部平台卸料，经推土机推平后，铲运机从底部按顺序竖直装料，减小集料离析。

7）高速公路和一级公路施工用的间歇式拌和机必须配备计算机设备，拌和过程中逐盘采集并打印各个传感器测定的材料用量和沥青混合料拌和量、拌和温度等各种参数。每个台班结束时打印出一个台班的统计量，按规定的方法进行沥青混合料生产质量及铺筑厚度的总量检验。总量检验的数据有异常波动时，应立即停止生产，分析原因。

8）沥青混合料的生产温度应符合规定的要求。烘干集料的残余含水量不得大于 1%。每天开始几盘集料应提高加热温度，并干拌几锅集料废弃，再正式加沥青拌和混合料。

9）拌和机的矿粉仓应配备振动装置以防止矿粉起拱。添加消石灰、水泥等外掺剂时，宜增加粉料仓，也可由专用管线和螺旋升送器直接加大拌和锅，若与矿粉混合使用时应注意二者因密度不同发生离析。

10）拌和机必须有二级除尘装置，经一级除尘部分可直接回收使用，二级除尘部分可进入回收粉仓使用（或废弃）。对因除尘造成的粉料损失，应补充等量的新矿粉。

11）沥青混合料拌和时间根据具体情况经试拌确定，以沥青均匀裹覆集料为度。间歇式拌和机每盘的生产周期不宜少于45s（其中干拌时间不少于5～10s）。改性沥青和SMA混合料的拌和时间应适当延长。

12）间歇式拌和机的振动筛规格应与矿料规格相匹配，最大筛孔宜略大于混合料的最大粒径，其余筛的设置应考虑混合料的级配稳定，并尽量使热料仓大体均衡，不同级配混合料必须配置不同的筛孔组合。

13）间隙式拌和机宜备有保温性能好的成品储料仓，储存过程中混合料温降不得大于10℃，且不能有沥青滴漏。普通沥青混合料的储存时间不得超过72h；改性沥青混合料的储存时间不宜超过24h；SMA混合料只限当天使用；OGFC混合料宜随拌随用。

14）生产添加纤维的沥青混合料时，纤维必须在混合料中充分分散，拌和均匀。拌和机应配备同步添加投料装置，松散的絮状纤维可在喷入沥青的同时或稍后采用风送设备喷入拌和锅，拌和时间宜延长5s以上。颗粒纤维可在粗集料投入的同时自动加入，经5～10s的干拌后，再投入矿粉。工程量很小时，也可分装成塑料小包或由人工量取直接投入拌和锅。

15）使用改性沥青时应随时检查沥青泵、管道、计量器是否受堵，堵塞时应及时清洗。

16）沥青混合料出厂时应逐车检测沥青混合料的重量和温度，记录出厂时间，签发运料单。

3.4.4 热拌沥青混合料的运输

厂拌沥青混合料通常用自卸汽车运往铺筑现场。其所需运输的车辆数可按下式计算：

$$N = \frac{a(T_1 + T_2 + T_3)}{T} \tag{3.1}$$

式中：N为所需车辆数；T_1为重载运程时间，min；T_2为空载运程时间，min；T_3为在工地卸料和等待的时间，min；T为拌制一车混合料所需的时间，min；a为储备系数，视交通情况而定，一般取$a=1.1\sim1.2$。

（1）热拌沥青混合料宜采用较大吨位的运料车运输，但不得超载运输，或急制动、急弯掉头使透层、封层造成损伤。运料车的运力应稍有富余，施工过程中摊铺机前方应有运料车等候。对高速公路、一级公路，宜待等候的运料车多于5辆后开始摊铺。

（2）运料车每次使用前后必须清扫干净，在车厢板上涂一薄层防止沥青粘结的隔离剂或防粘剂，但不得有余液积聚在车厢底部。从拌和机向运料车上装料时，应多次挪动汽车位置，平衡装料，以减少混合料离析。运料车运输混合料宜用苫布覆盖保温、防雨、防污染。

（3）运料车进入摊铺现场时，轮胎上不得沾有泥土等可能污染路面的脏物，否则宜设水池洗净轮胎后进入工程现场。沥青混合料在摊铺地点凭运料单接收，若混合料不符合施工温度要求，或已经结成团块、已遭雨淋的，不得铺筑。

（4）摊铺过程中，运料车应在摊铺机前100～300mm处停住，空挡等候，由摊铺机推动前进开始缓缓卸料，避免撞击摊铺机。在有条件时，运料车可将混合料卸入转运车经二次拌和后向摊铺机连续均匀地供料。运料车每次卸料必须倒净，尤其是对改性沥青或SMA混合料，如有剩余，应及时清除，防止硬结。

（5）SMA及OGFC混合料在运输、等候过程中，如发现有沥青混合料沿车厢板滴漏时，应采取措施予以避免。

3.4.5 热拌沥青混合料的摊铺

（1）热拌沥青混合料应采用沥青摊铺机摊铺，在喷洒有粘层油的路面上铺筑改性沥青混合料或 SMA 时，宜使用履带式摊铺机。摊铺机的受料斗应涂刷薄层隔离剂或防粘结剂。

（2）铺筑高速公路、一级公路沥青混合料时，一台摊铺机的铺筑宽度不宜超过 6m（双车道）～7.5m（3 车道以上），通常宜采用两台或更多台数的摊铺机前后错开 10～20m，呈梯队方式同步摊铺，两幅之间应有 30～60mm 左右宽度的搭接，并躲开车道轮迹带，上、下层的搭接位置宜错开 200mm 以上。

（3）摊铺机开工前应提前 0.5～1h 预热熨平板不低于 100℃。铺筑过程中应选择熨平板的振捣或夯锤压实装置具有适宜的振动频率和振幅，以提高路面的初始压实度。熨平板加宽连接应仔细调节至摊铺的混合料没有明显的离析痕迹。

（4）摊铺机必须缓慢、均匀、连续不间断地摊铺，不得随意变换速度或中途停顿，以提高平整度，减少混合料的离析。摊铺速度宜控制在 2～6m/min 的范围内，对改性沥青混合料及 SMA 混合料宜放慢至 1～3m/min。当发现混合料出现明显的离析、波浪、裂缝、拖痕时，应分析原因，予以消除。

（5）摊铺机应采用自动找平方式，下面层或基层宜采用钢丝绳引导的高程控制方式，上面层宜采用平衡梁或雪橇式摊铺厚度控制方式，中面层根据情况选用找平方式。直接接触式平衡梁的轮子不得粘附沥青。铺筑改性沥青或 SMA 路面时宜采用非接触式平衡梁。

（6）沥青路面施工的最低气温应符合规定的要求，寒冷季节遇大风降温，不能保证迅速压实时不得铺筑沥青混合料。热拌沥青混合料的最低摊铺温度根据铺筑层厚度、气温、风速及下卧层表面温度按规定的要求执行，且不得低于表 3.20 的要求。每天施工开始阶段宜采用较高温度的混合料。

表 3.20　　　　　　　　　　沥青混合料的最低摊铺温度

下卧层的表面温度（℃）	相应于下列不同摊铺层厚度的最低摊铺温度（℃）					
	普通沥青混合料			改性沥青混合料或 SMA 沥青混合料		
	<50mm	50～80mm	>80mm	<50mm	50～80mm	>80mm
<5	不允许	不允许	140	不允许	不允许	不允许
5～10	不允许	140	135	不允许	不允许	不允许
10～15	145	138	132	165	155	150
15～20	140	135	130	158	150	145
20～25	138	132	128	153	147	143
25～30	132	130	126	147	145	141
>30	130	125	124	145	140	139

（7）沥青混合料的松铺系数应根据混合料类型由试铺试压确定。摊铺过程中应随时检查摊铺层厚度及路拱、横坡，并按《公路沥青路面施工技术规范》（JTG F40—2004）中附录 G 的方法由使用的混合料总量与面积校验平均厚度。

（8）摊铺机的螺旋布料器应相应于摊铺速度调整到保持一个稳定的速度均衡地转动，两侧应保持有不少于送料器 2/3 高度的混合料，以减少在摊铺过程中混合料的离析。

（9）用机械摊铺的混合料，不宜用人工反复修整。当不得不由人工做局部找补或更换混合料时，需仔细进行，特别严重的缺陷应整层铲除。

（10）在路面狭窄处或加宽部分，以及小规模工程不能采用摊铺机铺筑时可用人工摊铺混合料。人工摊铺沥青混合料应符合下列要求：

1）半幅施工时，路中一侧宜事先设置挡板。

2）沥青混合料宜卸在铁板上，摊铺时应扣锹布料，不得扬锹远甩。铁锹等工具宜沾防粘结剂或加热使用。

3）边摊铺边用刮板整平，刮平时应轻重一致，控制次数，严防集料离析。

4）摊铺不得中途停顿，并加快碾压。如因故不能及时碾压时，应立即停止摊铺，并对已卸下的沥青混合料覆盖苫布保温。

5）低温施工时，每次卸下的混合料应覆盖苫布保温。

（11）在雨季铺筑沥青路面时，应加强与气象台（站）的联系，已摊铺的沥青层因遇雨未行压实的应予以铲除。

（12）摊铺过程是自动倾卸汽车将混合料卸到摊铺机料斗后，经链式传送器将混合料往后传到螺旋摊铺器，随着摊铺机向前行驶，螺旋摊铺器即在摊铺带宽度上均匀地摊铺混合料。随后由振捣板捣实，并由摊平板整平。沥青混合料摊铺工艺流程见图3.2。

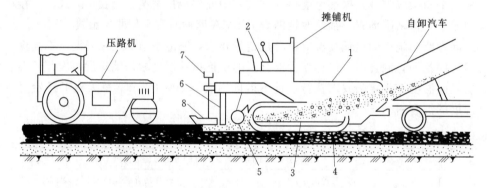

图 3.2 沥青混合料摊铺工艺流程示意图

1—料斗；2—驾驶台；3—送料器；4—履带；5—螺旋摊铺器；6—振捣器；7—厚度调节杆；8—摊平板

摊铺工序十分重要，其主要施工要点是：

1）检查确认下层质量，当不符合要求或未按规定洒布透层、粘层、铺筑下封层时，不得铺筑沥青面层。

2）对高速公路、一级公路宜采用两台以上摊铺机成梯队作业进行摊铺，相邻两幅的摊铺应有 3～6cm 左右宽度的重叠。相邻两台摊铺机宜相距 10～20m，且不得造成前面摊铺混合料冷却。当混合料供应能满足不间断摊铺时，也可采用全宽度摊铺机一幅摊铺。摊铺机在开始受料前应在料斗内涂刷少量防止粘料的柴油。摊铺机应符合下列要求：

a. 具有自动或半自动式调节摊铺厚度及找平装置。

b. 具有足够容量的受料斗，在运料车换车时能连续摊铺，并有足够的功率推动运料车。

c. 具有可加热的振动熨平板或振动夯等初步压实装置。

d. 摊铺机宽度可以调整。

3）摊铺机自动找平时，中、下面层宜采用一侧钢丝绳引导的高程控制方式。表面层宜采用摊铺层前后保持相同高差的雪橇式摊铺厚度控制方式。经摊铺机初步压实的摊铺层应符合平整、横坡的规定要求。

4）高速公路、一级公路施工气温低于 10℃、其他等级公路低于 5℃时，不宜摊铺热拌沥青混合料。如必须摊铺时，应同时采取以下措施：

a. 提高混合料拌和温度，达到低温摊铺的温度要求。

b. 运料车覆盖保温。

c. 采用高密实度的摊铺机，熨平板应加热。

d. 摊铺后紧接着碾压，并缩短碾压长度。

5）松铺系数由试铺试压确定。摊铺过程中应随时检查摊铺层厚度及路拱、横坡，并按《公路沥青路面施工技术规范》（JTG F40—2004）附录 G 的方法由使用的混合料总量与面积校验平均厚度，不合要求时，应视情况及时进行调整。

3.4.6　沥青路面的压实及接缝的处理

1. 沥青路面的压实

（1）压实成型的沥青路面应符合压实度及平整度的要求。

（2）沥青混凝土的压实层最大厚度不宜大于 100mm，沥青稳定碎石混合料的压实层度不宜大于 120mm，但当采用大功率压路机且经试验证明能达到压实度时允许增大到 150mm。

（3）沥青路面施工应配备足够数量的压路机，选择合理的压路机组合方式及初压、复压、终压（包括成型）的碾压步骤，以达到最佳碾压效果。压路机数量应根据道路等级和路面宽度综合确定。施工气温低、风大、碾压层薄时，压路机数量应适当增加。

（4）压路机应以慢而均匀的速度碾压，压路机的碾压速度应符合表 3.21 的规定。压路机的碾压路线及碾压方向不应突然改变而导致混合料推移。碾压区的长度应大体稳定，两端的折返位置应随摊铺机前进而推进，横向不得在相同的断面上。

表 3.21　　　　　　　　　　　压路机碾压速度　　　　　　　　　　单位：km/h

压路机类型	初压		复压		终压	
	适宜	最大	适宜	最大	适宜	最大
钢筒式压路机	2～3	4	3～5	6	3～6	6
轮胎压路机	2～3	4	3～5	6	4～6	8
振动压路机	2～3 静压或振动	3 静压或振动	3～4.5 振动	5 振动	3～6 静压	6 静压

（5）压路机的碾压温度应符合 3.4.2 规定的要求，并根据混合料种类、压路机、气温、层厚等情况经试压确定。在不产生严重推移和裂缝的前提下，初压、复压、终压都应在尽可能高的温度下进行。同时不得在低温状况下作反复碾压，使石料棱角磨损、压碎，破坏集料嵌挤。

（6）沥青混合料的初压应符合下列要求：

1）初压应在紧跟摊铺机后碾压，并保持较短的初压区长度，以尽快使表面压实，减少热量散失。对摊铺后初始压实度较大，经实践证明采用振动压路机或轮胎压路机直接碾压无严重推移而有良好效果时，可免去初压，直接进入复压工序。

2）通常宜采用钢轮压路机静压 1～2 遍。碾压时应将压路机的驱动轮面向摊铺机，从外侧向中心碾压，在超高路段则由低向高碾压，在坡道上应将驱动轮从低处向高处碾压。

3）初压后应检查平整度、路拱，有严重缺陷时进行修整乃至返工。

（7）复压应紧跟在初压后进行，并应符合下列要求：

1）复压应紧跟在初压后开始，且不得随意停顿。压路机碾压段的总长度应尽量缩短，通常不超过 60～80m。采用不同型号的压路机组合碾压时宜安排每一台压路机作全幅碾压，防止不同部位的压实度不均匀。

2）密级配沥青混凝土的复压宜优先采用重型的轮胎压路机进行搓揉碾压，以增加密水性，其总质量不宜小于 25t，吨位不足时宜附加重物，使每一个轮胎的压力不小于 15kN。冷态时的轮胎充气压力不小于 0.55MPa，轮胎发热后不小于 0.6MPa，且各个轮胎的气压大体相同，相邻碾压带应重叠 1/3～1/2 的碾压轮宽度，碾压至要求的压实度为止。

3）对粗集料为主的较大粒径的混合料，尤其是大粒径沥青稳定碎石基层，宜优先采用振动压路机复压。厚度小于 30mm 的薄沥青层不宜采用振动压路机碾压。振动压路机的振动频率宜为 35～50Hz，振幅宜为 0.3～0.8mm。层厚较大时选用高频率大振幅，以产生较大的激振力，厚度较薄时采用高频率低振幅，以防止集料破碎。相邻碾压带重叠宽度为 100～200mm。振动压路机折返时应先停止振动。

4）当采用三轮钢筒式压路机时，总质量不宜小于 12t，相邻碾压带宜重叠后轮的 1/2 宽度，并不应少于 200mm。

5）对路面边缘、加宽及港湾式停车带等大型压路机难于碾压的部位，宜采用小型振动压路机或振动夯板作补充碾压。

（8）终压应紧接在复压后进行，如经复压后已无明显轮迹时可免去终压。终压可选用双轮钢筒式压路机或关闭振动的振动压路机碾压不宜少于 2 遍，至无明显轮迹为止。

（9）碾压轮在碾压过程中应保持清洁，有混合料粘轮应立即清除。对钢轮可涂刷隔离剂或防粘结剂，但严禁刷柴油。当采用向碾压轮喷水（可添加少量表面活性剂）的方式时，必须严格控制喷水量且呈雾状，不得漫流，以防混合料降温过快。轮胎压路机开始碾压阶段，可适当烘烤、涂刷少量隔离剂或防粘结剂，也可少量喷水，并先到高温区碾压使轮胎尽快升温，之后停止洒水。轮胎压路机轮胎外围宜加设围裙保温。

（10）压路机不得在未碾压成型路段上转向、掉头、加水或停留。在当天成型的路面上，不得停放各种机械设备或车辆，不得散落矿料、油料等杂物。

2. 沥青路面的横向接缝

通常情况下，城市道路的施工横向接缝比公路发生的频率高，尤其是改建或扩建的城市道路，其横向接缝更多。要更好地处理横向接缝，使其符合规范要求的平整度，主要应注意以下几点：

（1）横向接缝形式。沥青混合料的横向接缝通常采用如图 3.3 所示的三种形式。道路的表面层横向接缝应采取平接缝的形式，而道路的中面层或下面层采取斜接缝或阶梯形接缝的形式。在施工时为保证水平接缝不在一个垂直面上，相邻两幅及上下层的横向接缝均应错位 1m 以上。

图 3.3 横向接缝的几种形式

（a）斜接缝；（b）阶梯形接缝；（c）平接缝

（2）横向接缝位置的确定。不管是哪种形式的接缝，最终都要达到表面平整的要求，接缝的具体位置应视接缝范围内路面的具体情况来定。用 3m 直尺在预定接缝的范围内对已碾压完毕的混合料表面进行多次横向和纵向的测量,其间隙应控制在 4mm 以下,找准位置后并进行划线,划线要顺直并与道路中心线垂直。对于表面层的水平接缝要用切割机沿此线进行切割成垂直面;对于阶梯形接缝的形式应沿此线进行洗刨或人工剔除;对于斜接缝应以此为铺筑新结合料的衔接线。同时在接缝处涂刷薄层沥青或乳化沥青,以增强接缝处新旧铺筑层间的粘结。

（3）接缝处混合料温度的控制。混合料温度的控制对于整个沥青面层的施工起着至关重要的作用。在横向接缝处往往是摊铺机开始作业的第一车料,运输车的车斗、摊铺机的料斗及摊铺机烫平板的温度均是常温,混合料装入或倒入后,一部分料要预热车斗和料斗,其温度将有所下降,而这部分料又首先要预热烫平板后被摊铺到接缝处,其温度会连续下降。如果第一车料的温度按出厂的正常温度或偏下限温度控制,那么势必就会造成接缝处混合料的温度过低,影响施工质量。所以,对拌和厂第一车料温度的控制要更加严格,其温度应比正常的温度偏高,从而保证摊铺到接缝处的混合料的温度在规定的范围内。

（4）接缝混合料的及时测量和处理。摊铺机走过后,要马上对接缝处所摊铺的混合料进行测量,一是测量混合料的虚铺厚度,二是用 3m 直尺测量其平整度。对于超厚或者欠厚的应及时进行人工铲除或填补,对于不平整的位置赶紧进行修平,可谓"趁热打铁",在最短的时间内将混合料修匀到满足要求。这项工作应设固定的专人负责,以提高面层的施工质量。

（5）横向接缝的碾压。接缝摊铺完毕后,压路机应尽快进行碾压,要求初压、复压和终压的温度均应在规定的范围内,否则,应重新摊铺混合料。由于接缝处的混合料温度下降较快,摊铺机开始工作时,所有的碾压设备都应处于待机状态,随时可以操作。初压时用轻型压路机可先平行于接缝向新铺层错轮 20cm 进行碾压（骑缝碾压）两遍,然后再纵向碾压。为保证接缝处碾压温度,纵向碾压的距离可控制得较短一些（10~15m 即可）,这样可以缩短碾压所需的时间。当接缝处基本成型后,若发现新铺层略高于原来的路面,这时压路机应沿着前进方向适当放慢碾压速度,以尽量使混合料向前进方向推挤,后退时适当加快速度以减少推挤。相反,当新铺层略低于原来的路面时,压路机前进的速度适当加快而后退时适当放慢,推挤混合料尽量使接缝处平顺,从而保证接缝的质量。

总之。沥青路面的施工必须接缝紧密、连接平顺,尽量使整个路面形成一个整体,不得产生明显的接缝离析。接缝施工应用 3m 直尺检查,确保平整度符合要求。

3.5 沥青表面处治与封层施工技术

沥青表面处治是指用沥青和集料按拌和法和层铺法施工,厚度一般不超过 30mm 的一种薄层沥青面层。封层是为封闭表面空隙、防止水分侵入而在沥青面层或基层上铺筑的有一定厚度的沥青混合料薄层。有上封层和下封层两种,各种封层适用于加铺薄层罩面、磨耗层、水泥混凝土路面上的应力缓冲层、各种防水和密水层、预防性养护罩面层。

沥青表面处治与封层宜选择在干燥和较热的季节施工,并在最高温度低于 15℃时期到来之前半个月及雨季前结束。

3.5.1 沥青表面处治施工技术要点

1. 沥青表面处治施工流程

沥青表面处治通常采用层铺法施工,按照洒布沥青和撒铺矿料的层次多少,沥青表面处治可分为单层式、双层式和三层式 3 种。三层式为洒布三次沥青,撒铺三次矿料,厚度为

2.5～3.0mm，双层式厚度为 2.0～2.5mm，单层式厚度为 1.0～1.5mm。

层铺法沥青表面处治施工，一般采用"先油后料"法，即先洒布一层沥青，后撒铺一层矿料，其施工流程如下：

清扫基层→浇洒沥青→撒布集料→碾压→控制交通→初期养护→开放交通

2. 层铺法沥青表面处治施工技术要点

（1）沥青表面处治可采用道路石油沥青、乳化沥青、煤沥青铺筑，沥青标号应按 3.2 中相关规定选用。沥青表面处治的集料最大粒径应与处治层的厚度相等，其规格和用量宜按表 3.22 选用；沥青表面处治施工后，应在路侧另备 S12（5～10mm）碎石或 S14（3～5mm）石屑、粗砂或小砾石（2～3m³/1000m²）作为初期养护用料。

表 3.22　　　　　　　　　　　沥青表面处治材料规格和用量

沥青种类	类型	厚度(mm)	集料（m³/1000m²）						沥青或乳液用量（kg/m²）			
			第一层		第二层		第三层		第一次	第二次	第三次	合计用量
			规格 用量		规格 用量		规格 用量					
石油沥青	单层	1.0	S12 7～9		—				1.0～1.2	—	—	1.0～1.2
		1.5	S10 12～14		—				1.4～1.6	—	—	1.4～1.6
	双层	1.5	S10 12～14		S12 7～8				1.4～1.6	1.0～1.2	—	2.4～2.8
		2.0	S9 16～18		S12 7～8				1.6～1.8	1.0～1.2	—	2.6～3.0
		2.5	S8 18～20		S12 7～8				1.8～2.0	1.0～1.2	—	2.8～3.2
	三层	2.5	S8 18～20		S10 12～14		S12 7～8		1.6～1.8	1.2～1.4	1.0～1.2	3.8～4.4
		3.0	S6 20～22		S10 12～14		S12 7～8		1.8～2.0	1.2～1.4	1.0～1.2	4.0～4.6
乳化沥青	单层	0.5	S14 7～9		—				0.9～1.0	—	—	0.9～1.0
	双层	1.0	S12 7～11		S14 4～6				1.8～2.0	1.0～1.2	—	2.8～3.2
	三层	3.0	S6 20～22		S10 9～11		S12 4～6 S14 3.5～4.5		2.0～2.2	1.8～2.0	1.0～1.2	4.8～5.4

注　1. 煤沥青表面处治的沥青用量可比石油沥青用量增加 15%～20%。
　　2. 表中的乳液用量按乳化沥青的蒸发残留物含量 60%计算，如沥青含量不同应予折算。
　　3. 在高寒地区及干旱风沙大的地区，可超出高限 5%～10%。

（2）在清扫干净的碎（砾）石路面上铺筑沥青表面处治时，应喷洒透层油。在旧沥青路面、水泥混凝土路面、块石路面上铺筑沥青表面处治路面时，可在第一层沥青用量中增加 10%～20%，不再另洒透层油或粘层油。

（3）层铺法沥青表面处治路面宜采用沥青洒布车及集料撒布机联合作业。沥青洒布车喷洒沥青时应保持稳定速度和喷洒量，并保持整个洒布宽度喷洒均匀。小规模工程可采用机动或手摇的手工沥青洒布机洒布沥青。洒布设备的喷嘴应适用于沥青的稠度，确保能呈雾状，与洒油管成 15°～25°的夹角，洒油管的高度应使同一地点接受 2～3 个喷油嘴喷洒的沥青，不得出现花白条。

（4）喷洒沥青材料时应对道路人工构筑物、路缘石等外露部分作防污染遮盖。

（5）沥青表面处治施工应确保各工序紧密衔接，每个作业段长度应根据施工能力确定，并在当天完成。人工撒布集料时应等距离划分段落备料。

（6）三层式沥青表面处治的施工工艺应按下列步骤进行：

1）清扫基层，洒布第一层沥青。沥青的洒布温度根据气温及沥青标号选择，石油沥青宜为 130～170℃，煤沥青宜为 80～120℃，乳化沥青在常温下洒布，加温洒布的乳液温度不得超过 60℃。前后两车喷洒的接茬处用铁板或建筑纸铺 1～1.5m，使搭接良好。分几幅浇洒时，纵向搭接宽度宜为 100～150mm。洒布第二、三层沥青的搭接缝应错开。

2）洒布主层沥青后应立即用集料撒布机或人工撒布第一层主集料。撒布集料后应及时扫匀，达到全面覆盖、厚度一致、集料不重叠也不露出沥青的要求。局部有缺料时适当找补，集料过多的将多余集料扫出。两幅搭接处，第一幅洒布沥青应暂留 100～150mm 宽度不撒布石料，待第 2 幅一起撒布。

3）撒布主集料后，不必等全段撒布完，立即用 6～8t 钢筒双轮压路机从路边向路中心碾压 3～4 遍，每次轮迹重叠约 300mm。碾压速度开始不宜超过 2km/h，以后可适当增加。

4）第二、三层的施工方法和要求与第一层相同，但可以采用 8t 以上的压路机碾压。

（7）双层式或单层式沥青表面处治浇洒沥青及撒布集料的次数相应减少，其施工程序和要求参照上（6）条进行。

（8）除乳化沥青表面处治应待破乳、水分蒸发并基本成型后方可通车外，沥青表面处治在碾压结束后即可开放交通，并通过开放交通补充压实，成型稳定。在通车初期应设专人指挥交通或设置障碍物控制行车，限制行车速度不超过 20km/h，严禁畜力车及铁轮车行驶，使路面全部宽度均匀压实。

（9）沥青表面处治应注意初期养护。当发现有泛油时，应在泛油处补撒与最后一层石料规格相同的嵌缝料并扫匀，过多的浮料应扫出路外。

3.5.2　上封层施工技术要点

（1）根据情况可选择乳化沥青稀浆封层、微表处、改性沥青集料封层、薄层磨耗层或其他适宜的材料。

（2）铺设上封层的下卧层必须彻底清扫干净，对车辙、坑槽、裂缝进行处理或挖补。

（3）上封层的类型根据使用目的、路面的破损程度选用。

1）裂缝较细、较密的可采用涂洒类密封剂、软化再生剂等涂刷罩面。

2）对于一级公路及其以下等级的公路的旧沥青路面可以采用普通的乳化沥青稀浆封层，也可在喷洒道路石油沥青并洒布石屑（砂）后碾压做封层。

3）对于高速公路有轻微损坏的宜铺筑微表处。

4）对用于改善抗滑性能的上封层可采用稀浆封层、微表处或改性沥青集料封层。

3.5.3　下封层施工技术要点

（1）多雨潮湿地区的高速公路、一级公路的沥青面层空隙率较大，有严重渗水可能，或铺筑基层不能及时铺筑沥青面层而需通行车辆时，宜在喷洒透层油后铺筑下封层。

（2）下封层宜采用层铺法表面处治或稀浆封层法施工。稀浆封层可采用乳化沥青或改性乳化沥青做结合料。下封层的厚度不宜小于 6mm，且做到完全密水。

（3）以层铺法沥青表面处治铺筑下封层时，通常采用单层式，表 3.23 中的矿料用量宜为 5～8m³/1000m²，沥青用量可采用要求范围的中高限。

3.6　沥青贯入式路面施工技术

沥青贯入式路面是指在初步压实的主层碎石料上分层浇洒沥青、撒布嵌缝料，或再在上部铺筑热拌沥青混合料封层经压实而成的沥青面层。适用于城市道路的次干路和支路。也可作为沥青路面的连接层或基层，厚度宜为 40～80mm，但乳化沥青的厚度不宜超过 50mm。当贯入层上部加铺拌和的沥青混合料面层成为上拌下贯式路面时，拌和层的厚度宜不小于 1.5cm。沥青贯入式路面的最上层应撒布封层料或加铺拌和层。沥青贯入层作为联结层使用时，可不撒表面封层料。沥青贯入式路面宜选择在干燥和较热的季节施工，并宜在日最高温度降低至 15℃以前半个月结束，使贯入式结构层通过开放交通碾压成型。

3.6.1 贯入式路面所用材料规格和用量

（1）沥青贯入式路面的集料应选择有棱角、嵌挤性好的坚硬石料，其规格和用量宜根据贯入层厚度按表 3.23 和表 3.24 的要求选用。沥青贯入层主层集料中大于粒径范围中值的数量不宜少于 50%。表面不加铺拌和层的贯入式路面在施工结束后每 1000m² 宜另备 2～3m³ 与最后一层嵌缝料规格相同的细集料等供初期养护使用。

表 3.23　　沥青贯入式路面材料规格和用量

沥青品种	石 油 沥 青					
厚度（cm）	4		5		6	
规格和用量	规　格	用　量	规　格	用　量	规　格	用　量
封层料	S14	3～5	S14	3～5	S13（S14）	4～6
第 3 遍沥青		1.0～1.2		1.0～1.2		1.0～1.2
第 2 遍嵌缝料	S12	6～7	S11（S10）	10～12	S11（S10）	10～12
第 2 遍沥青		1.6～1.8		1.8～2.0		2.0～2.2
第 1 遍嵌缝料	S10（S9）	12～14	S8	16～18	S8（S6）	16～18
第 1 遍沥青		1.8～2.1		2.4～2.6		2.8～3.0
主层石料	S5	45～50	S4	55～60	S3（S4）	66～76
沥青总用量		4.4～5.1		5.2～5.8		5.8～6.4

沥青品种	石 油 沥 青				乳 化 沥 青			
厚度（cm）	7		8		4		5	
规格和用量	规格	用量	规格	用量	规格	用量	规格	用量
封层料	S13（S14）	4～6	S13（S14）	4～6	S13（S14）	4～6	S13（S14）	4～6
第 5 遍沥青								0.8～1.0
第 4 遍嵌缝料							S14	5～6
第 4 遍沥青						0.8～1.0		1.2～1.4
第 3 遍嵌缝料					S14	5～6	S12	7～9
第 3 遍沥青		1.0～1.2		1.0～1.2		1.4～1.6		1.5～1.7
第 2 遍嵌缝料	S10（S11）	11～13	S10（S11）	11～13	S12	7～8	S10	9～11
第 2 遍沥青		2.4～2.6		2.6～2.8		1.6～1.8		1.6～1.8
第 1 遍嵌缝料	S6（S8）	18～20	S6（S8）	20～22	S9	12～14	S8	1～12
第 1 遍沥青		3.3～3.5		4.0～4.2		2.2～2.4		2.6～2.8
主层石料	S3	80～90	S1（S2）	95～100	S5	4045	S4	50～55
沥青总用量		6.7～7.3		7.6～8.2		6.0～6.8		7.4～8.5

注　用量单位：集料，m³/1000m²；沥青及沥青乳液，kg/m²。

表 3.24　　　　　　　　　　　　上拌下贯式路面的材料规格和用量

沥青品种	石 油 沥 青					
厚度（cm）	4		5		6	
规格和用量	规　格	用　量	规　格	用　量	规　格	用　量
第 2 遍嵌缝料	S12	56	S12（S11）	79	S12（S11）	79
第 2 遍沥青		1.41.6		1.61.8		1.61.8
第 1 遍嵌缝料	S10（S9）	1214	S8	1618	S8（S7）	1618
第 1 遍沥青		2.02.3		2.62.8		3.23.4
主层石料	S5	4550	S4	5560	S3（S2）	6676
沥青总用量	3.43.9		4.24.6		4.85.2	

沥青品种	石 油 沥 青		乳 化 沥 青			
厚度（cm）	7		5		6	
规格和用量	规　格	用　量	规　格	用　量	规　格	用　量
第 4 遍嵌缝料					S14	4～6
第 4 遍沥青						1.3～1.5
第 3 遍嵌缝料			S14	4～6	S12	8～10
第 3 遍沥青				1.4～1.6		1.4～1.6
第 2 遍嵌缝料	S10（S11）	8～10	S12	9～10	S9	8～12
第 2 遍沥青		1.7～1.9		1.8～2.0		1.5～1.7
第 1 遍嵌缝料	S6（S8）	18～20	S8	15～17	S6	24～26
第 1 遍沥青		4.0～4.2		2.5～2.7		2.4～2.6
主层石料	S2（S3）	8090	S4	50～55	S3	50～55
沥青总用量	5.7～6.1		5.9～6.2		6.7～7.2	

注　1. 用量单位. 集料，$m^3/1000m^2$；沥青及沥青乳液，kg/m^2。
　　2. 煤沥青贯入式的沥青用量可较石油沥青的用量增加 15％～20％。
　　3. 表中乳化沥青是指乳液的用量，并适用于乳液浓度约为 60％的情况。
　　4. 在高寒地区及干旱风砂大的地区，可超出高限，再增加 5％～10％。
　　5. 表面加铺拌和层部分的材料规格及沥青（或乳化沥青）用量按热拌沥青混合料（或乳化沥青碎石混合料路面）的有关规定执行。

（2）沥青贯入层的主层集料最大粒径宜与贯入层厚度相当。当采用乳化沥青时，主层集料最大粒径可采用厚度的 0.8～0.85 倍，数量宜按压实系数 1.25～1.30 计算。

（3）贯入式路面的结合料可采用道路石油沥青、煤沥青或乳化沥青，用量应按规范的规定选用。

（4）贯入式路面各层分次沥青用量应根据施工气温及沥青标号等在规定范围内选用。在寒冷地带或当施工季节气温较低、沥青针入度较小时，沥青用量宜用高限；在低温潮湿气候下用乳化沥青贯入时，应按乳液总用量不变的原则进行调整，上层较正常情况适当增加，下层较正常情况适当减少。

3.6.2　贯入式路面施工准备

（1）沥青贯入式路面施工前，基层必须清扫干净。当需要安装路缘石时，应在路缘石安装完成后施工。路缘石应予遮盖。

（2）乳化沥青贯入式路面必须浇洒透层或粘层沥青。沥青贯入式路面厚度小于或等于 5cm 时，也应浇洒透层或粘层沥青。

3.6.3　贯入式路面施工技术要点

（1）沥青贯入式路面的施工应按下列步骤进行：

1）采用碎石摊铺机、平地机或人工摊铺主层集料。铺筑后严禁车辆通行。

2）碾压主层集料。撒布后应采用 6～8t 的轻型钢筒式压路机自路两侧向路中心碾压，碾压速度宜为 2km/h，每次轮迹重叠约 30cm，碾压一遍后检验路拱和纵向坡度，当不符合要求时，应调整找平后再压。然后用重型的钢轮压路机碾压，每次轮迹重叠 1/2 左右，宜碾压 4～6 遍，直至主层集料嵌挤稳定，无显著轮迹为止。

3）浇洒第一层沥青。浇洒方法应按 3.5.1 中的（6）条进行。采用乳化沥青贯入时，为防止乳液下漏过多，可在主层集料碾压稳定后，先撒布一部分上一层嵌缝料，再浇洒主层沥青。

4）采用集料撒布机或人工撒布第一层嵌缝料。撒布后尽量扫匀，不足处应找补。当使用乳化沥青时，石料撒布必须在乳液破乳前完成。

5）立即用 8～12t 钢筒式压路机碾压嵌缝料，轮迹重叠轮宽的 1/2 左右，宜碾压 4～6 遍，直至稳定为止。碾压时随压随扫，使嵌缝料均匀嵌入。因气温较高使碾压过程中发生较大推移现象时，应立即停止碾压，待气温稍低时再继续碾压。

6）按上述方法浇洒第二层沥青、撒布第二层嵌缝料，然后碾压，再浇洒第三层沥青。

7）按撒布嵌缝料方法撒布封层料。

8）采用 6～8t 压路机作最后碾压，宜碾压 2～4 遍，然后开放交通。

（2）沥青贯入式路面开放交通后应按规范的相关要求控制交通，作初期养护。

（3）铺筑上拌下贯式路面时，贯入层不撒布封层料，拌和层应紧跟贯入层施工，使上下成为一整体。贯入部分采用乳化沥青时应待其破乳、水分蒸发且成型稳定后方可铺筑拌和层，当拌和层与贯入部分不能连续施工，且要在短期内通行施工车辆时贯入层部分的第二遍嵌缝料应增加用量 2～3m^3/1000m^2，在摊铺拌和层沥青混合料前，应作补充碾压，并浇洒粘层沥青。

3.7　沥青面层施工质量标准及验收

3.7.1　沥青面层施工质量验收应执行的基本规定

（1）沥青路面施工应根据全面质量管理的要求，建立健全有效的质量保证体系，对施工各工序的质量进行检查评定，达到规定的质量标准，确保施工质量的稳定性。

（2）高速公路、一级公路沥青路面应加强施工过程质量控制，实行动态质量管理。

（3）施工技术及验收规范规定的技术要求是工程施工质量管理和交工验收的依据。

（4）所有与工程建设有关的原始记录、试验检测及计算数据、汇总表格，必须如实记录和保存。对已经采取措施进行返工和补救的项目，可在原记录和数据上注明，但不得销毁。

3.7.2　交工验收阶段的工程质量检查与验收

（1）工程完成后，施工单位应将全线以 1～3km 作为一个评定路段；每一侧车行道按表

3.25、表 3.26 的规定频度，随机选取测点；对沥青面层进行全线自检，将单个测定值与表中的质量要求或允许偏差进行比较，计算合格率；然后计算一个评定路段的平均值、极差、标准差及变异系数。施工单位应在规定时间内提交全线检测结果及施工总结报告，尽早交工验收。

表 3.25　　　　　　公路热拌沥青混合料路面交工检查与验收质量标准

检查项目	检查频度（每一侧车行道）	质量要求或允许偏差		试验方法
		高速公路、一级公路	其他等级公路	
外观	随时	表面平整密实、不得有明显轮迹、裂缝、推挤、油汀、油包等缺陷，且无明显离析		目测
面层总厚度	代表值	每 1km 5 点	设计值的 −8%	T0912
	极值	每 1km 5 点	设计值的 −15%	T0912
上面层厚度	代表值	每 1km 5 点	—	T0912
	极值	每 1km 5 点	—	T0912
压度值	代表值	每 1km 5 点	试验室标准密度的 96%（98%）最大理论密度的 92%（94%）试验段密度的 98%（99%）	T0924
	极值（最小值）	每 1km 5 点	比代表值放宽 1%（每 1km）或 2%（全部）	T0924
路表平整度	标准差	全线连接	1.2mm	2.5mm	T0932
	IRI	全线连接	2.0m/km	4.2m/km	T0933
	最大间隙	每 1km 10 处，各连续 10 杆	—	5mm	T0931
路表渗水系数，不大于		每 1km 不少于 5 点，每 3 点处取平均值评定	300mL/min（普通沥青路面）200mL/min（SMA 路面）	—	T0971
宽度	有侧石	每 1km 20 个断面	±20mm	±30mm	T0911
	无侧石	每 1km 20 个断面	不小于设计宽度	不小于设计宽度	T0911
纵断面高程		每 1km 20 个断面	±15mm	±20mm	T0911
中线偏位		每 1km 20 个断面	±20mm	±30mm	T0911
横坡度		每 1km 20 个断面	±0.3%	±0.5%	T0911
弯沉	回弹弯沉	全线每 20mL 点	符合设计对交工验收的要求	符合设计对交工验收的要求	T0951
	总弯沉	全线每 5mL 点	符合设计对交工验收的要求	—	T0952
构造深度		每 1km H 5 点	符合设计对交工验收的要求	—	T0961、62、63
摩擦系数摆值		每 1km 5 点	符合设计对交工验收的要求		T0964
横向力系数		全线连续	符合设计对交工验收的要求		T0965

表 3.26　　　　　　　　　公路沥青表面处治及贯入式路面交工检查与验收质量标准

路面类型	检查项目		检查频度（每一侧车行）	质量要求或允许偏差	试验方法
沥青表面处治	厚度	代表值	每200m每车道1点	−5mm	T0921
		极值	每200m每车道1点	−10mm	T0921
	路表平整度	标准差	全线每车道连接	4.5mm	T0932
		IRI	全线每车道连接	7.5m/km	T0931
		最大间隙	每1km 10处，各连续10杆	10mm	T0933
	宽度	有侧石	每1km 20个断面	±3cm	T0911
		无侧石	每1km 20个断面	不小于设计宽度	T0911
	纵断面高程		每1km 20个断面	±20mm	T0911
	横坡度		每1km 20个断面	±0.5%	T0911
	沥青用量		每1km 1点	±0.5%	T0722
	矿料用量		每1km 1点	±5%	T0722
沥青贯入式路面	外观		全线	密实，不松散	目测
	厚度	代表值	每200m 1点	−5mm 或 −8%	T0921
		极值	每200m 1点	15mm	T0921
	路表平整度	标准差	全线连接	3.5mm	T0932
		IRI	全线连接	5.8m/km	T0933
		最大间隙	每1km 10处，各连续10杆	8mm	T0931
	宽度	有侧石	每1km 20个断面	±30mm	T0911
		无侧石	每1km 20个断面	不小于设计宽度	T0911
	纵断面高度		每1km 20个断面	±20mm	T0911
	横坡度		每1km 20个断面	±0.5%	T0911
	沥青用量		每1km 1点	±0.5%	T0722
	矿料用量		每1km 1点	±5%	T0722

　　（2）沥青路面交工时应检查验收沥青面层的各项质量指标，包括路面的厚度、压实度、平整度、渗水系数、构造深度、摩擦系数等。

　　1）需要作破损路面进行检测的指标，如厚度、压实度宜利用施工过程中的钻孔数据，检查每一个测点与极值相比的合格率，同时按本节3.7.3的方法计算代表值。厚度也可利用路面雷达连续测定路面剖面进行评定。压实度验收可选用其中的1个或2个标准，并以合格率低的作为评定结果。

　　2）路表平整度可采用连续式平整仪和颠簸累积仪进行测定，以每100m计算一个测值，计算合格率。

　　3）路表渗水系数与构造深度宜在施工过程中在路面成型后立即测定，但每一个点为3个测点的平均值，计算合格率。

　　4）交工验收时可采用连续式摩擦系数测定车在车行道测路表实测横向摩擦系数，如实记录测点数据。

5）交工验收时可选择贝克曼梁或连续式弯沉仪实测路面的回弹弯沉或总弯沉，如实记录测点数据（含测定的气候条件、测定车数据等），测定时间宜在道路的最不利使用条件下（指春融期或雨季）进行。

（3）工程交工时应对全线宽度、纵断面高程、横坡度、中线偏位等进行实测，以每个桩号的测定结果评定合格率，最后提出实际的竣工图。

3.7.3 沥青层压实度评定方法

（1）沥青路面的压实度采取重点进行碾压工艺的过程控制，适度钻孔抽检压实度校核的方法。钻孔取样应在路面完全冷却后进行，对普通沥青路面通常在第二天取样，对改性沥青及 SMA 路面宜在第三天以后取样。沥青面层的压实度按式（3.2）计算：

$$K = \frac{D}{D_0} \times 100\% \tag{3.2}$$

式中：K 为沥青层某一测定部位的压实度，%；D 为由试验测定的压实沥青混合料试件实际密度，g/cm³；D_0 为沥青混合料的标准密度，g/cm³。

（2）施工及验收过程中的压实度检验不得采用配合比设计时的标准密度，应按如下方法逐日检测确定：

1）以实验室密度作为标准密度，即沥青拌和厂每天取样 1～2 次实测的马歇尔试件密度，取平均值作为该批混合料铺筑路段压实度的标准密度。其试件成型温度与路面复压温度一致。当采用配合比设计时，也可采用其他相同的成型方法的实验室密度作为标准密度。

2）以每天实测的最大理论密度作为标准密度。对普通沥青混合料，沥青拌和厂在取样进行马歇尔试验的同时以真空法实测最大理论密度，平行试验的试样数不少于 2 个，以平均值作为该批混合料铺筑路段压实度的标准密度；但对改性沥青混合料、SMA 混合料以每天总量检验的结果及油石比平均值计算的最大理论密度为准，也可采用抽提筛分的结果及油石比计算最大理论密度。

3）以试验路密度作为标准密度。用核子密度仪定点检查密度不再变化为止，然后以不少于 15 个的钻孔试件的平均密度为计算压实度的标准密度。

4）可根据需要选用试验室标准密度、最大理论密度、试验路密度中的 1～2 种作为钻孔法检验评定的标准密度。

5）施工中采用核子密度仪等无破损检测设备进行压实度控制时，宜以试验路密度作为标准密度，核子密度仪的测点数不宜少于 39 个，取平均值，但核子密度仪需经标定认可。

（3）压实度钻孔频率、合格率评定方法等按规范规定的要求执行。

（4）在交工验收阶段，一个评定路段的压实度以代表值和极值评定压实度是否合格。

1）一个评定路段的平均压实度、标准差、变异系数按式（3.3）～式（3.5）计算。

$$K_0 = \frac{K_1 + K_2 + \cdots + K_N}{N} \tag{3.3}$$

$$S = \sqrt{\frac{(K_1 - K_0)^2 + (K_2 - K_0)^2 + \cdots + (K_N - K_0)^2}{N - 1}} \tag{3.4}$$

$$C_V = \frac{S}{K_0} \tag{3.5}$$

以上三式中：K_0 为该评定路段的平均压实度，％；S 为该评定路段的压实度测定值的标准差，％；C_V 为该评定路段的压实度测定值的变异系数，％；K_1、K_2、$\cdots$、K_N 为该评定路段内各测定点的压实度，％；N 为该评定路段内各测定点的总数，其自由度为 $N-1$。

2）一个评定路段的压实度代表值按下式计算

$$K' = K_0 - \frac{t_a S}{\sqrt{N}} \tag{3.6}$$

式中：K' 为一个评定路段的压实度代表值，％；t_a 为 t 分布表中随自由度和保证率而变化的系数，见表 3.27 。当测点数大于 100 时，高速公路的 t_a 可取 1.6449，对其他等级道路 t_a 可取 1.2815。

表 3.27　　　　　　　　　　$t_a/\sqrt{N}$ 的值

测点数 N	高速公路、一级公路	其他等级道路	测点数 N	高速公路、一级公路	其他等级道路
2	4.465	2.176	20	0.387	0.297
3	1.686	1.089	21	0.376	0.289
4	1.177	0.819	22	0.367	0.282
5	0.953	0.686	23	0.358	0.275
6	0.823	0.603	24	0.350	0.269
7	0.734	0.544	25	0.342	0.264
8	0.670	0.500	26	0.335	0.258
9	0.620	0.466	27	0.328	0.253
10	0.580	0.437	28	0.322	0.248
11	0.546	0.414	29	0.316	0.244
12	0.518	0.393	30	0.310	0.239
13	0.494	0.376	40	0.266	0.206
14	0.473	0.361	50	0.237	0.184
15	0.455	0.347	60	0.216	0.167
16	0.438	0.355	70	0.199	0.155
17	0.423	0.324	80	0.186	0.145
18	0.410	0.314	90	0.175	0.136
19	0.398	0.305	100	0.166	0.129

注　本表适用于压实度、厚度单边检验要求的情况。对高速公路、一级公路保证率为 95％；对其他等级公路，保证率为 90％。

复 习 思 考 题

3.1　试述沥青面层的特点和分类。

3.2　沥青类路面施工准备工作主要包括哪些内容？

3.3　试述沥青路面所用材料的类型及其要求。

3.4　透层、粘层的施工技术要点有哪些？

3.5　热拌沥青混合料的种类？

3.6　试述拌制沥青混合料的工艺流程。

3.7　试述热拌沥青混合料的运输要求。

3.8　热拌沥青混合料的摊铺温度如何控制？

3.9　热拌沥青混合料的摊铺及碾压成型施工技术要点主要有哪些？

3.10　如何进行横向接缝的施工？

3.11　层铺法沥青表面处治的施工技术要点有哪些？

3.12　上封层、下封层施工技术要点有哪些？

3.13　试述沥青贯入式路面施工的步骤。

3.14　试述冷拌沥青混合料的施工要点。

3.15　如何进行沥青面层施工的过程控制和交工验收？

第4章 水泥混凝土面层施工技术

教学要求：通过对本章内容的学习，使学生了解混凝土面层施工材料的要求、混合料的配合比设计及混凝土混合料的搅拌和运输；熟悉特殊气候条件下混凝土面层施工要求及面层施工质量验收标准；掌握滑模机械摊铺施工技术、三辊轴机组施工技术、小型机具施工要求、接缝与灌封施工技术、抗滑构造施工技术和混凝土养生施工技术。

4.1 概　　述

4.1.1 材料要求

在道路工程中，修筑路面用的混凝土材料比其他结构物所用混合料要有更高的要求，因为它受到动荷载的冲击、摩擦和反复弯曲作用，同时还受到温度和湿度反复变化的影响。面层混凝土混合料必须具有较高的弯拉强度和耐磨性、良好的耐冻性以及尽可能低的膨胀系数和弹性模量。此外，湿混合料还应具有适当的施工和易性，一般规定其坍落度为 0～30mm，工作度约 30s。在施工时应力求混凝土强度满足设计要求，通常要求面层混凝土 28d 抗弯拉强度达到 4.0～5.0MPa，28d 抗压强度达到 30～35MPa。

水泥混凝土路面材料主要有水泥、粗集料、细集料、水、外加剂等。为保证混合料拌制质量及混凝土路面的使用品质，应对混凝土的组成材料提出一定的要求。

1. 水泥

特重、重交通路面宜采用旋窑道路硅酸盐水泥，也可采用旋窑硅酸盐水泥或普通硅酸盐水泥；中、轻交通的路面可采用矿渣硅酸盐水泥；低温天气施工或有快通要求的路段可采用 R 型水泥，此外宜采用普通型水泥。各交通等级路面水泥抗折强度、抗压强度应满足《公路水泥混凝土路面施工技术规范》（JTG F30—2003）的规定。

各交通等级路面所使用水泥的化学成分、物理性能等路用品质要求应符合有关规定。当采用机械化铺筑路面时，宜选用散装水泥。

2. 粗集料

粗集料应使用质地坚硬、耐久、洁净的碎石、碎卵石和卵石，其技术指标应满足《公路水泥混凝土路面施工技术规范》（JTG F30—2003）的规定，宜选用岩浆岩或未风化的沉积岩碎石。

高速公路、一级公路、二级公路及有抗（盐）冻要求的三、四级公路混凝土路面使用的粗集料级别应不低于Ⅱ级，无抗（盐）冻要求的三、四级公路混凝土路面可使用Ⅲ级粗集料。有抗（盐）冻要求时，Ⅰ级集料吸水率不应大于 1.0%；Ⅱ级集料吸水率不应大于 2.0%。

路面混凝土的粗集料不得使用不分级的统料，应按最大公称粒径的不同采用 2～4 个粒级的集料进行掺配，并应符合《公路水泥混凝土路面施工技术规范》（JTG F30—2003）中粗集料级配范围的规定要求。卵石最大公称粒径不宜大于 19.0mm；碎卵石最大公称粒径不宜大于 26.5mm；碎石最大公称粒径不宜大于 31.5mm。碎卵石或碎石中粒径小于 $75\mu m$ 的石粉含量不宜大于 1%。

3. 细集料

细集料应采用质地坚硬、耐久、洁净的天然砂、机制砂或混合砂，要求颗粒坚硬耐磨，具有良好的级配，表面粗糙有棱角，有害杂质含量少。

高速公路、一级公路、二级公路及有抗（盐）冻要求的三、四级公路混凝土路面使用的砂级别应不低于Ⅱ级，无抗（盐）冻要求的三、四级公路混凝土路面可使用Ⅲ级砂。特重交通、重交通混凝土路面宜采用河砂，砂的硅含量不应低于 25%。

路面混凝土用天然砂宜为中砂，也可使用细度模数在 2.0～3.5 之间的砂。同一配合比用砂的细度模数变化范围不应超过 0.3，否则，应分别堆放，并调整配合比中的砂率后使用。路面混凝土用机制砂还应检验砂浆磨光值，其值宜大于 35%，不宜使用抗磨性较差的泥岩、页岩、板岩等水成岩类母岩品种生产机制砂。配制机制砂混凝土应同时掺引气高效减水剂。

细集料的技术指标与级配范围要求应满足《公路水泥混凝土路面施工技术规范》（JTG F30—2003）的规定。

4. 水

饮用水可直接作为混凝土搅拌和养护用水。对硫酸盐含量超过 $0.0027mg/mm^3$（按 SO_4^{2-} 计）、含盐量超过 $0.005mg/mm^3$、pH 值小于 4 的酸性水和含有油污、泥和其他有害杂质的水，均不允许使用。

5. 外加剂

为提早开放交通，路面混凝土宜选用减水率大、坍落度损失小、可调控凝结时间的复合型减水剂。高温施工宜使用引气缓凝（保塑）（高效）减水剂；低温施工宜使用引气早强（高效）减水剂。

为了提高混凝土的和易性和抗冻性，可选用表面张力降低值大、水泥稀浆中起泡容量多而细密、泡沫稳定时间长、不溶渣少的产品。有抗（盐）冻要求的地区，各交通等级路面混凝土必须使用引气剂；无抗（盐）冻要求地区，二级及二级以上公路路面混凝土应使用引气剂。

在混凝土制备时掺加外加剂时，各外加剂产品的技术性能指标应满足《公路水泥混凝土路面施工技术规范》（JTG F30—2003）的规定。

6. 其他材料

路面混凝土中的粉煤灰掺合料、填缝材料、钢筋、钢纤维等，其技术指标应满足《公路水泥混凝土路面施工技术规范》（JTG F30—2003）的相关规定。

4.1.2　混凝土配合比设计

由于混凝土路面板厚设计计算是以混凝土的抗弯拉强度为依据，所以混凝土的配合比设计应根据设计弯拉强度、耐久性、耐磨性、和易性等要求和经济合理的原则选用原材料。通过计算、试验和必要的调整，确定混凝土单位体积中各种组成材料的用量，即设计配合比。再据现场浇筑混凝土的实际条件，如材料供应情况（级配、含水量等）、摊铺方法和机具、气候条件等，作适当调整后提出施工配合比。

这里仅介绍普通混凝土配合比设计的一般步骤，适用于滑模摊铺机、轨道摊铺机、三辊轴机组及小型机具四种施工方式。钢纤维混凝土、碾压混凝土、贫水泥混凝土的配合比设计方法参见《公路水泥混凝土路面施工技术规范》（JTG F30—2003）。

1. 普通混凝土路面的配合比应满足的技术要求

（1）弯拉强度。

1）各交通等级路面的 28d 设计弯拉强度标准值 f_r 应符合《公路水泥混凝土路面设计规范》（JTG D40—2003）的规定，根据交通等级不同，取 4.0～5.0MPa。

2）按式（4.1）计算配制 28d 弯拉强度的均值。

$$f_c = \frac{f_r}{1 - 1.04c_v} + ts \qquad (4.1)$$

式中：f_c 为配制 28d 弯拉强度的均值，MPa；f_r 为设计弯拉强度标准值，MPa；s 为弯拉强度试验样本的标准差，MPa；t 为保证率系数，应按表 4.1 确定；c_v 为弯拉强度变异系数，应按统计数据在表 4.2 的规定范围内取值；无统计数据时，弯拉强度变异系数应按设计取值；如果施工配制弯拉强度超出设计给定的弯拉强度变异系数上限，则必须改进机械装备和提高施工控制水平。

表 4.1 保 证 率 系 数 t

公路技术等级	判别概率 p	样 本 数 n （组）				
		3	6	9	15	20
高速公路	0.05	1.36	0.79	0.61	0.45	0.39
一级公路	0.10	0.95	0.59	0.46	0.35	0.30
二级公路	0.15	0.72	0.46	0.37	0.28	0.24
三、四级公路	0.20	0.56	0.37	0.29	0.22	0.19

表 4.2 各级公路混凝土路面弯拉强度变异系数

公路技术等级	高速公路	一 级 公 路		二级公路	三、四级公路	
混凝土弯拉强度变异水平等级	低	低	中	中	中	高
弯拉强度变异系数 c_v 允许变化范围	0.05～0.10	0.05～0.10	0.10～0.15	0.10～0.15	0.10～0.15	0.15～0.20

（2）工作性。

1）滑模摊铺机铺筑的混凝土拌和物最佳工作性及允许范围应符合表 4.3 的规定。

表 4.3 混凝土路面滑模摊铺最佳工作性及允许范围

指标 界限	坍落度 S_L（mm）		振动粘度系数 η（N·s/m²）	指标 界限	坍落度 S_L（mm）		振动粘度系数 η（N·s/m²）
	卵石混凝土	碎石混凝土			卵石混凝土	碎石混凝土	
最佳工作性	20～40	25～50	200～500	允许波动范围	5～55	10～65	100～600

注 1. 滑模摊铺机适宜的摊铺速度应控制在 0.5～2.0m/min 之间。

2. 本表适用于设超铺角的滑模摊铺机；对不设超铺角的滑模摊铺机，最佳振动粘度系数为 250～600N·s/m²；最佳坍落度卵石为 10～40mm；碎石为 10～30mm。

3. 滑模摊铺时的最大单位用水量卵石混凝土不宜大于 155kg/m²；碎石混凝土不宜大于 160kg/m³。

2）轨道摊铺机、三辊轴机组、小型机具摊铺的路面混凝土坍落度及最大单位用水量，应满足表 4.4 的规定。

表 4.4　　　　　　　　不同路面施工方式混凝土坍落度及最大单位用水量

摊 铺 方 式	轨道摊铺机摊铺		三辊轴机组摊铺		小型机具摊铺	
出机坍落度（mm）	40～60		30～50		10～40	
摊铺坍落度（mm）	20～40		10～30		0～20	
最大单位用水量（kg/m³）	碎石 156	卵石 153	碎石 153	卵石 148	碎石 150	卵石 145

注　1. 表中的最大单位用水量系采用中砂、精细集料为风干状态的取值，采用细砂时，应使用减水率较大的（高效）减水剂。
　　2. 使用碎卵石时，最大单位用水量可取碎石与卵石中值。

（3）耐久性。

1）根据当地路面无抗冻性、有抗冻性或有抗盐冻性要求及混凝土最大公称粒径，路面混凝土含气量宜符合表 4.5 的规定。

表 4.5　　　　　　　　　　路面混凝土含气量及允许偏差　　　　　　　　单位：%

最大公称料径（mm）	无抗冻性要求	有抗冻性要求	有抗盐冻要求
19.0	4.0±1.0	5.0±0.5	6.0±0.5
26.5	3.5±1.0	4.5±0.5	5.5±0.5
31.5	3.5±1.0	4.0±0.5	5.0±0.5

2）各交通等级路面混凝土满足耐久性要求的最大水灰（胶）比和最小单位水泥用量应符合表 4.6 的规定。

表 4.6　　　　　混凝土满足耐久性要求的最大水灰（胶）比和最小单位水泥用量

公 路 技 术 等 级		高速公路、一级公路	一级公路	三、四级公路
最大水灰（胶）比		0.44	0.46	0.48
抗冻冻要求最大水灰（胶）比		0.42	0.44	0.46
抗盐冻要求最大水灰（胶）比		0.40	0.42	0.44
最小单位水泥用量（kg/m³）	42.5 级	300	300	290
	32.5 级	310	310	305
抗冰（盐）冻时最小单位水泥用量（kg/m³）	42.5 级	320	320	315
	32.5 级	330	330	325
掺粉煤灰时最小单位水泥用量（kg/m³）	42.5 级	260	260	255
	32.5 级	280	270	265
抗冰（盐）冻掺粉煤灰最小单位水泥用量（42.5 级水泥）（kg/m³）		280	270	265

注　1. 掺粉煤灰，并有抗冰（盐）冻性要求时，不得使用 32.5 级水泥。
　　2. 水灰（胶）比计算以砂石料的自然风干状态计（砂含水量≤1.0%；石子含水量≤0.5%）。
　　3. 处在除冰盐、海风、酸雨或硫酸盐等腐蚀性环境中、或在大纵坡等加减速车道上的混凝土，最大水灰（胶）比可比表中数值降低 0.01～0.02。

3）严寒地区路面混凝土抗冻标号不宜小于 F250，寒冷地区不宜小于 F200。

4）在海风、酸雨、除冰盐或硫酸等腐蚀环境影响范围内的混凝土路面和桥面，在使用硅酸盐水泥时，应掺加粉煤灰、磨细矿渣或硅灰掺合料，不宜单独使用硅酸盐水泥，可使用矿渣水泥或普通水泥。

（4）经济性。在满足上述三项技术要求的前提下，配合比应尽可能经济。各级公路混凝土路面最大水泥用量不宜大于 400kg/m³；掺粉煤灰时，最大胶材总量不宜大于 420kg/m³。

2. 外加剂的使用要求

（1）高温施工时，混凝土拌和物的初凝时间不得小于 3h，否则应采取缓凝或保塑措施；低温施工时，终凝时间不得大于 10h，否则应采取必要的促凝或早强措施。

（2）外加剂的掺量应由混凝土试配试验确定。引气剂的适宜掺量可由搅拌机口的拌和物含气量进行控制。实际路面和桥面引气混凝土的抗冰冻、抗盐冻耐久性，宜用《公路水泥混凝土路面施工技术规范》（JTG F30—2003）附录 F.1、F.2 规定的钻芯法测定。测定位置：路面为表面和表面下 50mm；桥面为表面和表面下 30mm；测得的上下两个表面的最大平均气泡间距系数不宜超过表 4.7 的规定。

表 4.7　　　　　　　　　　混凝土路面和桥面最大平均气泡间距系数　　　　　　　单位：μm

公路技术等级		高速公路、一级公路	其他公路	公路技术等级		高速公路、一级公路	其他公路
严寒地区	冰冻	275	300	寒冷地区	冰冻	325	350
	盐冻	225	250		盐冻	275	300

（3）引气剂与减水剂或高效减水剂等其他外加剂复配在同一水溶液中时，应保证其共溶性，防止外加剂溶液发生絮凝现象。如产生絮凝现象，应分别稀释、分别加入。

3. 配合比参数的计算与确定

（1）水灰（胶）比的计算和确定。

1）根据粗集料的类型，水灰比可分别按下列统计公式计算：

碎石或碎卵石混凝土

$$\frac{W}{C} = \frac{1.5684}{f_c + 1.0097 - 0.3595 f_s} \tag{4.2}$$

卵石混凝土

$$\frac{W}{C} = \frac{1.2618}{f_c + 1.5492 - 0.4709 f_s} \tag{4.3}$$

式中：f_s 为水泥实测 28d 抗折强度，MPa。

2）掺用粉煤灰时，应计入超量取代法中代替水泥的那一部分粉煤灰用量（代替砂的超量部分不计入），用水胶比 $\frac{W}{C+F}$ 代替水灰比 $\frac{W}{C}$。

3）应在满足弯拉强度计算值和耐久性两者要求的水灰（胶）比中取小值。

（2）砂率的选择。砂率应根据砂的细度模数和粗集料种类，查表 4.8 取值。在软做抗滑槽时，砂率在表 4.8 基础上可增大 1%～2%。硬刻槽时，则不必增大砂率。

（3）计算单位用水量。由上述水灰比、砂率，根据粗料种类和表 4.3、表 4.4 中适宜的坍落度 S_L，分别按下列经验式计算单位用水量（砂石料以自然风干状态计）：

碎石　　　　　　　$W_o = 104.97 + 0.309 S_L + 11.27 \frac{C}{W} + 0.61 S_P$　　　　　（4.4）

卵石 $\qquad W_o = 86.89 + 0.370S_L + 11.24\dfrac{C}{W} + 1.00S_P$ $\hfill$ (4.5)

式中：W_o 为不掺外加剂与掺合料混凝土的单位用水量，kg/m^3；S_L 为坍落度，mm；S_P 为砂率，$\%$；$\dfrac{C}{W}$ 为灰水比，水灰比之倒数。

表 4.8　　　　　　　　　　　砂的细度模数与最优砂率关系

砂细度模数		2.2～2.5	2.5～2.8	2.8～3.1	3.1～3.4	3.4～3.7
砂率 S_P (%)	碎石	30～34	32～36	34～38	36～40	38～42
	卵石	28～32	30～34	32～36	34～38	36～40

注　碎卵石可在碎石和卵石混凝土之间内插取值。

掺外加剂时应计入外加剂减水作用，其混凝土单位用水量应按式（4.6）计算：

$$W_{ow} = W_o\left(1 - \frac{\beta}{100}\right) \qquad (4.6)$$

式中：W_{ow} 为掺外加剂混凝土的单位用水量，kg/m^3；β 为所用外加剂剂量的实测减水率，$\%$。

单位用水量应取计算值和表 4.3 和表 4.4 的规定值两者中的小值。若实际单位用水量仅掺引气剂不满足所取数值，则应掺用引气（高效）减水剂，三、四级公路也可采用真空脱水工艺。

（4）确定单位水泥用量。单位水泥用量应由式（4.7）计算，并取计算值与表 4.6 规定值两者中的大值。

$$C_o = \left(\frac{C}{W}\right)W_o \qquad (4.7)$$

式中：C_o 为单位水泥用量，kg/m^3。

（5）确定砂石料用量。砂石料用量可按密度法或体积法计算。按密度法计算时，混凝土单位质量可取 $2400\sim2450kg/m^3$；按体积法计算时，应计入设计含气量。采用超量取代法掺用粉煤灰时，超量部分应代替砂，并折减用砂量。经计算得到的配合比，应验算单位粗集料填充体积率，且不宜小于 70%。

需要注意，采用真空脱水工艺时，可采用比经验式［式（4.4）、式（4.5）］计算值略大的单位用水量，但在真空脱水后，扣除每立方米混凝土实际吸除的水量，剩余单位用水量和剩余水灰（胶）比分别不宜超过表 4.4 最大单位用水量和表 4.6 最大水灰（胶）比的规定。

另外，路面混凝土掺用粉煤灰时，其配合比计算应按超量取代法进行。粉煤灰掺量应根据水泥中原有的掺合料数量和混凝土弯拉强度、耐磨性等要求由试验确定。Ⅰ、Ⅱ级粉煤灰的超量系数可按表 4.9 初选。代替水泥的粉煤灰掺量：Ⅰ型硅酸盐水泥宜≤30%；Ⅱ型硅酸盐水泥宜≤25%；道路水泥宜≤20%；普通水泥宜≤15%；矿渣水泥不得掺粉煤灰。

表 4.9　各级粉煤灰的超量取代系数

粉煤灰等级	Ⅰ	Ⅱ	Ⅲ
超量取代系数 k	1.1～1.4	1.3～1.7	1.5～2.0

4. 配合比确定与调整

由上述各经验公式推算得出的混凝土配合比，应在实验室内按下述步骤和《公路工程水泥混凝土试验规程》（JTJ 053）规定方法进行试配检验和调整：

（1）首先检验各种混凝土拌和物是否满足不同摊铺方式的最佳工作性要求。检验项目包括含气量、坍落度及其损失、振动粘度系数、改进 VC 值、外加剂品种及其最佳掺量。在工作性和含气量不满足相应摊铺方式要求时，可在保持水灰（胶）比不变的前提下调整单位用水量、外加剂掺量或砂率，不得减小满足计算弯拉强度及耐久性要求的单位水泥用量。

（2）对于采用密度法计算的配合比，应实测拌和物视密度，并应按视密度调整配合比，调整时水灰比不得增大，单位水泥用量、钢纤维掺量不得减少，调整后的拌和物视密度允许偏差为±2.0%。实测拌和物含气量及其偏差应满足表4.5的规定，不满足要求时，应调整引气剂掺量直至达到规定含气量。

（3）以初选水灰（胶）比为中心，按0.02增减幅度选定2～4个水灰（胶）比，制作试件，检验各种混凝土7d和28d配制弯拉强度、抗压强度、耐久性等指标（有抗冻性要求的地区，抗冻性为必测项目，耐磨性及干缩为选测项目）。也可保持计算水灰（胶）比不变，以初选单位水泥用量为中心，按15～20kg/m³增减幅度选定2～4个单位水泥用量。

（4）施工单位通过上述各项指标检验提出的配合比，在经监理或建设方中心实验室验证合格后，方可确定为实验室基准配合比。

实验室的基准配合比应通过搅拌楼实际拌和检验和不小于200m试验路段的验证，并应根据料场砂石料含水量、拌和物实测视密度、含气量、坍落度及其损失，调整单位用水量、砂率或外加剂掺量。调整时，水灰（胶）比、单位水泥用量不得减小。考虑施工中原材料含泥量、泥块含量、含水量变化和施工变异性等因素，单位水泥用量应适当增加5～10kg。满足试拌试铺的工作性、28d（至少7d）配制弯拉强度、抗压强度和耐久性等要求的配合比，经监理或建设方批准后方可确定为施工配合比。

施工期间配合比的微调与控制应符合下列要求：

1）根据施工季节、气温和运距等的变化，可微调缓凝（高效）减水剂、引气剂或保塑剂的掺量，保持摊铺现场的坍落度始终适宜于铺筑，且波动最小。

2）降雨后，应根据每天不同时间的气温及砂石料实际含水量变化，微调加水量，同时微调砂石料称量，其他配合比参数不得变更，维持施工配合比基本不变。雨天或砂石料变化时应加强控制，保持现场拌和物工作性始终适宜摊铺和稳定。

4.1.3　施工准备

1. 施工机械选择

根据公路等级的不同，混凝土路面的施工宜符合表4.10规定的机械装备要求。

表 4.10　　　　　　　　　　　与公路等级相适应的机械装备

摊铺机械装备	高速公路	一级公路	二级公路	三级公路	四级公路
滑模摊铺机	√	√	√		○
轨道摊铺机	▲	√	√	√	○
三辊轴机组	○	▲	√	√	√
小型机具	×	○	▲	√	√
碾压混凝土机械		○	√	√	▲
计算机自动控制强制搅拌楼（站）	√	√	√	▲	○
强制搅拌楼（站）	×	○	▲	√	√

注　1. 符号含义：√应使用；▲有条件使用；○不宜使用；×不得使用。

　　2. 各等级公路均不得使用体积计量、小型自落滚筒式搅拌机，严禁使用人工控制加水量。

　　3. 碾压混凝土亦可用于高速公路、一级公路复合式路面的下面层和贫混凝土基层。

2. 施工组织

（1）开工前，建设单位应组织设计、施工、监理单位进行技术交底。

（2）施工单位应根据设计图纸、合同文件、摊铺方式、机械设备、施工条件等确定混凝土路面施工工艺流程、施工方案，进行详细的施工组织设计。

（3）开工前，施工单位应对施工、试验、机械、管理等岗位的技术人员和各工种技术工人进行培训。未经培训的人员不得单独上岗操作。

（4）施工单位应根据设计文件，测量校核平面和高程控制桩，复测和恢复路面中心、边缘全部基本标桩，测量精确度应满足相应规范的规定。

（5）施工工地应建立具备相应资质的现场试验室，能够对原材料、配合比和路面质量进行检测和控制，提供符合交工检验、竣工验收和计量支付要求的自检结果。

（6）各种桥涵、通道等构筑物应提前建成，确有困难不能通行时，应有施工便道。施工时应确保运送混凝土的道路基本平整、畅通，不得延误运输时间。施工中的交通运输应配备专人进行管制，保证施工有序、安全进行。

（7）摊铺现场和搅拌场之间应建立快速有效的通讯联络，及时进行生产调度和指挥。

3. 搅拌场设置

（1）搅拌场宜设置在摊铺路段的中间位置。搅拌场内部布置应满足原材料储运、混凝土运输、供水、供电、钢筋加工等使用要求，并尽量紧凑，减少占地。

（2）搅拌场应保障搅拌、清洗、养生用水的供应，并保证水质。供水量不足时，搅拌场应设置与日搅拌量相适应的蓄水池。

（3）搅拌场应保证充足的电力供应。电力总容量应满足全部施工用电设备、夜间施工照明及生活用电的需要。

（4）应确保摊铺机械、运输车辆及发电机等动力设备的燃料供应。离加油站较远的工地宜设置油料储备库。

（5）水泥、粉煤灰储存和供应要求。每台搅拌楼应至少配备 2 个水泥罐仓，如掺粉煤灰还应至少配备 1 个粉煤灰罐仓。当水泥的日用量很大、需要两家以上的水泥厂供应水泥时，不同厂家的水泥，应清仓再灌，并分罐存放。严禁粉煤灰与水泥混罐。

应确保施工期间的水泥和粉煤灰供应。供应不足或运距较远时，应储备和使用袋包装水泥或袋装粉煤灰，并准备水泥仓库、拆包及输送入罐设备。水泥仓库应覆盖或设置顶篷防雨，并应设置在地势较高处，严禁水泥、粉煤灰受潮或浸水。

（6）砂石料储备。施工前，宜储备正常施工 10～15d 的砂石料。

砂石料场应建在排水通畅的位置，其底部应作硬化处理。不同规格的砂石料之间应有隔离设施，并设标识牌，严禁混杂。

在低温天、雨天、大风天及日照强烈的条件下，应在砂石料堆上部架设顶篷或覆盖，覆盖砂石料数量不宜少于正常施工一周的用量。

（7）原材料与混凝土运输车辆不应相互干扰。搅拌楼下宜采用厚度不薄于 200mm 的混凝土铺装层，并应设置污水排放管沟、积水坑或清洗搅拌楼的废水处理回收设备。

4. 摊铺前材料与设备检查

（1）在施工准备阶段，应依据混凝土路面设计要求、工程规模，对当地及周边的水泥、钢材、粉煤灰、外加剂、砂石料、水资源、电力、运输等状况进行实地调研，确认符合铺筑混凝土路面的原材料质量、品种、规格、原材料的供应量、供应强度和供给方式、运距等。通过调研优选，初步选择原材料供应商。

（2）开工前，工地实验室应对计划使用的原材料进行质量检验和混凝土配合比优选，监理应对原材料抽检和配合比试验验证，报请业主正式审批。

（3）应根据路面施工进度安排，保证及时地供应符合原材料技术指标规定的各种原材料，不合格原材料不得进场。所有原材料进出场应进行称量、登记、保管或签发。

（4）应将相同料源、规格、品种的原材料作为一批，分批量检验和储存。原材料的检验项目和批量应符合表 4.11 的规定。

表 4.11　　　　　　　　　混凝土原材料的检测项目和频率

材料	检查项目	检查频度	
		高速公路、一级公路	其他公路
水泥	抗折强度、抗压强度，安定性	机铺 1500t 一批	机铺 1500t、小型机具 500t 一批
	凝结时间，标稠需水量，细度	机铺 2000t 一批	机铺 3000t、小型机具 500t 一批
	f-CaO、MgO、SO₃ 含量，铝酸三钙、铁铝酸四钙，干缩率、耐磨性、碱度，混合材料种类及数量		
	温度、水化热	冬、夏季施工随时检测	冬、夏季施工随时检测
粉煤灰	活性指数、细度、烧失量	机铺 1500t 一批	机铺 1500t、小型机具 500t 一批
	需水量比、SO₃ 含量	每标段不少于 3 次，进场前必测	每标段不少于 3 次，进场前必测
粗集料	针片状、超径颗粒含量、级配，表观密度，堆积密度，空隙率	机铺 2500m³ 一批	机铺 5000m³、小型机具 1500m³ 一批
	含泥量、泥块含量	机铺 1000m³ 一批	机铺 2000m³、小型机具 1000m³ 一批
	坚固性、岩石抗压强度、压碎指标	每种粗集料每标段不少于 2 次	每种粗集料每标段不少于 2 次
	碱集料反应	怀疑有碱活性集料进场前测	怀疑有碱活性集料进场前测
	含水量	降雨或湿度变化随时测	降雨或湿度变化随时测
砂	细度模数，表观密度，堆积密度，空隙率，级配	机铺 2000m³ 一批	机铺 4000m³、小型机具 1500m³ 一批
	含泥量、泥块、石粉含量	机铺 1000m³ 一批	机铺 2000m³、小型机具 500m³ 一批
	坚固性	每种砂每标段不少于 2 次	每种砂每标段不少于 2 次
	云母含量，轻物质与有机物含量	目测有云母或杂质时测	目测有云母或杂质时测
	含盐量（硫酸盐、氯盐）	必要时测，淡化海砂每标段 3 次	必要时测，淡化海砂每标段 2 次
	含水量	降雨或湿度变化随时测	降雨或湿度变化随时测

材　料	检　查　项　目	检　查　频　度	
		高速公路、一级公路	其　他　公　路
外加剂	减水剂减水率，液体外加剂含固量和相对密度，粉状外加剂的不溶物含量	机铺 5t 一批	机铺 5t、小型机具 3t 一批
	引气剂引气量、气泡细密程度和稳定性	机铺 2t 一批	机铺 3t、小型机具 1t 一批
钢纤维	抗拉强度、弯折性能、长度、长径比、形状	开工前或有变化时，每标段 3 次	开工前或有变化时，每标段 3 次
	杂质、质量及其偏差	机铺 50t 一批	机铺 50t、小型机具 30t 一批
养生剂	有效保水率、抗压强度比、耐磨性、耐热性、膜水溶性	开工前或有变化时，每标段 3 次	开工前或有变化时，每标段 3 次
	含固量、成膜时间	试验路段测，施工每 5t 测 1 次	试验路段测，施工每 5t 测 1 次
水	pH 值、含盐量、硫酸根及杂质含量	开工前和水源有变化时	开工前和水源有变化时

注　1. 开工前，所有原材料项目均应检验；当原材料规格、品种、生产厂、来源变化时，必检。
　　2. 机铺是指滑模、轨道、三辊轴机组和碾压混凝土摊铺，数量不足一批时，按一批检验。

（5）施工前必须对机械设备、测量仪器、基准线或模板、机具工具及各种试验仪器等进行全面地检查、调试、校核、标定、维修和保养。主要施工机械的易损零部件应有适量储备。

　5. 路基、基层和封层的检测与修整

（1）路基应稳定、密实、均质，对路面结构提供均匀的支承。对桥头、软基、高填方、填挖方交界等处的路基段，应进行连续沉降观测，并采取切实有效措施保证路基的稳定性。

（2）垫层、基层除应符合《公路水泥混凝土路面设计规范》（JTG D40—2002）和《公路路面基层施工技术规范》（JTJ 034—2000）的规定外，尚应符合下列技术要求：（上）基层纵、横坡一般可与面层一致，但横坡可略大 0.15%～0.20%，并不得小于路面横坡；硬路肩厚度薄于面板时，应设排水基层或排水盲沟。缘石和软路肩底部应有渗透排水措施；面层铺筑前，宜至少提供足够机械连续施工 10d 以上的合格基层。

（3）面板铺筑前，应对基层进行全面的破损检查，当基层产生纵、横向断裂、隆起或碾坏时，应采取下述有效措施彻底修复：

1）所有挤碎、隆起、空鼓的基层应清除，并使用相同的基层料重铺，同时设胀缝板横向隔开，胀缝板应与路面胀缝或缩缝上下对齐。

2）当基层产生非扩展性温缩、干缩裂缝时，应灌沥青密封防水，还应在裂缝上粘贴油毡、土工布或土工织物，其覆盖宽度不应小于 1000mm；距裂缝最窄处不得小于 300mm。

3）当基层产生纵向扩展裂缝时，应分析原因，采取有效的路基稳固措施根治裂缝，且宜在纵向裂缝所在的整个面板内，距板底 1/3 高度增设补强钢筋网，补强钢筋网到裂缝端部不宜短于 5m。

4）基层被碾坏成坑或破损面积较小的部位，应挖除并采用贫混凝土局部修复。对表面严重磨损裸露粗集料的部位，宜采用沥青封层处理。

（4）在高速公路和一级公路的半刚性上基层表面，宜喷洒热沥青和石屑（$2\sim3m^3/100m^2$）做滑动封层，或做乳化沥青稀浆封层。沥青封层或乳化沥青稀浆封层的厚度不宜小于5mm。

（5）在各交通等级有可能被水淹没浸泡路面的路段，可采用较厚的坚韧塑料薄膜或密闭土工膜覆盖基层防水。

（6）当封层出现局部损坏时，摊铺前应采用相同的封层材料进行修补，经质量检验合格，并由监理签认后，方可铺筑水泥混凝土面层。

4.2　混凝土的搅拌和运输

施工前的准备工作完成以后，根据试验室确定的配合比，开始对混凝土进行拌和，并将其运送到施工现场。在此之前要做好搅拌设备的选择、拌和过程中的质量控制、运输设备数量和运输过程的技术要求等工作。

完成各项施工准备工作后，先进行开工申请，得到批准后，即可进行水泥混凝土路面正式施工。

4.2.1　搅拌设备

1.搅拌场的拌和能力配置

搅拌场生产能力与容量必须与路面上的机械铺筑能力匹配，密切配合，形成具有计划摊铺能力的系统。

（1）总拌和生产能力。采用滑模、轨道、碾压、三辊轴机组摊铺时，搅拌场配置混凝土总拌和生产能力可按式（4.8）计算，并按总拌和能力确定所要求的搅拌楼数量和型号。

$$M = 60\mu bhV_t \tag{4.8}$$

式中：M 为搅拌楼总拌和能力，m^3/h；b 为摊铺宽速度，m；V_t 为摊铺速度，m/min，（$\geq$1m/min）；h 为面板厚度，m；μ 为搅拌楼可靠性系数，$1.2\sim1.5$。

μ 根据下述具体情况确定：搅拌楼可靠性高，μ 可取较小值；反之，μ 取较大值；拌和钢纤维混凝土时，μ 应取较大值；坍落度要求较低者，μ 应取较大值。

（2）拌和容量配套。不同摊铺方式所要求的搅拌楼最小生产容量应满足表4.12的规定。一般可配备$2\sim3$台搅拌楼，最多不宜超过4台。搅拌楼的规格和品牌尽可能统一。

表4.12　　　　　混凝土路面不同摊铺方式的搅拌楼最小配置容量　　　　单位：m^3/h

摊铺宽度＼摊铺方式	滑模摊铺	轨道摊铺	碾压混凝土	三辊轴摊铺	小型机具
单车道 3.75～4.5m	≥100	≥75	≥75	≥50	≥25
双车道 7.5～9m	≥200	≥150	≥150	≥100	≥50
整幅宽≥12.5m	≥300	≥200	≥200		

2.搅拌楼的配备

每台搅拌楼应配备齐全自动供料、称量、计量、砂石料含水率反馈控制、有外加剂加入装置和计算机控制自动配料操作系统设备和打印设备。每台搅拌楼还应配齐生产所必需的外置设备：$3\sim4$个砂石料仓；$1\sim2$个外加剂池；$3\sim4$个水泥及粉煤灰罐仓。使用袋装水泥时应配备拆包和水泥输送设备。

应优先选配间歇式搅拌楼，也可使用连续式搅拌楼。

搅拌场应配备适量装载机或推土机供应砂石料。

4.2.2　拌和技术要求

1. 配料精确度控制方法

每台搅拌楼在投入生产前，必须进行标定和试拌。在标定有效期满或搅拌楼搬迁安装后，均应重新标定。施工中应每 15d 校验一次搅拌楼计量精确度。搅拌楼配料计量偏差不得超过表 4.13 的规定。不满足时，应分析原因，排除故障，确保拌和计量精度。采用计算机自动控制系统的搅拌楼时，应使用自动配料生产，并按需要打印每天（周、旬、月）对应路面摊铺桩号的混凝土配料统计数据及偏差。

表 4.13　　　　搅拌楼的混凝土拌和计量允许偏差　　　　单位：%

材　料　名　称	水泥	掺合料	钢纤维	砂	粗集料	水	外加剂
高速公路、一级公路每盘	±1	±1	±2	±2	±2	±1	±1
高速公路、一级公路累计每车	±1	±1	±1	±2	±2	±1	±1
其他公路	±2	±2	±2	±3	±3	±2	±2

2. 拌和时间

应根据拌和物的粘聚性、均质性及强度稳定性试拌确定最佳拌和时间。一般情况下，单立轴式搅拌机总拌和时间宜为 80~120s，全部原材料到齐后的最短纯拌和时间不宜短于 40s；行星立轴和双卧轴式搅拌机总拌和时间为 60~90s，最短纯拌和时间不宜短于 35s；连续双卧轴搅拌楼的最短拌和时间不宜短于 40s。最长总拌和时间不应超过高限值的 2 倍。

3. 砂石料要求

混凝土拌和过程中，不得使用沥水、夹冰雪、表面沾染尘土和局部曝晒过热的砂石料。

4. 外加剂使用

外加剂应以稀释溶液加入，其稀释用水原液中的水量，应从拌和加水量中扣除。使用间歇搅拌楼时，外加剂溶液浓度应根据外加剂掺量、每盘外加剂溶液筒的容量和水泥用量计算得出。连续式搅拌楼应按流量比例控制加入外加剂。加入搅拌锅的外加剂溶液应充分溶解，并搅拌均匀。有沉淀的外加剂溶液，应每天清除一次稀释池中的沉淀物。

5. 引气混凝土拌和

为提高路面混凝土的弯拉强度和耐久性，所有水泥混凝土路面都应使用引气剂，制成引气混凝土，并应按引气混凝土的拌和要求进行搅拌。

拌和物的含气量是在拌和过程中从空气中裹挟进去的，如果搅拌锅是满的或密封的，没有给出空间让空气进入，即使掺用引气剂，也裹挟不进空气，达不到要求的含气量。因此，搅拌楼一次拌和量不应大于其额定搅拌量的 90%，纯拌和时间应控制在含气量最大或较大时。

6. 粉煤灰混凝土拌和

粉煤灰或其他掺合料应采用与水泥相同的输送、计量方式加入。粉煤灰混凝土的纯拌和时间应比不掺时延长 10~15s。当同时掺用引气剂时，宜通过试验适当增大引气剂掺量，以达到规定含气量。

7. 拌和物质量检验与控制

（1）检查项目和检查频率。搅拌过程中，拌和物质量检验与控制应符合表 4.14 的规定。低温或高温天气施工时，拌和物出料温度宜控制在 10～35℃。并应测定原材料温度、拌和物的温度、坍落度损失率和凝结时间等。

表 4.14　　　　　　　　　混凝土拌和物的质量检验项目和频率

检查项目	检查频度	
	高速公路、一级公路	其他公路
水灰比及稳定性	每 5000m³ 抽检 1 次，有变化随时测	每 5000m³ 抽检 1 次，有变化随时测
坍落度及其均匀性	每工班测 3 次，有变化随时测	每工班测 3 次，有变化随时测
坍落度损失率	开工、气温较高和有变化随时测	开工、气温较高和有变化随时测
振动粘度系数	试拌、原材料和配合比有变化时测	试拌、原材料和配合比有变化时测
钢纤维体积率	每工班测 2 次，有变化随时测	每工班测 2 次，有变化随时测
含气量	每工班测 2 次，有抗冻要求不少于 3 次	每工班测 2 次，有抗冻要求不少于 3 次
泌水率	必要时测	必要时测
视密度	每工班测 1 次	每工班测 1 次
温度、凝结时间、水化发热量	冬、夏季施工，气温最高、最低时，每工班至少测 1～2 次	冬、夏季施工，气温最高、最低时，每工班至少测 1 次
离析	随时观察	随时观察
VC 值及稳定性、压实度、松铺系数	碾压混凝土做复合式路面底层时，检查频率与其他公路相同	每工班测 3～5 次，有变化随时测

（2）匀质性和稳定性要求。拌和物应均匀一致，有生料、干料、离析或外加剂、粉煤灰成团现象的非均质拌和物严禁用于路面摊铺。

一台搅拌楼的每盘之间，各搅拌楼之间，拌和物的坍落度最大允许偏差为 ±10mm。拌和坍落度应为最适宜摊铺的坍落度值与当时气温下运输坍落度损失值两者之和。

4.2.3　运输车辆

1. 运输车辆的配备

机械摊铺系统配套的运输车数量，可按式（4.9）计算。

$$N = 2n\left(1 + \frac{S\gamma_c m}{V_q g_q}\right) \tag{4.9}$$

式中：N 为汽车辆数（辆）；n 为相同产量搅拌楼台数；S 为单程运输距离，km；γ_c 为混凝土密度，t/m³；m 为一台搅拌楼每小时生产能力，m³/h；V_q 为车辆的平均运输速度，km/h；g_q 为汽车载重能力，t/辆。

2. 车况和车型要求

可选配车况优良、载重量 5～20t 的自卸车，自卸车后挡板应关闭紧密，运输时不漏浆撒料，车厢板应平整光滑。按施工运距或施工路面结构需要配置车型，远距离运输或摊铺钢筋混凝土路面及桥面时，宜选配混凝土罐车。

4.2.4　运输技术要求

1. 总运力要求

应根据施工进度、运量、运距及路况，选配车型和车辆总数。总运力应比总拌和能力略有富余。确保新拌混凝土在规定时间内运到摊铺现场。

2. 运输时间

运输到现场的拌和物必须具有适宜摊铺的工作性。不同摊铺工艺的混凝土拌和物从搅拌机出料到运输、铺筑完毕的允许最长时间应符合表 4.15 的规定。不满足时应通过试验，加大缓凝剂或保塑剂的剂量。

表 4.15　　　　　　　　混凝土拌和物出料到运输、铺筑完毕允许最长时间

施工气温（℃）	到运输完毕允许最长的时间（h）		到铺筑完毕允许的最长时间（h）		施工气温（℃）	到运输完毕允许最长的时间（h）		到铺筑完毕允许的最长时间（h）	
	滑模	三轴、小机具	滑模	三轴、小机具		滑模	三轴、小机具	滑模	三轴、小机具
5～9	2.0	1.35	2.5	2.0	20～29	1.0	0.75	1.5	1.25
10～19	1.5	1.0	2.0	1.5	30～35	0.75	0.50	1.25	1.0

注　施工气温指施工时间的日间平均气温，使用缓凝剂延长凝结时间后，本表数可增加 0.25～0.5h。

3. 混凝土拌和物运输注意事项

（1）运输混凝土的车辆装料前，应清洁车厢（罐），洒水润壁，排干积水。装料时，自卸车应挪动车位，防止离析。搅拌楼卸料落差不应大于 2m。

（2）混凝土运输过程中应防止漏浆、漏料和污染路面，途中不得随意耽搁。自卸车运输应减小颠簸，防止拌和物离析。车辆起步和停车应平稳。

（3）超过表 4.15 规定摊铺允许最长时间的混凝土不得用于路面摊铺。混凝土一旦在车内停留超过初凝时间，应采取紧急措施处置，严禁混凝土硬化在车厢（罐）内。

（4）烈日、大风、雨天和低温天远距离运输时，自卸车应遮盖混凝土，罐车宜加保温隔热套。

（5）使用自卸车运输混凝土最远运输半径不宜超过 20km。

（6）运输车辆在模板或导线区调头或错车时，严禁碰撞模板或基准线，一旦碰撞，应告知测量人员重新测量纠偏。

（7）车辆倒车及卸料时，应有专人指挥。卸料应到位，严禁碰撞摊铺机和前场施工设备及测量仪器。卸料完毕，车辆应迅速离开。

（8）碾压混凝土卸料时，车辆应在前一辆车离开后立即倒向摊铺机，并在机前 10～30cm 处停住，不得撞击摊铺机械，然后换成空挡，并迅速升起料斗卸料，靠摊铺机推动前进。

4.3　混凝土面层铺筑施工技术

目前，水泥混凝土面层常用的施工方法主要有滑模摊铺机施工、三辊轴机组施工以及小型机具施工等，其施工程序一般为模板安装、传力杆设置、混凝土的搅拌和运输、混凝土的摊铺与振捣、接缝制作、抹面和拆模、混凝土的养生与填缝。其中三辊轴机组和小型机具两种是固定模板施工水泥路面，而滑模摊铺机施工取消侧模，两侧设置有随机移动的固定滑模施工水泥路面。

混凝土面层是由一定厚度的混凝土板组成，它具有热胀冷缩的性质。由于一年四季气温

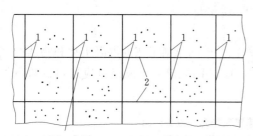

图 4.1 路面接缝设置
1—横缝；2—纵缝

的变化，混凝土板会产生不同程度的膨胀和收缩。而在一昼夜中，白天气温升高，混凝土板顶面温度较底面为高，这种温度坡差会形成板的中部隆起的趋势。夜间气温降低，板顶面温度较底面为低，会使板的周边和角隅发生翘起的趋势。由于翘曲而引起裂缝，在裂缝发生后被分割的两块板体尚不致完全分离，倘若板体温度均匀下降引起收缩，则将使两块板体被拉开，从而失去荷载传递作用。为避免这些缺陷，混凝土路面不得

不在纵横两个方向设置许多接缝，把整个路面分割成许多板块（图 4.1）。

为了满足混凝土路面的行车要求，要求面层有一定的构造深度，所以水泥混凝土路面要进行抗滑构造的制作。同时使混凝土达到要求的设计强度，必须对混凝土进行养生。

4.3.1 滑模机械摊铺施工技术要点

1. 机械配备

（1）滑模摊铺机选型。高速公路、一级公路施工，宜选配能一次摊铺 2~3 个车道宽度（7.5~12.5m）的滑模摊铺机；二级及二级以下公路路面的最小摊铺宽度不得小于单车道设计宽度。硬路肩的摊铺宜选配中、小型多功能滑模摊铺机，并宜连体一次摊铺路缘石。滑模摊铺机可按表 4.16 的基本技术参数选择。

表 4.16　　　　　　　　　　　　滑模摊铺机的基本技术参数

项　目	发动机功率（kW）	摊铺宽度（m）	摊铺厚度（mm）	摊铺速度（m/min）	空驶速度（m/min）	行走速度（m/min）	履带数（个）	整机自重（t）
三车道滑模摊铺机	200~300	12.5~16.0	0~500	0~3	0~5	0~15	4	57~135
双车道滑模摊铺机	150~200	3.6~9.7	0~500	0~3	0~5	0~18	2~4	22~50
多功能单车道滑模摊铺机	70~150	2.5~6.0	0~400	0~3	0~9	0~15	2，3，4	12~27
路缘石滑模摊铺机	≤80	<2.5	<450	0~5	0~9	0~10	2，3	≤10

（2）布料设备选择。滑模摊铺路面时，可配备 1 台挖掘机或装载机辅助布料。采用前置钢筋支架法设置缩缝传力杆的路面、钢筋混凝土路面、桥面和桥头搭板时，应选配下列适宜的布料机械：

1）侧向上料的布料机。

2）侧向上料的供料机。

3）带侧向上料机构的滑模摊铺机。

4）挖掘机加料斗侧向供料。

5）吊车加短便桥钢凳，车辆直接卸料。

6）吊车加料斗起吊布料。

（3）抗滑构造施工机械。可采用拉毛养生机或人工软拉槽制作抗滑沟槽。工程规模大、日摊铺进度快时，宜采用拉毛养生机。高速公路、一级公路宜采用刻槽机进行硬刻槽，其刻槽作业宽度不宜小于 500mm，所配备的硬刻槽机数量及刻槽能力应与滑模摊铺进度相匹配。

（4）切缝机械。滑模摊铺混凝土路面的切缝，可使用软锯缝机、支架式硬锯缝机和普通锯缝机。配备的锯缝机及切缝能力应与滑模摊铺进度相适应。

（5）滑模摊铺系统机械配套。滑模摊铺系统机械配套宜符合表 4.17 的要求。选配机械设备的关键：一是按工艺要求配齐全，缺一不可；二是生产稳定可靠，故障率低。

表 4.17　　　　　　　　　　　滑模摊铺机施工主要机械和机具配套

工作内容	主要施工机械设备	
	名　称	机　型　及　规　格
钢筋加工	钢筋锯断机、折弯机、电焊机	根据需要定规格和数量
测量基准线	水准仪、经纬仪、全站仪	根据需要定规格和数量
	基准线、线桩及紧线器	300 个桩、5 个紧线器、3000m 基准线
搅拌	强制式搅拌楼	≥50（m³/h），数量由计算确定
	装载机	2～3m³
	发电机	≥120kW
	供水泵和蓄水池	≥250m³
运输	运输车	4～6m³ 数量由匹配计算确定
	自卸车	4～24m³ 数量由匹配计算确定
摊铺	布料机，挖掘机，吊车等布料设备	根据需要定规格和数量
	滑模摊铺机 1 台	技术参数见表 9.19
	手持振捣棒、整平梁、模板	根据人工施工接头需要定
抗滑	拉毛养生机 1 台	与滑模摊铺机同宽
	人工拉毛齿耙、工作桥	根据需要定规格和数量
	硬刻槽机 刻槽宽度≥500mm，功率≥7.5kw	数量与摊铺进度匹配
切缝	软锯缝机	根据需要定规格和数量
	常规锯缝机或支架锯缝机	根据需要定规格和数量
	移动发电机	12～60kW，数量由施工需要定
磨平	水磨石磨机	需要处理欠平整部位时
灌缝	灌缝机或插胶条工具	根据需要定规格和数量
养生	压力式喷洒机或喷雾器	根据需要定规格和数量
	工地运输带	4～6t，按需要定数量
	洒水车	4.5～8t 按需要定数量

2. 基准线设置

（1）为保证路面施工的平整度，滑模摊铺混凝土路面的施工应设置基准线。基准线设置形式有单向坡双线式、单向坡单线式和双向坡双线式三种。单向坡单线式基准线必须在另一侧具备适宜的基准，路面横向连接摊铺，其横坡应与已铺路面一致。双向坡双线式的两根基准线直线段应平行，且间距相等，并对应路面高程，路拱靠滑模摊铺机调整自动铺成。滑模摊铺机应具备 2 侧 4 个水平传感器和 1 侧 2 个方向传感器，沿基准线滑行，摊铺出路面所要求的方向、平面、高程、横坡、板厚、弯道等。

（2）基准线宽度除应保证摊铺宽度外，尚应满足两侧 650～1000mm 横向支距的要求。

（3）基准线桩纵向间距：直线段不应大于 10m，竖曲线、平曲线路段视曲线半径大小应加密布置，最小 2.5m。

（4）基准线材料应使用 3～5mm 的钢绞线，总长度不少于 3000m。并应配有必要的基准线安装器具（紧线器、固定扳手、大锤及测量仪器）。

（5）单根基准线的最大长度不宜大于 450m。基准线拉力不应小于 1000N。

（6）基准线桩宜使用直径 12mm 的圆钢筋，总高度宜为 120cm，一端打尖，每根桩应配备一个架臂扣和一个夹线臂。架臂扣在基准线桩上可上下移动并固定，并使夹线臂可左右移动并固定。基准线桩具不少于 300 套。线桩固定时，基层顶面到夹线臂的高度宜为 450～750mm。基准线桩夹线臂夹口到桩的水平距离宜为 300mm。基准线桩应钉牢固。

（7）基准线的设置精确度应符合表 4.18 规定。

表 4.18　　　　　　　　　　　　基准线设置精确度要求

项目	中线平面偏位（mm）	路面宽度偏差（mm）	面板厚度（mm）		纵断高程偏差（mm）	横坡偏差（%）	连接纵缝高差（mm）
			代表值	合格值			
规定值	≤10	≤+15	≥−3	≥−8	±5	±0.01	±1.5

（8）基准线设置后，严禁扰动、碰撞和振动。一旦碰撞变位，应立即重新测量纠正。多风季节施工，应缩小基准线桩间距。

3．摊铺准备

（1）所有施工设备和机具均应处于良好状态，并全部就位。

（2）基层、封层表面及履带行走部位应清扫干净。摊铺面板位置应洒水湿润，但不得积水。

（3）横向连接摊铺时，前次摊铺路面纵缝的溜肩胀宽部位应切割顺直。侧边拉杆应校正扳直，缺少的拉杆应钻孔锚固植入。纵向施工缝的上半部缝壁应满涂沥青。

4．布料要求

（1）滑模摊铺机前的正常料位高度应在螺旋布料器叶片最高点以下，亦不得缺料。卸料、布料应与摊铺速度相协调。

（2）当坍落度在 10～50mm 时，布料松铺系数宜控制在 1.08～1.15 之间。布料机与滑模摊铺机之间施工距离宜控制在 5～10m。

（3）摊铺钢筋混凝土路面、桥面或搭板时，严禁任何机械开上钢筋网。

5．滑模摊铺机的施工参数设定及校准

（1）振捣棒下缘位置应在挤压板最低点上，振捣棒的横向间距不宜大于 450mm，均匀排列；两侧最边缘振捣棒与摊铺边沿距离不宜大于 250mm。

（2）挤压底板前倾角宜设置为 3°左右。提浆夯板位置宜在挤压底板前缘以下 5～10mm 之间。

（3）两边缘超铺高程根据拌和物稠度宜在 3～8mm 间调整。搓平梁前沿宜调整到与挤压板后沿高程相同，搓平梁的后沿比挤压底板后沿低 1～2mm，并与路面高程相同。

（4）滑模摊铺机首次摊铺路面，应挂线对其铺筑位置、几何参数和机架水平度进行调整和校准，正确无误后，方可开始摊铺。

（5）在开始摊铺的 5m 内，应在铺筑行进中对摊铺出的路面标高、边缘厚度、中线、横坡度等参数进行复核测量。所摊铺的路面精确度应控制在表 4.18 的规定值范围内。

6. 铺筑作业技术要领

（1）摊铺速度控制。操作滑模摊铺机应缓慢、匀速、连续不间断地作业。严禁料多追赶，然后随意停机等待，间歇摊铺。摊铺速度应根据拌和物稠度、供料多少和设备性能控制在 0.5～3.0m/min 之间，一般宜控制在 1m/min 左右。拌和物稠度发生变化时，应先调振捣频率，后改变摊铺速度。

（2）松方控制板调整。应随时调整松方高度板控制进料位置，开始时宜略设高些，以保证进料。正常摊铺时应保持振捣仓内料位高于振捣棒 100mm 左右，料位高低上下波动宜控制在 ±30mm 之内。

（3）振捣频率控制。正常摊铺时，振捣频率可在 6000～11000r/min 之间调整，宜采用 9000r/min 左右。应防止混凝土过振、欠振或漏振。应根据混凝土的稠度大小，随时调整摊铺的振捣频率或速度。摊铺机起步时，应先开启振捣棒振捣 2～3min，再缓慢平稳推进。摊铺机脱离混凝土后，应立即关闭振捣棒组。

（4）纵坡施工。滑模摊铺机满负荷时可铺筑的路面最大纵坡为：上坡 5%；下坡 6%。上坡时，挤压底板前仰角宜适当缩小，并适当调轻抹平板压力；下坡时，前仰角宜适当调大，并适当调大抹平板压力。板底不小于 3/4 长度接触路表面时抹平板压力适宜。

（5）弯道施工。滑模摊铺机施工的最小弯道半径不应小于 50m；最大超高横坡不宜大于 7%。滑模摊铺弯道和渐变段路面时，在单向横坡段，使滑模摊铺机跟线摊铺，并随时观察和调整抹平板内外侧的抹面距离，防止压垮边缘。摊铺中央路拱时，在计算机控制下输入弯道和渐变段边缘及拱中几何参数，计算机自动控制生成路拱；手控条件下，机手应根据路拱消失和生成几何位置，在给定路段范围内分级逐渐消除和生成路拱。进出渐变段时，保证路拱的生成和消失，保证弯道和渐变段路面几何尺寸的正确性。

（6）插入拉杆。单车道摊铺时，应视路面设计要求配置一侧或双侧打纵缝拉杆的机械装置。侧向打拉杆装置的正确插入位置应在挤压底板的下中间或偏后部，分手推、液压、气压几种方式。2 个以上车道摊铺时，除侧向打拉杆的装置外，还应在假纵缝位置配置拉杆自动插入装置，该装置有机前插和机后插两种配置。前插时，应保证拉杆的设置位置；后插时，要消除插入上部混凝土的破损缺陷，应有振动搓平梁或局部振动板来保证修复插入缺陷，保证其插入部位混凝土的密实度。带振动搓平梁和振动修复板的滑模摊铺机应选择机后插入式，其他滑模摊铺机可选择机前插入式。打入的拉杆必须处在路面板厚中间位置，中间和侧向拉杆打入的高低误差均不得大于 ±2cm，前后误差不得大于 ±3cm。

（7）抹面控制。应随时观察所摊铺的路面效果，注意调整和控制摊铺速度、振捣频率、夯实杆、振动搓平梁和抹平板位置、速度和频率。随时关注抹面施工效果。软拉抗滑构造时表面砂浆层厚度宜控制在 4mm 左右，硬刻槽路面的砂浆表层厚度宜控制在 2～3mm。

（8）连续摊铺要求。养护 5～7d 后，方允许摊铺相邻车道。

7. 问题处置

（1）摊铺中应经常检查振捣棒的工作情况和位置。路面出现麻面或拉裂现象时，必须停机检查或更换振捣棒。摊铺后，路面上出现发亮的砂浆条带时，必须调高振捣棒位置，使其底缘在挤压底板的后缘高度以上。

（2）摊铺宽度大于 7.5m 时，若左右两侧拌和稠度不一致，摊铺速度应按偏干一侧设置，并应将偏稀一侧的振捣棒频率迅速调小。

（3）应通过调整拌和物稠度、停机待料时间、挤压底板前仰角、起步及摊铺速度等措施控制和消除横向拉裂现象。

（4）摊铺中的滑模摊铺机等料最长时间超过当时气温下混凝土初凝时间的 4/5 时，应将滑模摊铺机迅速开出摊铺工作面，并做施工缝。

8. 滑模摊铺路面修整

滑模摊铺过程中应采用自动抹平板装置进行抹面。对少量局部麻面和明显缺料部位，应在挤压板后或搓平梁前补充适量拌和物，由搓平梁或抹平板机械修整。滑模摊铺的混凝土面板在下列情况下，可用人工进行局部修整：

（1）用人工操作抹面抄平器，精整摊铺后表面的小缺陷，但不得在整个表面加薄层修补路面标高。

（2）对纵缝边缘出现的倒边、塌边、溜肩现象，应顶侧模或在上部支方铝管进行边缘补料修整。

（3）对起步和纵向施工接头处，应采用水准仪抄平并采用大于 3m 的靠尺边测边修整。

9. 其他事项

滑模摊铺结束后，必须及时清洗滑模摊铺机，进行当日保养。并宜在第二天硬切横向施工缝，也可当天软做施工横缝。应丢弃端部的混凝土和摊铺机振动仓内遗留下的纯砂浆，两侧模板应向内各收进 20～40mm，收口长度宜比滑模摊铺机侧模板略长。施工缝部位应设置传力杆，并应满足路面平整度、高程、横坡和板长要求。

4.3.2 三辊轴机组施工技术要点

1. 设备选择与配套

三辊轴整平机的主要技术参数应符合表 4.19 的规定。板厚 200mm 以上宜采用直径 168mm 的辊轴；桥面铺装或厚度较小的路面可采用直径为 219mm 的辊轴。轴长宜比路面宽度长出 600～1200mm。振动轴的转速不宜大于 380r/min。

表 4.19　　　　　　　三辊轴整平机的主要技术参数

型号	轴直径（mm）	轴速（r/min）	轴长（m）	轴质量（kg/m）	行走机构质量（kg）	行走速度（m/min）	整平轴距（mm）	振动功率（kW）	驱动功率（kW）
5001	168	300	1.8～9	65±0.5	340	13.5	504	7.5	6
6001	219	300	5.1～12	77±0.7	568	13.5	657	17	9

三辊轴机组铺筑混凝土面板时，必须同时配备一台安装插入式振捣棒组的排式振捣机，振捣棒的直径宜为 50～100mm，间距不应大于其有效工作半径的 1.5 倍，并不大于 500mm。插入式振捣棒组的振动频率可在 50～200Hz 之间选择，当面板厚度较大和坍落度较低时，宜使用 100Hz 以上的高频振捣棒。该机宜同时配备螺旋布料器和松方控制刮板，并具备自动行走功能。

当一次摊铺双车道路面时应配备纵缝拉杆插入机，并配有插入深度控制和拉杆间距调整装置。其他施工辅助配套设备可参照表 4.17 选配。

2. 工艺流程

布料→密集排振→拉杆安装→人工补料→三辊轴整平→（真空脱水）→（精平饰面）→拉毛→切缝→养生→（硬刻槽）→填缝。

3. 铺筑作业技术要求

（1）布料。应有专人指挥车辆均匀卸料。布料应与摊铺速度相适应，不适应时应配备适当的布料机械。坍落度为 $10\sim40\text{mm}$ 的拌和物，松铺系数为 1.12～1.25。坍落度大时取低值，坍落度小时取高值。超高路段，横坡高侧取高值，横坡底侧取低值。

（2）振捣控制。混凝土拌和物布料长度大于 10m 时，可开始振捣作业。密排振捣棒组间歇插入振实时，每次移动距离不宜超过振捣棒有效作用半径的 1.5 倍，并不得大于 500mm，振捣时间宜为 15～30s。排式振捣机连续拖行振实时，作业速度宜控制在 4m/min 以内。具体作业速度视振实效果，可由式（4.10）计算。

$$V = 1.5\frac{R}{t} \qquad (4.10)$$

式中：V 为排式振捣机作业速度，m/s；t 为振捣密实所需的时间，s，一般为 15～30s；R 为振捣棒的有效作用半径，m。

排式振捣机应匀速缓慢、连续不断地振捣行进。其作业速度以拌和物表面不露粗集料，液化表面不再冒气泡并泛出水泥浆为准。

（3）安装纵缝拉杆。面板振实后，应随即安装纵缝拉杆。单车道摊铺的混凝土路面，在侧模预留孔中应按设计要求插入拉杆；一次摊铺双车道路面时，除应在侧模孔中插入拉杆外，还应在中间纵缝部位，使用拉杆插入机在 1/2 板厚处插入拉杆，插入机每次移动的距离应与拉杆间距相同。

4. 三辊轴整平机作业

（1）作业长度。三辊轴整平机按作业单元分段整平，作业单元长度宜为 20～30m，振捣机振实与三辊轴整平两道工序之间的时间间隔不宜超过 15min。

（2）料位高差的控制。三辊轴滚压振实料位高差宜高于模板顶面 5～20mm，过高时应铲除，过低时应及时补料。三辊轴整平机在一个作业单元长度内，应采用前进振动、后退静滚方式作业，宜分别 2～3 遍。最佳滚压遍数应经过试铺确定。在三辊轴整平机作业时，应有专人处理轴前料位的高低情况，过高时，应辅以人工铲除，轴下有间隙时，应使用混凝土找补。

（3）整平。滚压完成后，将振动辊轴抬离模板，用整平轴前后静滚整平，直到平整度符合要求，表面砂浆厚度均匀为止。表面砂浆厚度宜控制在（4±1）mm，三辊轴整平机前方表面过厚、过稀的砂浆必须刮除丢弃。应采用 3～5m 刮尺，在纵、横两个方向进行精平饰面，每个方向不少于两遍。也可采用旋转抹面机密实精平饰面两遍。刮尺、刮板、抹面机、抹刀饰面的最迟时间不得迟于表 4.15 规定的铺筑完毕允许最长时间。

4.3.3　小型机具铺筑施工技术要求

1. 小型机具的配套

小型机具性能应稳定可靠，操作简易，维修方便，机具配套应与工程规模、施工进度相适应。选配的成套机械、机具应符合表 4.20 的要求。

表 4.20　　　　　　　　小型机具施工配套机械、机具配置

工作内容	主要施工机械机具	
	机械机具名称、规格	数量、生产能力
钢筋加工	钢筋锯断机、折弯机、电焊机	根据需要定规格和数量
测量	水准仪、经纬仪	根据需要定规格和数量
架设模板	与路面厚度等高3m长槽钢模板、固定钢钎	数量不少于3d摊铺用量
搅拌	强制式搅拌楼，单车道≥25m³/h，双车道≥50m³/h	总搅拌生产能力及搅拌楼数量，根据施工规模和进度由计算确定
	装载机	2～3m³
	发电机	≥120kW
	供水泵和蓄水池	单车道≥100m³，双车道≥200m³
运输	5～10t自卸车	数量由匹配计算确定
振实	手持振捣棒，功率≥1.1kW	每2m宽路面不少于1根
	平板振动器，功率≥2.2kW	每车道路面不少于1个
	振捣整平梁，刚度足够，2个振动器功率≥1.1kW	每车道路面不少于1个振动器每车道路面不少于1根振动梁
	现场发电机功率≥30kW	不少于2台
提浆整平	提浆滚杠直径15～20mm，表面光滑无缝钢管，壁厚≥3mm	长度适应铺筑宽度，一次摊铺单车道路面1根，双车道路面2根
	叶片式或圆盘式抹面机	每车道路面不少于1台
	3m刮尺	每车道路面不少于1根
	手工抹刀	每米宽路面不少于1把
真空脱水	真空脱水机有效抽速≥15L/s	每车道路面不少于1台
	真空吸垫尺寸不小于1块板	每台吸水机应配3块吸垫
抗滑构造	工作桥	不少于3个
	人工拉毛齿耙、压槽器	根据需要定数量
切缝	软锯缝机	根据需要定数量
	手推锯缝机	根据进度定数量
磨平	水磨石磨机	需要处理欠平整部位时
灌缝	灌缝机具	根据需要定规格和数量
养生	洒水车4.5～8.0t	按需要定数量
	压力式喷洒机或喷雾器	根据需要定规格和数量
	工地运输车4～6t	按需要定数量

2. 摊铺、振实与整平

（1）摊铺。混凝土拌和物摊铺前，应对模板的位置及支撑稳固情况，传力杆、拉杆的安设等进行全面检查。修复破损基层，并洒水润湿。用厚度标尺板全面检测板厚与设计值相符，方可开始摊铺。

专人指挥自卸车，尽量准确卸料。人工布料应用铁锹反扣，严禁抛掷和搂耙。人工摊铺混凝土拌和物的坍落度应控制在5～20mm之间，拌和物松铺系数K宜控制在1.10～1.25

之间，料偏干，取较高值；反之，取较低值。

因故造成 1h 以上停工或达到 2/3 初凝时间，致使拌和物无法振实时，应在已铺筑好的面板端头设置施工缝，废弃不能被振实的拌和物。

（2）振实。

1）插入式振捣棒振实。在待振横断面上，每车道路面应使用 2 根振捣棒，组成横向振捣棒组，沿横断面连续振捣密实，并应注意路面板底、内部和边角处不得欠振或漏振。振捣棒在每一处的持续时间，应以拌和物全面振动液化、表面不再冒气泡和泛水泥浆为限，不宜过振，也不宜少于 30s。振捣棒的移动间距不宜大于 500mm；至模板边缘的距离不宜大于 200mm。应避免碰撞模板、钢筋、传力杆和拉杆。振捣棒插入深度宜离基层 30～50mm，振捣棒应轻插慢提，不得猛插快拔，严禁在拌和物中推行和拖拉振捣棒振捣。振捣时，应辅以人工补料，应随时检查振实效果、模板、拉杆、传力杆和钢筋网的移位、变形、松动、漏浆等情况，并及时纠正。

2）振动板振实。在振捣棒已完成振实的部位，可开始振动板纵横交错两遍全面提浆振实，每车道路面应配备 1 块振动板。振动板移位时，应重叠 100～200mm，振动板在一个位置的持续振捣时间不应少于 15s。振动板须由两人提拉振捣和移位，不得自由放置或长时间持续振动。移位控制以振动板底部和边缘泛浆厚度（3±1）mm 为限。

3）振动梁振实。每车道路面宜使用 1 根振动梁。振动梁应具有足够的刚度和质量，底部应焊接或安装深度 4mm 左右的粗集料压实齿，保证（4±1）mm 的表面砂浆厚度。振动梁应垂直路面中线沿纵向拖行，往返 2～3 遍，使表面泛浆均匀平整。在振动梁拖振整平过程中，缺料处应使用混凝土拌和物填补，不得用纯砂浆填补；料多的部位应铲除。

（3）整平饰面。每车道路面应配备 1 根滚杠（双车道两根）。振动梁振实后，应拖动滚杠往返 2～3 遍提浆整平。第一遍应短距离缓慢推滚或拖滚，以后应较长距离匀速拖滚，并将水泥浆始终赶在滚杠前方。多余水泥浆应铲除。

拖滚后的表面宜采用 3m 刮尺，纵横各 1 遍整平饰面，或采用叶片式或圆盘式抹面机往返 2～3 遍压实整平饰面。抹面机配备每车道路面不宜少于 1 台。

在抹面机完成作业后，应进行清边整缝，清除粘浆，修补缺边、掉角。应使用抹刀将抹面机留下的痕迹抹平，当烈日暴晒或风大时，应加快表面的修整速度，或在防雨篷遮荫下进行。精平饰面后的面板表面应无抹面印痕，致密均匀，无露骨，平整度应达到规定要求。

3. 真空脱水工艺要求

小型机具施工三、四级公路混凝土路面，应优先采用在拌和物中掺外加剂。无掺外加剂条件时，应使用真空脱水工艺。该工艺适用于面板厚度不大于 240mm 混凝土面板施工。使用真空脱水工艺时，混凝土拌和物的最大单位用水量可比不采用外加剂时增大 3～12kg/m³；拌和物适宜坍落度：高温天 30～50mm；低温天 20～30mm。

（1）真空脱水机具。真空度稳定、有自动脱水计量装置,有效抽速不小于 15L/s 的脱水机。

真空度均匀，密封性能好，脱水效率高、操作简便、铺放容易、清洗方便的真空吸垫。每台真空脱水机应配备不少于 3 块吸垫。

（2）真空脱水作业。脱水前，应检查真空泵空载真空度不小于 0.08MPa，并检查吸管、吸垫连接后的密封性，同时应检查随机工具和修补材料是否齐备。

吸垫铺放应采取卷放，避免皱折；边缘应重叠已脱水的面板 50～100mm。开机脱水，真空度应逐渐升高，最大真空度不宜超过 0.085MPa。脱水量应经过脱水试验确定，但剩余单位用水量和水灰比不得大于表 4.4 和表 4.6 最大值的规定。混凝土拌和物真空脱水量（率）测定方法可参考《公路水泥混凝土路面施工技术规范》（JTG F30—2003）附录 E.2。

最短脱水时间不宜短于表 4.21 的规定。当脱水达到规定时间和脱水量要求后（双控），应先将吸垫四周微微掀起 10~20mm，继续抽吸 15s，以便吸尽作业表面和吸管中的余水。

表 4.21　　　　　　　　　　　　最　短　脱　水　时　间　　　　　　　　　　　单位：min

面板厚度 h (mm)	昼 夜 平 均 气 温 T（℃）					
	3~5	6~10	11~15	16~19	20~25	>25
18	26	24	22	20	18	17
22	30	28	26	24	22	21
25	35	32	30	27	25	24

真空脱水后，应采用振动梁、滚杠或叶片、圆盘式抹面机重新压实精平 1~2 遍。

真空脱水整平后的路面，应采用硬刻槽方式制作抗滑构造。

真空脱水混凝土路面切缝时间可比规定时间适当提前。

4.3.4　模板的架设与拆除

1. 模板技术要求

（1）公路混凝土路面板、桥面板和加铺层的施工模板应采用刚度足够的槽钢、轨模或钢制边侧模板，不应使用木模板、塑料模板等其他易变形的模板。模板的精确度应符合表 4.22 的规定。钢模板的高度应为面板设计厚度，模板长度宜为 3~5m。需设置拉杆时，模板应设拉杆插入孔。每米模板应设置 1 处支撑固定装置，模板垂直度用垫木楔方法调整。

表 4.22　　　　　　　　　　　　模　板　加　工　允　许　偏　差

施工方式	高度偏差 (mm)	局部变形 (mm)	垂直边夹角 (°)	顶面平整度 (mm)	侧面平整度 (mm)	纵向变形 (mm)
三辊轴机组	±1	±2	90±2	±1	±2	±2
轨道摊铺机	±1	±2	90±1	±1	±2	±1
小型机具	±2	±3	90±3	±2	±3	±3

（2）横向施工缝端模板应按设计规定的传力杆直径和间距设置传力杆插入孔和定位套管。两边缘传力杆到自由边距离不宜小于 150mm。每米设置 1 个垂直固定孔套。

（3）模板或轨模数量应根据施工进度和施工气温确定，并应满足拆模周期内周转需要。一般情况下，模板或轨模总量不宜小于 3~5d 摊铺的需要。

2. 模板安装

（1）支模前在基层上应进行模板安装及摊铺位置的测量放样，每 20m 应设中心桩；每 100m 宜布设临时水准点；核对路面标高、面板分块、胀缝和构筑物位置。测量放样的质量要求和允许偏差应符合相应规范的规定。

（2）纵横曲线路段应采用短模板，每块模板中点应安装在曲线切点上。

（3）轨道摊铺应采用长度为 3m 的专用钢制轨模，轨模底面宽度宜为高度的 80%，轨道用螺栓、垫片固定在模板支座上，模板应使用钢钎与基层固定。轨道顶面应高于模板 20~

40mm，轨道中心至模板内侧边缘距离宜为125mm。

（4）模板应安装稳固、顺直、平整、无扭曲，相邻模板连接应紧密平顺，不得有底部漏浆、前后错茬、高低错台等现象。模板应能承受摊铺、振实、整平设备的负载行进、冲击和振动时不发生位移。严禁在基层上挖槽，嵌入安装模板。

（5）模板安装检验合格后，与混凝土拌和物接触的表面应涂脱模剂或隔离剂；接头应粘贴胶带或塑料薄膜等密封。

3．模板的安装精度

模板安装完毕，应用与设计板厚相同的测板作全断面检验，其安装精确度应符合表4.23的规定。

表 4.23　　　　　　　　　　模板安装精确度要求

检测项目	施工方式	三辊轴机组	轨道摊铺机	小型机具
平面偏位（mm）		≤10	≤5	≤15
摊铺宽度（mm）		≤10	≤5	≤15
面板厚度（mm）	代表值	≥−3	≥−3	≥−4
	合格值	≥−8	≥−8	≥−9
纵断高程偏差（mm）		±5	±5	±10
横坡偏差（%）		±0.10	±0.10	±0.20
相邻板高差（mm）		≤1	≤1	≤2
顶面接茬3m尺平整度（mm）		≤1.5	≤1	≤2
模板接缝宽度（mm）		≤3	≤2	≤3
侧向垂直度（mm）		≤3	≤2	≤4
纵向顺直度（mm）		≤3	≤2	≤4

4．模板拆除及矫正

（1）当混凝土抗压强度不小于8.0MPa方可拆模。当缺乏强度实测数据时，边侧模板的允许最早拆模时间宜符合表4.24的规定。达不到要求，不能拆除端模时，可空出一块面板，重新起头摊铺，空出的面板待两端均可拆模后再补做。

表 4.24　　　　　　　　　混凝土路面板的允许最早拆模时间　　　　　　　　单位：h

昼夜平均气温（℃）	−5	0	5	10	15	20	25	≥30
硅酸盐水泥、R型水泥	240	120	60	36	34	28	24	18
道路、普通硅酸盐水泥	360	168	72	48	36	30	24	18
矿渣硅酸盐水泥	—	—	120	60	50	45	36	24

注　允许最早拆侧模时间从混凝土面板精整成形后开始计算。

（2）拆模不得损坏板边、板角和传力杆、拉杆周围的混凝土，也不得造成传力杆和拉杆松动或变形。模板拆卸宜使用专用拔楔工具，严禁使用大锤强击拆卸模板。

（3）拆下的模板应将粘附的砂浆清除干净，并矫正变形或局部损坏，矫正精度应附合表4.22的要求。

4.3.5　接缝与灌缝施工技术要点

1. 接缝施工

（1）纵缝施工。当一次铺筑宽度小于路面和硬路肩总宽度时，应设纵向施工缝，位置应避开轮迹，并重合或靠近车道线，构造可采用平缝加拉杆型。当所摊铺的面板厚度大于等于260mm时，也可采用插拉杆的企口型纵向施工缝。采用滑模施工时，纵向施工缝的拉杆可用摊铺机的侧向拉杆装置插入。采用固定模板施工方式时，应在振实过程中，从侧模预留孔中手工插入拉杆。

当一次摊铺宽度大于4.5m时，应采用假缝拉杆型纵缝，即锯切纵向缩缝，纵缝位置应按车道宽度设置，并在摊铺过程中用专用的拉杆插入装置插入拉杆。

钢筋混凝土路面、桥面和搭板的纵缝拉杆可由横向钢筋延伸穿过接缝代替。钢纤维混凝土路面切开的假纵缝可不设拉杆，纵向施工缝应设拉杆。插入的侧向拉杆应牢固，不得松动、碰撞或拔出。若发现拉杆松脱或漏插，应在横向相邻路面摊铺前，钻孔重新植入。当发现拉杆可能被拔出时，宜进行拉杆拔出力（握裹力）检验，混凝土与拉杆握裹力试验方法可参照《公路水泥混凝土路面施工技术规范》（JTG F30—2003）附录 C。

（2）横向缩缝施工。每天摊铺结束或摊铺中断时间超过 30min 时，应设置横向施工缝，其位置宜与胀缝或缩缝重合，确有困难不能重合时，施工缝应采用设螺纹传力杆的企口缝形式。横向施工缝应与路中心线垂直。横向施工缝在缩缝处采用平缝加传力杆型，见图 4.2。在胀缝处其构造与胀缝相同，见图 4.3。

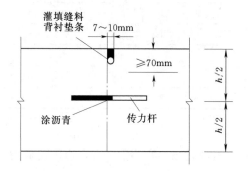

图 4.2　横向施工缝构造示意图

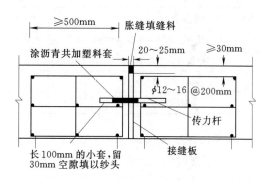

图 4.3　胀缝构造示意图

普通混凝土路面横向缩缝宜等间距布置。不宜采用斜缝。不得不调整板长时，最大板长不宜大于 6.0m；最小板长不宜小于板宽。

在中、轻交通的混凝土路面上，横向缩缝可采用不设传力杆假缝型，见图 4.4（a）。

在特重和重交通公路、收费广场、邻近胀缝或路面自由端的 3 条缩缝应采用假缝加传力杆型。缩缝传力杆的施工方法可采用前置钢筋支架法或传力杆插入装置（DBI）法，支架法的构造见图 4.4（b）。钢筋支架应具有足够的刚度，传力杆应准确定位，摊铺之前应在基层表面放样，并用钢钎锚固，宜使用手持振捣棒振实传力杆高度以下的混凝土，然后机械摊铺。传力杆无防粘涂层一侧应焊接，有涂料一侧应绑扎。用 DBI 法置入传力杆时，应在路侧缩缝切割位置作标记，保证切缝位于传力杆中部。

（3）胀缝设置与施工。普通混凝土路面、钢筋混凝土路面和钢纤维混凝土路面的胀缝间距视集料的温度膨胀性大小、当地年温差和施工季节综合确定：高温施工，可不设胀缝；常

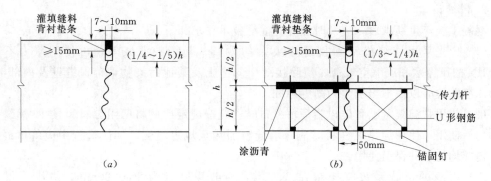

图 4.4　横向缩缝构造

(a) 假缝型；(b) 假缝加传力杆型

温施工，集料温缩系数和年温差较小时，可不设胀缝；集料温缩系数或年温差较大，路面两端构造物间距大于等于 500m 时，宜设一道中间胀缝；低温施工，路面两端构造物间距大于等于 350m 时，宜设一道胀缝。邻近构造物、平曲线或与其他道路相交处的胀缝应按《公路水泥混凝土路面设计规范》(JTG D40—2002) 的规定设置。

普通混凝土路面的胀缝应设置胀缝补强钢筋支架、胀缝板和传力杆，胀缝构造见图 4.3。钢筋混凝土和钢纤维混凝土路面可不设钢筋支架。胀缝宽 20~25mm，使用沥青或塑料薄膜滑动封闭层时，胀缝板及填缝宽度宜加宽到 25~30mm。传力杆一半以上长度的表面应涂防粘涂层，端部应戴活动套帽。胀缝板应与路中心线垂直，缝壁垂直；缝隙宽度一致；缝中完全不连浆。

胀缝应采用前置钢筋支架法施工，也可采用预留一块面板，高温时再铺封。前置法施工，应预先加工、安装和固定胀缝钢筋支架，并在使用手持振捣棒振实胀缝板两侧的混凝土后再摊铺。宜在混凝土未硬化时，剔除胀缝板上部的混凝土，嵌入 (20~25) mm×20mm 的木条，整平表面。胀缝应连续贯通整个路面板宽度。

(4) 拉杆、胀缝板、传力杆及其套帽、滑移端设置精确度应符合的要求 (见表 4.25)。

表 4.25　　　　拉杆、胀缝板、传力杆及其套帽、滑移端设置精确度

项　目	允许偏差 (mm)	测 量 位 置
传力杆端上下左右偏斜偏差	10	在传力杆两端测量
传力杆在板中心上下左右偏差	20	以面板为基准测量
传力杆	30	以缝中心线为准
拉杆深度偏差及上下左右偏斜偏差	10	以板厚和杆端为基准测量
拉杆端及在板中上下左右偏差	20	杆两端和板面测量
拉杆沿路面纵向前后偏位	30	纵向测量
胀缝传力杆套帽长度不小于 100mm	10	以封堵帽端起测
缩缝传力杆滑移端长度大于 1/2 杆长	20	以传力杆长度中间起测
胀缝板倾斜偏差	20	以板底为准
胀缝板的弯曲和位移偏差	10	以缝中心线为准

注　胀缝板不允许混凝土连浆，必须完全隔断。

2. 灌缝施工

混凝土板养生期满后，应及时灌缝。灌缝技术要求如下：

（1）应先采用切缝机清除接缝中夹杂的砂石、凝结的泥浆等，再使用压力不小于0.5MPa的压力水和压缩空气彻底清除接缝中的尘土及其他污染物，确保缝壁及内部清洁、干燥。缝壁检验以擦不出灰尘为灌缝标准。

（2）使用常温聚氨酯和硅树脂等填缝料时，应按规定比例将两组分材料按1h灌缝量混拌均匀后使用；使用加热填缝料时应将填缝料加热至规定温度。加热过程中应将填缝料融化，搅拌均匀，并保温使用。

（3）灌缝的形状系数宜控制在2左右，灌缝深度宜为15～20mm，最浅不得小于15mm。先挤压嵌入直径9～12mm多孔泡沫塑料背衬条，再灌缝。灌缝顶面热天应与板面齐平；冷天应填为凹液面，中心低于板面1～2mm。填缝必须饱满、均匀、厚度一致并连续贯通，填缝料不得缺失、开裂和渗水。

（4）常温施工式填缝料的养生期，低温天宜为24h，高温天宜为12h。加热施工式填缝料的养生期，低温天宜为2h，高温天宜为6h。在灌缝料养生期间应封闭交通。

（5）路面胀缝和桥台隔离缝等应在填缝前，凿去接缝板顶部嵌入的木条，涂粘结剂后，嵌入胀缝专用多孔橡胶条或灌进适宜的填缝料，当胀缝的宽度不一致或有啃边、掉角等现象时，必须灌缝。

4.3.6 抗滑构造施工技术要点

（1）抗滑构造技术要求。各交通等级混凝土面层竣工时的表面抗滑技术要求应符合表4.27公路混凝土路面铺筑质量要求的规定。构造深度应均匀，不损坏构造边棱，耐磨抗冻，不影响路面和桥面的平整度。

（2）抗滑构造施工。摊铺完毕或精整平表面后，宜使用钢支架拖挂1～3层叠合麻布、帆布或棉布，洒水湿润后作拉毛处理。布片接触路面的长度以0.7～1.5m为宜，细度模数偏大的粗砂，拖行长度取小值；砂较细，取大值。人工修整表面时，宜使用木抹。用钢抹修整过的光面，必须再拉毛处理，以恢复细观抗滑构造。

当日施工进度超过500m时，抗滑沟槽制作宜选用拉毛机械施工，没有拉毛机时，可采用人工拉槽方式。在混凝土表面泌水完毕20～30min内应及时进行拉槽。拉槽深度应为2～4mm，槽宽3～5mm，槽间距15～25mm。可施工等间距或非等间距抗滑槽，为减小噪音，宜使用后者。衔接间距应保持一致。

特重和重交通混凝土路面宜采用硬刻槽，凡使用圆盘、叶片式抹面机精平后的混凝土路面、钢纤维混凝土路面必须采用硬刻槽方式制作抗滑沟槽。可采用等间距刻槽，其几何尺寸与上款相同；为降低噪音宜采用非等间距刻槽，尺寸宜为：槽深3～5mm，槽宽3mm，槽间距在12～24mm之间随机调整。路面结冰地区，硬刻槽的形状宜使用上宽6mm下窄3mm的梯形槽；硬刻槽机重量宜重不宜轻，一次刻槽最小宽度不应小于500mm，硬刻槽时不应掉边角，亦不得中途抬起或改变方向，并保证硬刻槽到面板边缘。抗压强度达到40％后可开始硬刻槽，并宜在两周内完成。硬刻槽后应随即将路面冲洗干净，并恢复路面的养生。一般路段可采用横向槽或纵向槽，在弯道或要求减噪的路段宜使用纵向槽。

（3）新建路面或旧路面抗滑构造不满足要求时，可用硬刻槽或喷砂打毛等方法加以恢复。

4.3.7　混凝土路面养生施工技术要点

（1）混凝土路面铺筑完成或软作抗滑构造完毕后应立即开始养生。机械摊铺的各种混凝土路面、桥面及搭板宜采用喷洒养生剂同时保湿覆盖的方式养生。在雨天或养生用水充足的情况下，也可采用覆盖保湿膜、土工毡、土工布、麻袋、草袋、草帘等洒水湿养生方式，不宜使用围水养生方式。

（2）混凝土路面采用喷洒养生剂养生时，喷洒应均匀、成膜厚度应足以形成完全密闭水分的薄膜，喷洒后的表面不得有颜色差异。喷洒时间宜在表面混凝土泌水完毕后进行。喷洒高度宜控制在 $0.5\sim1m$。使用一级品养生剂时，最小喷洒剂量不得少于 $0.30kg/m^2$；合格品的最小喷洒剂量不得少于 $0.35kg/m^2$。不得使用易被雨水冲刷掉的和对混凝土强度、表面耐磨性有影响的养生剂。当喷洒一种养生剂达不到 90% 以上有效保水率要求时，可采用两种养生剂各喷洒一层或喷一层养生剂再加覆盖的方法。

（3）覆盖塑料薄膜养生的初始时间，以不压坏细观抗滑构造为准。薄膜厚度（韧度）应合适，宽度应大于覆盖面 600mm。两条薄膜对接时，搭接宽度不应小于 400mm，养生期间应始终保持薄膜完整盖满。

（4）覆盖养生宜使用保湿膜、土工毡、土工布、麻袋、草袋、草帘等覆盖物保湿养生并及时洒水，保持混凝土表面始终处于潮湿状态，并由此确定每天的洒水遍数。昼夜温差大于 10℃ 以上的地区或日平均温度小于等于 5℃ 施工的混凝土路面应采取保温保湿养生措施。

（5）养生时间应根据混凝土弯拉强度增长情况而定，不宜小于设计弯拉强度的 80%，应特别注重前 7d 的保湿（温）养生。一般养生天数宜为 $14\sim21d$，高温天不宜少于 14d，低温天不宜少于 21d。掺粉煤灰的混凝土路面，最短养生时间不宜少于 28d，低温天应适当延长。

（6）混凝土板养生初期，严禁人、畜、车辆通行，在达到设计强度 40% 后，行人方可通行。在路面养生期间，平交道口应搭建临时便桥。面板达到设计弯拉强度后，方可开放交通。

4.4　特殊气候条件下混凝土路面施工技术

4.4.1　一般规定

（1）混凝土路面铺筑期间，应收集月、旬、日天气预报资料，遇有影响混凝土路面施工质量的天气时，应暂停施工或采取必要的防范措施，制订特殊气候的施工方案。

（2）混凝土路面施工如遇下述条件之一者，必须停工：

1）现场降雨。

2）风力大于 6 级，风速在 $10.8m/s$ 以上的强风天气。

3）现场气温高于 40℃ 或拌和物摊铺温度高于 35℃。

4）摊铺现场连续 5 昼夜平均气温低于 5℃，夜间最低气温低于 -3℃。

4.4.2　雨季施工

1. 防雨准备

（1）地势低洼的搅拌场、水泥仓、备件库及砂石料堆场，应按汇水面积修建排水沟或预备抽排水设施。搅拌楼的水泥和粉煤灰罐仓顶部通气口、料斗及不得遇水部位应有防潮、防水覆盖措施，砂石料堆应防雨覆盖。

（2）雨天施工时，在新铺路面上，应备足防雨篷、帆布和塑料布或薄膜。

（3）防雨篷支架宜采用可推行的焊接钢结构，并具有人工饰面拉槽的足够高度。

2. 防雨水冲刷

摊铺中遭遇阵雨时，应立即停止铺筑混凝土路面，并紧急使用防雨篷、塑料布或塑料薄膜等覆盖尚未硬化的混凝土路面。

被阵雨轻微冲刷过的路面，视平整度和抗滑构造破坏情况，采用硬刻槽或先磨平再刻槽的方式处理。对被暴雨冲刷后，路面平整度严重劣化或损坏的部位，应尽早铲除重铺。

降雨后开工前，应及时排除车辆内、搅拌场及砂石料堆场内的积水或淤泥。运输便道应排除积水，并进行必要的修整。摊铺前应扫除基层上的积水。

4.4.3 风天施工

风天应采用风速计在现场定量测风速或观测自然现象，确定风级，并按表 4.26 的规定采取防止塑性收缩开裂的措施。

表 4.26　　　　　　　　　　刮风天混凝土路面防止塑性收缩开裂措施

风　力	相应自然现象	风　速（m/s）	防止路面塑性收缩开裂措施
1 级软风	烟能表示风向，水面有鱼鳞波	≤1.5	正常施工，喷洒一遍养生剂，原液剂量 0.30kg/m²
2 级轻风	人面有感，树叶沙沙响，风标转动，水波显著	1.6～3.3	应加厚喷洒一遍养生剂，剂量 0.45kg/m²
3 级微风	树叶和细枝摇晃，旗帜飘动，水面波峰破碎，产生飞沫	3.4～5.6	路面摊铺完成后，立即喷洒第一遍养生剂，拉毛后，再喷洒第二遍养生剂。两遍剂量共 0.60kg/m²
4 级和风	吹起尘土和纸片，小树枝摇动，水波出白浪	5.7～7.9	除拉毛前后喷两遍养生剂外（两遍剂量共 0.60kg/m²），还需覆盖塑料薄膜
5 级轻劲风	有叶小树开始摇动，大浪明显，波峰起白沫	8.0～10.7	使用抹面机械抹面，加厚喷一遍剂量 0.45kg/m² 的养生剂并覆盖塑料薄膜或麻袋草袋，使用钢刷做细观抗滑构造，使用刻槽机刻出抗滑沟槽无机械抹面措施时，应停止施工
6 级强风	大树枝摇动，电线呼呼响，出现长浪，波峰吹成条纹	10.8～13.8	必须停止施工

4.4.4 高温季节施工

（1）施工现场的气温高于 30℃，拌和物摊铺温度在 30～35℃，同时，空气相对湿度小于 80% 时，混凝土路面和桥面的施工应按高温季节施工的规定进行。

（2）高温天铺筑混凝土路面和桥面应采取下列措施：

1）当现场气温≥30℃时，应避开中午高温时段施工，可选择在早晨、傍晚或夜间施工，夜间施工应有良好的操作照明，并确保施工安全。

2）砂石料堆应设遮阳篷；抽用地下冷水或采用冰屑水拌和；拌和物中宜加允许最大掺量的粉煤灰或磨细矿渣，但不宜掺硅灰。拌和物中应掺足够剂量的缓凝剂、高温缓凝剂、保塑剂或缓凝（高效）减水剂等。

3）自卸车上的混凝土拌和物应加遮盖。

4）应加快施工各环节的衔接，尽量压缩搅拌、运输、摊铺、饰面等各工艺环节所耗费的时间。

5）可使用防雨篷作防晒遮荫篷。在每日气温最高和日照最强烈时段遮荫。

6）高温天气施工时，混凝土拌和物的出料温度不宜超过 35℃，并应随时监测气温、水泥、拌和水、拌和物及路面混凝土温度。必要时加测混凝土水化热。

7）在采用覆盖保湿养生时，应加强洒水，并保持足够的湿度。

8）切缝应视混凝土强度的增长情况或按 250 温度小时计，宜比常温施工适当提早切缝，以防止断板。特别是在夜间降温幅度较大或降雨时，应提早切缝。

4.4.5　低温季节施工

（1）当摊铺现场连续 5 昼夜平均气温高于 5℃，夜间最低气温在 −3～5℃ 之间，混凝土路面和桥面的施工应按下述低温季节施工规定的措施进行：

1）拌和物中应优选和掺加早强剂或促凝剂。

2）应选用水化总热量大的 R 型水泥或单位水泥用量较多的 32.5 级水泥，不宜掺粉煤灰。

3）搅拌机出料温度不得低于 10℃，摊铺混凝土温度不得低于 5℃。在养生期间，应始终保持混凝土板最低温度不低于 5℃。否则，应采用热水或加热砂石料拌和混凝土，热水温度不得高于 80℃；砂石料温度不宜高于 50℃。

4）应加强保温保湿覆盖养生，可选用塑料薄膜保湿隔离覆盖或喷洒养生剂，再采用草帘、泡沫塑料垫等保温覆盖初凝后的混凝土路面。遇雨雪必须再加盖油布、塑料薄膜等。应随时监测气温、水泥、拌和水、拌和物及路面混凝土的温度，每工班至少测定 3 次。

（2）混凝土路面或桥面弯拉强度未达到 1.0MPa 或抗压强度未达到 5.0MPa 时，应严防路面受冻。

（3）低温天施工，路面或桥面覆盖保温保湿养生天数不得少于 28d，拆模时间应符合表 4.24 的规定。

4.5　水泥混凝土面层施工质量标准及验收

4.5.1　施工过程质量管理与检查

（1）开工许可。混凝土路面铺筑必须得到正式开工令后，方可开工。

（2）质量自检。施工方应随时对原材料、混凝土拌和物及路面施工质量进行自检。混凝土路面检验项目、方法和频率及路面各技术指标的质量要求应符合《公路水泥混凝土路面施工技术规范》（JTG F30−2003）中的规定。当施工、监理、监督人员发现异常情况时，应加大检测频率，找出原因，及时处理。在恢复正常后，再返回规定的检测频率。高速公路、一级公路应利用计算机实行动态质量管理。

（3）控制质量稳定性。应由专门质量检验机构负责施工质量的检查与监督。除施工方自检外，监理及监督人员应按规定频率抽检。混凝土拌和物的稳定性取决于原材料质量稳定、搅拌楼配料精确稳定；路面铺筑的质量稳定性取决于路面铺筑的关键设备性能及操作工艺。

施工各环节均应控制质量稳定性，搅拌场对每台搅拌楼所生产的拌和物，应按相关要求检测，除了满足各种施工工艺的可摊铺性外，还应注重控制拌和物的匀质性和检验其工作性参数的稳定性。现场混凝土路面铺筑的关键设备（如摊铺机、压路机、布料机、三辊轴整平机、刻槽机、切缝机等）的操作应规范稳定。当发现路面三大质量指标即弯拉强度、平整度和板厚不稳定或其他指标未达标时，应停止施工，分析原因，并采取有效的改正措施，经监理批准后，方可复工。

4.5.2　交工质量检查验收

根据《公路工程质量检验评定标准》（JTG F80/1—2004）的要求，混凝土路面完工后，施工方应将全线以每 1km 为一个评定路段，按表 4.27 规定的实测项目、方法、频率及质量要求，提交检测结果、试验数据、施工总结报告及全部原始记录等，申请交工验收。

表 4.27　　　　　　　　　　　水泥混凝土面层实测项目质量标准

项次	检查项目		规定值或允许偏差		检查方法和频率	权值
			高速公路、一级公路	其他公路		
1	弯拉强度（MPa）		在合格标准之内		按规范要求检查	3
2	板厚度（mm）	代表值	−5		按规范要求检查，每200m每车道2处	3
		合格值	−10			
3	平整度	σ（mm）	1.2	2.0	平整度仪：全线每车道连续检测，每100m计算σ、IRI值	2
		IRI值（m/km）	2.0	3.2		
		最大间隙 h（mm）	5		3m 直尺：半幅车道板带每200m测2处10尺	
4	抗滑构造深度	一般路段	0.7～1.1	0.5～1.0	铺砂法：每200m测一处	2
		特殊路段	0.8～1.2	0.6～1.1		
5	相邻板高差（mm）		2	3	尺量：每条胀缝2点；每200m纵、横缝各2条，每条2点	2
6	纵、横缝顺直度（mm）		10		拉20m线：纵缝每200m测4处；横缝每200m测4条	1
7	中线平面偏位（mm）		20		经纬仪：每200m测4点	1
8	路面宽度（mm）		±20		尺量：每200m测4处	1
9	纵断高程（mm）		±10	±15	水准仪：每200m测4个断面	1
10	横坡（%）		±0.15	±0.25	水准仪：每200m测4个断面	1

复 习 思 考 题

4.1　水泥混凝土面层所用材料的种类及要求有哪些？

4.2　试述普通混凝土路面配合比设计方法。

4.3　混凝土配合比设计中，满足耐久性要求的最大水灰比和最小单位水泥用量如何确定？

4.4　水泥混凝土施工前的准备工作有哪些?

4.5　水泥混凝土路面的施工工艺有哪些?

4.6　试述水泥混凝土路面混合料搅拌与运输的要求。

4.7　试述滑模摊铺机施工时,施工技术要点。

4.8　试述三辊轴机组施工的技术要点。

4.9　试述小型机具施工混凝土路面时,摊铺与振捣的要求。

4.10　如何进行水泥混凝土路面的施工质量控制和验收?

第二篇　桥梁工程施工技术

桥梁是城市交通的枢纽，其主要功能是跨越各种障碍，联系建筑物和各种交通设施，承受来往车辆、行人荷重。在现代科学技术的推动下，城市中复杂的大规模现代化生产和科技活动更加频繁，交通流量急剧加大，造成城市交通拥挤。为解决这个问题，就得增加城市交通设施，改造旧路，建筑桥梁，发展城市交通事业。桥梁工程是城市基础设施建设中的大型项目，桥梁施工是市政工程的重要组成，是一个实现设计图纸的过程。

桥梁施工是一门综合性、技术性很强的课题，其涉及面极为广泛，需要具备一定的基础知识，特别是在城市中架桥，牵涉的内容更为复杂。它主要包括如下内容：

（1）桥梁建筑的主体和辅助工程。主体工程是永久性建筑物如基础、墩台、桥跨结构（主梁、拱圈）、桥塔、桥面系等；辅助工程有永久性的构筑物和防护设施如挡土墙、护坡、导流工程等，也有临时性的构筑物如施工索道，工地预制场、便道、栈桥、支架、工棚等。

（2）桥上照明、安全设施（灯柱，护栏）、过桥电缆及各种管道、管线、车辆行驶设备（电车天线、轨道）等设施的安装。桥梁竣工后的装饰及其周围环境的绿化和防空设施。

第1章　桥梁基础施工

教学要求：通过本章的学习，使学生了解桥梁施工准备工作的内容，桥位放样方法，桥梁基础类型等。掌握明挖基础施工程序和主要内容（基坑围堰、基坑排水、基坑开挖、基底处理与检验、基础砌筑及基坑回填）；了解桩基础的类型，掌握钻孔灌注桩及打入桩的施工设备、技术要求和施工方法；掌握沉井基础适用条件和施工方法。

1.1　概　　述

1.1.1　桥梁施工准备工作

桥梁在正式施工前，必须做好一系列准备工作。其主要内容有：

（1）组织相关人员对设计文件、图纸、资料进行认真细致的研究，了解设计意图，并和现场核对，必要时进行补充调查。在熟悉图纸与了解设计意图的过程中，如发现图纸资料有错误或矛盾之处，应及时向设计单位提出，以求补全、更正。

（2）在充分调查研究的基础上，根据施工单位的具体情况，综合考虑各种因素，拟定施工方案、编制施工预算、组织施工现场项目机构等，报请上级批准。

（3）应根据招、投标文件，施工合同，设计文件，有关规范及确定的施工方案，编制实施性施工组织设计。大致包括下面几项内容：

1）工程概况。介绍工程规模、工程特点、工期要求、参建单位总体情况，简述工程结构特点、地质、水文、气候因素等对工程施工的影响和准备采取的措施。

2）施工布置。宜按统筹法将主要工程项目的施工顺序和工程进度计划编成图表，对控制全桥进度的关键项目，应采取集中力量打歼灭战的方式解决。

3）主要施工方法和技术措施。根据工程特点和施工单位的具体情况，详述主要工程的具体施工方法（包括冬、雨期施工措施及采用的新技术、新工艺、新材料、新设备等）。

4）质量目标及保证措施。质量总目标、分项质量目标、实现质量目标的主要方法、手段和措施。

5）安全目标及保证措施。

6）文明施工、环保、节能和降耗措施。

7）绘制施工场地布置图。绘制平面图，其中包括用地范围、临时性生产、生活用房，预制场地，各种材料的堆放场地，水、电供应及设备，临时道路，大中型施工机械设备及其他临时设施的布置等。

8）补充设计图纸与资料。包括设计部门提供的设计文件和图纸中没有包括的施工结构详图、辅助设备图、临时设施图等。

9）编制主要材料（钢材、木材、水泥、砂石等）、劳动力、机具设备、运输车辆的数量及供应计划。

10）模板及支架、地下沟槽基坑支护、降水、施工便桥便栈、构筑物顶推进、沉井、软基处理、预应力筋张拉工艺、大型构件吊运、混凝土浇筑、设备安装等专项设计。

（4）建立施工现场机构，明确项目经理、技术负责人、施工管理负责人及其他各部门主要负责人等，并相应地拟定必要的管理和规章制度。

（5）修建施工临时设施，安装调试施工机具和标定试验机具，进行施工测量及复核测量资料，做好材料的储存和堆放，做好开工前的试验检测工作。

（6）编制施工预算。根据施工图纸、施工组织设计或施工方案、施工定额等文件及现场的实际情况，由施工单位编制施工预算。投资额和主要材料一般不能突破设计概（预）算指标。施工预算编完后，按规定办理审批手续，经批准后的施工预算是银行拨款和施工单位核算建筑成本的依据。

以上系对独立大、中型桥梁而言。一般中、小型桥梁常和路线施工一并考虑，有些内容可以简化，但主要项目大致相同。

1.1.2 桥位放样

桥梁施工测量主要包括桥梁施工控制测量、桥梁墩台定位、墩台施工细部放样、梁的架设及竣工后变形观测等工作。

1.1.2.1 桥梁施工控制测量

桥梁施工控制的主要任务是布设平面控制网、布设施工临时水准点网、控制桥轴线、按照规定精度求出桥轴线的长度。根据桥梁的大小、桥址地形和障碍物情况，桥轴线桩的控制方法有直接丈量法和间接丈量法两种。

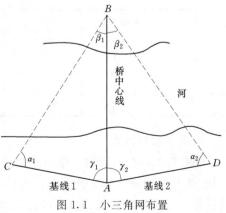

图 1.1 小三角网布置

1. 平面控制测量

(1) 直接丈量法。当桥跨较小、河流浅水时，可采用直接丈量法测定桥梁轴线长度，如图 1.1 所示，$A—B$ 为桥梁墩台的控制桩。直接丈量可用测距仪或经过检定的钢尺按精密量距法进行。桥轴线丈量的精度要求不低于表 1.1 中的规定。

表 1.1　　　桥轴线丈量精度要求

桥轴线长度（m）	<200	200~500	>500
精度不应低于	1/5000	1/10000	1/20000

(2) 间接丈量法。当桥跨较大、水流深急、无法直接丈量时，可采用三角网法间接丈量桥轴线长。

1) 桥梁三角网布设的要求有：各三角点应相互通视、不受施工干扰和易于永久保存处，如图 1.1 所示。

基线不少于 2 条，基线一端应与桥轴线连接、并尽量接近于垂直，其长度宜为桥轴线长度的 0.7~1.0 倍。三角网中所有角度应布设在 30°~120°之间。

2) 桥梁三角网的测量方法。用检定过的钢尺按精密量距法丈量基线 AC 和 AD 长度，并使其满足丈量基线精度要求，用经纬仪精确测出两三角形的内角（两个测回）α_1、α_2、β_1、β_2、γ_1、γ_2，并调整闭合差，以调整后的角度与基线用正弦定理按下式算得 AB。

角度闭合差允许值：
$$\lambda = 1.5t\sqrt{n} \tag{1.1}$$

式中：t 为经纬仪直接读数精度，见表 1.2；n 为测角数目。

若 $t=6''$，$n=3$。则容许角度闭合差为：$\lambda=1.5\times6''\times\sqrt{3}=15.6''$

$$S_{1AB} = \frac{AC\sin\alpha_1}{\sin\beta_1} \tag{1.2}$$

$$S_{2AB} = \frac{AD\sin\alpha_2}{\sin\beta_2} \tag{1.3}$$

精度：
$$K = \frac{\Delta S}{S_{AB}} \tag{1.4}$$

平均值：
$$S_{AB} = \frac{S_{1AB} + S_{2AB}}{2} \tag{1.5}$$

3) 桥梁三角网测量技术要求。基线丈量精度、仪器型号、测回数和内角容许最大闭合差见表 1.2。

表 1.2　　　　　　　　　　三角网测量精度要求

项次	桥梁长度（m）	测回数			基线丈量精度	容许最大闭合差
		DJ6	DJ2	DJ1		
1	<200	3	1		1/10000	30''
2	200~500	6	2		1/25000	15''
3	>500	6		4	1/50000	9''

2. 高程控制测量

桥梁施工需在两岸设立临时水准点，桥长在 200m 以上时，每岸至少设两个；桥长在 200m 以下时，每岸至少设 1 个；小桥可只设 1 个。水准点应设在不受水淹、不被扰动的稳固处，并尽可能接近施工场地，以便只安置一次仪器就可将高程传递到所需的部位上去。

临时水准点的高程从设计单位测定的水准点引出，其容许误差不得超过 $\pm 20\sqrt{K}$ (mm)；对跨径大于 40m 的 T 形钢构、连续梁和斜张桥等不得超过 $\pm 10\sqrt{K}$ (mm)。式中 K 为两水准点间距离，以千米计。其施测精度一般采用四等水准测量精度。

1.1.2.2 桥墩中心测设

桥墩中心测设是根据桥梁设计里程桩号以桥位控制桩为基准进行的。直线桥梁的墩台定位方法有直接丈量法和方向交会法。

（1）直接丈量法。当桥墩位于干涸的河道上，且水面较窄，可再用钢尺直接丈量，丈量方法用测定桥轴线方法。不同的只是此处是测设已知长度，所以应根据地形情况将已知长度（水平长度）化为设置的斜距，同时考虑尺长和温度修正。

（2）方向交会法。如果河水深，无法直接丈量，则可采用交会法来测定墩位。它是利用已有的控制点及墩位的坐标计算出在控制点上应该测设的角度。当计算出角度以后，两个方向的交点即为墩中心位置。

1.1.3 桥梁基础类型

桥梁工程中通常采用的基础分类及施工方法见图 1.2。

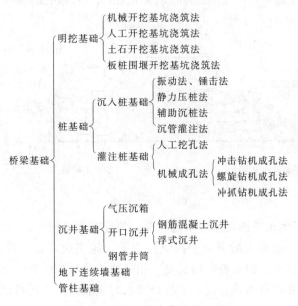

图 1.2　桥梁基础分类及施工方法

1.2　桥 梁 基 础 施 工

1.2.1　明挖基础施工

天然地基上浅基础施工又称为明挖法施工。其施工程序和主要内容包括：基坑围堰、基坑排水、基坑开挖、基底处理与检验、基础砌筑及基坑回填等。

1. 基坑围堰

在水中修筑基础工程必须防止地表水和地下水的渗透和浸湿，常用的防水措施是围堰法。围堰是一种临时性的挡水结构物，其方法是在基坑开挖之前，在基础范围的四周修筑一个封闭的挡水堤坝，将水挡住，然后排除堰内水，使基坑的开挖在无水或很少水的情况下进行。待工作结束后，即可拆除。

（1）围堰的一般要求。

1）堰顶应高出施工期间可能出现的最高水位 0.5～0.7m。

2）围堰的外形应与基础的轮廓线及水流状况相适应。

3）围堰要求坚固、稳定，防水严密，较少渗漏。

（2）常用围堰的形式和施工要求。围堰主要有土围堰、草（麻）袋围堰、木（竹）笼围堰、卵石围堰、木板桩围堰、钢板桩围堰、钢筋混凝土板桩围堰、套箱围堰等各种形式。

1）土围堰：土围堰适用于水深小于 1.5m，流速低于 0.5m/s 的渗透性较小的河床上。

一般采用松散的粘性土作填料。如果当地无粘性土时，也可采用河滩细砂和中砂填筑，这时最好设粘土心墙，以减少渗水现象。筑堰前，应将河底杂物淤泥等清除，先从上游开始，并填筑出水面，逐步填至下游合龙。水面以上的填土应分层夯实。

2）土袋围堰。土袋围堰适用于水深 3.0m 以下，流速小 1.5m/s 的透水性较小的河床，堰底处理及填筑方向与土围堰相同。土袋内应装袋容量 1/3～1/2 松散的粘土或亚粘土。土袋可采用草包、麻袋或尼龙编织袋。叠砌土袋时，要求上下、内外相互错缝，堆码整齐（图 1.3）。

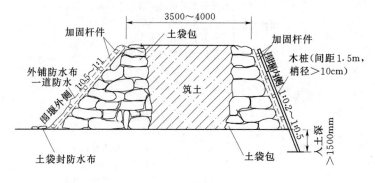

图 1.3　土袋围

3）钢板桩围堰。钢板桩围堰适用水流较深、流速较大的河床。

钢板桩施工顺序一般由上游分两头向下游合龙，施工时，宜先将钢板桩打到稳定的深度，再依次达到设计深度。钢板桩需接长时，相邻两桩的接头位置应上下错开，施工过程要检查其位置的正确性和桩身的垂直度，不符合要求时应立即纠正或拔出重打。

2. 基坑排水

主要有集水坑排水和井点排水两种方法。其排水特点，适用情况，技术要求，管路、设备的设计及布置，操作方法等详见"第三篇第 2 章 2.1"节中的有关内容。

3. 基坑开挖

有加固坑壁的开挖和不加固坑壁的开挖（放坡法）。其施工特点，适用情况，设计及布置方法详见"第三篇第 2 章 2.2"节中的有关内容。

4. 基底检验与处理

当基坑开挖至设计基底高程时，应由设计、地质勘察部门和施工单位人员，共同对基槽的位置、尺寸、地质、承载力等进行检验。

（1）基底检验内容。检查基底的平面位置、尺寸和高程是否符合设计要求；检查基底土质的均匀性、稳定性及承载力等；对特别复杂的地质条件应进行载荷试验，对大、中型桥，采用触探和钻探取样作土工试验；检查开挖基坑和基底处理施工过程中有关施工记录和试验等资料。

（2）基底处理。

1）岩石：清除风化层、松碎石块及泥污等，如岩层倾斜度大于 15°时，应挖成台阶状，使承重面与受力方向垂直，砌筑前应将岩石表面冲洗干净。

2）砂砾层：整平夯实，砌筑前铺一层 2cm 厚的浓稠水泥砂浆。

3）粘土层：铲平坑底，尽量不扰动土的天然结构；不得用回填土的办法来平整基坑，必要时，加铺一层厚 10cm 的碎石层，层面不得高出基底设计标高。

4）软硬不均匀地层：如半边为岩石、半边为土质时，应将土质部分挖除，使基底全部落在岩石上。如经挖除后其岩层斜度大于 15°时，应挖成台阶。

5）溶洞：暴露的溶洞，应用浆砌片石或混凝土填灌堵满，如处理有困难或溶洞仍继续发展时，应考虑改移墩台位置或桥址。

6）泉眼：为了不让泉水浸泡或冲洗圬工，应将泉眼堵塞，如无法堵塞时，应将泉水引走，使泉水与圬工隔离开，待圬工达到一定强度后，方能让泉水泡浸圬工。

5. 基础砌筑

基础施工可分为无水砌筑、排水砌筑及水下灌注三种情况。当排水砌筑基础时，应注意确保在无水状态下砌筑，在砌筑中，每层基本水平，外圈块石必须坐浆，且丁顺相间，以加强石块间连接。必须在圬工终凝后才能浸水，在不浸水部分必须进行养护工作。

6. 基坑回填

基坑回填时，其结构的混凝土强度应不低于设计强度的 70%；在覆土线以下的结构必须通过隐蔽工程验收；填土前抽除基坑内积水，清除淤泥及杂物等；凡淤泥、腐殖土、有机物质超过 5%的垃圾土、冻土或大石块不得回填，应采用含水量适中的同类亚粘土或砂质粘土；填土应水平分层回填夯实，每层松铺厚度一般为 30cm，在其含水量接近最佳含水量时压实；填土经碾压、夯实后不得有翻浆、"弹簧"现象；填土施工中，应随时检查土的含水量和密实度。

1.2.2 桩基础施工

桩是竖直或微倾斜的基础构件，它的截面尺寸比长度小得多，桩基础是桥梁基础中的常用形式（图 1.4）。绝大多数桩基础采用钢筋混凝土桩，个别采用木桩或钢桩等。桩的种类繁多，按照建造材料的不同，桩可分为：钢筋混凝土桩、预应力钢筋混凝土桩、高强度混凝土桩、钢管混凝土桩、钢桩、木桩、板桩等；按受力条件不同可分为摩擦桩与端承桩；按施工方法不同可分为钻孔灌注桩、打入桩、振动下沉桩及管柱基础等。下文主要介绍钻孔灌注桩及打入桩的施工方法。

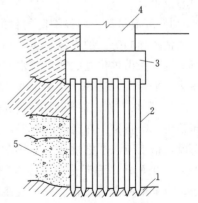

图 1.4　桩基础示意图
1—持力层；2—桩；3—桩基承台；
4—上部建筑物；5—软土层

1. 钻孔灌注桩基础的施工

灌注桩是应用比较广泛的一种桩型，由于它噪声小，能够适应城市中对环境影响的要求，直径最大可达3～6m，承载力远大于打入桩。钻孔灌注桩施工是采用不同的钻孔方法，在土中形成一定直径的井孔，达到设计标高后，再将钢筋骨架吊入井孔中，灌注混凝土形成为桥梁桩基础。

（1）钻孔灌注桩施工工艺。钻孔灌注桩工艺适用性强，不受地质条件限制，能在松软地层和地下水严重发育地区施工，钻孔深度可达100m以上。由于施工地区、地质条件、现场状况、施工机具等的不同，工艺流程有所不同，但差别不是太大。机械成孔灌注桩的常规施工流程如图1.5所示。

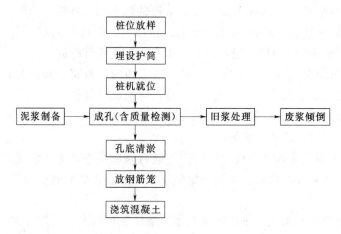

图1.5　钻孔灌注桩工艺流程

（2）钻孔的准备工作。钻孔前应做好布置场地、桩位测量、埋设护筒、安装钻机，准备和回收泥浆等工作。

1）场地布置。场地准备应查明施工场地的水文、地质、地下障碍物的情况，制定详尽的施工方案。旱地应清除杂物、平整坚实；浅水区可采用筑岛法钻孔；深水区可搭设工作平台钻孔。场地布置应对施工用水泥浆供应、排防水、动力供应、桩身灌注、钢筋骨架绑扎和吊运作统一安排。

2）桩位测量。根据设计提供的桩与墩台中心的相对位置，准确放出钻孔灌注桩的桩位中心位置。

3）埋设护筒。埋设护筒的目的是固定桩位，保护桩孔口不坍塌，隔离地面水，维护孔壁及钻孔导向等。护筒应坚实，不漏水，能多次使用，内径应比桩径稍大200～400mm。护筒埋设方法由桩位处的地质与水文情况决定。在旱地、浅水和深水处可分别采用挖埋法、筑岛法、平台沉入法等，见图1.6、图1.7。

4）泥浆工作。泥浆是在钻孔时起悬浮钻渣、加固孔壁、防止坍孔等作用。此外还可冷却钻头，防止钻头冲击时因摩擦产生高温而变形。泥浆由水、粘土和添加剂按适当比例配制而成，粘土应该严格挑选，不得含砾、石、石膏等杂物，通常其塑性指数应大于25，粒径小于0.005mm，粘粒含量大于50%。泥浆的制备按照钻孔方法的不同，采用不同的制备方法；当采用冲击钻孔时，粘土直接投入钻孔内，依靠钻头的冲击作用成浆；当采用回旋钻机钻孔时，通过泥浆搅拌机成浆，贮存在泥浆池内，再用泥浆泵输入钻孔内（图1.8）。

5）钻架、钻机就位。钻架是钻孔、吊放钢筋笼、灌注混凝土的支架。钻架应能承受钻具和其他辅助设备的重量，具有一定的刚度。钻机（架）安装就位前应先对钻架和各种钻具

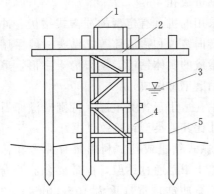

图 1.6 搭设平台固定护筒
1—护筒；2—工作平台；3—施工水位；
4—导向架；5—支架

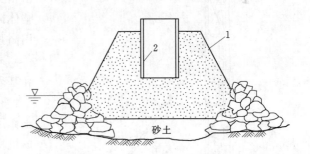

图 1.7 围堰筑岛埋设护筒
1—夯填粘土；2—护筒

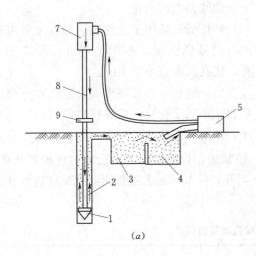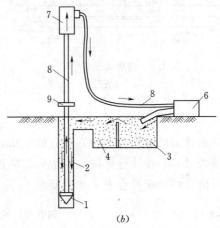

（a）　　　　　　　　　　　　（b）

图 1.8 泥浆循环成孔工艺
（a）正循环；（b）反循环
1—钻头；2—泥浆循环方向；3—沉淀池；4—泥浆池；5—泥浆泵；
6—砂石泵；7—水阀；8—钻杆；9—钻机回旋装置

进行检查与维修，然后利用自身的动力移动就位。

（3）钻孔。目前市场上钻孔机具主要有螺旋式钻机（图 1.9）、冲击式钻机、冲抓式钻机三类，它们主要由塔架、钻头、抽渣筒等组成。各成孔设备适用的地层、孔径、孔深、是否需要泥浆浮悬钻渣，与钻机的功率大小、施工管理质量好坏有关。相应的成孔方法有旋转钻进成孔、冲击钻进成孔、冲抓钻进成孔。

1）旋转式钻进成孔。利用钻具的旋转切削土体钻进，并在钻进同时使用循环泥浆的方法护壁排渣，继续钻进成孔。钻机按泥浆循环的程序不同可分为正循环和反循环两种（图 1.8）。

旋转成孔适用于冲积层较厚的粘性土、砂性土、砂卵石等土层，还可钻进软岩或风化岩层。

2）冲击式钻进成孔。利用钻锥（重 10～35kN）不断地提锥、落锥反复冲击孔底土层，把土层中泥砂、石块挤向四壁或打成碎渣，钻渣悬浮于泥浆中，利用掏渣筒取出，重复上述

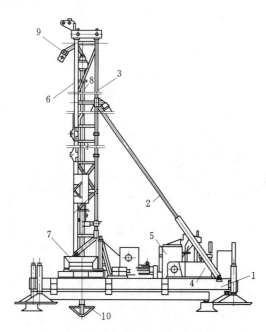

图 1.9　螺旋式钻机

1—座盘；2—斜撑；3—塔架；4—电机；
5—卷扬机；6—塔架；7—转盘；8—钻杆；
9—泥浆输送管；10—钻头

过程冲击钻进成孔。

主要采用的机具有定型的冲击式钻机、冲击钻头、转向装置和掏渣筒等，钻头一般采用整体铸钢做成的实体钻锤，钻刃为十字形，采用高强度耐磨钢材做成。

冲击钻孔适用于各类土层，特别对漂卵石和基岩钻孔比其他类型钻机效果更好。

3）冲抓式钻进成孔。利用兼有冲击和抓土作用的抓土瓣，通过钻架，由带离合器的卷扬机操纵，靠冲锥自重（重为 10～20kN）冲下，使抓土瓣锥尖张开插入土层，然后由带离合器的卷扬机锥头收拢抓土瓣，将土抓出，弃土后继续冲抓而成孔。

冲抓成孔适用于粘性土，砂性土及夹有碎卵石的砂砾土层，不宜在大漂石和基岩中钻孔，成孔深度宜小于 30m。

（4）清孔。钻孔过程中必定会有一部分泥浆和钻渣沉于孔底，必须将这些沉积物清除干净，才能使灌注的混凝土与地层紧密结合，以保证桩的承载力。清孔常用的方法有抽浆法、换浆法、掏渣法等。不论采用何种清孔方法，在清孔排渣时，必须注意保持孔内水头，防止坍孔，并及时从孔底提出泥浆试样进行性能指标试验，试验结果应符合表 1.3 的要求。

表 1.3　　　　　　　　　钻（挖）孔成孔质量指标

项目	允　许　偏　差
倾斜度	钻孔：小于 1%；挖孔：小于 0.5%
孔深	摩擦桩：不小于设计规定。 端承桩：比设计深度超深不小于 50mm
沉淀厚度（mm）	摩擦桩：符合设计要求，当设计无要求时，对于直径≤1.5mm 的桩，≤300mm；对桩径＞1.5m 或桩长＞40m 或土质较差的桩，≤500mm。 端承桩：不大于设计规定
清孔后泥浆指标	相对密度：1.03～1.10；粘土：17～20Pa·s；含砂率：＜2%；胶体率：＞98%

（5）安放钢筋笼。钢筋笼根据图纸设计尺寸和钻架允许起吊高度，可整节或分节制作，应在清孔前制成，并经检查合格后方可使用。安放钢筋笼前须测孔深和孔径，安放时，注意对准桩位中心，轻轻下落，防止碰撞孔壁。钢筋骨架下到设计高程后，应在顶部采用措施反压，并固定孔口，防止混凝土在灌注过程中产生上浮，随后立即灌注混凝土。

（6）水下混凝土灌注。水下混凝土灌注常采用导管法施工，此方法是将导管插入到离孔底 0.30～0.40m 处，导管上口接漏斗，并在漏斗中存备足够的混凝土，通过放开导管与漏斗接口处的隔水球向孔底猛落，这时孔内水位骤然外溢，说明混凝土已灌入孔内。

水下混凝土常用的强度等级为C20～C35。为了保证质量，混凝土的配合比应按设计强度的混凝土标号提高10％～20％进行设计。

灌注应连续进行，一气呵成，严禁在中途停工。导管的埋置深度宜控制在2～6m，防止导管提升过猛，而使导管内进水造成断桩夹泥，也要防止导管埋入过深，造成导管被混凝土埋住而不能提升。为了确保桩顶质量，灌注的桩顶标高应比设计高出0.5～1.0m，待混凝土凝结前，挖除多余的桩头，但应保留10～20cm，以待修凿接筑承台。

（7）钻孔事故的预防及处理。常见的钻孔事故及处理分述如下：

1）坍孔。各种钻孔方法都可能发生坍孔事故，坍孔的表征是孔内水位突然下降，孔口冒细密水泡，出渣量明显增加而不见进尺等。

为预防坍孔事故发生，在松散粉砂土或细砂中钻进时，应控制进尺速度，选用较大比重、粘度、胶体率的泥浆，汛期或潮汐地区水位变化过大时，应采取升高护筒，增加水头等措施保证水头相对稳定。

发生孔口坍塌时，可立即拆除护筒并回填粘土、重新埋设护筒再钻；如发生孔内坍塌，判别坍塌位置，回填砂和粘土混合物到坍孔以上1～2m处，如坍孔严重时应全部回填，待回填物沉积密实后再进行钻进。

2）扩孔和缩孔。扩孔是孔壁坍塌而造成的结果，各种钻孔方法均可能发生，若仅孔内局部发生坍塌而扩孔，钻孔仍能达到设计深度则不必进行处理；若因扩孔后继续坍塌而影响钻进，应按坍孔事故处理。

由于钻锥焊补不及时，严重磨耗的钻锥往往钻出较设计桩稍小的孔。地层中有软塑土遇水膨胀后使孔径缩小，各种钻孔方法均可能发生缩孔，可采用反复扫孔的方法以扩大孔径。

3）钻杆折断。在钻进过程中选用的转速不当、钻杆使用过久或地层坚硬进尺太快时，容易引起钻杆折断事故。人力、机动推锥和正反循环回转钻进时常发生此事故。

为预防此事故发生，应按设计要求选择合适直径的钻杆，不使用弯曲严重的钻杆，控制进尺，遇坚硬、复杂地层要仔细操作，如已发生钻杆折断事故，须将断落钻杆打捞上来，并检查原因，换用新的钻杆继续钻进。

4）钻孔漏浆。在透水性强或有地下水流动的地层中，稀泥浆会向孔外漏失；护筒埋设太浅，回填土不密实或护筒接缝不严密，会在护筒刃脚或接缝处漏浆；也可能由于水头过高使孔壁渗浆。

为防止漏浆，可加稠泥浆或倒入粘土慢速转动，或用填土渗片、卵石，反复冲击增强护壁；在有护筒防护范围内，接缝处漏浆，可由潜水工用棉絮、快干水泥渗泥填塞，封闭接缝。

2. 打入桩基础的施工

打入桩施工靠桩锤的冲击能量将预制的钢筋混凝土桩、预应力混凝土桩或钢管桩打入土中。打入桩一般工序如图1.10所示。以下主要介绍钢筋混凝土预制桩的施工。

（1）钢筋混凝土桩制作。桥梁工程中常用方形与矩形桩和管桩，方形桩与矩形桩断面尺寸一般为0.3m×0.35m、0.4m×0.4m、0.45m×0.45m等几种，桩长一般为10～28m；管桩由工厂以离心成型法制成，断面尺寸外径为0.4m和0.5m，每根桩超过三节，各节长度为4m、

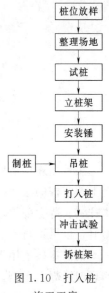

图1.10 打入桩
施工工序

6m、8m 不等。

制桩场地应考虑吊桩设备的安装，拆卸和运桩便道的布置，并根据地基及气候条件，做好排水设计，以防场地浸水沉陷，使桩变形，地基应平整夯实，其上面铺压一层砾料或石灰土，表面用水泥砂浆抹平压光。

桩的主筋宜采用整根的钢筋，如需接长时，宜采用对焊法焊接，不允许绑扎接头。相邻钢筋的接头位置要相互错开，其距离不小于钢筋直径 30 倍，在同一截面中的钢筋接头不应超过主筋总数的 1/4。

同一根桩的混凝土配合比不能随意改变，并用拌和机搅拌，坍落度不能大于 6cm，混凝土标号不低于 C25。灌注顺序由桩顶开始向桩尖连续灌注，中间不得停顿，不得留施工缝，并用振捣器严密捣实。混凝土浇筑完成后 1～2h，应覆盖洒水养护、养护天数按采用的水泥种类和天气情况而定，不得少于 7d。

（2）预制桩的起吊、搬运和堆放。预制桩在吊运和堆放时，多采用 2 支点，较长的桩可采用 3 个或 4 个支点。钢筋混凝土桩的搬运可采用超长平板拖车或轨道平板车搬运。如采用前后托架车时，前托架必须加设活动转盘。桩搬运时，其支承点与吊点位置相同，偏差不大于 ±20cm。运输时，应将桩捆扎稳固。

桩的堆放场地应尽量靠近打桩地点，场地应平整坚实，防止不均匀沉陷。不同类型尺寸的桩，应考虑使用先后，分别堆放。堆放支点与吊点相同，偏差不应超过 ±20cm。多层堆放时，各层支垫木应位于同一垂直面上，堆放层数一般不宜超过 4 层。

（3）桩的连接。钢筋混凝土桩常用的连接方法有：钢板连接、法兰盘连接和硫磺胶泥（砂浆）连接等。接桩必须牢固、直顺（图 1.11）。

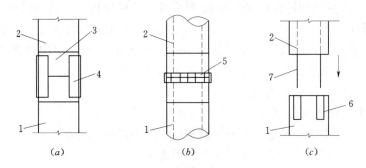

图 1.11　混凝土预制桩的接桩

（a）焊接；（b）法兰接；（c）硫磺胶泥锚接

1—下节桩；2—上节桩；3—桩帽；4—连接角钢；5—连接法兰；

6—预留锚筋孔；7—预埋锚接钢筋

法兰盘连接适用于管桩或实心方桩，制桩时，将法兰盘焊接在桩的主筋上。接桩时，将上下两节桩的法兰螺对好，并将上下两节桩的纵线对准，然后穿入螺栓，并对称地将螺帽逐步拧紧。待全部螺栓拧紧后，便可将螺帽点焊固接，以防打桩因振动松弛。如是采用高螺栓帽时，也可不再点焊螺帽，然后在法兰盘上涂防锈油漆或防锈沥青胶泥。

钢板连接适用于方桩或钢管桩。制桩时，将桩的主筋上下端各焊 2～4 块方形钢板与主筋环四周焊上角钢。

接桩时将上节桩对准已打入的下节桩，下节桩在顶端预留 4 个周边方形螺纹的直孔，平面位置与上节桩的插筋相同，孔深大于伸出钢筋约 5cm，螺纹孔的直径为插筋的 2.5 倍，然后点焊固定，再伸缝焊接。

（4）打入桩机械设备。打入桩机械为桩锤与桩机，设备为与打入桩机械相连的桩架、桩帽和送桩等。

桩锤有吊锤、汽锤和柴油汽锤，工程上一般采用柴油汽锤。柴油汽锤是一种自身既是桩锤又是动力发生的联合装置，较汽锤优越，且沉桩效率较高。柴油锤结构简单、使用方便，不需从外部供应能源。但在过软的土中由于贯入度过大，燃油不易爆发，往往桩锤反跳不起来，会使工作循环中断。此外，柴油锤作业时造成噪音和空气污染等公害，故在城市中施工受到一定限制。桩锤的选用应根据地质条件、桩型、桩的密集程度、单桩竖向承载力及现有施工条件等决定，可参考表 1.4 进行选择。

表 1.4　　　　　　　　　　　　　　柴 油 捶 锤 重 选 择 表

锤 型			柴 油 锤					
			20	25	35	45	60	72
锤的动力性能		冲击部分重（t）	2.0	2.5	3.5	4.5	6.0	7.2
		总重（t）	4.5	6.5	7.2	9.6	15.0	18.0
		冲击力（kN）	2000	2000～2500	2500～4000	4000～5000	5000～7000	7000～10000
		常用冲程（m）	1.8～2.3					
桩的截面		混凝土预制桩的边长或直径（cm）	25～35	35～40	40～45	45～50	50～55	55～60
		钢管桩的直径（cm）	40			60	90	90～100
持力层	粘性土粉土	一般进入深度（m）	1.0～2.0	1.5～2.5	2.0～3.0	2.5～3.5	3.0～4.0	3.0～5.0
		静力触探比贯入度平均值（MPa）	3	4	5	>5		
	砂土	一般进入深度（m）	0.5～1.0	0.5～1.5	1.0～2.0	1.5～2.5	2.0～3.0	2.5～3.5
		标准贯入击数 N（未修正）	15～25	20～30	30～40	40～45	45～50	50
常用的控制贯入度（cm/10 击）			2～3			3～5	4～8	
设计单桩极限承载力（kN）			400～1200	800～1600	2500～4000	3000～5000	5000～7000	7000～10000

桩架在打入桩施工中，承担吊桩锤、吊桩、插桩、吊桩射水管及桩在下沉过程中起导向作用等。工程中常用的是钢桩架。桩架在结构上必须有足够的强度、刚度和稳定性，保证在打桩过程的动力作用下桩架保持平稳，不发生移动和变位。桩架的高度应保证桩吊立就位时的需要及锤击的必要冲程。履带式桩架（图 1.12）以履带式起重机为底盘，增加立柱和斜撑用以打桩。性能较好桩架灵活，移动方便，可适应各种预制桩施工，目前应用较广。

（5）送桩。当桩顶被锤击低于龙门而须继续打入时，可用送桩将桩顶送达到必要的深度。

送桩的结构强度不应小于桩的强度。送桩的长度应为桩锤可能降到的最低标高与桩顶预计标高之差，并加以适当的富余量，送桩与桩的连接应使桩与送桩在同一中轴线上，当要打斜桩时，更应注意，否则桩顶与送桩受偏心锤击容易损坏。

（6）打桩。

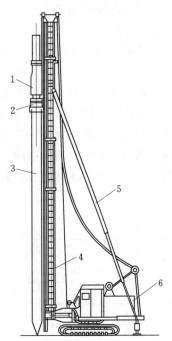

图 1.12 履带式桩架
1—桩锤；2—桩帽；3—桩；
4—立柱；5—斜撑；6—车体

1）打桩注意事项：打桩前，应检查桩锤、桩帽和桩的中心是否一致，桩位是否正确，桩的垂直度或倾斜度是否符合设计要求，打桩架是否平稳牢固。开始打桩时应轻击慢打，在锤击过程中应重锤低击。打桩时，如遇贯入度突然发生急剧变化；桩身突然发生倾斜位移；桩不下沉，桩锤有严重回弹现象；桩顶破碎或桩身开裂、变形；桩侧地面有严重隆起现象等情况，应立即停止锤击，查明原因，采取措施后方可继续施工。

2）打桩中出现的问题及其处理。桩贯入度突然减小，一般是桩由软土层进入硬土层，或桩尖遇到石块等障碍物，此时不可硬打以免桩身被打坏，查明原因后，可加射水配合打桩将障碍物冲开，或改用能量较大的桩锤。

a. 桩身倾斜或位移，一般是桩尖不对称，或遇障碍物。如倾斜过多，则应换桩或加桩。若偏斜在桩顶，未入土部分或入土不深时，可用钢丝绳及滑车组施加水平力纠正，桩头部平时，可凿平或垫平再打。

b. 桩顶破损，桩顶混凝土强度低，锤击偏心，未安置桩帽、桩垫，重锤猛击所致。应确保桩的质量，锤击力顺桩轴方向，选用合适桩帽、桩垫和桩锤，且施工时每桩要一气呵成。

c. 桩不下沉，桩身颤动，桩锤回跳，为桩尖遇到障碍物，或桩身弯曲、或接桩后自由长度过大，可采取偏移桩位、加装铁靴、射水配合等方法穿过或避开障碍物，桩身过长可加夹杆，桩身弯曲过大须换接新桩。

d. 断桩处理，对于已打入后断裂破损的桩，应拔出重打或另补新桩。

e. 打桩施工结束后，工程桩应进行承载力检验。一般采用静载荷试验法进行检验，检验桩数不应少于总数的 1‰，且不应少于 3 根，当总桩数少于 50 根时，不应少于 2 根。此外，还应对桩身质量应进行检验。

1.2.3 沉井基础

沉井是一种历史悠久的施工方法，适用于地基表层较差而深部较好的地层，既可用在陆地上也可用在较深的水中。沉井是钢筋混凝土制成的井筒（下有刃脚，以利下沉和封底）结构物施工时，先按基础的外形尺寸，在基础的设计位置上，制成井筒，然后在井内挖土，使井筒克服刃脚正面阻力及沉井内壁摩阻力后依靠自重下沉至设计标高，经过混凝土封底，并填塞井孔，在顶部浇筑钢筋混凝土顶板，即成为深埋的实体基础（图 1.13）。

1. 沉井构造

沉井主要由井壁、刃脚、隔墙、封底及盖板等组成，如图 1.14 所示。

（1）井壁。井壁是沉井的主体部分。它在沉井下沉过程中

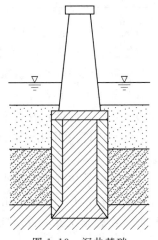

图 1.13 沉井基础

起挡土、挡水及利用自重克服井壁摩擦力的作用，并将上部荷载传到地基上去。因此，井壁必须具有足够的强度和一定的厚度。井壁一般采用钢筋混凝土制作。

（2）刃脚。井壁下端形如楔状的部分称为刃脚。其作用是在沉井自重作用下易于切土下沉。刃脚底面宽度一般为 100～200mm。

（3）隔墙。沉井长宽尺寸较大，则应在沉井内设置隔墙，以加强沉井的整体刚度。

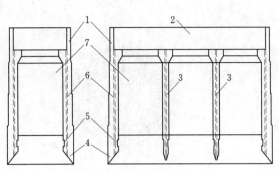

图 1.14　沉井构造
1—井壁；2—顶盖和封底；3—隔墙；4—刃脚；
5—凹槽；6—射水管；7—井孔

（4）底和盖板。沉井下沉至设计标高进行清基后，便进行浇筑封底混凝土。如井孔中不填料则应在沉井顶面浇筑钢筋混凝土盖板。

沉井基础的特点是埋置深度大、整体性强、稳定性好、刚度大，能承受较大的荷载作用。沉井本身既是基础，又是施工时挡土和挡水围堰结构物，施工工艺不复杂。沉井施工工艺流程如图 1.15 所示。

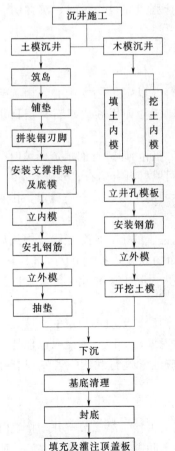

图 1.15　沉井施工工艺流程

2. 沉井制作

（1）平整场地筑岛。在岸上制作底节沉井之前应先平整场地，使其具有一定的承载能力。若场地土质松软，应铺设一层 30～50cm 厚的砂或砂砾层并夯实，以免沉井在浇筑过程中和拆除承垫木时，由于发生不均匀的下沉而产生裂缝。

沉井可在基坑中浇筑，但应防止基坑被水淹没，坑底应高出地下水面 0.5～1.0m，宜在枯水期施工。

若沉井下沉位置在水中，需水中筑岛，再在岛上制作沉井。筑岛材料应选用透水性好、易于压实的砂土或碎石填土，应分层夯实，每层厚度不应大于 0.3m。在沉井周围设置不小于 2m 宽的护道，临水面边坡不应大于 1:2。

（2）沉井制作。

1）沉井分节：沉井分节制作高度，应能保证其稳定，又有适当重力便于顺利下沉。底节沉井的最小高度，应能抵抗拆除承垫木或挖除土模时的竖向扰曲强度。

2）铺设垫木：当沉井制作高度较高，结构自重较大，而地基土质较差，为了将沉井自重扩散到砂垫层及地基土上应铺设承垫木，如图 1.16 所示。

铺设垫木时，应用水平仪进行抄平，要使刃脚踏面在同一水平面上。承垫木在平面布置上，应均匀对称，每根承垫木的长度中心应与刃脚踏面中线相重合，以便于把沉井的重量能均匀地传到砂垫层上。承垫木可以单根或几根编成一组铺设，但组与组之间最少需留出 20～30cm 的间隙，以便能顺

157

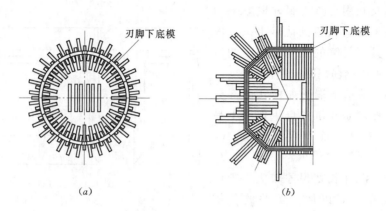

刃脚下底模

刃脚下底模

(a) (b)

图 1.16 沉井垫木

(a) 圆形沉井垫木；(b) 矩形沉井垫木

利将承垫木抽出。

(3) 模板及其拆除。沉井模板与一般现浇混凝土结构的模板基本上相同，应具有足够的强度、刚度、整体稳定性等，并使缝隙严密不漏浆。

沉井的非承重侧模在混凝土强度达到设计强度的 50% 可拆除；刃脚下的侧模在混凝土强度达到设计强度的 75% 方可拆除；当混凝土强度达到设计强度的 100% 时，沉井方可下沉。

(4) 钢筋与混凝土。可参阅本篇第三章有关内容。

3. 沉井下沉

(1) 抽除垫木。抽除垫木应分区、依次、对称、同步进行。以定位垫木中心，由远到近，先短边后长边，最后撤四根定位垫木。抽出几组垫木后，应立即用砂或碎石分层回填夯实。

回填顺序：当开始拆除几组垫木时，可不回填，当抽出几组后，即进行回填，回填时分层，洒水夯实，每层厚 20～30cm。以定位垫木不压断为准，回填材料有碎石、砂砾石等。

(2) 排水开挖下沉。排水开挖下沉适用于不透水或透水性差的土层，且土质稳定，排水时不产生流砂、涌水等。

排水开挖应从井中心向刃脚四周均匀对称除土，设计支承位置的土，应分层除土中最后同时挖除。由数个井窗组成的沉井，应控制各井窗之间除土面的高差，控制在 50cm 以内，以利沉井均匀下沉。下沉至设计标高以上 2m 左右时，应控制井内除土量和除土位置，以使沉井平稳下沉，正确就位。

(3) 不排水开挖下沉。不排水开挖下沉适用于大量涌水、翻砂、土质不稳定的土层。

常用的挖土机械是抓斗、吸泥机等。开挖为防止产生流砂现象，应向井内灌水以保持井内水位高于井外水位 1.0～2.0m 所示。沉井在下沉过程中，应经常进行观测，若发现有倾斜或偏移及时纠正。

(4) 沉井下沉允许偏差见表 1.5。

(5) 沉井接高。当底节沉井顶面下沉至离土面较近时，其上可接筑第二节沉井。接筑时应使底节竖直，上下两节沉井的轴线互相重合，各节井筒混凝土间隙紧密。接高的井筒一般不小于 3m，当新接高的井筒具有足够的强度和稳定性后方可继续下沉。

表 1.5 沉井下沉允许偏差表

序号	项目		允许偏差	检验频率		检验方法
				范围	点数	
1	轴线位移	顺桥纵轴线方向	1%H（H<10000mm 时，允许 100mm）	每根桩	2	用经纬仪测量
2		垂直桥纵轴线方向	1.5%H（H<10000mm 时，允许 150mm）		2	
3	沉井高程		±100mm		4	用水准仪测量
	垂直度		2%H		2	用垂线或经纬仪检验，纵、横向各计 1 点

注 表中 H 为沉井下沉深度（mm）。

4. 沉井封底

（1）排水封底。地基经检验及处理符合要求后，应立即进行封底。刃脚四周用粘土或水泥砂浆封堵后，井内无渗水时，可在基底无水的情况下浇筑封底混凝土，浇筑时应尽可能将混凝土挤入刃脚。

（2）不排水封底。封底在不排水情况下进行，用导管法灌注水下混凝土，若灌注面积大，可用多根导管同时依次浇筑，一根导管的作用半径为 2.5～4.0m，浇筑应先周围后中间，先低后高进行。

5. 井孔填充和顶板浇筑

当封底混凝土养护达到所要求的强度后，才容许抽干水，进行井孔填充，填充前应清除封底混凝土面上的浮浆，若用砂夹卵石填充应分层夯实。

对于填充井孔的沉井，不需设置顶盖板，可直接在填充后的井顶浇筑承台或墩台，对于不填充井孔的沉井，需设置钢筋混凝土顶盖板，以便作为浇筑承台的底模板，盖板可预制后安装于井顶，也可就地浇筑。

6. 下沉时常见的问题及处理措施

（1）沉井下沉时的问题。

1）沉井开始下沉阶段，容易产生偏移和倾斜事故。在这阶段，应严格控制挖土的程序和深度，以免出现偏斜现象。但沉井入土不深，出现偏斜后纠正尚比较容易。

2）在下沉的中间阶段，可能开始出现下沉困难的现象，但待接高沉井后，重量增加，又可以下沉。在这一阶段中，仍可能发生偏斜事故，且纠正工作比较困难。

3）当下沉到最后阶段，快达到设计标高时，一般情况下主要的问题是下沉困难，由于土体对沉井土的约束能力增大，偏斜可能性较小。下面介绍下沉时常见的问题及处理措施。

沉井下沉偏差产生的原因及预防措施见表 1.6。

表 1.6 沉井下沉偏差产生的原因及预防措施

序号	产生原因	预防措施
1	筑岛被水流冲坏或沉井一侧的土被水流冲空	事先加强对筑岛的防护，对水流冲刷的一侧可抛卵石或片石防护
2	沉井刃脚下土层软硬不均	随时掌握地层情况，多挖土层较硬地段，对土质较软地段应少挖，多留台阶或适当回填和支垫

序号	产生原因	预防措施
3	没有对称地抽出垫木或未及时回填夯实	认真制订和执行抽垫操作细则，注意及时回填夯实
4	除土不均匀，使井内土面高低相差过大	除土时严格控制井内泥面高差
5	刃脚下掏空过多，沉井突然下沉	严格控制刃脚下除土量
6	刃脚一角或一侧被障碍物搁住没有及时发觉和处理	及时发现和处理障碍物，对未被障碍物搁住的地段，应适当回填或支垫
7	井外弃土或河床高低相差过大，偏土压对沉井的水平推移	弃土应尽量远弃，或弃于水流冲刷作用较大的一侧，对河床较低的一侧可抛土（石）回填
8	排水开挖时，井内大量翻砂	刃脚处应适当留有土台，不宜挖通，以免在刃脚下形成翻沙涌水通道，引起沉井偏斜
9	土层或岩面倾斜较大，沉井沿倾斜面滑动	在倾斜面低的一侧填土挡脚，刃脚到达倾斜岩面后，应尽快使刃脚嵌入岩层一定深度，或对岩层钻孔，以桩（柱）锚固
10	在塑态到流动状态的淤泥土中，沉井易于偏斜	可采用轻型沉井、踏面宽度宜适当加宽，以免沉井下沉过快而失去控制

（2）沉井下沉纠偏方法。

1）侧除土：当沉井向一侧偏斜，可利用侧除土的方法使沉井在下沉过程中逐渐纠正偏差，方法简单，效果也好。

a. 纠正偏斜时，可在刃脚较高的一侧除土，除土范围与深度酌情而定，在刃脚较低的一侧加撑支垫，随着沉井的下沉，倾斜即可纠正。

b. 纠正位移时，可先有意侧除土使沉井向偏位的方向倾斜，然后沿倾斜的方向下沉，直至沉井底面中心与设计中心位置相合或接近时，再将倾斜纠正或纠至向相反方向倾斜一些，最后调整至倾斜和位移都在容许偏差范围内为止。

2）顶牵正：在井顶施加水平力，可用卷扬机或千斤顶在刃脚低的一侧加设支垫纠偏。

3）偏压重：由于弃土偏堆在沉井一侧，或由于上游河床受冲而形成沉井两侧土压力差，能使沉井产生偏差。同理，可在沉井偏斜的一侧抛石填土，使该侧土压力较彼侧为大或在刃脚较高的一侧的井壁或顶施加重物，也可纠正沉井的偏斜。

复 习 思 考 题

1.1 简述桥梁施工的主要内容及准备工作。

1.2 桥梁基础的主要类型有哪些？各方法的适用条件有何不同？

1.3 明挖基础的基底处理措施有哪些？

1.4 简述钻孔灌注桩的施工工艺。

1.5 简述沉井基础的施工工艺。

1.6 打入桩施工过程中容易出现的问题及处理措施有哪些？

1.7 沉井下沉时常出现的问题及处理措施？

第2章 涵洞与墩台施工

教学要求：通过本章学习，使学生了解涵洞和墩台的类型、组成及作用，掌握涵洞、就地砌筑式墩台、装配式墩台、就地灌注钢筋混凝土墩台、高桥墩的滑动模板施工及桥台附属工程等的施工工艺、设备选择和技术要求。

涵洞是为宣泄地面水流而设置的横穿路基的排水构筑物，由洞身和洞口建筑两部分组成。涵洞按建筑材料不同可分为石涵、混凝土涵、钢筋混凝土涵；按构造形式不同可分为管涵、板涵、拱涵、箱涵；按洞顶填土的情况不同分为明涵和暗涵；按水力性能不同可分为无压力式涵、半压力式涵、压力式涵和倒虹吸管涵。

桥梁墩台是桥梁结构的重要组成部分。它主要由墩（台）帽、墩（台）身和基础三部分组成。桥梁墩台承担着桥梁上部结构所产生的荷载，并将荷载有效地传递给地基基础，起着"承上启下"的作用。桥墩一般系指多跨桥梁中的中间支承结构物。桥台设置在桥梁两端，除了支承桥跨结构外，它又是衔接两岸接线路堤的构筑物；既能挡土护岸，又能承受台背填土上车辆荷载所产生的附加土侧压力。

桥墩按其构造可分为实体墩、空心墩、柱式墩、框架墩等；按其受力特点可分为刚性墩和柔性墩；按施工工艺可分为就地砌筑或浇筑桥墩、预制安装桥墩；按其截面形状可分为矩形、圆形、圆端形、尖端形及各种截面组合而成的空心桥墩。

2.1 涵洞的施工

涵洞是公路工程中的小型构筑物，虽然在总造价中仅占很小比例，但涵洞施工质量的好坏，直接影响到公路工程的整体质量、使用性能以及周围农田的灌溉、排水等。因此，对涵洞施工同样不可忽视，应在施工前做好充分准备，施工过程中严格控制工程质量，确保其质量达到设计及规范的要求。

2.1.1 施工准备

涵洞开工前应根据设计资料进行现场核对，核对时还需注意农田排灌的要求，如确需变更设计时，按有关变更设计的规定办理。地形复杂的陡峻沟谷涵洞、斜交涵洞、平曲线和纵坡上的涵洞，如设计单位未提供施工详图，应先绘出施工详图，然后再放样。

测量放样时应注意核对涵洞纵轴线的地形剖面图是否与施工设计图相符，涵洞的长度及涵底标高是否正确，对斜交涵洞、曲线上和陡坡上的涵洞，必须考虑斜交角、加宽、超高和纵坡对涵洞具体位置、尺寸的影响，并注意锥坡、洞口八字翼墙、一字墙和涵洞墙身顶部等构筑物的位置、方向、长度、高度、坡度应符合技术要求。

2.1.2 管涵施工

公路工程中的管涵有混凝土管涵和钢筋混凝土管涵，目前我国公路工程中多采用钢筋混凝土管涵。公路管涵的施工多先预制管节,每节长度一般为 1m,然后运往现场安装。圆管涵主要由管身、基础、接缝及防水层组成,各部分构造如图 2.1 所示。

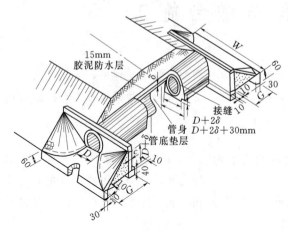

图 2.1 圆管涵洞组成

1. 基础工程

基础工程的基坑开挖采用人工配合机械开挖,基坑检查合格后,铺筑碎石垫层,用小型振动压路机分层压实,压实度应达到 95% 以上。基础混凝土在管节安装前后分两次浇筑,重点控制新旧混凝土的结合及管基混凝土与管壁的结合,并及时进行养护。

2. 管涵预制与安装

管涵应由定点厂家预制,经检验合格后运至工地,准确计算出管涵全长、管道配件的类型及数量、端墙的位置等,然后从下游开始安装,使接头面向上游,每节涵管紧密相贴于已铺好的基座上,使涵管受力均匀。管节在装卸、运输、安装过程中应采取防碰撞措施,避免管节损坏或产生裂纹;涵管装卸、安装机具及存放场地必须得到许可,安装时严格按规范规定操作。管节的安装方法通常有滚动安装法、滚木安装法、压绳下管法、龙门架安装法、吊车安装法等,可根据施工现场实际情况选用。

3. 管涵施工注意事项

(1) 有坞工基础的管座混凝土浇筑时应与管座紧密相贴,浆砌块石基础应加做一层混凝土管座,使圆管受力均匀;无坞工基础的圆管基底应夯填密实,并做好弧形管座。

(2) 无企口的管节接头采用顶头接缝,应尽量顶紧,缝宽不得大于 1cm,严禁因涵身长度不够,而将所有接缝宽度加大的方法来凑合涵身长度。管身周围无防水层设计的接缝,需用沥青麻絮或其他具有弹性的不透水材料从内、外侧仔细填塞。设计规定管身外围做防水层的,按前述施工工序施工。

(3) 长度较大的管涵设计有沉降缝,管身沉降缝应与坞工基础的沉降缝位置一致。缝宽为 2~3cm,应用沥青麻絮或其他具有弹性的不透水材料从内、外侧仔细填塞。

(4) 长度较大、填土较高的管涵应设预拱度,预拱度大小应按设计规定设置。

(5) 各管节设预拱度后,管内底面应成平顺圆滑曲线,不得有逆坡。相邻管节如因管壁厚度不一致(在允许偏差内)产生台阶时,应凿平后用水泥环氧砂浆抹补。

2.1.3 拱涵、盖板涵和箱涵施工

混凝土和钢筋混凝土拱涵、盖板涵、箱涵的施工分为现场浇筑和工地预制安装两大类。图 2.2 和图 2.3 分别为石拱涵、盖板涵各组成部分示意图。

1. 就地浇筑的拱涵和盖板涵

(1) 拱涵基础。

1) 整体式基础。两座涵台的下面和孔径中间使用整块混凝土浇筑的基础称为整体式基础。其地基土的承载力应满足设计文件规定。若设计无规定,则填方高 H 在 1~12m 时,必须大于 0.2MPa;H 大于 12m 时必须大于 0.3MPa。湿陷性黄土地基,不论其表面承载力

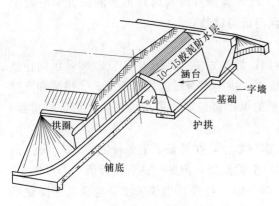

图 2.2　石拱涵各组成部分

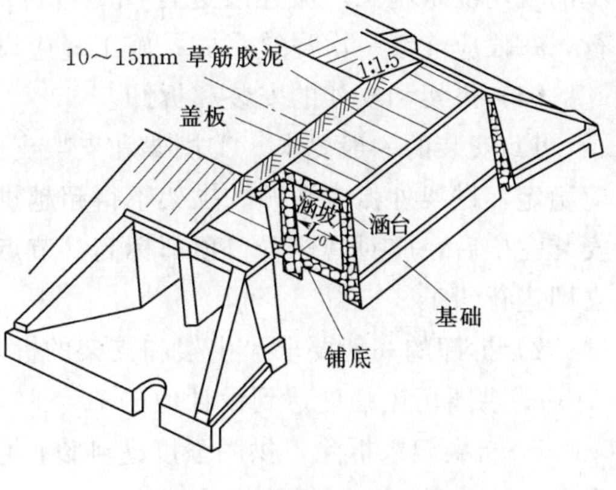

图 2.3　盖板涵各组成部分

有多大，均不得使用整体式基础。

2）非整体式基础。两座涵台的下面为独立的现浇混凝土或浆砌片石基础，两者之间不相连的称为非整体式基础。其地基土要求的容许承载力较上述基础高，当设计文件无规定时，一般应大于 0.5MPa。

3）板凳式基础。两座涵台下面的混凝土基础之间用较薄的混凝土或钢筋混凝土板在顶部连接，一起浇筑成似同板凳一样的基础。其地基土容许承载力的要求处于前两者之间，设计文件无规定时，应为大于 0.4MPa 的砂类土或"中密"以上的碎石土。

上述地基土的承载力大小可用轻型动力触探仪进行测试。

根据当地材料情况，基础可采用 C15 片石混凝土或 M5 水泥砂浆砌片石，石料强度不得低于 25MPa。

（2）支架和拱架。

1）钢拱架。钢拱架是用角钢、钢板和钢轨等材料在工厂（场）制成的装配式构件，在工地拼装使用。如图 2.4 所示是用钢轨制成的跨径 1.5～3.0m 拱涵的钢拱架。

2）木拱架。木拱架主要是由木材组合而成，拆装比较方便。但这种拱架浪费木材，应尽量不使用。

（3）拱涵与盖板涵基础、盖板的施工。

1）涵洞基础施工。无论是圬工基础或砂垫层基础，施工前必须先对下卧层地基土进行检查验收，地基土承载力或密实度符合设计要求时，才可进行基础施工。对于软土地基应按照设计规定进行加固处理，符合要求后，才可进行基础施工。

对孔径较宽的拱涵、盖板涵兼作行人和车辆通道时，其底面应按照设计用圬工加固，以承受行人和车辆荷载及磨耗。

2）涵洞拱圈和钢筋混凝土盖板施工。拱圈和盖板浇筑或砌筑施工时，应注意由两侧拱脚向拱顶同时对称进行；拱圈和盖板混凝

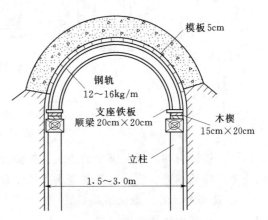

图 2.4　跨径 1.5～3.0m 钢拱架

土的现场浇筑施工，应连续进行，尽量避免施工缝；当涵身较长时，可沿涵长方向分段进行，每段应连续一次浇筑完成；施工缝应设在涵身沉降缝处。

（4）拱架和支架的安装和拆卸。

1）安装的一般要求。①拱架和支架支立牢固，拆卸方便（可用木楔作支垫），纵向连接应稳定，拱架外弧应平顺。拱架不得超越拱模位置，拱模不得侵入圬工断面。②拱架和支架安装完毕后，应对其位置、顶部标高、节点联系的纵横向稳定性进行检查，不符合要求者，立即进行纠正。

2）拆卸的一般要求。拱架和支架的拆除及拱顶填土，在具备下列条件之一时方可进行：

a. 拱圈圬工强度达到设计值的70％时，即可拆除拱架，但必须达到设计值后方可填土。

b. 当拱架未拆除，拱圈强度达到设计值的70％时，可进行拱顶填土，但应在拱圈达到强度设计值时，方可拆除拱架。

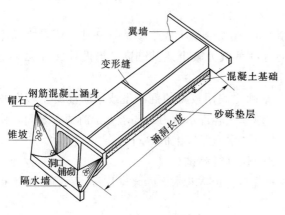

图 2.5　钢筋混凝土箱涵组成图

拱涵拆除拱架可用木楔，木楔用比较坚硬的木料斜角对剖制成，并将剖面刨光。两块木楔接触面的斜度为 1：6～1：10。拆卸拱架时应沿桥涵整个宽度上将拱架同时均匀降落，并从跨径中点开始，逐步向两边拆除。

2. 就地浇筑的箱涵

箱涵又称矩形涵，它与盖板涵的区别是：盖板涵的台身与盖板是分开浇筑的，台身还可以采用砌石圬工，成为简支结构。而箱涵是上下顶板、底板与左、右墙身连续浇筑的，成为刚性结构，如图2.5所示。

（1）箱涵基础。涵身基础分为有圬工基础和无圬工基础两种。如图2.6所示。

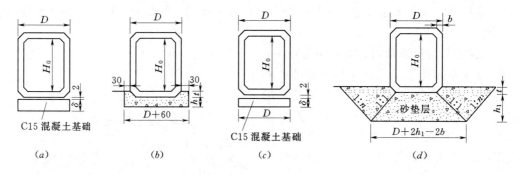

（a）　　　　　　　（b）　　　　　　　（c）　　　　　　　（d）

图 2.6　箱形涵洞基础类型（尺寸单位：cm）

（a）出入口涵节基础；（b）洞身涵节无基础；（c）洞身涵节有基础；（d）地基土上换填砂垫层

（2）箱涵身和底板混凝土的浇筑。箱涵身的支架、模板可参照现浇混凝土拱涵和盖板涵的支架、模板制造安装。浇筑混凝土时的注意事项与浇筑拱涵与盖板涵相同。

3. 装配式拱涵、盖板涵和箱涵

（1）预制构件结构的要求。

1）拱圈、盖板、箱涵节等构件预制长度，应根据起重设备和运输能力决定，但应保证结构的稳定性和刚性，一般不小于 1m，但亦不宜太长。

2）拱圈构件上应设吊装孔，以便起吊。吊孔应考虑平吊及立吊两种，安装后可用砂浆将吊孔填塞。箱涵节、盖板和半环节等构件，可设吊孔，也可于顶面设立吊环。吊环位置、孔径大小和制环用钢筋应符合设计要求，并要求吊钩伸入吊环内和吊装时吊环筋不断裂。安装完毕，吊环筋应锯掉或气割掉。

（2）预制构件的模板。预制构件的模板有木模、土模、钢丝网水泥模板、拼装式模板等。无论采用何种模板都应保证满足规范要求。尤其是有预埋件时，应采取措施，确保预埋件的正确位置。

（3）构件运输。构件必须在达到设计强度后，经过检查质量和大小符合要求，才能进行搬运。搬运时应注意吊点或支承点的位置，务必使构件在搬运过程中保持平衡、受力合理，确保搬运过程中的安全。

（4）施工和安装。

1）基础。与就地浇筑的涵洞基础施工方法相同。

2）拱涵和盖板涵的涵台身。涵台身大都采用砌筑结构，可按照就地浇筑的涵台身施工方法施工。如采用装配式结构时，可按照装配式墩台相关的要求施工。

3）上部构件的安装。拱圈、盖板、箱涵节的安装技术要求如下：

a. 安装之前应再检查构件尺寸、涵台尺寸和涵台间距离，并核对其高程，调整构件大小位置使与沉降缝重合。

b. 拱座接触面及拱圈两边均应凿毛（沉降缝处除外），并浇水湿润，用灰浆砌筑；灰浆坍落度宜小一些，以免流失。

c. 构件砌缝宽度一般为 1cm，拼装每段的砌缝应与设计沉降缝重合。

d. 构件可用扒杆、链滑车或汽吊进行吊装。

2.1.4　倒虹吸管施工

当路线穿过沟渠、路堤高度很低或在浅挖方地段通过，填、挖高度不足，难以修建明涵时，或因灌溉需要，必须提高渠底高程，建筑架空渡槽又不能满足路上净空要求时，常修建倒虹吸管。

公路上通常采用的倒虹吸管为竖井出入口式，如图 2.7 所示。

1. 管节结构

一般采用预制的钢筋混凝土圆管，管径可按有压力式的流量选择，一般为 0.5～1.5m。管节长度一般为 1～5m，调整管涵长度的管节长为 0.5m，并有正交、斜交两种，可根据实际情况选用。

2. 倒虹吸管埋置深度的确定

埋置深度应适当，过浅则车轮荷载传布影响较大，受力状况不利，管节有可能被压破裂，在严寒地区还受到冻害影响。埋置过深则工程量增加造成浪费。一般埋置深度要求为：

（1）管顶面距路基边缘深度不小于 50cm。

（2）管顶距边沟底覆土不小于 25cm。

（3）管节顶部必须埋置在当地最深冰冻线以下。

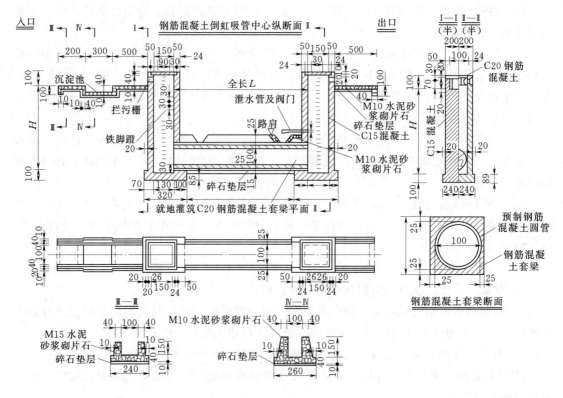

图 2.7 竖井式倒虹吸管（尺寸单位：cm）

3. 倒虹吸管底坡

倒虹吸管内水流系有压力式水流，水流状态与管底纵坡大小无关，一般根据实际地形情况确定。

4. 管基

多采用外包混凝土管基形式。混凝土基础下面宜填筑 15～30cm 砂砾石垫层，并用重锤夯实。

5. 防漏接缝

过去对圆管涵的防漏接缝处理，一般采用浸过沥青的麻絮填塞，外用涂满热沥青油的毛毡包裹两道，这种防渗接缝形式，对有压水流渠道效果不好。比较好的办法是按上述程序处理之后，外包以就地浇筑的钢筋混凝土方形套梁，使形成整体。套梁底设置 15cm 砂砾或碎石基础垫层。

6. 进出口竖井

倒虹吸管上、下游两端的连接构造物宜用 C15 混凝土就地浇筑，比砌体圬工好。

7. 沉淀池

水流落入竖井和进入虹吸管前各设沉淀池 1 个，一般沉淀池深度为 30cm。

2.2 石砌墩台的施工

石砌墩台具有就地取材和经久耐用等优点，在石料丰富地区建造墩台时，当施工期限许可，应优先考虑石砌墩台方案。

石砌墩台的施工主要包括定位放样、材料运输、圬工砌筑、养护和勾缝等工序。

2.2.1 定位放样

根据施工测量定出的墩台轴线放出砌筑石块的轮廓线，并在墩台转角处，设置标杆和挂线作为砌石的准绳。墩台放样定位的方法较多，常见的有垂线法、线架法和瞄准法等，可根据实际情况选用。

2.2.2 材料运输

施工时，材料需水平和垂直运送。水平运输主要靠车辆或人工担台；垂直运输靠机械和脚手架提吊。施工脚手架除用于吊运材料外，尚可供工人上下和操作，主要有固定式、梯子式、螺旋升高滑动式和简易活动式等多种。施工用的石料和砂浆在数量小、重量轻时，可用马凳跳板直接运送；距地面较高时，可采用各种绳索吊机和铁链、吊筐、夹石钳等捆装工具运送，也可用井架、固定式动臂吊机或桅杆式吊机吊运。若在漂流物或冲积物多的河中砌筑墩台，其表面应选择坚硬石料或强度等级高的混凝土预制块镶面，在低温或温差大的地区更要选用好料。因此，在选料时不仅要注意强度、耐久性和经济价值，而且要考虑石料吊运、安砌就位是否方便。

2.2.3 圬工砌筑

1. 砌体材料

（1）石料。墩台施工用的石料应符合设计规定的类别和强度，石质应均匀、不易风化、无裂缝。石料分片石、块石和料石三种。

（2）砂浆。常用的砂浆强度有 M20、M15、M10、M7.5、M5 及 M2.5 六个等级。砂浆中所用砂宜采用中砂或粗砂。砂的最大粒径选择与石料类型有关，砌筑片石时不宜超过 5mm，砌筑块料石时不宜超过 2.5mm。砂浆应具有良好的和易性，其沉入度宜为 50～70mm，以用手能将砂浆捏成小团、松手后既不松散、又不会从灰铲上流下为度。

砂浆配置应采用质量比，砂浆应随拌随用。在运输过程或在贮存器中发生离析、泌水的砂浆，砌筑前应重新拌和；已凝结的砂浆，不得使用。

2. 砌体强度

影响圬工砌体强度的主要因素是石料强度，其他因素还有石料规格和砂浆强度。强度稍低的石料，如果形状方正平整，用较高强度等级的灰浆去砌，也可获得较高的砌体强度。如果形状不规则的石料（片石），则石料和砂浆强度都宜提高一些，否则砌体强度就较低。

3. 注意事项

为了使砌体结合紧密，能抵抗作用在其上的外力，砌筑时必须做到下列几点：

（1）石料在使用前应清除污泥、灰尘及其他杂质，以利于石块和砂浆间的结合。在砌筑前应将石块充分润湿，以免石块吸收砂浆中的水分。

（2）浆砌片石的砌缝宽度不应大于 4cm，浆砌块石不应大于 3cm，浆砌料石不应大于 2cm；砌筑时应做到“砂浆饱满、横平竖直、上下交错、内外搭接”。

（3）应将块石大面向下，使其有稳定的位置，不许在石块下面垫小石块。

（4）浆砌砌体中石块都应以砂浆隔开，砌体中的空隙应用石块和砂浆填满。

（5）在砂浆尚未凝固的砌层上，应避免受外力碰撞或扰动；砌筑中断后应洒水润湿，进行养护；重新开始砌筑时，应将原砌层表面清扫干净，适当润湿，再铺浆砌筑。

4. 圬工砌体的砌筑方法

（1）浆砌片石。

1）灌浆法。砌筑时片石应水平分层铺放，每层高度15～20cm，空隙应用碎石填塞；再灌以流动性较大的砂浆，边灌边撬。对于基础工程可用平板振捣器振动片石砌体。所用砂浆的流动性应为2～3cm，平板振捣器应放置在石块上面的砂浆层上振动，并应全部振实，当砂浆不再渗入砌体后，方可结束。

2）铺浆法。先铺一层座灰，然后把片石铺上，用手使劲推紧，每层高度视石料尺寸而定，一般不应超过40cm，并随时选择厚度适合的石块，用作砌平整理，空隙处先填满较稠的砂浆，用灰刀或捣固棒插实，再用适当的小石块卡紧填实，然后再铺上层座灰。以同样方法继续铺砌上层石块。

3）挤浆法。应分层砌筑，每分层的高度宜在70～120cm之间（约3～4层片石）。分层与分层间的砌缝应大致砌成水平，即每层3～4层片石找平一次，分层内的每层石块之间不必铺通层找平砂浆，而按石料高低不平形状，逐段铺好安砌上层石块的座灰。砂浆的流动性一般为5～7cm。

除基底为土质的第一层砌体之外，每砌一块片石，均应先铺座灰，再将石块安放，经左右轻轻揉动，再用手锤轻击石块，将灰缝砂浆挤压密实。在已砌好片石侧面继续安砌时，应在相邻侧面先抹砂浆，再砌片石，并向底面及抹浆的侧面用手挤压，用锤轻击，使底面和侧面的砂浆密实。

（2）浆砌块石。一般块石砌体，多采用挤浆法或铺浆法砌筑，砌体应分层平砌，对形状规则的块石砌体，其层次分明，一般可将一批石块砌成一个工作层，平整的水平缝和竖向交错的垂直缝。平缝宽应小于3cm，竖缝宽应小于4cm。

对于大小不等、形状很不规则的石块，应剔除尖凸棱角型的石块，浆砌时应注意避免同缝，而且应充分利用石块形状组成相互交错的接缝。对于形状比较复杂的工程，应先做出如图2.8所示的配料设计图。

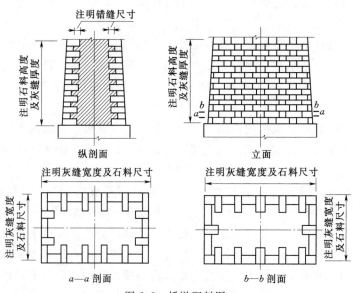

图2.8　桥墩配料图

（3）浆砌粗料石。一般也采用挤浆法或铺浆法，砌筑前应按石料及灰缝厚度预先计算层数，使其符合砌体竖向尺寸。石块顶底面和两侧修凿面都应和石料表面垂直，同一层石块和灰缝厚度应取一致。砌筑时严格控制平面位置和标高，镶面石丁顺相间，横平竖直，缝宽不大于 20mm。

砌筑时宜先将已经修凿的石块试摆，为求水平缝一致，可先横放于木条或铁棍上，然后将石块沿边棱 A—A 翻开，在石块砌筑地点的砌石上及侧缝处铺抹砂浆一层将其摊平，再将石块翻回放于原位上，用木槌轻击，使石块结合严密，垂直缝中砂浆若有不满，应补填插捣至溢出为止。石块下垫放的木条或铁棍，在砂浆捣实后即可取出，空隙处再以砂浆填补压实。

2.2.4 基础砌筑

当基础开挖完毕并处理后，即可砌筑基础。砌筑时，应自最外缘开始（定位行列），砌好外圈后填砌腹部。

基础一般采用片石砌筑。当基底为土质时，基础底层石块直接干铺于基土上；当基底为岩石时，则应先铺座灰再砌石块。第一层砌筑的石块应尽可能挑选大块的，平放铺砌，且交替丁放和顺放，并用小石块将空隙填塞，灌以砂浆，然后开始一层一层平砌。每砌 2~3 层就要大致找平再砌。

2.2.5 墩台身砌筑

当基础砌筑完毕，并检查平面位置和标高均符合设计要求后，即可砌筑墩台。砌筑前应将基础顶洗刷干净。砌筑时，桥墩先砌上下游圆头石或分水尖；桥台先砌四角转角石，然后在已砌石料上挂线，砌筑边部外露部分，最后填砌腹部，见图 2.9。砌筑方法常采用挤浆法。墩台身可采用浆砌片石、块石或粗料石砌筑（内部均用片石填腹）。表面石料一般采用一丁一顺的排列方法，使之连接牢固。墩台砌筑时应均匀升高，高低不应相差过大，每砌 2~3 层应大致找平。

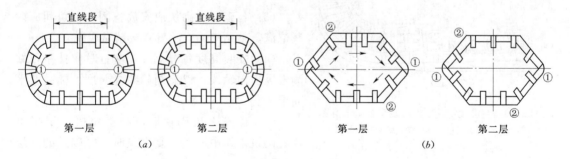

图 2.9 桥墩台砌筑施工图
（a）圆端形桥墩；（b）尖端形桥墩

墩台平面尺寸误差：片、块石砌体不超过 ±3cm；粗料石砌体不超过 ±1.5cm。

尖端桥墩的顶点不应有垂直灰缝，砌石应从顶端开始先砌石块①（图 2.9），然后依丁顺相间排列，接砌四周镶面石。尖端底层顺石宜稍长，以利于逐层减短收坡，使丁石位置保持不变。尖端及转角不得有垂直接缝，同样应先砌石块①，再砌转角石②。然后丁顺相间排列，接砌四周镶面石。砌石时应大面朝下，安放稳定，砂浆饱满，并不得在石块间垫塞小石块。

2.3　装配式墩台的施工

装配式墩台适用于跨越山谷、平缓无漂流物的河沟或河滩等地形的桥梁，特别对工地干扰多、施工场地狭窄、缺水或砂石供应困难地区，其效果更为显著。装配式墩台具有结构形式轻便、建桥速度快、圬工省、预制构件质量有保证等优点。目前常采用的墩台形式有砌块式、柱式、管节式或环圈式等。

2.3.1　砌块式墩台施工

砌块式墩台的施工大体上与石砌墩台相同，只是预制砌块的形式因墩台形状不同而有很大变化。例如1975年建成的浙江兰溪大桥，主桥墩身系采用预制的素混凝土壳块分层砌筑而成。壳块按其砌筑位置和具体尺寸分为5种型号，每种块件等高，均为35cm。块件单元重量为900～1200N，每砌三层为一段落。该桥采用预制砌块建造桥墩，不仅节约混凝土数量约26％，节省木材50m³和大量铁件，而且砌缝整齐外貌美观，更主要的是加快了施工速度，避免了洪水对施工的威胁。如图2.10所示为预制块件与空腹墩施工示意图。

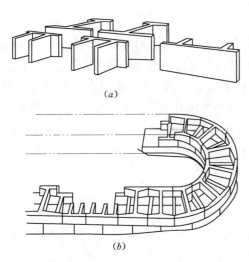

图2.10　兰溪大桥预制砌块墩身施工示意图
(a) 空腹墩壳块；(b) 空腹墩砌筑过程

砌块式墩台安装技术要求如下：

（1）砌块在使用前必须浇水湿润，表面如有泥土、水锈，应清洗干净。

（2）基底应加以清理，非砾类土地基应加铺薄层砂砾夯平，预制块安装前必须坐浆，基础预制块安装时，应水平放落，如放落不平，位置不对，应吊起重放，不得用撬棍拨移，以免造成基底凹陷。

（3）各砌层的砌块应安放稳固，砌块间应砂浆饱满，粘结牢固，不得直接贴靠或脱空。

（4）安装高度每升高1m左右时应抹平，并测量纵横向轴线，以控制砂浆缝厚度、标高及平面位置。

（5）砌筑上层砌块时，应避免振动下层砌块；砌筑工作中断后恢复砌筑时，已砌筑的砌层表面应加以清扫和湿润。

2.3.2　柱式墩台施工

装配式柱式墩台系将墩台分解成若干轻型部件，在工厂或工地集中预制，再运送到现场装配而成。其形式有双柱式、排架式、板凳式和刚架式等。施工工序为预制构件，安装连接与混凝土填缝养护等。其中拼接接头是关键工序，既要牢固、安全，又要结构简单便于施工，常用的拼装接头有：

（1）承插式接头：将预制构件插入相应的预留孔内。插入长度一般为1.2～1.5倍的构件宽度，底部铺设2cm砂浆，四周以半干硬性混凝土填充。此法常用于立柱与基础的接头连接。

（2）钢筋锚固接头：构件上预留钢筋或型钢，插入另一构件的预留槽内或将钢筋互相焊接，再灌注半干硬性混凝土。多用于立柱与墩帽处的连接。

（3）焊接接头：将预埋在构件中的铁件与构件的预埋铁件用电焊连接，外部再用混凝土封闭。这种接头易于调整误差，多用于横梁与立柱的连接。

（4）扣环式接头：相互连接的构件按预定位置预埋环式钢筋。安装时柱脚先坐落在承台的柱芯上，上下环式钢筋互相搭接，扣环间插入 U 形短钢筋扎牢，四周再绑扎钢筋一圈，立模浇筑外围接头混凝土。要求上下扣环预埋位置正确。

（5）法兰盘接头：在相连接构件两端安装法兰盘，连接时用法兰盘连接，要求法兰盘预埋位置必须与构件垂直，接头处可不用混凝土封闭。

装配式柱式墩台施工时，应注意以下几点：

（1）装配式柱构件与基础预留杯形基座应编号，并检查各个墩、台高度和基底标高是否符合设计要求，基杯口四周与柱边的空隙不得小于 2cm。

（2）墩台柱吊入基杯内就位时，应在纵横方向测量，使柱身竖直度或倾斜度以及平面位置均符合设计要求，对重大、细长的墩柱需用风缆或撑木固定，方可摘除吊钩。

（3）在墩台柱顶安装盖梁前，应先检查盖梁上预留槽眼位置是否符合设计要求，否则应先修凿。

（4）柱身与盖梁（顶帽）安装完毕并检查符合要求后，可在基杯空隙与盖梁槽眼处灌筑稀砂浆，待其硬化后，撤除楔子、支撑或风缆，再在楔子孔中灌填砂浆。

2.3.3 后张法预应力混凝土装配墩施工

装配式预应力钢筋混凝土墩分为基础、实体墩身和装配墩身三大部分，如图 2.11 所示。装配墩身由基本构件、隔板、顶板及顶帽四种不同形式的构件组成，用高强钢丝穿入预留的上下贯通的孔道内，张拉锚固而成。实体墩身是装配墩身与基础的连接段，其作用是锚固预应力钢筋，调节装配墩身高度及抵御洪水时漂流物的冲击等。

装配式预应力桥墩主要施工程序：基础开挖→模板制作→弯扎钢筋→灌注混凝土实体墩身→拼装构件→张拉预应力筋束→压浆→封锚作防水层→清理场地，全过程应贯穿着质量检查工作，具体要求如下：

（1）实体墩身灌注时要按装配构件孔道的相对位置，预留张拉孔道及工作孔。

（2）构件装配的水平拼装缝采用 M35 水泥砂浆，砂浆厚度为 15mm，便于调整构件水平标高，不使误差累积。

（3）安装构件的操作要领是：平、稳、准、实、通五大关键，即起吊要平、内外壁砂浆接缝要抹平；起吊、降落、松钩要稳；构件尺寸要准；孔道位置要准；中线准及预埋配件位置准；接缝砂浆要密实；构件孔道要畅通。

（4）张拉预应力的钢丝束分两种，一种是直径为 5mm 的高强度钢丝，用 $18\phi5$ 锥形锚；另一种用 $7\phi4mm$ 钢绞线，用 JM12—6 型锚具，采用一次张拉工艺。

（5）孔道压浆前先用高压水冲洗，采用纯水泥砂浆压浆，为了减少水泥浆的收缩及泌水性能，可掺入水泥重量（08～1.0）/10000 的矿粉。压浆最好由下而上压注，压浆分初压与复压，初压后，约停 1h，待砂浆初凝后即进行复压，复压压力可取为 0.8～1.0MPa，初压压力可小一点。

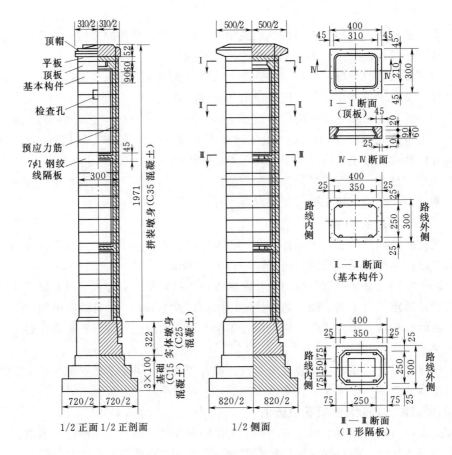

图 2.11 装配式预应力混凝土墩构造图（尺寸单位：cm）

2.4 就地浇注混凝土墩台的施工

就地浇筑的混凝土墩台施工有两个主要工序：一是制作与安装墩台模板，二是混凝土浇筑。

2.4.1 墩台模板

1. 墩台模板的基本要求

根据《公路桥涵施工技术规范》（JTJ 041—89）的规定，模板的设计与施工应符合如下要求：

（1）具有必须的强度、刚度和稳定性，能可靠地承受施工过程中可能产生的各项荷载，保证结构物各部形状、尺寸准确。

（2）尽可能采用组合钢模板或大模板，以节约木材、提高模板的适应性和周转率。

（3）模板板面平整，接缝严密不漏浆。

（4）拆装容易，施工时操作方便，保证安全。

模板一般用木材、钢材或其他符合设计要求的材料制成。木模重量轻，便于加工成结构物所需的尺寸和形状，但装拆时易损坏，重复使用少。对于大量或定型的混凝土结构物，则多采用钢模板。钢模板造价较高，但可重复多次使用，且拼装拆卸方便。

2. 墩台模板的构造类型

（1）拼装式模板：系用各种尺寸的标准模板利用销钉连接，并与拉杆、加劲构件等组成墩台所需形状的模板。如图 2.12 所示，将墩台表面划分为若干小块，尽量使每部分板扇尺寸相同，以便于周转使用。板扇高度通常与墩台

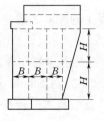 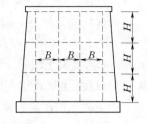

图 2.12 墩台模板划分示意

分节灌注高度相同，一般可为 3～6m，宽度可为 1～2m，具体视墩台尺寸和起吊条件而定。拼装式模板由于在厂内加工制造，因此板面平整、尺寸准确、体积小、重量轻，拆装容易、快速，运输方便，故应用广泛。

（2）整体吊装模板：系将墩台模板水平分成若干段，每段模板组成一个整体，在地面拼装后吊装就位（如图 2.13 所示）。分段高度可视起吊能力而定，一般可为 2～4m。整体吊装模板的优点：安装时间短，无需设施工接缝，加快施工进度，提高了施工质量；将拼装模板的高空作业改为平地操作，有利施工安全；模板刚性较强，可少设拉筋或不设拉筋，节约钢材；可利用模外框架作简易脚手架，不需另搭施工脚手架；结构简单，装拆方便，对建造较高的桥墩较为经济。

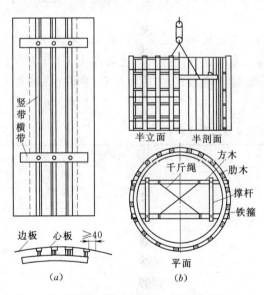

图 2.13 圆形桥墩整体模板（尺寸单位：cm）
（a）拼装式钢模板；（b）整体式吊装模板

（3）组合型钢模板：系以各种长度、宽度及转角标准构件，用定型的连接件将钢模拼成结构用模板，具有体积小、重量轻、运输方便、装拆简单、接缝紧密等优点，适用于在地面拼装，整体吊装的结构。

（4）滑动钢模板：适用于各种类型的桥墩。

各种模板在工程上的应用，可根据墩台高度、墩台型式、机具设备、施工期限等条件，因地制宜，合理选用。

模板安装前应对模板尺寸进行检查；安装时要坚实牢固，以免振捣混凝土时引起跑模漏浆，安装位置要符合结构设计要求。

2.4.2 混凝土浇筑的施工要点

墩台混凝土施工前，应将基础顶面冲洗干净，凿除表面浮浆，整修连接钢筋。灌筑混凝土时，应经常检查模板、钢筋及预埋件的位置和保护层的尺寸，确保位置正确，不发生变形。混凝土施工中，应切实保证混凝土的配合比、水灰比和坍落度等技术性能指标满足规范要求。

1. 混凝土的运送

墩台施工时，其混凝土从搅拌处至浇筑地的运输过程中，应采取措施使混凝土保持均匀性和和易性，不出现漏浆、失水、离析等现象，否则须在浇筑前进行二次搅拌。

2. 混凝土的灌筑速度

为保证灌筑质量，混凝土的配制、输送及灌筑的速度

$$v \geqslant Sh/t$$

式中：v 为混凝土配料、输送及灌筑的容许最小速度，m^3/h；S 为灌筑的面积，m^2；h 为灌筑层的厚度，m；t 为所用水泥的初凝时间，h。

如混凝土的配制、输送及灌筑需时较长，则应采用下式计算

$$v \geqslant Sh/(t-t_0)$$

式中：t_0 为混凝土配制、输送及灌筑所消费的时间，h。

混凝土灌筑层的厚度 h，可根据使用捣固方法按规定数值采用。

3. 混凝土浇筑

墩台是大体积圬工构筑物，为避免水化热过高，导致混凝土因内外温差引起裂缝，可采取如下措施：

1）用改善骨料级配、降低水灰比、掺加混合材料与外加剂等方法减少水泥用量。

2）采用 C_3A、C_3S 含量小、水化热低的水泥，如矿渣水泥、粉煤灰水泥、低标号水泥等。

3）减小浇筑层厚度，加快混凝土散热速度。

4）混凝土用料应避免日光曝晒，以降低初始温度，在混凝土内埋设冷却管通水冷却。

当浇筑的平面面积过大，不能在前层混凝土初凝前浇筑完成次层混凝土时，为保证结构的整体性，宜分块浇筑。

墩台钢筋的绑扎应和混凝土的灌筑配合进行。在配置第一层垂直钢筋时，应有不同的长度，同一断面的钢筋接头应符合施工规范的规定。水平钢筋的接头，也应内外、上下互相错开。钢筋保护层的净厚度，应符合设计要求。混凝土墩台的位置及外形尺寸允许偏差见表 2.1。

表 2.1　　　　　混凝土、钢筋混凝土基础及墩台允许偏差　　　　　单位：mm

项次	项目		基础	承台	墩台身	柱式墩台	墩台帽
1	断面尺寸		±50	±30	±20		±20
2	垂直斜坡				0.2%H	0.3%H≤20	
3	底面标高		±50				
4	顶面标高		±30	±20	±10	±10	
5	轴线偏位		25	15	10	10	10
6	预埋件位置				10		
7	相邻间距					±15	
8	平整度						
9	跨径	$L_0 \leqslant 60m$			±20		
		$L_0 > 60m$			±L_0/3000		
10	支座处顶面标高	简支梁					±10
		连续梁					±5
		双支座梁					±2

注　表中 H 为结构高度；L_0 为标准跨径。

2.5 高桥墩的滑动模板施工

高桥墩在施工时所用的设备与一般桥墩所用的设备基本相同，但模板有所不同，一般有滑动模板、爬升模板、翻身模板三种，这些模板都是依附于已灌注的混凝土墩壁上，随着墩身的逐步增高而向上升高。目前滑动模板的高度已达百米。滑动模板施工的主要优点：施工进度快，在一般气温下，每昼夜平均进度可达 5～6m；混凝土质量好，采用干硬性混凝土，机械振捣，连续作业，可提高墩台质量；节约木材和劳力，有资料统计表明，可省劳动力 30%，节约木材 70%。滑动模板可用于直坡墩身，也可用于斜坡墩身，模板本身附带有内外吊篮、平台与拉杆等，以墩身为支架，墩身混凝土的浇筑随模板缓慢滑升连续不断地进行，故而安全可靠。以下将重点介绍滑动模板施工法。

2.5.1 滑动模板构造

滑动模板系将模板悬挂在工作平台的围圈上，沿着所施工的混凝土结构截面的周界组拼装配，并随着混凝土的浇筑由千斤顶带动向上滑升。由于桥墩类型、提升工具的类型不同，滑动模板的构造也稍有差异，但其主要部件与功能则大致相同，一般主要由工作平台、内外模板、混凝土平台、工作吊篮和提升设备等组成，如图 2.14 所示。

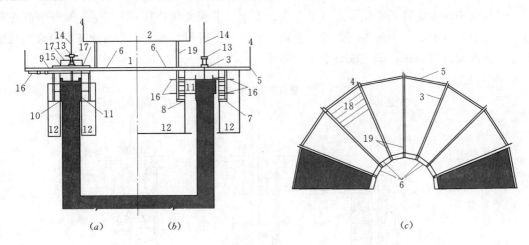

图 2.14　滑动模板构造示意

（a）等壁厚收坡滑模半剖面（螺杆千斤顶）；（b）不等壁厚收坡滑模半剖面（液压千斤顶）；（c）工作平台半平面
1—工作平台；2—混凝土平台；3—辐射梁；4—栏杆；5—外钢环；6—内钢环；7—外立柱；8—内立柱；
9—滚轴；10—外模板；11—内模板；12—吊篮；13—千斤顶；14—顶杆；15—导管；
16—收坡螺杆；17—顶架横梁；18—步板；19—混凝土平台柱

2.5.2 滑动模板提升工艺

滑动模板提升设备主要有提升千斤顶、支承顶杆及液压控制装置等几部分。其提升过程为：

1. 螺旋千斤顶提升步骤（如图 2.15 所示）

（1）转动手轮 2 使螺杆 3 旋转，使千斤顶顶座 4 及顶架上横梁 5 带动整个滑模徐徐上升。此时，上卡头 6、卡瓦 7、卡板 8 卡住顶杆，而下卡头 9、卡瓦 7、卡板 8 则沿顶杆向上滑行，当滑至与上下卡瓦接触或螺杆不能再旋转时，即完成二个行程的提升。

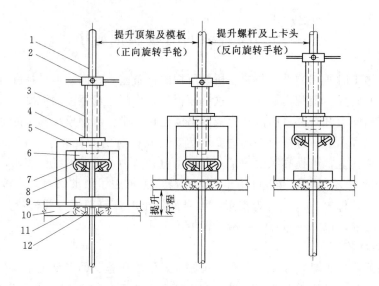

图 2.15 螺旋千斤顶提升示意图

1—顶杆；2—手轮；3—螺杆；4—顶座；5—顶架上的横梁；6—上卡头；7—卡瓦；
8—卡板；9—下卡头；10—顶梁下横梁；11—下卡瓦；12—下卡板

（2）向相反方向转动手轮，此时下卡头、卡瓦、卡板卡住顶杆 1，整个滑模处于静止状态，仅上卡头、卡瓦、卡板连同螺杆、手轮沿顶杆向上滑行，至上卡头与顶架上横梁接触或螺杆不能再旋转时为止，即完成整个一个循环。

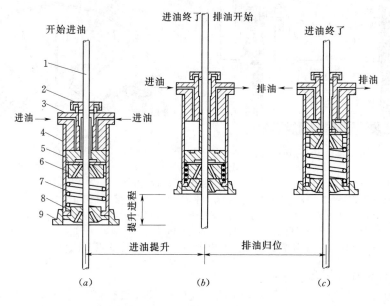

图 2.16 液压千斤顶提升步骤

1—顶杆；2—行程调整帽；3—缸盖；4—缸筒；5—活塞；6—上卡头；
7—排油弹簧；8—下卡头；9—底座

2. 液压千斤顶提升步骤（如图 2.16 所示）

（1）进油提升：利用油泵将油压入缸盖 3 与活塞 5 间，在油压作用下，上卡头 6 立即卡紧顶杆 1，使活塞固定于顶杆上 ［图 (a)］。随着缸盖与活塞间进油量的增加，使缸盖连同缸筒 4、底座 9 及整个滑模结构一起上升，直至上、下卡头 8 顶紧时 ［图 (b)］，提升暂停。此时，缸筒内排油弹簧完全处于压缩状态。

(2) 排油归位：开通回油管路，解除油压，利用排油弹簧 7 推动下卡头使其与顶杆卡紧，同时推动上卡头将油排出缸筒，在千斤顶及整个滑模位置不变的情况下，使活塞回到进油前位置。至此，完成一个提升循环 ［图 (c)］。为了使各液压前千斤顶能协同一致地工作，应将油泵与各千斤顶用高压油管连通，由操作台统一集中控制。

提升时，滑模与平台上临时荷载全由支撑顶杆承受。顶杆多用 A3 与 A5 圆钢制作，直径 25mm，A5 圆钢的承载能力约为 12.5kN（A3 则为 10kN）。顶杆一端埋置于墩台结构的混凝土中，一端穿过千斤顶心孔，每节长 2.0～4.0m，用工具式或焊接连接。为了节约钢材，使支承顶杆能重复使用，可在顶杆外安上套管，套管随同滑模整个结构一起上升，待施工完毕后，可拔出支承顶杆。

2.5.3 滑模浇筑混凝土施工要点

1. 滑模组装

在墩位上就地进行组装时，安装步骤为：

(1) 在基础顶面搭枕木垛，定出桥墩中心线；

(2) 在枕木垛上先安装内钢环，并准确定位，再依次安装辐射梁、外钢环、立柱、千斤顶、模板等；

(3) 提升整个装置，撤去枕木垛，再将模板落下就位，随后安装余下的设施；内外吊架待模板滑升至一定高度，及时安装；模板在安装前，表面需涂润滑剂，以减少滑升时的摩阻力；组装完毕后，必须按设计要求及组装质量标准进行全面检查，并及时纠正偏差。

2. 浇筑混凝土

滑模宜浇筑低流动性或半干硬性混凝土，浇筑时应分层、分段对称地进行，分层厚度 20～30cm 为宜，浇筑后混凝土表面距模板上缘宜有不小于 10～15cm 的距离。混凝土入模时，要均匀分布，应采用插入式振动器捣固，振捣时应避免触及钢筋及模板，振动器插入下一层混凝土的深度不得超过 5cm；脱模时混凝土强度应为 0.2～0.5MPa，以防在其自重压力下坍塌变形。为此，可根据气温、水泥强度等级经试验后掺入一定量的早强剂，以加速提升；脱模后 8h 左右开始养生，用吊在下吊架上的环绕墩身的带小孔的水管来进行。养生水管一般设在距模板下缘 1.8～2.0m 处效果较好。

3. 提升与收坡

整个桥墩浇筑过程可分为初次滑升、正常滑升和最后滑升三个阶段。从开始浇筑混凝土到模板首次试升为初次滑升阶段；初浇混凝土的高度一般为 60～70cm，分三次浇筑，在底层混凝土强度达到 0.2～0.4MPa 时即可试升。将所有千斤顶同时缓慢起升 5cm，以观察底层混凝土的凝固情况。现场鉴定可用手指按刚脱模的混凝土表面，基本按不动，但留有指痕，砂浆不沾手，用指甲划过有痕，滑升时能耳闻"沙沙"的摩擦声，这表明混凝土已具有 0.2～0.5MPa 的脱模强度，可以开始再缓慢提升 20cm 左右。初升后，经全面检查设备，即可进入正常滑升阶段。即每浇筑一层混凝土，滑模提升一次，使每次浇筑的厚度与每次提升的高度基本一致。在正常气温条件下，提升时间不宜超过 1h。最后滑升阶段是混凝土已经浇筑到需要高度，不再继续浇筑，但模板尚需继续滑升的阶段。浇完最后一层混凝土后，每隔 1～2h 将模板提升 5～10cm，滑动 2～3 次后即可避免混凝土与模板胶合。滑模提升时应做到垂直、均衡一致，顶架间高差不大于 20mm，顶架横梁水平高差不大于 5mm。并要求三班连续作业，不得随意停工。

随着模板的提升，应转动收坡螺杆，调整墩壁曲面的半径，使之符合设计要求的收坡坡度。

在整个施工过程中，由于工序的改变，或发生意外事故，使混凝土的浇筑工作停止较长时间时，即需要进行停工处理。例如，每隔半小时左右稍为提升模板一次，以免粘结；停工时在混凝土表面要插入短钢筋等，以加强新老混凝土的粘结；复工时还需将混凝土表面凿毛，并用水冲走残渣，湿润混凝土表面，浇筑一层厚度为 2～3cm 的 1∶1 水泥砂浆，然后再浇筑原配合比的混凝土，继续滑模施工。

爬升模板施工与滑动模板施工相似，不同的是支架通过千斤顶支承于预埋在墩壁中的预埋件上，待浇筑好的墩身混凝土达到一定强度后，将模板松开，千斤顶上顶，把支架连同模板升到新的位置，模板就位后，再继续浇筑墩身混凝土。如此往复循环，逐节爬升，每次升高约 2m。

2.6　桥台附属工程施工

2.6.1　桥头锥坡施工

桥头锥坡属于桥梁的附属工程，直接影响桥梁台后填土和台后路堤的稳定性，应在施工中严格控制施工质量，确保桥梁的正常使用。桥头锥坡砌体工程应符合以下要求：

（1）石砌锥坡、护坡和河床铺砌层，必须在坡面或基面夯实、整平后，方可开始铺砌。

（2）片石护坡的外露面和坡顶、边口，应选用较大、较平整并经修凿的石块。

（3）浆砌片石护坡和河床铺砌，石块应相互咬接，砌缝宽度为 40～70mm。浆砌卵石护坡和河床铺砌层，应采用栽砌法，砌块应互相咬接。

（4）干砌片石护坡及河床铺砌时，铺砌应紧密、稳定、表面平顺，但不得用小石块塞垫或找平。干砌卵石河床铺砌时，应采用栽砌法。用于防护急流冲刷的护坡、河床铺砌层，其石块尺寸不得小于有关规范规定。

（5）铺砌层的砂砾垫层材料，粒径一般不宜大于 50mm，含泥量不宜超过 5%，含砂量不宜超过 40%。垫层应与铺砌层配合铺筑，随铺随砌。

2.6.2　台后泄水盲沟施工要点

（1）泄水盲沟以片石、碎石或卵石等透水材料砌筑，并按要求坡度设置，沟底用粘土夯实。盲沟应建在下游方向，出口处应高出一般水位 0.2m，平时无水的干河应高出地面 0.2m；

（2）如桥台在挖方内横向无法排水时，泄水盲沟在平面上可在下游方向的锥体填土内折向桥台前端排出，在平面上呈 L 形。

2.6.3　导流建筑物施工要点

（1）导流建筑物应和路基、桥涵工程综合考虑施工，以避免在导流建筑物范围内取土、弃土破坏排水系统。

（2）砌筑用石料的抗压强度不得低于 20MPa；砌筑用砂浆标号，在温和及寒冷地区不低于 M5，在严寒地区不低于 M7.5。

（3）导流建筑物的填土应达到最佳密度 90％以上，坡面砌石按照锥体护坡要求办理。若使用漂石时，应采用栽砌法铺砌；若采用混凝土板护面，板间砌缝为 10～20mm，并用沥青麻筋填塞。

（4）抛石防护宜在枯水季节施工。石块应按大小不同规格掺杂抛投，但底部及迎水面宜用较大石块。水下边坡不宜陡于 1∶1.5。顶面可预留 10％～20％的沉落量。

（5）石笼防护基底应铺设垫层，使其大致平整。石笼外层应用较大石块填充，内层则可用较小石块码砌密实，装满石块后，用铁丝封口。石笼间应用铁丝连成整体。在水中安置石笼，可用脚手架或船只顺序投放，铺放整齐，笼与笼间的空隙应用石块填满。石笼的构造、形状及尺寸应根据水流及河床的实际情况确定。

复习思考题

2.1 涵洞施工前应注意哪些事项？

2.2 预制涵管运输过程中应注意哪些事项？

2.3 软土地区管涵地基应采取哪些技术措施？

2.4 叙述石砌墩台的砌筑顺序。

2.5 装配式柱式墩台施工有哪些注意事项？

2.6 简述就地灌注式钢筋混凝土墩台的施工要点。

2.7 试述滑模浇筑混凝土的施工工艺。

2.8 桥头锥坡砌体工程的基本要求有哪些？

第3章 混凝土、预应力钢筋混凝土构配件的制作

教学要求：通过本章学习，使学生了解钢筋混凝土结构构件的种类，掌握现浇和预制钢筋混凝土桥梁板施工的基本程序——模板制作、钢筋加工和混凝土浇筑，掌握预应力钢筋混凝土桥梁板制作的主要施工工艺——先张法和后张法。

3.1 钢筋混凝土和预制钢筋混凝土梁板的制作

钢筋混凝土结构是由钢筋和混凝土两种物理力学性能不同的材料所组成的。混凝土具有很高的抗压强度，但抗拉强度相当低，而钢筋抗拉强度很高。将它们结合在一起，发挥各自的特长做成构件，即在构件的受压部分用混凝土，在构件的受拉部分用钢筋，从而大大提高了构件的承载力，这种构件叫做钢筋混凝土构件。

钢筋混凝土桥按施工方法可分为就地浇筑（简称现浇）和预制安装两大类。预制安装法具有上下部结构可平行施工，工期短，质量易于控制等特点，有利于组织文明生产，对于中、小跨径的简支梁桥普遍采用预制安装法。现浇法施工无需预制场地及大型吊运设备，梁体的主筋也不中断，对于大、中跨径的悬臂和连续体系梁桥常采用悬臂施工法。

3.1.1 模板

模板是混凝土浇筑中的临时性结构，对构件的制作十分重要，不仅控制构件尺寸的精度，也直接影响施工进度和混凝土的浇筑质量，而且还影响到施工安全。

1. 模板的基本要求

（1）模板应能保证结构物设计形状、尺寸及各部分相互位置的正确性。

（2）模板应具有足够的刚度、强度和稳定性，能可靠地承受在施工过程中可能产生的各项荷载。

（3）模板的构造和制作力求简单，拆装方便，周转率高。

（4）模板接缝应紧密，以保证混凝土在振捣器强烈振动下不致漏浆。

2. 模板的种类

（1）散拼木模板。木模板、木胶合板模板在桥梁工程上广泛应用，它由模板、肋木、立柱组成。这类模板一般为散装散拆式模板，也有的加工成基本元件，在现场进行拼装，拆除后亦可周转使用（图3.1）。

（2）钢模。钢模是用钢板代替木模板，用角钢代替肋木和立柱。钢板厚度一般为4mm，角钢尺寸应通过计算确定。大型钢模块件之间用螺栓或销连接。钢模的优点是周转次数多，成本低，且结实耐用，接缝严密，能经受强烈振捣，浇筑的构件表面光滑，所以目前钢模的采用日益增多。

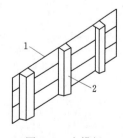

图3.1 木模板
1—板条；2—肋木

（3）组合模板。组合模板由具有一定模数的若干类型的板块、角模、支撑和连接件组成，用它可以拼出多种尺寸和几何形状。施工时可以在现场直接组装，亦可以预拼装成大块模板或构件模板，用起重机吊运安装。组合模板的板块有全钢材制成（图 3.2），亦有用钢框与木（竹）胶合板面板复合制成。

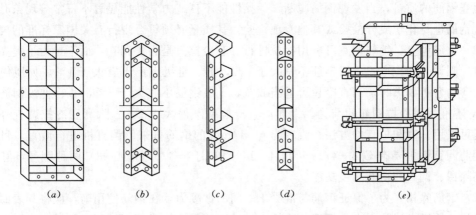

图 3.2　组合钢模板

（a）平面模板；（b）阴角模板；（c）阳角模板；（d）连接角模等；（e）拼装成的附壁柱模板

3. 模板施工

木模板的制作要严格控制各部分尺寸和形状。常用的接缝型式有平缝、搭接缝和企口缝等。平缝加工简单，只需将缝刨平即可，但易漏浆。嵌入硬木块的平缝，拼缝严密，费工料不多，常被采用。企口缝结合严密，但制作较困难，且耗用木料较多，只有在要求模板精度较高的情况下才采用。搭接缝具有平缝和企口缝的优点，也是常用接缝型式之一。

模板在安装前应做好测量、定位工作，要考虑钢筋的安装和混凝土的浇筑以确定安装顺序。对木模板在浇筑混凝土前，应浇水湿润，但模板内不应有积水。固定在模板上的预埋件、预留孔和预留洞均不得遗漏，且应安装牢固。浇筑混凝土前，模板内的杂物应清理干净。

浇筑混凝土时，要注意观察模板变化，发现位移、鼓胀、下沉、漏浆、支撑松动等现象，应及时采取有效措施。

现场拆除模板时，应遵守下列原则：

（1）拆模前应制定拆模程序、拆模方法及安全措施。

（2）先拆除侧面模板，再拆除承重模板。

（3）支承件和连接件应逐件拆卸，模板应逐块拆卸传递，侧模拆除时的混凝土强度应能保证其表面及棱角不受损伤。

（4）拆下的模板、支架和配件均应分类、分散堆放整齐，并及时清运。

3.1.2　钢筋工程

钢筋的种类很多，建筑工程中常用的钢筋按生产工艺可分为：热轧钢筋、冷拔钢丝、热处理钢筋、碳素钢丝，刻痕钢丝和钢绞线等。钢筋按化学成分可为：碳素钢钢筋和普通低合金钢钢筋。

钢筋加工工序多，包括钢筋调直、切断、除锈、弯制、焊接或绑扎成型等，而且钢筋的规格和型号尺寸也比较多。并鉴于保证钢筋的加工质量和布置需要，在浇筑混凝土后再也无法检查和纠正，故必须严格控制钢筋加工的质量。

1. 钢筋加工前的准备工作

钢筋应平直、无损伤，表面不得有裂纹、油污、颗粒状或片状老锈。进场时和使用前应全数检查钢筋的质量，当发现钢筋脆断，焊接性能不良或力学性能显著不正常等现象时，应对该批钢筋进行化学成分检验或其他专项检验，其质量必须符合现行有关国家标准的规定。

（1）钢筋调直。钢筋调直可利用冷拉进行。若冷拉只是为了调直，而不是为了提高钢筋的强度，则调直冷拉率：Ⅰ级钢筋不宜大于 4%，Ⅱ、Ⅲ级钢筋不宜大于 1%。如所使用的钢筋无弯钩弯折要求时，调直冷拉可适当放宽，Ⅰ级钢筋不宜大于 6%，Ⅱ、Ⅲ级钢筋不超 2%。对不准采用冷拉钢筋的结构，钢筋调直冷拉率不得大于 1%。除利用冷拉调直外，粗钢筋还可采用锤直和板直的方法；直径为 4～14mm 的钢筋可采用调直机进行调直。目前常用的钢筋调直机主要有 GJ4—4/14（TQ4—14）和 GJ6—4/8（JQ4—8）两种型号，它们具有钢筋除锈、调直和切断三项功能。

（2）钢筋除锈。为了保证钢筋与混凝土之间的握裹力，在钢筋使用前，应将其表面的油渍、漆污、铁锈等清除干净。钢筋的除锈，一是在钢筋冷拉或调直过程中除锈，这对大量钢筋除锈较为经济；二是采用电动除锈机除锈，对钢筋局部除锈较为方便；三是采用手工除锈（用钢丝刷、砂盘）、喷砂和酸洗除锈等。

（3）钢筋切断。钢筋下料时须按下料长度切断。钢筋剪切可采用钢筋切断机或手动切断器。后者一般只用于切断直径小于 12mm 的钢筋；前者可切断 40mm 的钢筋；大于 40mm 的钢筋常用氧乙炔焰或电弧割切或锯断。钢筋的下料长度应力求准确，其允许偏差为 +10mm。

（4）钢筋下料。钢筋配料是根据构件配筋图，先绘出各种形状和规格的单根钢筋简图，并加以编号，然后分别计算钢筋的下料长度和根数，填写配料单，申请加工。

下料长度计算是配料计算中的关键。由于结构受力上的要求，大多数钢筋需在中间弯曲和两端弯成弯钩。钢筋弯曲时，其外壁伸长，内壁缩短，而中心线长度并不改变。但是简图尽寸或设计图中注明的尺寸不包括端头弯钩长度，它是根据构件尺寸、钢筋形状及保护层的厚度等按外包尺寸进行计算的。显然外包尺寸大于中心线长度，它们之间存在一个差值，我们称之为"量度差值"。因此钢筋的下料长度应为：

$$钢筋下料长度＝外包尺寸＋端头弯钩长度－量度差值$$

$$箍筋下料长度＝箍筋周长＋箍筋调整值$$

当弯心的直径为 $2.5d$（d 为钢筋的直径），半圆弯钩的增加长度和各种弯曲角度的量度差值，其计算方法如下：

1）半圆弯钩的增加长度 [图 3.3（a）]。

弯钩全长：
$$3d+\frac{3.5d\pi}{2}=8.5d$$

弯钩增加长度（包括量度差值）：$8.5d-2.25d=6.25d$

2）弯 90° 量度差值 [图 3.3（b）]。

外包尺寸：$\qquad 2.25d+2.25d=4.5d$

中心线弧长：$\qquad 3.5d\pi/4=2.75d$

量度差值：$\qquad\qquad 4.5d - 2.75d = 1.75d$（取 $2d$）

3）弯 45°时的量度差值［图 3.3（c）］。

外包尺寸：$\qquad\qquad 2\left(\dfrac{2.5d}{2} + d\right)\mathrm{tg}22°30' = 1.87d$

中心线长度：$\qquad\qquad \dfrac{3.5d\pi}{8} = 1.37d$

量度差值：$\qquad\qquad 1.87d - 1.37d = 0.5d$

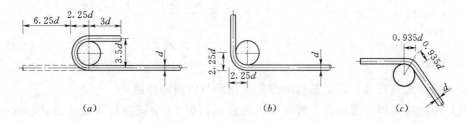

图 3.3　钢筋弯钩及弯曲计算

（a）半圆弯钩；（b）弯曲 90°；（c）弯曲 45°

2. 钢筋接长

钢筋接长的方式有焊接和铁丝绑扎搭接两种方式。采用焊接代替绑扎，可节约钢材、改善结构受力性能、提高工效、降低成本。钢筋焊接常用的方法有：对焊、点焊、电弧焊和电渣压力焊等。

（1）对焊。对焊是钢筋接触对焊的简称。对焊具有成本低、质量好、工效高、并对各种钢筋均能适用的特点，因而得到普遍的应用。

对焊原理如图 3.4 所示，是利用对焊机使两段钢筋接触，通过低电压强电流，把电能转化为热能，使钢筋加热到一定温度后，即施以轴向压力顶锻，使两根钢筋焊合一起。钢筋对焊常用闪光焊。根据钢筋品种、直径和所用焊机合在一起。钢筋对焊常用闪光焊。根据钢筋品种、直径和所用焊机功率不同，闪光焊的工艺又分连接闪光焊、预热闪光焊、闪光 → 预热 → 闪光焊和焊后进行通电热处理。

（2）点焊。在各种预制构件中，利用点焊机进行交叉钢筋焊接，使单根钢筋成型为各种网片、骨架，以代替人工绑扎，是实现生产机械化、提高工产、节约劳动力和材料（钢筋端部不需弯钩）、保证质量、降低成本的一种有效措施。而且采用焊接骨架和焊接网，可使钢筋在混凝土中能更好地锚固，可提高构件的刚度和抗裂性，其原理主要是在钢筋通电发热至一定温度后，加压使焊点金属焊合（图 3.5）。

（3）电弧焊。电弧焊的工作原理见图 3.6，电焊时，电焊机送出低压的强电流，使焊条与焊件之间产生高温电流，将焊条与焊件金属熔化，凝固后形成一条焊缝。

电弧焊应用较广，如整体式钢筋混凝土结构中的

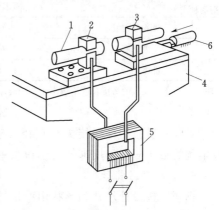

图 3.4　钢筋对焊原理

1—钢筋；2—固定电极；3—可动电极；
4—机座；5—变压器；6—动压力机构

183

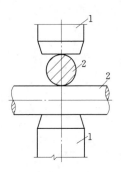

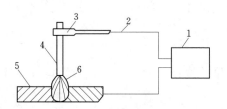

图 3.5　点焊原理
1—电极；2—钢筋

图 3.6　电弧焊示意图
1—电源；2—导线；3—焊钳；4—焊条；5—焊件；6—电弧

钢筋接长、装配式钢筋接头、钢筋骨架焊接及钢筋与钢板的焊接等。

电弧焊包括帮条焊、搭接焊、坡口焊（也称剖口焊）、窄间隙焊等接头形式。此外，预埋件的钢板与钢筋的连接一般也采用电弧焊。

（4）电渣压力焊。电渣压力焊是利用电流通过渣池产生的电阻热将钢筋端部熔化，然后施加压力使钢筋焊合。主要用于现浇结构中异径差在 9mm 内 $\phi14\sim40mm$ 的Ⅰ～Ⅲ级竖向或斜向（倾斜度在 4∶1 内）钢筋的接长。这种焊接方法操作简单、工作条件好、工效高、成本低，比电弧焊接头节电 80％以上，比绑扎连接和帮条搭接节约钢筋 30％，提高工效 6～10 倍。

（5）气压焊。气压焊是采用氧乙炔火焰或其他火焰对两钢筋对接处加热，使其达到塑性状态，或熔化状态后加压完成的一种压焊方法。

（6）铁丝绑扎搭接。当没有条件采用焊接时，接头可采用铁丝绑扎搭接，绑扎应在钢筋搭接处的两端和中间至少三处用铁丝扎紧。其搭接长度见表 3.1。受拉区内Ⅰ级钢筋的接头的末端应做弯钩。

表 3.1　　　　　　　　　　　　　钢筋搭接长度表

钢筋种类	混凝土标号 受力情况	15 号		≥20 号	
		受拉	受压	受拉	受压
Ⅰ级 5 号钢筋		$35d$	$25d$	$30d$	$20d$
Ⅱ级钢筋		$40d$	$30d$	$35d$	$25d$
Ⅲ级钢筋		$45d$	$35d$	$40d$	$30d$

注　1. 位于受拉区的搭接长度不应小于 250mm，位于受压区的搭接长度不应小于 200mm。
　　2. d 为钢筋直径。

对轴心受拉构件的接头及直径大于 25mm 的钢筋均应用焊接，不得采用绑扎接头；冷拔钢丝的接头只能采用绑扎，不得采用焊接接头；冷拉钢筋的焊接接头应在冷拉前焊接。

3．钢筋弯制成形

钢筋应按设计尺寸和形状用冷弯的方法弯制成型。当弯制的钢筋较少时，可用人工弯筋器在成型台上弯制。人工弯筋器由板子与度盘组成，底盘固定于成型台两端，其上安有粗圆钢制成的板柱，板柱间净距应较弯曲的最大钢筋直径大 2mm。当弯制较细钢筋时，应加以适当厚度的钢套，以防弯制时钢筋滑动。弯制直径 12～16mm 的钢筋，使用深口横口板子，可一次弯制 2～3 根钢筋。

弯制大量钢筋时，宜采用电动弯筋机，图 3.7 为目前广泛采用的电动弯筋机，能弯制直径 6～40mm 的钢筋，并可用弯成各种角度。

弯制各种钢筋的第一根时，应反复修正，使其与设计尺寸和形状相符，并以此样件作标准，用以检查以后弯起的钢筋。对成型后的钢筋，其偏差不大于表 3.2 的规定。钢筋弯曲成型后，表面不得有裂纹、鳞落或断裂等现象。

图 3.7　电动弯筋机

表 3.2　加工钢筋的允许偏差

项次	偏差名称	允许偏差（mm）
1	受力后钢筋顺长度方向加工后的全长	+5 −10
2	弯起钢筋各部分尺寸	±20
3	箍筋螺旋各部分尺寸	±5

4. 钢筋的安装

在模板内安装钢筋之前，必须详细检查模板各部分的尺寸，检查模板有无歪斜、裂缝及变形等现象。所有变形尺寸不符之处和各板之间的松动都应在安装钢筋之前予以处理。

焊接成型的钢筋骨架，用一般起重设备吊入模板内即可。

对于绑扎钢筋的安装，应拟定安装顺序。一般的梁肋钢筋，先放箍筋，再安下排主筋，最后装上排钢筋。在钢筋安装工作中为了保证达到设计及构造要求，应注意下列几点：

（1）钢筋的接头应按规定要求错开布置。

（2）钢筋的交叉点，应用钢丝绑扎结实，必要时可用点焊焊牢。

（3）除设计有特殊要求外，梁中箍筋应与主筋垂直，箍筋弯钩的叠合处，在梁中应沿梁长方向置于上面并交错布置，在柱中应沿柱高方向交错布置。

（4）为保证混凝土保护层厚度，应在钢筋与混凝土间错开（0.7～1.0m）设水泥浆垫块。

（5）为保证与固定钢筋间的横向净距，两排钢筋间可用混凝土分隔块或用短钢筋扎结固定。

3.1.3　混凝土工程

混凝土是指用水泥浆、沥青或合成树脂等作胶凝材料与砂、石料混合固结而成的材料总称。而平常所说的混凝土主要指用水泥浆作为胶凝材料的混合硬化物。

混凝土的制作包括拌制、运输、灌注、振捣、养护与拆模等工序。混凝土工程质量的好坏，直接影响结构的承载能力、耐久性与整体性。因此施工中必须保证每一个工序的施工质量。

1. 混凝土浇筑前的准备工作

（1）检查原材料。

1）水泥。水泥进场必须有制造厂的水泥品质试验报告等合格证明文件。水泥进场后应按其品种、强度、证明文件以及出厂时间等情况分批进行检查验收，并对水泥进行复查试验。超过出厂日期三个月的水泥，应取样试验，并按其复验结果使用。对受过潮的水泥，硬块应筛除并进行试验，根据实际强度使用，一般不得用在结构工程中。已变质的水泥，不得使用。不同品种、强度等级和出厂日期的水泥应分别堆放。堆垛高度不宜超过 10 袋，离地、离墙 30cm。做到先到先用，严禁混掺使用。

2）砂子。混凝土用的砂子，应采用级配合理、质地坚硬、颗粒洁净、粒径小于 5mm 的天然砂，砂中有害杂质含量不得超过规范规定（一般以江砂或山砂为好）。

3）石子。混凝土用的石子，有碎石和卵石两种，要求质地坚硬、有足够强度、表面洁净，针状、片状颗粒以及泥土、杂物等含量不得超过规范规定。粗骨料的最大粒径不得超过结构最小边尺寸的 1/4 和最小钢筋净距的 3/4；在两层或多层密布钢筋结构中，不得超过钢筋最小净距的 1/2；同时最大粒径不得超过 100mm。

4）水。水中不得含有妨碍水泥正常硬化的有害杂质，不得含有油脂、糖类和游离酸等。pH 值小于 5 的酸性水及含硫酸盐量按 SO_4^{2-} 计，超过 $0.27kg/cm^3$ 的水不得使用，海水不得用于钢筋混凝土和预应力混凝土结构中。饮用水均可拌制混凝土。

（2）检查混凝土配合比。混凝土配合比设计必须满足强度、和易性、耐久性和经济的要求。根据设计的配合比及施工所采用的原材料，在与施工条件相同的情况下，拌和少量混凝土做试块试验，验证混凝土的强度及和易性。

上面所述的配合比均为理论配合比，其中砂、石均为干料，但在施工现场所用的材料均包含一定量的水。因此，在混凝土搅拌前，均需测定砂石的含水率，调整施工配合比。

（3）检查模板和支架。检查模板的尺寸和形状是否正确，接缝是否紧密，支架接头、螺栓、拉杆、撑木等是否牢靠，卸落设备是否符合要求；清除模板内的灰屑，并用水冲洗干净，模板内侧需涂刷隔离剂，以利脱模，若是木模还应洒水润湿。

（4）检查钢筋。检查钢筋的数量、尺寸、间距及保护层厚度是否符合设计要求；钢筋骨架绑扎是否牢固；预埋件和预留孔是否齐全，位置是否正确。

2. 混凝土拌和

（1）人工拌和。人工拌和混凝土是在铁板或在不渗水的拌和板上进行。拌和时先将每次拌和所需的砂料堆正中耙成浅沟，然后将水泥倒入沟中，干拌至颜色一致；再将石子倒入里面，加水拌和，反复湿拌若干次，使混合物全部颜色一致，石子与水泥砂浆无分离和无不均匀现象为止。

（2）机械拌和。机械拌和混凝土是在搅拌机内进行。混凝土拌和前，应先测定砂石料的含水率，调整配合比，计算配料单。

混凝土混合料中的砂、石必须过磅，配料数量的允许偏差（以质量计）见表 3.3。

表 3.3　　配料数量允许偏差

材料类别	允许偏差（%）	
	现场拌制	预制场或集中搅拌站拌制
水泥、混合材料	±2	±1
粗、细骨料	±3	±2
水、外加剂	±2	±1

拌和时，应先向鼓筒内注入用水量 2/3 的水，然后按先石子，次水泥，后砂子的上料顺序将混合料倒入鼓筒，最后将余下的 1/3 水量注入。投入搅拌机的第一盘混凝土材料应适量增加水泥、砂和水或减少石子，以覆盖搅拌筒的内壁而不降低拌和物所需的含浆量。拌和时间一般为 3min 左右，以石子表面包满砂浆，

混凝土颜色均匀为标准，不得有离析和泌水现象。

在整个施工过程中，应注意搅拌机的搅拌速度与混凝土浇筑速度的密切配合，注意随时检查和校正混凝土的坍落度，严格控制水灰比，不得任意变更配合比。

3. 混凝土运输

（1）混凝土运输中应控制混凝土运至浇筑地点后，不离析、不分层、组成成分不发生变化，并能保证施工所必需的稠度。

（2）对于集中搅拌或商品混凝土，由于输送距离较长且输送量较大，为了保证被输送的混凝土不产生初凝和离析等降质情况，常应用混凝土搅拌输送车、混凝土泵或混凝土泵车等专用输送机械。我国目前主要采用活塞泵，活塞泵多用液压驱动（图3.8）。

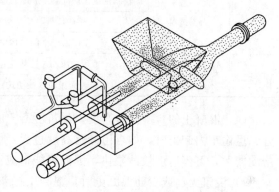

图 3.8　液压活塞式混凝土泵

（3）对于采用分散搅拌或自设混凝土搅拌点的工地，由于输送距离短且需用量少，一般可采用手推车、机动翻斗车、井架运输机或提升机等通用输送机械。

（4）运输用的盛器应严密坚实，要求不漏浆、不吸水，并便于装卸拌和料。

（5）混凝土从拌和机内卸出，经运输、浇筑直至振捣完毕所需的运输时间不宜超过表3.4中的规定。

4. 混凝土浇筑

浇筑混凝土前，应检查和控制模板、钢筋、保护层和预埋件等的尺寸、规格、数量和位置。此外，还应检查模板支撑的稳定性以及接缝的密合情况。由于混凝土工程属于隐蔽工程，因而对混凝土量大的工程、重要工程或重点部位的浇筑，以及其他施工中的重大问题，均应随时填写施工记录。

（1）混凝土浇筑的允许间隙时间。混凝土浇筑应依照次序，逐层连续浇完，不得任意中断，并应在前层混凝土开始初凝前即将次层混凝土拌和物浇捣完毕。其允许间隙时间以混凝土还未初凝或振捣器尚能顺利插入为准。

（2）工作缝的处理。混凝土结构浇筑中，如因技术或组织上的原因停顿时间超过表3.5所规定的数值时，应事先确定在适当的位置设置施工缝。由于混凝土的抗拉强度约为其抗压强度的1/10，因而施工缝是结构中的薄弱环节，宜留在结构剪力较小而且施工方便的部位。

表 3.4　混凝土拌和物运输时间限制

单位：min

气温（℃）	无搅拌设施运输	有搅拌设施运输
20～30	30	60
10～19	45	75
5～9	60	90

表 3.5　浇筑混凝土允许间隙时间

混凝土入模温度（℃）	20～30	10～19	5～9
普通水泥（h）	1.5	2.0	2.5
矿渣、火山灰质水泥（h）	2.0	2.5	3.0

（3）混凝土浇筑时的分层厚度。为保证混凝土的浇筑质量，混凝土应分层浇筑，每层的厚度应根据拌和能力、运输距离、浇筑速度、气温及振捣器工作能力来决定，具体可参考表

3.6 取用。

表 3.6　　　　　　　　　　　　　　　　　混凝土浇筑的厚度

项次	捣实混凝土的方法		浇筑层厚度（mm）
1	插入式振动		振动器作用部分长度的 1.25 倍
2	表面振动		200
3	人工捣固	在基础或无筋混凝土和配筋稀疏结构中	250
		在梁、墙板、柱结构中	200
		在配筋密集的结构中	150
4	轻骨料混凝土	插入式振动	300
		表面振动（振动式）	200

（4）混凝土的自由倾落高度。浇筑混凝土时，混凝土拌和物由料斗、漏斗、混凝土输送管、运输车内卸出时，如自由倾落高度过大，由于粗骨料在重力作用下，克服粘着力后的下落动能大，下落速度较砂浆快，因而可能形成混凝土离析，一般应遵守下列规定：

1）浇筑无筋或少筋混凝土时，混凝土拌和物的自由倾落高度不宜超过 2m。

2）浇筑钢筋较密的混凝土时，自由倾落高度最好不超过 30cm。

3）在溜槽串筒的出料口下面，混凝土堆积高度不宜超过 1m。

（5）上部构造混凝土的浇筑。

1）简支梁混凝土的浇筑。浇筑上部构造混凝土可以采用水平分层浇筑法或斜层浇筑法。

整体式简支板梁混凝土的浇筑，宜不间断地一次浇筑完毕。务使整个上部构造浇筑完毕时，其最初浇筑的混凝土强度还不大，并仍有随同支架的沉陷而变形的可塑性。一般采用斜层浇筑法，从两端同时开始，向跨中将梁和行车道板一次浇筑完毕。

简支梁上部构造混凝土的浇筑也可用水平分层浇筑法，在所有钢筋绑扎安装之后，把上部构造分层一次浇筑完毕，浇筑时通过上部钢筋间的缝隙，从上面把混凝土浇入模板内并进行捣实。

2）悬臂梁、连续梁混凝土的浇筑。混凝土浇筑顺序从跨中向两端墩台进行，在桥墩处（刚性支点）设接缝，待支架稳定后，浇接缝混凝土。

跨径较大的，并且在满布式支架上浇筑简支梁式上部构造，以及在基底刚性不同的支架上浇筑悬臂梁式、连续梁式上部构造，其浇筑方法要选用适当，应不使浇筑的混凝土因支架沉陷不均匀，而发生裂缝。因此必须按照下列方法之一进行浇筑。

a. 尽可能加速混凝土的浇筑速度，务使全梁的混凝土浇筑完毕时，其最初浇筑的混凝土的强度还不大，仍有随同支架的沉陷而变形的可塑性。

b. 浇筑前预先在支架上加以相当于全部混凝土重量的砂袋等，使其充分变形，浇筑时将预加的荷重逐渐撤去。

c. 将梁分成数段，按照适当的顺序分段浇筑。

（6）混凝土试件的制作。在浇筑混凝土时，应制作供结构或构件拆模、吊装、张拉、放张和强度合格评定用的试件。用于检查结构构件混凝土强度的试件，应在混凝土的浇筑地点随机抽取。取样与试件留置应符合下列规定：

1）每拌制 100 盘且不超过 100m³ 的同配合比的混凝土，取样不得少于一次。

2）每工作班拌制的同一配合比的混凝土不足 100 盘时，取样不得少于一次。

3）当一次连续浇筑超过 1000m³，同一配合比的混凝土每 200m³ 取样不得少于一次。

4）每次取样应至少留置一组标准养护试件，同条件养护试件的留置组数应根据实际需要确定。

（7）混凝土的密实成型。混凝土拌和物密实成型的途径有三：一是借助于机械外力（如机械振动）来克服拌和物内部的剪应力而使之液化；二是在拌和物中适当多加水以提高其流动性，使之便于成型，成型后用分离法、真空作业法等将多余的水分和空气排出；三是在拌和物中掺入高效能减水剂，使其坍落度大大增加，可自流浇筑成型。第一种方法应用最为广泛，如图 3.9 为振动密实成型中常用的内部振动器、表面振动器、外部振动器和振动台等振动机械。

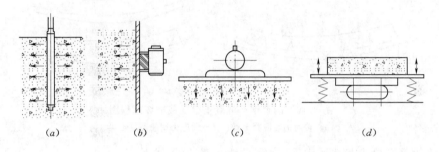

图 3.9　振动机械

(a) 内部振动器；*(b)* 外部振动器；*(c)* 表面振动器；*(d)* 振动台

5. 混凝土养护

混凝土的自然养护是指在平均气温高于 +5℃ 的条件下，于一定时间内用湿草袋覆盖和洒水养护，使混凝土表面保持湿润状态。此外，混凝土的自然养护也可采用塑料布覆盖养护，采用此法可防止混凝土中的水分蒸发，保持混凝土的湿润。混凝土自然养护的主要要求如下：

（1）对塑性混凝土应在浇筑完毕后的 12h 以内，对混凝土加以覆盖保湿和浇水；对干硬性混凝土应在浇筑完毕后 1～2h 以内，对混凝土加以覆盖保湿和浇水。

（2）混凝土的浇水养护时间：硅酸盐水泥、普通硅酸盐水泥或矿渣硅酸盐水泥拌制的混凝土，不得少于 7d，掺用缓凝型外加剂或有抗渗性要求的混凝土不得少于 14d。

（3）浇水次数应能保持混凝土处于润湿状态，养护用水应与拌制用水相同。

（4）采用塑料布覆盖养护时，混凝土敞露的全部表面应覆盖严密，并应保持塑料布内有凝结水。

（5）混凝土强度达到 1.2N/mm² 前，不得上人施工。

3.2　预应力钢筋混凝土梁板的制作

预应力混凝土是预应力钢筋混凝土的简称，此项技术在桥梁工程中得到普遍应用。

普通钢筋混凝土梁在受荷载时，发生弯曲；当再加荷时，发生裂缝直至破坏 [图 3.10 *(a)*]。而预应力的钢筋混凝土梁则不一样，它先在受拉区加一个压力（预应力），使梁产生反拱，当梁受荷载时，梁回复到平直状态；再增加荷载，则梁发生弯曲；继续增加荷载，直至梁产生裂缝破坏，如图 3.10（b）所示。这就是预应力和非预应力混凝土构件的不同，前者构件早出现裂缝破坏，而后者构件不出现裂缝或推迟出现裂缝。施加预应力的方法有先张法和后张法。

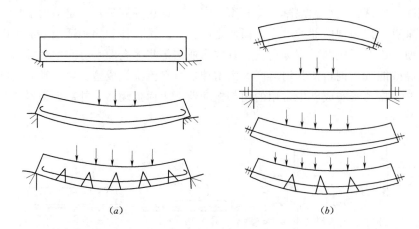

图 3.10　两种钢筋混凝土梁受载破坏过程图

（a）普通钢筋混凝土梁；（b）预应力钢筋混凝土梁

预应力钢筋混凝土与普通钢筋混凝土相比，有以下优点：

（1）提高了构件的抗裂度和刚度。

（2）增加了结构及构件的耐久性。

（3）结构自重轻，能用于大跨度结构。

（4）节约大量钢材，降低成本。

3.2.1　预应力夹具和锚具

夹具和锚具都是预应力张拉所用的工具。夹具是在预应力构件制作中夹住预应力筋进行张拉，构件制作完成后可以卸下重复使用的一种张拉工具。锚具是在预应力筋张拉完毕后将钢筋永远锚固在构件端部，防止预应力筋回缩（造成应力损失），与构件共同受力，不能卸下重复使用的一种预应力制作工具。

1. 夹具

（1）钢筋夹具。钢筋锚固多用螺母锚具、镦头锚和销片夹具等。张拉时可用连接器与螺母锚具连接，或用销片夹具等。

1）钢筋镦头。直径 22mm 以下的钢筋用对焊机熟热或冷镦，大直径钢筋可用压模加热锻打成型。镦过的钢筋需经过冷拉，以检验镦头处的强度。

2）销片式夹具。销片式夹具由圆套筒和圆锥形销片组成（图 3.10），套筒内壁呈圆锥形，与销片锥度吻合，销片有两片式和三片式，钢筋就夹紧在销片的凹槽内。

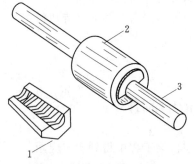

图 3.11　两片式销片夹具

1—销片；2—套筒；3—预应力筋

先张法用夹具除应具备静载锚固性能外，夹具还应具备下列性能：在预应力夹具组装件达到实际破断拉时，全部零件均不得出现裂缝和破坏；应有良好的自锚性能；应有良好的放松性能。需大力敲击才能松开的夹具，必须证明其对预应力筋的锚固无影响，且对操作人员安全不造成危险。

（2）钢丝夹具。先张法中钢丝的夹具分两类：一类是将预应力筋锚固在台座或钢模上的锚固夹具；另一类是张拉时夹持预应力筋用的夹具。锚固夹具与张拉夹具都是重复使用的工具。如图 3.12 所示为钢丝的张拉夹具。

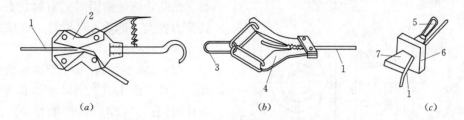

图 3.12　钢丝的张拉夹具
（a）钳式；（b）偏心式；（c）锲形
1—钢丝；2—钳齿；3—拉钩；4—偏心齿条；5—拉环；6—锚板；7—锲块

2. 锚具

锚具是指在后张法结构或构件中，为保持预应力筋的拉力并将其传递到混凝土上所用的永久性锚固装置。常见的锚具按结构型式不同有如下几种。

（1）镦头锚具。用于单根粗钢筋的镦头锚具一般直接在预应力筋端部热镦、冷镦或锻打成型。镦头锚具也适用于锚固多根数钢丝束。钢丝束镦头锚具分 A 型与 B 型。A 型由锚环与螺母组成，可用于张拉端；B 型为锚板，用于固定端，其构造见图 3.13。

镦头锚具的工作原理是将预应力筋穿过锚杯的蜂窝眼后，用专门的镦头机将钢筋或钢丝的端头镦粗，将镦粗头的预应力束直接锚固在锚杯上，待千斤顶拉杆旋入锚杯内螺纹后即可进行张拉，当锚杯带动钢筋或钢丝伸长到设计值时，将锚圈沿锚杯外的螺纹旋紧顶在构件表面，于是锚圈通过支承垫板将预压力传到混凝土上。

镦头锚具的优点是操作简便迅速，不会出现锥形锚易发生的"滑丝"现象，故不发生相应的预应力损失。这种锚具的缺点是下料长度要求很精确，否则，在张拉时会因各钢丝受力不均匀而发生断丝现象。镦头锚具用 YC—60 千斤顶（穿心式千斤顶）或拉杆式千斤顶张拉。

（2）锥形锚具（弗式锚）。锥形锚具由钢质锚环和锚塞（图 3.14）组成，适用于锚固钢丝束，由 12~24 根直径为 5mm 的碳素钢丝组成。锚环内孔的锥度应与锚塞的锥度一致。锚

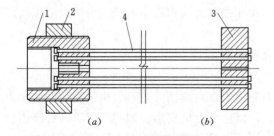

图 3.13　钢丝束镦头锚具
（a）张拉端锚具（A 型）；（b）固定端锚具（B 型）
1—锚环；2—螺母；3—锚板；4—钢丝束

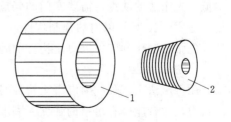

图 3.14　锥形锚具
1—锚环；2—锚塞

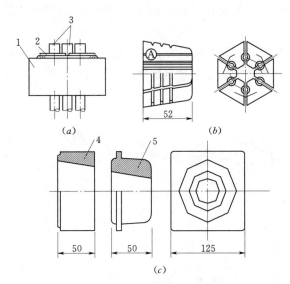

图 3.15　JM 型锚具（单位：mm）

（a）JM 型锚具；（b）夹片；（c）锚环

1—锚环；2—夹片；3—钢筋束和钢绞线束；

4—圆钳环；5—方锚环

塞上刻有细齿槽，夹紧钢丝防止滑动。锥形锚具的尺寸较小，便于分散布置。缺点是易产生单根滑丝现象，钢丝回缩量较大，所引起的应力损失亦大，并且滑丝后无法重复张拉和接长，应力损失很难补救。此外，钢丝锚固时呈辐射状态，弯折处受力较大。钢质锥形锚具一般用锥锚式千斤顶进行张拉。

（3）JM 型锚具。JM 型锚具为单孔夹片式锚具（图 3.15）。JM 型锚具由锚环和夹片组成。JM 型锚具性能好，锚固时钢筋束或钢绞线束被单根夹紧，不受直径误差的影响，且预应力筋是在呈直线状态下被张拉和锚固，受力性能好。近年来，为适应小吨位高强钢丝束的锚固，还发展了锚固 6～7 根 φ5 碳素钢丝的 JM5—6 型和 JM5—7 型锚具。

（4）BM 型锚具。BM 型锚具是一种新型的夹片式扁型群锚，简称扁锚。它是由扁锚头、扁型垫板、扁型喇叭管及扁型管道等组成（图 3.16）。扁锚的优点是：张拉槽口扁小，可减小混凝土板厚，便于梁的预应力筋按实际需要切断后锚固，有利于减少钢材；钢绞线单根张拉，施工方便。这种锚具特别适合于空心板、低高度箱梁以及桥面横向预应力等张拉。

3.2.2　先张法施工工艺

先张法是先将预应力筋在台座上按设计要求的张拉控制预应力张拉，然后立模浇筑混凝土，待混凝土强度达到设计标号的 75% 后，放松预应力筋，由于钢筋的回缩，通过其与混凝土之间的粘结力，使混凝土得到预应力的一种施加混凝土预应力的方法。

图 3.16　BM 型锚具

先张法的优点：只需夹具，且可重复使用，它的锚固是依靠预应力筋与混凝土的粘结力自锚于混凝土中。工艺构造简单，施工方便，成本低。先张法的缺点，需要专门的张拉台座，一次性投资大，构件中的预应力筋只能直线配筋。适用于长 25m 以内的预制构件。

先张法制作预应力混凝土构件的施工工艺流程如图 3.17 所示。

1. 张拉台座

用台座法生产预应力混凝土构件时，预应力筋锚固在台座横梁上，台座承受全部预应力的拉力，故台座应有足够的强度、刚度和稳定性，以避免台座变形、倾覆和滑移。台座由台面、横梁和承力结构等组成。根据承力结构的不同，台座按钩造型式不同可分为墩式台座、槽式台座。

（1）墩式台座。靠自重和土压力来平衡张拉力所产生的倾覆力矩，并靠土壤的反力和摩擦力抵抗水平位移。在地质条件良好、台座张拉线较长的情况下，采用墩式台座可节约大量的混凝土（图 3.18）。

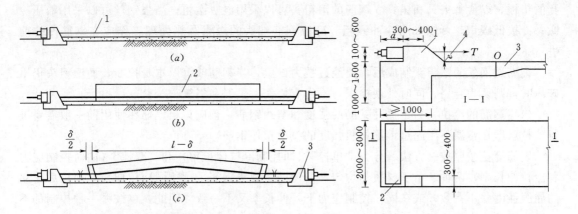

图 3.17　先张法施工工艺流程
1—预应力筋；2—混凝土构件；3—台座

图 3.18　墩式台座（单位：mm）
1—传力墩；2—横梁；3—台面；4—预应力筋

（2）槽式台座。当场地条件较差、台座又不很长时，可采用槽式台座（图 3.19）。槽式台座与墩式台座不同之处在于预应力筋张拉力是由承力框架承受而得到平衡。此承力框架可以是钢筋混凝土的，或是由横梁和压杆组成的钢结构。

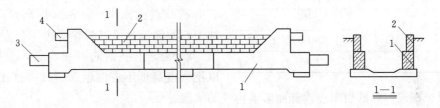

图 3.19　槽式台座
1—钢筋混凝土压杆；2—砖墙；3—上横梁，4 下横梁

2. 预应力钢筋的制作

预应力混凝土构件所用的预应力钢筋，种类很多，有直径为 3～5mm 的高强钢丝、钢绞线、冷拉Ⅲ、Ⅳ级钢筋等。下面介绍预应力钢筋的制作，它包括下料、对焊、镦粗、冷拉等工序。

（1）钢筋的下料。预应力钢筋的下料长度，应通过计算。计算时应考虑构件或台座长度、锚夹具长度、千斤顶长度、焊接接头或墩头预留量、冷拉伸长值、弹性回缩值、张拉伸长值和外露长度等因素。

（2）钢筋的对焊。预应力钢筋的接头必须在冷拉前采用对焊，以免冷拉钢筋高温回火后失去冷拉所提高的强度。

普通低合金钢筋的对焊工艺，多采用闪光对焊接。一般闪光对焊工艺有：闪光→预热→闪光焊，和闪光→预热→闪光焊加通电热处理。对焊后应进行热处理，以提高焊接质量。预应力筋有对焊接头时，宜将接头设置在受力较小处，在结构受拉区及在相当于预应力筋 $30d$ 长度（不小于 50cm）范围内，对焊接头的预应力筋截面面积不得超过钢筋总截面积的 25％。

（3）镦粗。制作预应力混凝土构件时，要用夹具和锚具，需耗费一定的优质钢材。因此，为了节约钢材，简化锚固方法，可将预应力钢筋端部做一个大头（即镦粗头），加上开孔的垫板，以代替夹具和锚具。钢筋的镦粗头可以采用电热镦粗；高强钢丝可以采用液压冷镦；冷拔低碳钢丝可以采用冷冲镦粗。冷拉钢筋端头的镦粗及热处理工作应在钢筋冷拉前进行。

钢筋或钢丝的镦粗头制成后，要经过拉力试验，当钢筋或钢丝本身拉断，而镦粗头仍不破坏时，则认为合格；同时外观检查，不得有烧伤、歪斜和裂缝。

（4）钢筋的冷拉。为了提高钢筋的强度和节约钢筋，预应力粗钢筋在使用前一般需要进行冷拉（即在常温下用超过钢筋屈服强度的拉力拉伸钢筋）。

钢筋冷拉按照控制方法可分为"单控"（即控制冷拉伸长率）和"双控"（同时控制应力和冷拉伸长率）两种。由于材质不均匀，即使同一规格钢筋采用相同冷拉伸长率冷拉后建立的屈服强度并不一致；或在同一控制应力下，伸长率又不一致。因此，单按哪一种控制都不能保证质量，最好采用"双控"冷拉，即可保证质量，又可在设计上充分利用钢材强度。采用"双控"冷拉时，应以应力控制为主，伸长率控制为辅。只有在没有测力设备的情况下，才采用"单控冷拉"。钢筋冷拉和冷拉率不应超过表 3.7 的规定。

表 3.7　冷拉钢筋的控制应力和冷拉率

钢筋种类	双　控		单　控
	控制应力（MPa）	冷拉率（%）	
II	450	≤5.5	3.5～5.5
III	530	≤5.0	3.5～5.0
IV	750	≤4.0	2.5～4.0

对预应力钢筋进行冷拉，具有下列好处。

1）钢筋冷拉后，可以提高屈服点，并能使它伸长。如预应力钢筋采用IV级钢筋，可使它的屈服点由原来 588MPa 提高到 735MPa，加上它的伸长，可以节省钢筋 30% 左右。

2）由于有些钢筋不够均质，冷拉后，可以把强度高低不齐的钢筋达到强度比较一致，就不会因个别段钢筋的屈服点较低而影响构件的质量。

3）钢筋冷拉后，其韧性和塑性有所降低，可以减少变形，使钢筋与混凝土的变形比较接近，可以减少构件受拉部分混凝土的裂缝出现。

4）可以考验对焊接头的质量（钢筋要求先对焊再冷拉）。

5）盘圆钢筋的冷拉过程，又是调直过程，减少了整直这一工序。

6）钢筋在冷拉过程中，由于钢筋拉长，表面锈蚀自动脱落，可以减轻除锈工作。

（5）时效。冷拉后的钢筋，在一定的温度下给予适当的时间"休息"，而不立即加载，从而使钢筋的屈服强度比冷拉完成时有所提高，钢材的这种性质称为"冷拉时效"。

"时效"有自然时效和人工时效两种。自然时效就是将冷拉后的钢筋在 25～30℃ 下放置 1～2d；人工时效就是将冷拉后的钢筋在 100℃ 的恒温下保持 2h。

3. 预应力筋的张拉

先张法预应力钢筋、钢丝和钢绞线的张拉按预应力筋数量、间距和张拉力的大小，采用单根张拉和多根张拉。当采用多根张拉时，必须使它们的初始长度一致，张拉后应力才均匀。为此，在张拉前应调整初应力，初应力值一般为张拉控制应力值的 10%（即 $10\%\sigma_k$）。

为了减少预应力筋的松弛损失，可采用超张拉的方法进行张拉。超张拉值为张拉控制应力值的 105%（即 $105\%\sigma_k$）。先张法的张拉程序按表 3.8 进行。

表 3.8	先张法预应力筋张拉程序
预应力筋种类	张　拉　程　序
钢筋	持荷 5min：0→初应力→105%σ_k→90%σ_k→σ_k（锚固）
钢绞线与钢丝	持荷 5min：0→初应力→105%σ_k→0→σ_k（锚固）

4. 混凝土制作

预应力混凝土结构中所采用的混凝土应具有高强、轻质和高耐久性的性质。一般要求混凝土的强度等级不低于 C30。目前，我国在一些重要的预应力混凝土结构中，已开始采用 C50～C60 的高强混凝土，最高混凝土强度等级已达到 C80，并逐步向更高强度等级的混凝土发展。预应力混凝土构件制作的基本操作与现浇钢筋混凝土构件相仿，但还应注意以下几点：

（1）配置高强度等级的混凝土所采用的水泥必须符合设计要求。

（2）细骨料中泥土杂物的含量按其质量不得大于 2%；粗骨料针片状含量应小于 10%。

（3）粗骨料中含泥量、石粉及杂物按质量计不大于 1%，并在拌和前要水洗。

（4）粗骨料的孔隙率不宜超过 40%。

（5）水泥用量如无特殊要求，每立方混凝土用量应小于 500kg。

（6）配置混凝土时，不得掺用对钢筋有腐蚀的盐类为早强剂。

（7）在配置混凝土拌和物时，水泥及外掺剂的用量应准确到 ±1%。粗骨料、细骨料的用量应准确到 2%。

5. 预应力筋的放松

当混凝土强度达到设计规定的可放松强度后，可逐渐放松受拉的预应力筋，然后再切割每个梁的端部预应力筋。

预应力筋的放松速度不宜过快。当采用单根放松时，每根预应力筋严禁一次放完，以免最后放松的预应力筋自行崩断。常用的放松方法有以下两种。

（1）千斤顶放松。在台座固定端的承力支架和横梁之间，张拉前预先安放千斤顶。待混凝土达到规定的放松强度后，两个千斤顶同时回程，使拉紧的预应力筋徐徐回缩，张拉力被放松。图 3.20 是用液压千斤顶进行成组张拉的示意图。

（2）砂箱放松。以砂箱代替千斤顶。使用时从进砂口罐满烘干的砂子，加上压力压紧。待混凝土达到规定的放松强度后，打开出砂口，砂子即慢慢流出，放砂速度应均匀一致，预应力筋随之徐徐回缩，张拉力即被放松。当单根钢筋采用拧松螺母的方法放松时，宜先两侧后中间，分阶段、对称地进行（图 3.21）。

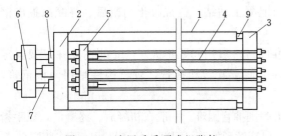

图 3.20　液压千斤顶成组张拉

1—台模；2、3—前后横梁；4—钢筋；5、6—拉力架横梁；
7—大螺丝杆；8—油压千斤顶；9—放松装置

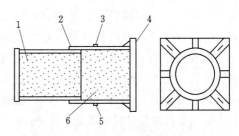

图 3.21　砂箱构造图

1—活塞；2—套箱；3—进砂口；4—套箱底板；
5—出砂口；6—砂

3.2.3 后张法施工工艺

后张法是先制作留有预应力筋孔道的梁体，待混凝土达到设计强度的75%后，将预应力筋穿入孔道，并利用构件本身作为张拉台座张拉预应力筋并锚固，然后进行孔道压浆并浇筑封闭锚具的混凝土，混凝土因有锚具传递压力而得到预压应力的一种施加预应力的方法。

后张法的优点是：预应力筋直接在梁体上张拉，不需要专门台座；预应力筋可按设计要求配合弯矩和剪力变化布置成直线形或曲线形；适合于预制跨度大于25m的简支梁或现场浇筑的桥梁上部结构。

后张法的缺点是：每一根预应力筋或每一束两头都需要加设锚具，在施工中还增加留孔、穿筋、灌浆和封锚等工序，工艺较复杂，成本高。

后张法施工的预应力钢筋混凝土结构一般可分为有粘结后张法预应力结构和无粘结后张法预应力结构。

1. 有粘结后张法预应力混凝土结构施工

有粘结后张法预应力的主要施工工序为：浇筑好混凝土构件，并在构件中预留孔道，待混凝土达到预期强度后（一般不低于混凝土设计强度的75%），将预应力钢筋穿入孔道；利用构件本身作为受力台座进行张拉（一端锚固一端张拉或两端同时张拉），在张拉预应力钢筋的同时，使混凝土受到预压（图3.22）。张拉完成后，在张拉端用锚具将预应力筋锚住；最后在孔道内灌浆使预应力钢筋和混凝土构成一个整体，形成有粘结后张法预应力结构。

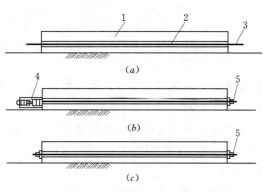

图3.22 有粘结后张法工艺流程
1—混凝土构件；2—预留孔道；3—预应力筋；
4—张拉千斤顶；5—锚具

有粘结后张法预应力施工不需要专门台座，便于在现场制作大型构件，适用于配直线及曲线预应力钢筋的构件。但其施工工艺较复杂、锚具消耗量大、成本较高。

（1）构件的孔道留设。孔道留设是有粘结预应力后张法构件制作中的关键工作。孔道留设方法有钢管抽芯法、胶管抽芯法和预埋波纹管法。预埋波纹管法只用于曲线形孔道。在留设孔道的同时还要在设计规定位置留设灌浆孔。一般在构件两端和中间每隔12m留一个直径20mm的灌浆孔，并在构件两端各设一个排气孔。

1）钢管抽芯法。预先将钢管埋设在模板内孔道位置处，在混凝土浇筑过程中和浇筑之后，每间隔一定时间慢慢转动钢管，使之不与混凝土粘结，待混凝土初凝后、终凝前抽出钢管，即形成孔道。该法只可留设直线孔道。

钢管要平直，表面要光滑，安放位置要准确。一般用间距不大于1m的钢筋井字架固定钢管位置。每根钢管的长度最好不超过15m，以便于旋转和抽管，较长构件则用两根钢管，中间用套管连接。钢管的旋转方向两端要相反。

恰当掌握抽管时间很重要，过早会坍孔，太晚则抽管困难。一般在初凝后、终凝前，以手指按压混凝土不粘浆又无明显印痕时则可抽管。为保证顺利抽管，混凝土的浇筑顺序要密切配合。

抽管顺序宜先上后下，抽管可用人工或卷扬机，抽管要边抽边转，速度均匀，与孔道成一直线。

2）胶管抽芯法。胶管有布胶管和钢丝网胶管两种。用间距不大于 0.5m 的钢筋井字架固定位置，浇筑混凝土前，胶管内充入压力为 $0.6\sim0.8\text{N/mm}^2$ 的压缩空气或压力水，此时胶管直径增大 3mm 左右，待浇筑的混凝土初凝后，放出压缩空气或压力水，管径缩小而与混凝土脱离，便于抽出。后者质硬、具有一定弹性，留孔方法与钢管一样，只是浇筑混凝土后不需转动，由于其有一定弹性，抽管时在拉力作用下断面缩小易于拔出。采用胶管抽芯留孔，不仅可留直线孔道，而且可留曲线孔道。

3）预埋波纹管法。波纹管为特制的带波纹的金属管，它与混凝土有良好的粘结力。波纹管预埋在构件中，浇筑混凝土后不再抽出，预埋时用间距不宜大于 0.8m 的钢筋井字架固定。

塑料波纹管是前几年国外发展起来的一种新型制孔器。它采用的塑料为聚丙烯或高密度聚乙烯。管道外表面的螺旋肋与周围的混凝土具有较高的粘结力，从而能将预应力传递到管道外的混凝土。塑料波纹管具有耐腐蚀性能好、孔道摩擦损失小、可提高后张预应力结构的抗疲劳性能等优点。

（2）预应力筋的制作。

1）下料。钢丝下料时，应根据锚具类型、张拉设备条件确定。公式如下：
$$L = L_0 + N(L_1 + 0.15\text{m}) \tag{3.1}$$
式中：L 为下料长度；L_0 为梁的管道加两端锚具的长度；L_1 为千斤顶支承端到夹具外缘距离；N 为张拉端数量（一端张拉或两端张拉）。

2）编束。先用梳形板将其理顺，编孔成束。成束方法是先用梳丝板将其理顺，然后每隔 $1\sim1.5\text{m}$ 衬以弹簧衬圈将钢丝沿管均匀排列，并在各衬管处用 22 号铁丝缠绕 $20\sim30$ 道。在露出梁端管道外的钢丝束内各加一个临时衬管，以便在安装千斤顶时，保持各根钢丝正确就位，不致彼此交错。当千斤顶对位后，立即将临时衬管拆除。

（3）预应力筋张拉。

1）张拉原则。对曲线预应力筋或长度大于等于 25m 的直线预应力筋，应在构件两端同时张拉。如设备不足时，可先在一端张拉完毕后，再在另一端补足预应力值。无论在一端或两端同时张拉，均应避免张拉时构件截面呈过大的偏心受压状态。因此应对称于构件截面进行张拉，或先张拉靠近截面重心处的预应力筋，后张拉距离截面重心较远处的预应力筋。

2）张拉程序。后张法预应力筋的张拉程序与配用的锚具型式有关，各种型式的锚具的张拉程序如表 3.9。

表 3.9　　　　　　　　　　　后 张 法 张 拉 程 序

预应力筋种类		张拉程序
钢筋、钢筋束		$0 \to$ 初应力 $\to 1.05\sigma_m$（持荷 2min）$\to \sigma_m$（锚固）
钢绞线束	对于夹片式等具有自锚性能的锚具	普通松弛力筋 $0 \to$ 初应力 $\to 1.03\sigma_m$（锚固） 低级松弛力筋 $0 \to$ 初应力 $\to \sigma_m$（持荷 2min 锚固）
	其他锚具	$0 \to$ 初应力 $\to 1.05\sigma_m$（持荷 2min）$\to \sigma_m$（锚固）
精轧螺纹钢筋	直线配筋时	$0 \to$ 初应力 $\to 1.05\sigma_m$（持荷 2min 锚固）
	曲线配筋时	$0 \to$ 初应力 $\to \sigma_k$（持荷 2min 锚固）
钢丝束	对于夹片式等具有自锚性能的锚具	普通松弛力筋 $0 \to$ 初应力 $\to 1.03\sigma_k$（锚固） 低级松弛力筋 $0 \to$ 初应力 $\to \sigma_k$（持荷 2min 锚固）
	其他锚具	$0 \to$ 初应力 $\to 1.05\sigma_k$（持荷 2min）$\to 0 \to \sigma_k$（锚固）

3）操作方法。预应力筋张拉的操作方法与配用的锚具及千斤顶的类型有关。一般情况下，张拉精轧螺纹钢筋可配用特制螺帽、穿心式千斤顶（图3.23）；张拉钢丝束可配用锥形锚具、锥锚式千斤顶（图3.24）；张拉粗钢筋可配用螺丝端杆锚具、拉杆式千斤顶（图3.25）；张拉钢绞线束可配用OVM锚、穿心式千斤顶。现以锥形锚具配锥锚式千斤顶为例，介绍其操作方法。

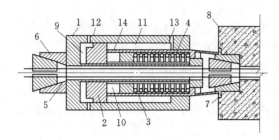

图3.23　YC-60型千斤顶构造与工作原理

1—张拉油缸；2—顶压油缸；3—顶压活塞；4—弹簧；
5—预应力筋；6—工具锚；7—锚环；8—构件；
9—张拉工作油室；10—顶压工作油室；
11—张拉回程油室；12—张拉缸油嘴；
13—顶压缸油嘴；14—油孔

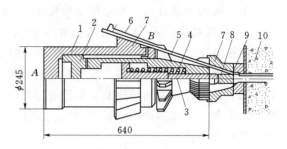

图3.24　锥锚式千斤顶

1—张拉油缸；2—顶压油缸（张拉活塞）；3—顶压活塞；
4—弹簧；5—预应力筋；6—楔块；7—对中套；
8—锚塞；9—锚环；10—构件

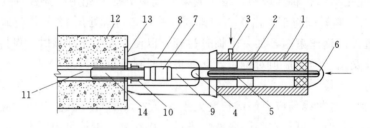

图3.25　拉杆式千斤顶张拉原理

1—主油缸；2—主缸活塞；3—进油孔；4—回油缸；5—回油活塞；6—回油孔；7—连接器；8—传力架；
9—拉杆；10—螺母；11—预应力筋；12—混凝土构件；13—预埋铁板；14—螺丝端杆

a. 张拉前准备工作：用钢丝穿过锚环，随着放入锚塞将钢丝均匀分布在锚塞周围，用手锤轻敲锚塞，装上对中套，并将钢丝用楔块楔紧在千斤顶夹盘内。

b. 初始张拉：两端同时张拉至钢丝达到初应力（约为$10\%\sigma_k$）。由于钢丝在夹盘上未楔紧，此时钢丝发生滑移，从而调整钢丝长度。当钢丝滑移停止后，可打紧楔块，使钢丝牢固地固定在夹盘上。打紧楔块时，应分两次进行，第一次均匀地将每只楔块敲击两锤，第二次则重击每只楔块使钢丝卡紧，在两端补足张拉的初应力。在分丝盘沟槽处的钢丝上标出测量伸长量的起点标记。在夹盘前端的钢丝上也标出用以辨认是否滑丝的标记。

c. 正式张拉：两端轮流分级加载张拉，每级加载值为油压表读数5000kPa的倍数，直至超张拉值。持荷5min，以消除预应力筋的部分松弛损失。减载至控制张拉应力。测量钢丝长度。

d. 顶锚：当张拉到控制张拉应力后，此时钢丝伸长值若与计算伸长量相符合，即可进行顶压锚塞（顶锚力为控制张拉力的$50\%\sim55\%$）。顶压锚塞时先从一端开始，此时钢筋因内缩而发生预应力损失，应在另一端补足预应力损失，再进行另一端的顶锚。如果回缩量大于 3mm，将影响钢丝束最后建立的预应力值，必须重新张拉，以补回预应力损失。

预应力筋张拉允许偏差应符合表 3.10 规定。

表 3.10　　　　　　　　　　　　　预应力筋张拉允许偏差

序号	项　　目		允许偏差	检验频率		检验方法
				范围	点数	
1	张拉应力值		±5%	每根（束）	1	用压力表测量或查张拉记录
2	预应力筋断裂或滑脱数	先张法	5%总根数，且每米不大于 2 丝	每个构件	1	观察
		后张法	2%总根数，且每米不大于 2 丝			
3	每端滑移量		符合设计规定	每根（束）	1	用尺量
4	每端滑丝量		符合设计规定		1	
5	先张法预应力筋中心位移		5mm	每个构件	1	

（4）孔道压浆。预应力张拉完毕后，立即进行孔道压浆。压浆之前先用清水冲洗孔道，使之湿润，同时检查灌浆孔、排气孔是否畅通。

孔道压浆一般宜采用水泥浆，压浆所用水泥宜采用普通硅酸盐水泥，强度等级不宜低于425 号。灰浆的水灰比应控制在 0.4～0.45 之间。压浆应先压下孔道，后压上孔道，并将集中一处的孔道一次压完，以免孔道串浆，并将附近孔道堵塞。如集中孔道无法一次压完，应先将相邻未压的孔道用压力水冲洗，使以后压浆时孔道畅通。曲线孔道由侧向压浆时，应由最低点的压浆孔压如水泥浆，并由最高点的排气孔排出空气和溢出水泥浆。

（5）封锚。孔道压浆后应立即将锚头用混凝土封闭严密。封锚时应注意预埋筋的完整性。一般来说封锚是混凝土构件的最后成型，应考虑构件的整体尺寸，封锚模具必须具有足够的刚度，同时安装要稳固。

2. 无粘结后张法预应力混凝土结构施工

无粘结预应力结构的主要施工工序为：将无粘结预应力筋准确定位，并与普通钢筋一起绑扎形成钢筋骨架，然后浇筑混凝土；待混凝土达到预期强度后（一般不低于混凝土设计强度的 75%）进行张拉（一端锚固一端张拉或两端同时张拉）。张拉完成后，在张拉端用锚具将预应力筋锚住，形成无粘结预应力结构（图 3.26）。

无粘结预应力混凝土施工工艺的基本特点与有粘结后张法预应力混凝土比较相似，区别在于无粘结预应力的施工过程较为简单，它避免了预留孔道、穿预应力筋以及压力灌浆等施工工序，此外，无粘结预应力其预应力的传递完全依靠构件两端的锚具，因此对锚具的要求要高得多。

（1）预应力筋铺设。无粘结预应力筋在

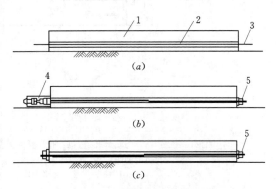

图 3.26　无粘结后张法工艺流程

1—混凝土构件；2—普通钢筋；3—无粘结预应力筋；
4—张拉千斤顶；5—锚具

平板结构中常常为双向曲线配置，因此其铺设顺序很重要。如钢丝束的铺设一般根据双向钢丝束交点的标高差，绘制钢丝束的铺设顺序图，钢丝束波峰低的底层钢丝束先行铺设，然后依次铺设波峰高的上层钢丝束，这样可以避免钢丝束之间的相互穿插。钢丝束铺设波峰的形成是用钢筋制成的"马凳"来架设。一般施工顺序是依次放置钢筋马凳，然后按顺序铺设钢丝束，钢丝束就位后，进行调整波峰高度及其水平位置，经检查无误后，用铅丝将无粘结预应力束与非预应力钢筋绑扎牢固，防止钢丝束在浇筑混凝土施工过程中位移。

（2）预应力筋张拉。无粘结预应力筋的张拉与普通后张法带有螺母锚具的有粘结预应力钢丝束后张法相似。张拉程序一般采用 $0 \rightarrow 103\%\sigma_k$ 进行锚固。由于无粘结预应力筋多为曲线配筋，故应采用两端同时张拉。无粘结预应力筋的张拉顺序，应根据其铺设顺序，先铺设的先张拉，后铺设的后张拉。

无粘结预应力筋一般长度大，有时又呈曲线形布置，如何减少其摩阻损失值是一个重要的问题。影响摩阻损失值的主要因素是润滑介质、包裹物和预应力筋截面形式。摩阻损失值，可用标准测力计或传感器等测力装置进行测定。施工时，为降低摩阻损失值，宜采用多次重复张拉工艺。

（3）锚头端部处理。无粘结预应力筋由于一般采用镦头锚具，锚头部位的外径比较大，因此，钢丝束两端应在构件上预留有一定长度的孔道，其直径略大于锚具的外径。钢丝束张拉锚固以后，其端部便留下孔道，并且该部分钢丝没有涂层，为此应加以处理保护预应力钢丝。

无粘结预应力筋锚头端部处理，目前常采用两种方法：第一种方法系在孔道中注入油脂并加以封闭，如图 3.27（a）所示。第二种方法系在两端留设的孔道内注入环氧树脂水泥砂浆，其抗压强度不低于 35MPa。灌浆时同时将锚头封闭，防止钢丝锈蚀，同时也起一定的锚固作用，如图 3.27（b）所示。预留孔道中注入油脂或环氧树脂水泥砂浆后，用 C30 级的细石混凝土封闭锚头部位。

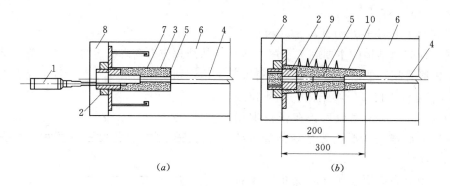

图 3.27　锚头端部处理方法

（a）油脂封闭；（b）环氧树脂水泥砂浆封闭

1—油枪；2—锚具；3—端部孔道；4—有涂层的无粘结预应力筋；5—无涂层的端部钢丝；6—构件；
7—注入孔道的油脂；8—混凝土封闭；9—端部加固螺旋钢筋；10—环氧树脂水泥砂浆

复 习 思 考 题

3.1　桥梁混凝土结构施工中对模板的基本要求有哪些？

3.2　加工成型后的钢筋其允许偏差是多少？

3.3　试述钢筋连接的种类及其各自施工要求。

3.4　混凝土浇筑前主要的检查项目有哪些？

3.5　混凝土运输的基本要求有哪些？

3.6　混凝土养护的基本要求有哪些？

3.7　预应力钢筋混凝土与普通钢筋混凝土的区别有哪些？

3.8　什么是锚具？其主要类型有哪些？与夹具的主要区别在哪？

3.9　什么是先张法？其主要工序如何？

3.10　什么是后张法？其主要工序如何？

第4章　桥梁支座及构配件安装

教学要求：通过本章的学习，要求了解桥梁支座的类型、布置，了解桥面及附属工程的构造内容、构造要求及施工方法；理解和掌握桥梁支座安装、预制梁、板安装，悬臂拼装块件安装、拱肋及拱上建筑安装的方法、特点、技术要求和施工控制要点。

4.1　桥梁支座安装

支座设置在桥梁的上部结构与墩台之间，它的作用是把上部结构的各种荷载传递到墩台上，并能够适应活载、温度变化、混凝土收缩与徐变等因素所产生的位移，使上、下部结构的实际受力情况符合设计的计算图式。

梁式桥的支座一般分为固定支座和活动支座。固定支座允许梁截面自由转动而不能移动，活动支座允许梁在挠曲和伸缩时转动与移动。

桥梁的使用效果与支座能否准确地发挥其功能有着密切的关系，这其中有对支座施工安装的要求，而正确地确定支座所承受的荷载和活动支座的位移量关系到支座的使用寿命。

针对桥梁跨径、支座反力、支座允许转动与位移的不同，支座选用材料的不同，支座是否满足防震、减震要求的不同，桥梁支座具有各种相对应的类型。

随着桥梁结构体系的发展，支座类型也相应得以更新换代，过去一般针对小跨径桥梁的或加工较繁琐的支座形式已不常使用，如垫层支座、钢筋混凝土摆柱式支座等，代之以板式橡胶支座、盆式橡胶支座、球形钢支座、减隔震支座等。

4.1.1　支座布置和要求

根据梁桥的结构体系以及桥宽，支座在纵、横桥向的布置方式主要有如下几种。

（1）简支梁桥。这种结构通常选用的支座类型是板式橡胶支座，主梁直接搁置于橡胶支座上，主梁结构的纵向与横向水平力均通过支座的抗剪刚度承受而形成"浮动结构"的支承体系。对于整体式简支板桥或箱梁桥，一般可采用图4.1的支座布置方式以满足结构纵横向的变位。

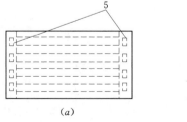 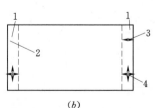

（a）　　　　　　　　　　　　　（b）

图4.1　单跨简支梁

1—桥台；2—固定支座；3—单向活动支座；4—多向活动支座；5—橡胶支座

（2）连续梁桥。一般在一个墩或台上设置固定支座，其他墩台均设置活动支座。在某些情况下，支座不仅须传递压力还要传递拉力，设置能承受拉力的支座是必须的。如果在梁体下布置有两个支座，则要根据需要布置固定支座和单向活动支座或多向活动支座，图 4.2、图 4.3 示出了双跨连续梁桥和多跨连续梁桥的支座布置形式。

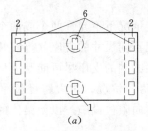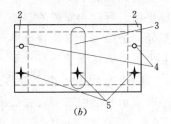

图 4.2 双跨连续梁桥

1—柱式墩；2—桥台；3—固定支座；4—单向活动支座；5—多向活动支座；6—橡胶支座

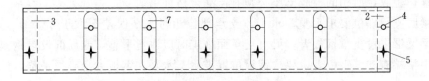

图 4.3 多跨连续梁桥

（注：标识涵义同图 4.2；所示出的支座都只能在同一个方向转动；上部构造固定于地基可靠的桥墩上）

（3）悬臂梁桥的锚固孔一侧设置固定支座，一侧设置活动支座。在锚固孔与挂孔结合的牛腿处设置支座，其设置方式一般与简支梁桥相同，有时也可在挂孔上均设置固定支座。

在斜桥的支座布置中须注意使支座位移的方向平行于行车道中心线。在弯桥上，可根据结构朝一固定点沿径向位移的概念或结构沿曲线半径的切线方向定向位移的概念确定。其支座布置如图 4.4 所示。

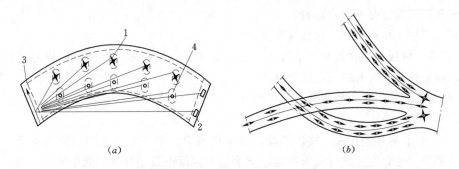

图 4.4 连续弯桥的支座布置示意图

（a）所有支座都朝固定支座方向设置；（b）所有支座都沿曲线的切线方向设置

桥梁的使用效果与支座能否准确地发挥其功能有着密切的关系，因此在安放支座时，必须使上部结构的支点位置与下部结构的支座中线对中。但绝对的对中是很难做到的，故要注意使可能的偏心在允许范围内，不致影响支座的正常工作。

4.1.2 支座安装的施工要点

1. 板式橡胶支座

板式橡胶支座的安装是保证支座正常使用的关键。橡胶支座应水平安装。由于施工等原因倾斜安装时，则坡度最大不能超过 2%，在选择支座时，仅须考虑由于支座倾斜安装而产生的剪切变形所需要的橡胶层厚度。

支座必须考虑更换、拆除和安装的方便。任何情况下不允许两个或两个以上支座沿梁中心线在同一支承点处一个接一个安装，也不允许把不同尺寸的支座并排安装。

要求支座安装位置准确、支承垫石水平，每根梁端的支座尽可能受力均匀，不得出现个别支座脱空现象，以免支座受力后产生滑移及脱落等情况。对大跨径桥梁或弯、斜、坡桥等，必须在支座与所支承的结构之间设置必要的横向限位设施，以使梁体的横向移动控制在容许限度以内。

就具体安装施工而言应做到如下几点：

（1）安装前应按现行《公路桥梁板式橡胶支座技术条件》（JT 4142.2—1988）对支座本身进行检查、验收，所用的橡胶支座必须有产品合格证书。

（2）梁底支承部位要求平整、水平。支承部位相对水平误差不大于 0.5mm。中、小跨度混凝土梁梁端未设支承钢板者，梁底支承面施工时应注意平整，或局部设置钢模底板；对标准设计中梁端有支承钢板者，要求钢板位置准确、水平。钢板本身必须平整，板厚不得小于 8mm。

（3）桥墩台支承垫石顶面高程准确、表面平整、清洁。新制桥梁墩台的支承垫石顶面应使用水平尺测量找平；旧墩台帽支承垫石顶面应仔细校核，不平处用 1∶4 干硬性水泥砂浆找平，每块垫石相对水平误差在 1mm 以内。

（4）梁、板安放时，必须细致稳妥，使梁、板就位准确且与支座密贴，勿使支座产生剪切变形；就位不准时，必须将梁板吊起重放，不得用撬杠移动梁、板。

（5）当桥梁设有纵、横坡时，支座安装必须严格按设计规定办理。

（6）支座的安装最好能在气温略低于全年平均气温的季节里进行，以保证支座在低温或高温时偏离中心位置不致过大。如果必须在高温或低温季节安装，要考虑顶升主梁，以便将支座调整到正常温度时的中心位置。

（7）为了便于检查维修，通常采取下列措施。

1）梁端横隔板设置在与支座平行处，且距梁底有一定距离，以便利用横隔板位置安装千斤顶或扁千斤顶，顶升后纠偏或更换支座。

2）在支座旁边的空间通常设置各种凹槽，以便安装千斤顶或扁千斤顶，随时纠正或更换支座。

3）支座垫石可适当接高，接出高度应使梁底与墩台帽顶之间便于安装顶梁千斤顶。支承垫石的平面尺寸，宜按设计要求决定，支承垫石混凝土强度等级不低于 C25。接高部分的支承垫石中应配有 ϕ12 间距 15cm 的竖向钢筋，埋入墩帽中约 40cm。旧桥改建时，支承垫石可不接高。

2. 聚四氟乙烯滑板式橡胶支座

除按照普通板式橡胶支座安装方法安装外，在安装时还应注意以下几点：

（1）墩台上设置的支承垫石，其高程应考虑预埋的支座下钢板的厚度，或在支承垫石上预留一定深度的凹槽，将支座下钢板用环氧树脂砂浆粘结于凹槽内。

（2）在支座下钢板上及聚四氟乙烯滑板式橡胶支座上标出支座位置中心线，两者中心线应重合放置，为防止施工中移位，应设置临时固定设施。

（3）梁底预埋的支座上钢板应与四氟乙烯滑板式支座紧密接触，将不锈钢板嵌入梁底上钢板内，或直接用不锈钢螺钉固定在上钢板上。安装支座时，不锈钢板和四氟板表面均应清洁干净，并在四氟板表面涂上硅脂油，落梁时要求平稳、准确、无振动，梁与支座密贴，不得脱空。

（4）梁与支座安装就位后，拆除支座的临时固定装置，安装支座的防尘围护装置。

3. 盆式橡胶支座

（1）盆式橡胶支座面积较大，在浇筑墩台混凝土时，必须有特殊措施，使支座下面的混凝土能浇筑密实。

（2）盆式橡胶支座的两个主要部分：聚四氟乙烯板与不锈钢板的滑动面和密封在钢盆内的橡胶块，两者都不能有污物和损伤，否则将降低使用寿命，增大摩擦系数。

（3）盆式橡胶支座的预埋钢垫板必须埋置密实，垫板与支座之间平整密贴，支座四周的间隙量不能超过 0.4mm，支座的轴线偏差不能超过 2mm。

（4）支座安装前，应将支座的各相对滑动面和其他部分用丙酮或酒精擦拭干净，擦净后在四氟板的储油槽内注满硅脂润滑剂，注意保洁。

（5）支座的顶板和底板可用焊接或锚固螺栓栓接在梁体底面和墩台顶面的预埋钢板上。采用焊接方法时，应注意不要烧坏混凝土；采用螺栓锚固时，须用环氧树脂砂浆将地脚螺栓埋置在混凝土内，其外露螺杆的高度不得大于螺母的厚度。上下支座安装顺序为：先将上座板固定在梁上，而后根据其位置确定底盆在墩台上的位置，最后予以固定。

（6）安装支座的高程应符合设计要求，平面纵横两个方向应水平，支座承压≤5000kN时，其四角高差不得大于 1mm；支座承压＞5000kN 时，其四角高差不得大于 2mm。

（7）安装固定支座时，其上下各个部件纵轴线必须对正；安装纵向活动支座时，上下各部件纵轴线必须对正，横轴线应根据安装时的温度与年平均的最高、最低温差，由计算确定其错位的距离；支座上下导向块必须平行，最大偏差的交叉角不得大于 5°。

（8）在桥梁施工期间，混凝土由于自身的收缩和徐变以及预应力和温差引起的变形会产生位移，因此，要在安装活动支座时，对上下板预留偏移量，变形方向要与桥纵轴线一致，保证成桥后的支座位置符合设计要求。

4. 球形钢支座

（1）支座出厂时，应由厂家将支座调平，并拧紧连接螺栓，防止支座在运输和安装过程中发生转动和倾覆。支座可按设计需要预设转角和位移，由施工单位在订货前提出预设转角和位移量的要求，生产厂家在装配时预先调整好。

（2）支座安装前，施工单位要开箱检查支座及配件的相关资料；开箱后不得任意转动连接螺栓和拆卸支座部件。

（3）当支座安装采用螺栓栓接时，在下支座板四周用钢楔块调整支座水平，并使下支座底板面高出桥墩顶面 20～50mm。找出支座纵、横桥向的中心位置，使之符合设计要求。用环氧砂浆灌注地脚螺栓和支座底面垫层。

（4）当支座安装采用焊接连接时，应先将支座准确定位后，采取对称间断焊接的方法，将上、下支座板与梁体及墩台预埋钢板焊接，焊接时应防止烧伤支座和混凝土。

（5）支座安装高度应符合设计要求，要保证支座平面的水平及平整，支座支承平面四角高差不得大于 2mm。

（6）在梁体安装完毕后或现浇混凝土梁体形成整体并达到设计强度后，在张拉梁体预应力之前，应拆除上、下支座的连接钢板，以防止约束梁体的正常转动。

（7）拆除上、下支座的连接钢板后，检查支座的外观有无破损现象，并及时安装支座的外防尘罩。

（8）支座在使用一年以后，应进行质量检查，清除支座周围的杂物和灰尘，并用棉丝仔细檫去不锈钢表面的灰尘。

4.2　预制梁、板安装

预制梁（板）的安装是预制装配式混凝土梁桥施工中的关键性工序，应结合施工现场条件、工程规模、桥梁跨径、工期条件、架设安装的机械设备条件等具体情况，从安全可靠、经济简单和加快施工速度等为原则，合理选择架梁的方法。

对于简支梁（板）的安装设计，一般包括起吊、纵移、横移、落梁（板）就位等工序，从架设的工艺来分有陆地架梁、浮吊架梁和利用安装导梁、塔架、缆索的高空架梁法等方法。《公路施工手册——桥涵》（上、下册）详细介绍了预制梁安装的十几种方法，可供参考，这里简要介绍几种常用的架梁方法的工艺特点。

必须注意的是，预制梁（板）的安装既是高空作业，又需用复杂的机具设备，施工中必须确保施工人员的安全，杜绝工程事故。因此，无论采用何种施工方法，施工前均应详细、具体地研究安装方案，对各承力部分的设备和杆件进行受力分析和计算，采取周密的安全措施，严格执行操作规程，加强施工管理和安全教育，确保安全、迅速地进行架梁工作。同时，安装前应将支座安装就位。

4.2.1　陆地架梁法

1. 移动式支架架梁法

此法是在架设孔的地面上，顺桥轴线方向铺设轨道，其上设置可移动支架，预制梁的前端搭在支架上，通过移动支架将梁移运到要求的位置后，再用龙门架或人字扒杆吊装；或者在桥墩上设枕木垛，用千斤顶卸下，再将梁横移就位。见图 4.5。

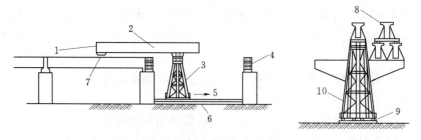

图 4.5　移动式支架架设法

1—后拉绳；2—预制梁；3—移动式支架；4—枕木垛；5—拉绳；6—轨道；7—平车；
8—临时搁置的梁（支架拆除后再架设）；9—平车；10—移动式支架

利用移动支架架设，设备较简单，但可安装重型的预制梁；无动力设备时，可使用手摇卷扬机或绞磨移动支架进行架设。但不宜在桥孔下有水及地基过于松软的情况下使用，一般也不适宜桥墩过高的场合，因为这时为保证架设安全，支架必须高大，因而此种架设方法不够经济。

2. 摆动式支架架梁法

本法是将预制梁（板）沿路基牵引到桥台上并稍悬出一段，悬出距离根据梁的截面尺寸和配筋确定。从桥孔中心河床上悬出的梁（板）端底下设置人字扒杆或木支架，如图 4.6 所示。前方用牵引绞车牵引梁（板）端，此时支架随之摆动而到对岸。

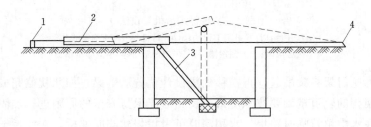

图 4.6　摆动式支架架设法
1—制动绞车；2—预制梁；3—支架；4—牵引绞车

为防止摆动过快，应在梁（板）的后端用制动绞车牵引制动。

摆动式支架架梁法较适宜于桥梁高跨比稍大的场合。当河中有水时也可用此法架梁，但需在水中设一个简单小墩，以供立置木支架用。

3. 自行式吊机架梁法

由于大型的自行式吊机的逐渐普及，且自行式吊机本身有动力、架设迅速、可缩短工期，不需要架设桥梁用的临时动力设备、不必进行任何架设设备的准备工作、不需要如其他方法架梁时所具备的技术工种，因此，一般中小跨径的预制梁（板）的架设安装越来越多地采用自行式吊机。

自行式吊机架梁可以采用一台吊机架设、两台吊机架设、吊机和绞车配合架设等方法。

当预制梁重力不大，而吊机又有相当的起重能力，河床坚实无水或少水，允许吊机行驶、停搁时，可用一台吊机架设安装。这时应注意钢丝绳与梁面的夹角不能太小，一般以 45°~60° 为宜，否则应使用起重梁（扁担梁）。用一台自行式吊机架梁见图 4.7（a）所示。

对跨径不大的预制梁，吊机起重臂跨径 10m 以上且起重能力超过梁重的 1.5 倍时，吊机可搁放在桥台后路基上架设安装，或先搁放在一孔已安装好的桥面上，架设安装次一孔的梁（板）。

用两台吊机架梁法是用两台自行式吊机各吊住梁（板）的一端，将梁（板）吊起并架设安装。此法应注意两吊机的互相配合。

吊机和绞车配合架梁见图 4.7（b）示意。将梁一端用拖履、滚筒支垫，另一端用吊机吊起。前方用绞车或绞磨牵引预制梁前进。梁前进时，吊机起重臂随之转动。梁前端就位后，吊机行驶到后端，提起梁后端取出拖履滚筒，再将梁放下就位。

4. 跨墩或墩侧龙门架架梁法

本法是以胶轮平板拖车、轨道平车或跨墩龙门架将预制梁运送到桥孔，然后用跨墩龙门

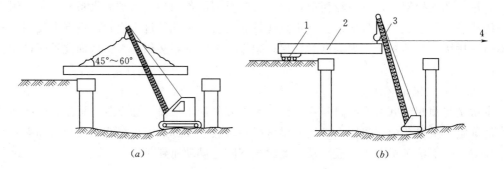

图 4.7　自行式吊机架设法

(a) 一台自行式吊机架设法；(b) 吊机与绞车配合架设法

1—拖履滚筒；2—预制梁；3—吊机起重臂；4—绞车或绞盘

架或墩侧高低脚龙门架将梁吊起，再横移到梁设计位置后落梁，如此就位完成架梁工作。

搁置龙门架脚的轨道基础要按承受最大反力时能保持安全的原则进行加固处理。河滩上如有浅水，可在水中填筑临时路堤，水稍深时可考虑修建临时便桥，在便桥上铺设轨道。同时，还应与其他架设方法进行技术经济比较，以决定取舍。

用本法架梁的优点是架设安装速度较快，河滩无水时也较经济，而且架设时不需要特别复杂的技术工艺，所需作业人员较少。但龙门吊机的设备费用一般较高，尤其是在高桥墩的情况时。

跨墩龙门架的架梁程序如图 4.8（a）所示。预制梁可由轨道平车运送至桥孔，如两台龙门架吊机自行且能达到同步运行时，也可利用跨墩龙门架将梁吊着运送到桥孔，再吊起横移落梁就位。

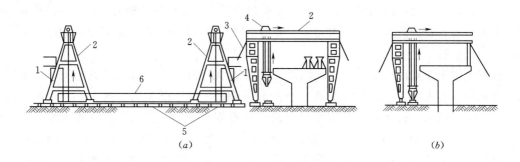

图 4.8　跨墩龙门架架设法

(a) 跨墩龙门架架设；(b) 墩侧高低脚龙门架架设

1—桥墩；2—龙门架吊机（自行式）；3—风缆；4—横移行车；5—轨道；6—预制梁

墩侧高低脚龙门架如图 4.8（b）所示，其架设程序与跨墩龙门架基本相同。但预制梁必须用轨道平车或胶轮平车拖运至桥孔。一孔各片梁安装完毕后，将 1 号墩的龙门架拆除运送到 4 号墩安装使用，以后如此循环使用。为了加快预制梁吊起横移就位速度，可准备三台高低脚龙门架，设置在 1 号、2 号、4 号墩侧。待第一跨各梁安装完毕，可即安装第二跨，与此同时，将 1 号墩龙门架运送到 4 号墩安装。这种高低脚龙门架较跨墩龙门架可减少一条轨道，一条腿的高度也可降低，但增加运、拆、装龙门架的工作量，并需要多准备一台龙门架。

4.2.2　浮运架梁法

浮运架梁法是将预制梁用各种方法移装到浮船上，并浮运到架设孔后就位安装。该方法的施工速度快，高空作业少，吊装能力强，是大跨多孔河道桥梁的有效施工方法。采用浮吊架设要配备运输驳船，岸边设置临时码头，同时在浮吊架设时应有牢固锚碇，且要注意施工安全。

浮运架梁法主要采用如下两种方法：

（1）预制梁装船浮运至架设孔再起吊安装就位。装梁上船一般采用引道栈桥码头，用龙门架吊着预制梁上船，如图 4.9 所示。

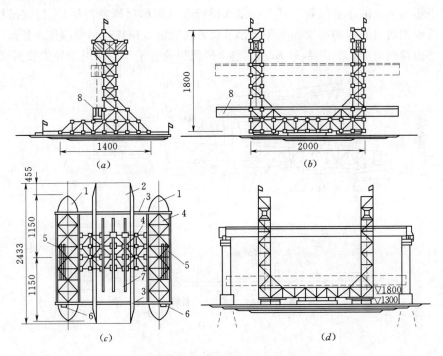

图 4.9　预制梁装船浮运架设法（尺寸单位：cm）

（a）侧面；（b）正面；（c）平面；（d）墩位安装

1—19t 浮桥船；2—80t 铁驳船；3—联结 36 号工字钢；4—万能杆件；5—吊点位置；
6—5t 卷扬机；7—56 号工字钢；8—预制梁

相同方法沿桥轴线拖拉浮船至对岸，预制梁也相应拖拉至对岸，当梁前端抵达安装位置后用龙门架或人字扒杆安装就位，如图 4.10 所示。

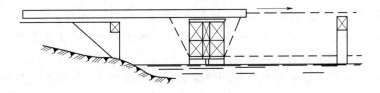

图 4.10　浮船支架拖拉架设法

（2）若装载预制梁的船本身无起吊设施，可用另外的浮吊吊装就位，或用装设在墩顶的起吊设施吊装就位。

4.2.3　高空架梁法

1. 联合架桥机架梁

此法适用于架设安装 40m 以下的多孔桥梁，其优点是完全不设桥下支架，不受水深流急影响，架设过程中不影响桥下通航、通车。预制梁的纵移、起吊、横移、就位都较方便。缺点是架设设备用钢量较多但可周转使用。

联合架桥机由两套门式吊机、一个托架、一根两跨长的钢导梁三部分组成如图 4.11 所示。钢导梁由贝雷装配、梁顶面铺设的运梁平车、托架行走的轨道、门式吊机和工字梁组成，并在上下翼缘处及接头的地方，用钢板加固。门式吊机顶横梁上设有吊梁用的行走小车。为了不影响架梁的净空位置，其立柱做成拐脚式（俗称拐脚龙门架）。门式吊机的横梁高程，由两根预制梁叠起的高度加平车及起吊设备高确定。蝴蝶架是专门用来托运门式吊机转移的，它由角钢组成，如图 4.11 所示，整个蝴蝶架放在平车上，可沿导梁顶面轨道行走。

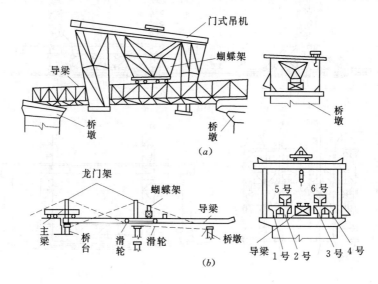

图 4.11　联合架桥机架梁法

（a）主梁纵移图；（b）主梁横移安装图

联合架桥机架梁顺序如下：

（1）在桥头拼装钢导梁，梁顶铺设钢轨，并用绞车纵向拖拉导梁就位。

（2）拼装蝴蝶架和门式吊机，用蝴蝶架将两个门式吊机移运至架梁孔的桥墩（台）上。

（3）由平车轨道运送预制梁至架梁孔位，将导梁两侧可以安装的预制梁用两个门式吊机吊起，横移并落梁就位，如图 4.11 中 1 号、2 号、3 号、4 号梁。

（4）将导梁所占位置的预制梁临时安放在已架设好的梁上，如图 4.11 中的 5 号、6 号梁。

（5）用绞车纵向拖拉导梁至下一孔后，将临时安放的梁由门式吊机架设就位，完成一孔梁的架设工作，并用电焊将各梁联结起来。

（6）在已架设的梁上铺接钢轨，再用蝴蝶架顺序将两个门式吊机托起并运至前一孔的桥墩上。

如此反复，直至将各孔梁全部架设好为止。

2. 双导梁穿行式架梁法

本法是在架设孔间设置两组导梁，导梁上安设配有悬吊预制梁设备的轨道平车和起重行车或移动式龙门吊机，将预制梁在双导梁内吊着运到规定位置后，再落梁、横移就位。横移时可将两组导梁吊着预制梁整体横移，另一种是导梁设在桥面宽度以外，预制梁在龙门吊机上横移，导梁不横移，这比第一种横移方法安全。

双导梁穿行式架梁法的优点与联合架桥机法相同，适用于墩高、水深的情况下架设多孔中小跨径的装配式梁桥。也可架设跨径较大、较重的预制梁，我国用这类型的吊机架设了梁长 51m、重 1410kN 的预应力混凝土 T 形梁桥。

两组分离布置的导梁可用公路装配式钢桥桁节、万能杆件设备或其他特制的钢桁节拼装而成。两组导梁内侧净距应大于待安装的预制梁宽度。导梁顶面铺设轨道，供起重行车吊梁行走。导梁设三个支点，前端可伸缩的支承设在架桥孔前方墩桥上，如图 4.12 所示。

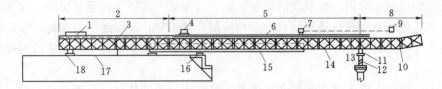

图 4.12 双导梁穿行式架梁法

1—平衡压重；2—平衡部分；3—人行便道；4—后行车；5—承重部分；6—行车轨道；7—前行车；8—引导部分；
9—绞车；10—装置特殊接头；11—横移设备；12—墩上排架；13—花篮螺丝；14—钢桁架导梁；
15—预制梁；16—预制梁纵向滚移设备；17—纵向滚道；18—支点横移设备

两根型钢组成的起重横梁支承在能沿导梁顶面轨道行走的平车上，横梁上设有带复式滑车的起重行车。行车上的挂链滑车供吊装预制梁用。其架设顺序如下：

（1）在桥头路堤上拼装导梁和行车，并将拼装好的导梁用绞车纵向拖拉就位，使可伸缩支脚承在架梁孔的前墩上。

（2）先用纵向滚移法把预制梁运到两导梁间，当梁前端进入前行车的吊点下面时，将预制梁前端稍稍吊起，前方起重横梁吊起，继续运梁前进至安装位置后，固定起重横梁。

（3）用横梁上的起重行车将梁落在横向滚移设备上，并用斜撑住以防倾倒，然后在墩顶横移落梁就位（除一片中梁处）。

（4）用以上步骤并直接用起重行车架设中梁。

如用龙门吊机吊着预制梁横移，其方法同联合架桥机架梁。此法预制梁的安装顺序是先安装两个边梁，再安装中间各梁。全孔各梁安装完毕并符合要求后，将各梁横向焊接联系，然后在梁顶铺设移运导梁的轨道，将导梁推向前进，安装下一孔。

重复上述工序，直至全桥架梁完毕。

3. 自行式吊车桥上架梁法

在预制梁跨径不大，质量较轻且梁能运抵桥头引道上时，可直接用自行式伸臂吊车（汽车吊或履带吊）来架梁。但是，对于架桥孔的主梁，当横向尚未联成整体时，必须核算吊车通行和架梁工作时的承载能力。

此种架梁方法简单方便，几乎不需要任何辅助设备，如图 4.13 所示。

4. 扒杆纵向"钓鱼"架梁法

此法是用立在安装孔墩台上的两副人字扒杆，配合运

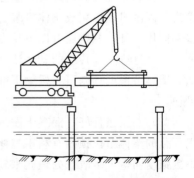

图 4.13 自行式吊车桥上架梁法

梁设备，以绞车互相牵吊，在梁下无支架、导梁支托的情况下，把梁悬空吊过桥孔，再横移落梁、就位安装的架梁法。其架梁示意图如图 4.14 所示。

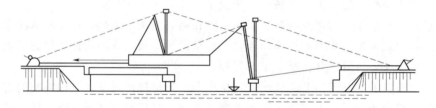

图 4.14　扒杆纵向"钓鱼"架梁法

用此法架梁时，必须以预制梁的质量和墩台间跨径为基础，在竖立扒杆、放倒扒杆、转移扒杆或架梁或吊着梁进行横移等各个工作阶段，对扒杆、牵引绳、控制绳、卷扬机、锚碇和其他附属零件进行受力分析和应力计算，以确保设备的安全。还须对各阶段的操作安全性进行检查。

本法不受架设孔墩台高度和桥孔下地基、河流水文等条件影响；不需要导梁、龙门吊机等重型吊装设备而可架设 30～40m 以下跨径的桥梁；扒杆的安装移动简单，梁在吊着状态时横移容易，且也较安全，故总的架设速度快。但本法需要技术熟练的起重工，且不宜用于不能设置缆索锚碇和梁上方有障碍物处。

预制梁、板的安装方法除了上述的几种方法之外，还有穿巷式架桥机架设法、支架便桥架设法等，无论要采用哪种方法都要因地制宜，结合工程的实际情况，选择一种经济上可行，质量上保证，并且施工安全的方法。

4.3　悬臂拼装块件安装

悬臂拼装法（简称悬拼）是悬臂施工法的一种，它是利用移动式悬拼吊机将预制梁段起吊至桥位，然后采用环氧树脂胶和预应力钢丝束连接成整体。采用逐段拼装，一个节段张拉锚固后，再拼装下一节段。悬臂拼装的分段，主要决定于悬拼吊机的起重能力，一般节段长 2～5m。节段过长则自重大，需要悬拼吊机起重能力大，节段过短则拼装接缝多，工期也延长。一般在悬臂根部，因截面积较大，预制长度比较短，以后逐渐增长。悬拼施工适用于预制场地及运吊条件好，特别是工程量大和工期较短的梁桥工程。

悬拼和悬浇均利用悬臂原理逐段完成全联梁体的施工，悬浇是以挂篮为支承主段浇筑，悬拼是以吊机逐段完成梁体拼装。实践表明，悬拼和悬浇与支架施工等施工方法相比除有许多共同优点外，悬拼还有以下特点：

（1）进度快。传统的悬浇法灌注一节段梁周期在天气好时也需要 1 周左右；而采用悬拼法，梁体节段的预制可与桥梁下部构造施工同时进行，平行作业缩短了施工工期，且拼装速度快。

（2）制梁条件好，混凝土质量高。悬拼法将大跨度梁化整为零，在地面施工，预制场或工厂化的梁体节段预制有利于整体施工的质量，操作方便、安全。悬浇的混凝土有时会因达不到强度而造成事故，处理起来较麻烦，延误了工期，损失较大。采用悬拼法，节段梁在地面有足够的时间，可以想办法弥补工程施工中的不足。

（3）收缩、徐变量少。预制梁段的混凝土龄期比悬浇成梁的长，从而减少悬拼成梁后混凝土的收缩和徐变。

（4）线形好。节段预制采用长线法，长线法是在按梁底曲线制作的固定底模上分段浇筑混凝土的方法，能保证梁底线形。

（5）适合多跨梁施工。当桥梁跨度越大，桥跨越多，则越能体现悬拼法的优越性，也就越经济。

悬拼按照起重吊装的方式的不同可分为：浮吊悬拼、牵引滑轮组悬拼、连续千斤顶悬拼、缆索起重机（缆吊）悬拼及移动支架悬拼等。悬拼的核心是梁的吊运与拼装，梁体节段的预制是悬拼的基础。

悬拼施工工序主要包括梁体节段的预制、移位、堆放、运输；梁段起吊拼装；悬拼梁体体系转换；合龙段施工。本节主要介绍悬臂拼装块件的安装工艺。

4.3.1　悬拼方法

预制节段的悬臂拼装可根据现场布置和设备条件采用不同的方法来实现。当靠岸边的桥跨不高且可在陆地或便桥上施工时，可采用自行式吊车、门式吊车来拼装。对于河中桥孔，也可采用水上浮吊进行安装。如果桥墩很高，或水流湍急而不便在陆上、水上施工时，就可利用各种吊机进行高空悬拼施工。

1. 浮吊拼装法

重型的起重机械装配在船舶上，全套设备在水上作业就位方便，40m 的吊高范围内起重力大，辅助设备少，相应的施工速度较快，但台班费用较高。一个对称干接悬拼的工作面，一天可完成 2～4 段的吊拼。其施工主要工序如图 4.15 所示。

2. 悬臂吊机拼装法

悬臂吊机由纵向主桁架、横向起重桁架、锚固装置、平衡重、起重系、行走系和工作吊篮等部分组成，如图 4.16 所示。

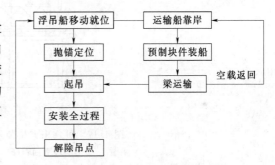

图 4.15　浮吊悬拼施工工序

纵向主桁为吊机的主要承重结构，可由贝雷片、万能杆件、大型型钢等拼制。一般由若干桁片构成两组，用横向联结系联成整体，前后用两根横梁支承。

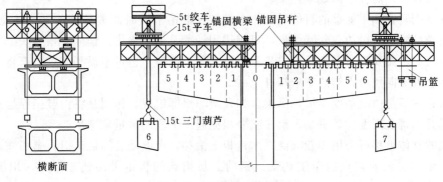

图 4.16　悬臂吊机构造图

横向起重桁是供安装起重卷扬机直接起吊箱梁节段之用的构件。多采用贝雷架、万能杆件及型钢等拼配制作。纵向主桁的外荷载就是通过横向起重桁传递给它的。横向起重桁支承在轨道平车上，轨道平车搁置于铺设在纵向主桁上弦的轨道上，起重卷扬机安置在横向起重桁上弦。

图 4.17 为贝雷桁架拼装悬拼吊机拼梁段示意图。

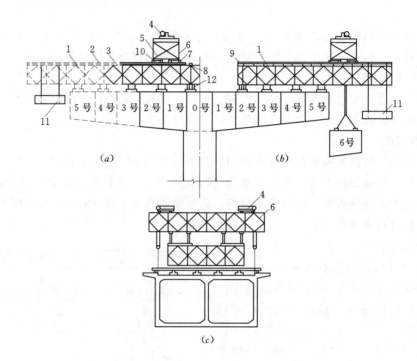

图 4.17 贝雷桁架拼装悬拼吊机拼梁段示意图

（a）吊装 1～5 号梁段立面；（b）吊装 6～9 号梁立面；（c）侧面

1—吊机桁梁；2—钢轨；3—枕木；4—卷扬机；5—撑架；6—横向桁梁；7—平车；8—锚固吊环；
9—工字钢；10—平车之间角钢联结成整体；11—工作吊篮；12—锚杆

图 4.18 为贝雷桁架连续千斤顶拼装悬拼吊机拼梁段示意图和图 4.19 为梁段吊装正面示意图。连续千斤顶或卷扬机滑轮组作业设备简单，占用面积小、质量轻，适应性强，千斤顶起重力与吊重力之比约为 1：100。当 0 号梁段顺桥向的长度不能满足起步长度或采用吊机悬吊 1 号梁段时，需在墩侧设立托架。

设置锚固装置和平衡重的目的是防止主桁架在起吊节段时倾覆翻转，保持其稳定状态。对于拼装墩柱附近节段的双悬臂吊机，可用锚固横梁及吊杆将吊机锚固于零号块上。对称起吊箱梁节段，不需要设置平衡重。单悬臂吊机起吊节段时，也可不设平衡重，而将吊机锚在节段吊环上或竖向预应力筋的螺丝端杆上。

起重系一般是由电动卷扬机、吊梁扁担及滑车组等组成。作用是将由驳船浮运到桥位处的节段提升到拼装高度以备拼装。滑车组要根据起吊节段的重量来选用。

吊机的整体纵移可采用钢管滚筒在木走板上滚移，由电动卷扬机牵引。牵引绳通过转向滑车系于纵向主桁前支点的牵引钩上。横向起重桁架的行走采用轨道平车，用倒链滑车牵引。

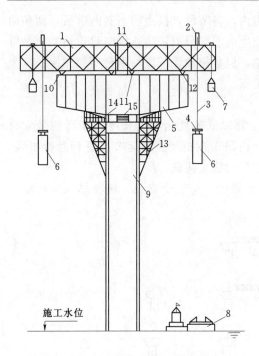

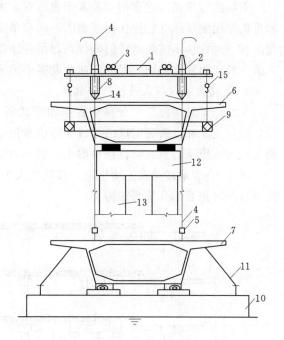

图 4.18　贝雷桁架连续千斤顶拼装
悬拼吊机拼梁示意图

1—贝雷纵梁；2—ZLD-100 连续千斤顶；3—起吊索；
4—起重连接器；5—已安装定位梁段；6—待吊安装
梁段；7—工作吊篮；8—运梁驳船；9—桥墩；10—前
支点；11—锚筋；12—前支点；13—托架；
14—临时支座；15—支座

图 4.19　梁段吊装正面示意图

1—提吊中心控制台；2—ZLD-100 连续千斤顶；3—油泵；
4—9×φ15 钢绞线；5—起重连接器；6—已安装定位梁段；
7—待吊安装梁段；8—贝雷主桁架；9—贝雷梁组合工作
吊篮；10—运梁段船只；11—梁段稳定风缆；12—墩帽；
13—双柱式桥墩；14—悬梁前支点；15—升降手拉葫芦

工作吊篮悬挂于纵向主桁前端的吊篮横梁上，吊篮横梁由轨道平车支承以便工作吊篮的纵向移动。工作吊篮供预应力钢丝穿束、千斤顶张拉、压注灰浆等操作之用。可设上、下两层，上层供操作顶板钢束用，下层供操作肋板钢束用。也可只设一层，此时，工作吊篮可用倒链滑车调整高度。

这种吊机的结构较简单，使用最普遍。当吊装墩柱两侧附近节段时，往往采用双悬臂吊机的形式，当节段拼装至一定长度后，将双悬臂吊机改装成两个独立的单悬臂吊机（图 4.16）。但在桥的跨径不太大，孔数也不多的情况下，有的工地就不拆开墩顶桁架而在吊机两端不断接长进行悬拼，以免每拼装一对节段就将对称的两个单悬臂吊机移动和锚固一次。

当河中水位较低——运输箱梁节段的驳船船底高程低于承台顶面高程，驳船无法靠近墩身时，双悬臂吊机的设计往往要受安装一号节段时的受力状态所控制。为了不增大主桁断面以节约用钢量，对这种情况下的双悬臂吊机必须采取特别措施，例如斜撑法和对拉法。

斜撑法即以临时斜撑增加纵向主桁的支点以改善主桁的受力状况。斜撑的下端支于墩身牛腿上，上端与主桁加强下弦杆铰接。当节段从驳船上吊起并内移至安全距离以后，将节段临时搁置于承台上的临时支架上，再以千斤顶顶起吊机，除去斜撑，继续起吊节段，内移就位。用此法起吊节段安全可靠，但增加了起吊工序和材料用量。

215

对拉法即将横向起重桁架放置于起吊安全距离内，将节段直接由船上斜向起吊，两横向起重桁架用钢丝绳互相拉住以平衡因斜向起吊而产生的水平分力，防止横向起重桁架向悬臂端滚移。对拉法不需附加任何构件，起吊程序简单，但必须确保节段与承台不致相撞。这个方法一般使用在起吊钢丝绳的斜向角度很小的情况下。

3. 连续桁架（闸式吊机）拼装法

连续桁架悬拼施工可分移动式和固定式两类。移动式连续桁架的长度大于桥的最大跨径，桁架支承在已拼装完成的梁段和待拼墩顶上，由吊车在桁架上移运节段进行悬臂拼装。固定式连续桁架的支点均设在桥墩上，而不增加梁段的施工荷载。

图 4.20 表示移动式连续桁架，其长度大于两个跨度，有三个支点。这种吊机每移动一次可以同时拼装两孔桥跨结构。

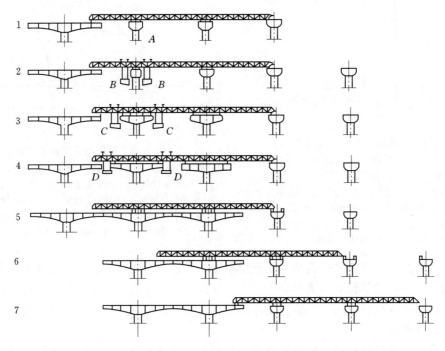

图 4.20　移动式连续桁架拼装示意图

4. 缆索起重机（缆吊）拼装法

缆吊无须考虑桥位状况，且吊运结合，机动灵活，作业空间大，在一定设计范围内缆吊几乎可以负责从下部到上部，从此岸到彼岸的施工作业，因此缆吊的利用率和工作效率很高。其缺点是一次性投入大，设计跨度和起吊能力有限，一般起吊能力不宜大于 500kN，而一般混凝土预制梁段的重力多达 500kN，目前我国使用缆吊悬拼连续梁都是由两个独立单箱单室并列组合的桥型，为了充分利用缆吊的空间特性，特将预制场及存梁区布设在缆吊作用面内。缆吊进行拼合作业时增加风缆和临时手拉葫芦，以控制梁段即位的精度。缆机运吊结合的优势，大大缩短了采用其他运吊方式所需的转运时间，可以将梁段从预制场直接吊至悬拼结合面。施工速度可达日拼 2 个作业面 4 段，甚至可达 4 个作业面6 段。

图 4.21 为缆索起重机塔柱图。

缆吊悬拼可采用伸臂吊机、缆索吊机、龙门、吊机、人字扒杆、汽车吊、履带吊、浮吊等起重机进行拼装。根据吊机的类型和桥孔处具体条件的不同，吊机可以支承在墩柱上、已拼好的梁段上或处在栈桥上、桥孔下。

不管是利用现有起重设备或专门制作，悬臂吊机需满足如下要求：

（1）起重能力能满足起吊最大节段的需要。

（2）吊机便于作纵向移动，移动后又能固定于一个拼装位置。

（3）吊机处在一个位置上进行拼装时，能方便地起吊节段作竖向提升和纵、横向移动，以便调整节段拼装位置。

（4）吊机的结构尽量简单，便于装拆。

图 4.22 为移动索鞍示意图。

5. 移动式导梁悬拼

这种施工方法需要设计一套比桥跨略长的可移动式导梁，如图 4.23 所示。安装在悬拼工作位置，梁段沿已拼梁面运抵导梁旁，由导梁

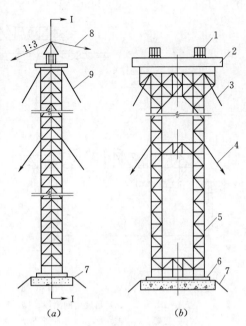

图 4.21　缆索起重机塔柱图
(a) 正面图；(b) Ⅰ—Ⅰ剖面图
1—索鞍；2—型钢；3—八字风缆；4—八字腰风缆；
5—万能杆件墩柱；6—铰接；7—基础；
8—主索；9—风缆

运到拼装位置用预应力拼合在悬臂端上。导梁设有两对固定支架。一对在导梁后面，另一对设在中间，梁段可以从支柱中间通过。导梁前端有一个活动支柱，使导梁在下一个桥墩上能形成支点。导梁下弦杆用来铺设轨道以支承运梁平车。平车可使梁段水平和垂直移动，同时还能使其转动 90°。施工可分三阶段进行。

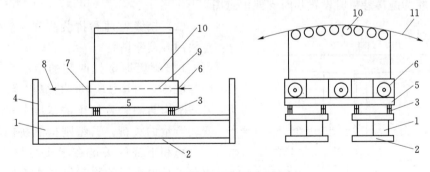

图 4.22　移动索鞍示意图
1—移动纵梁；2—不锈钢板；3—固定圈；4—挡板；5—底座钢板；6—锚固点；
7—精轧螺纹钢筋；8—进千斤顶；9—型钢；10—索鞍；11—缆索

（1）吊装墩顶梁段。导梁放在三个支点上，即后支架上，靠近已悬拼端头的中支架和借助临时支柱而与装在下一桥前方的前支柱相接成第三支点。

（2）导梁前移。通过后支架的滚动和前支架的滑轮装置，使导梁向前移动。

（3）吊装其他梁段。拼装其他梁段时，导梁由后支架和中间支架支承。中间支架锚固在

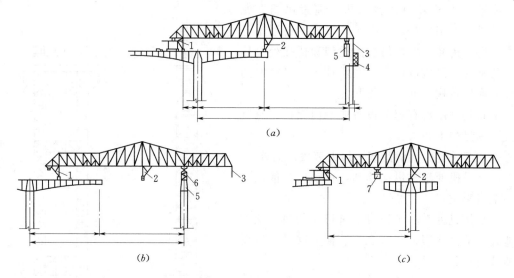

图 4.23　导梁悬拼梁段示意图

（a）吊装中间梁段；（b）导梁移至前方桥墩；（c）吊装其他梁段

1—后支架，2—中支架，3—临时前支架，4—立柱，5—墩顶梁段，6—临时支架，7—移梁段小车

墩顶梁段上，后支架锚固在已建成的悬臂梁端。

4.3.2　拼装施工

（1）支座临时固结或设置临时支架为了确保连续梁分段悬拼施工的平衡和稳定，常与悬浇方法相同，将 T 型刚构支座临时固结。当临时固结支座不能满足悬拼要求时，一般考虑在墩两侧或一侧加临时支架。悬拼完成，T 型刚构合龙（合龙要点与悬浇相同），即可恢复原状，拆除支架。

梁段拼装过程中的接缝有湿接缝、干接缝和胶接缝等几种。不同的施工阶段和不同的部位采用不同的接缝形式。

图 4.24 为缆吊悬拼时设置临时支架示意图。

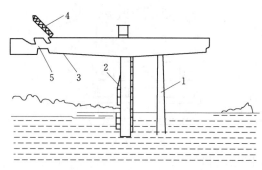

图 4.24　缆吊悬拼时设置临时支架示意图

1—临时钢管柱支墩；2—桥墩；3—已拼段梁；

4—缆吊横梁；5—待拼梁段

（2）接缝处理和拼装程序。1 号块和调整块用湿接缝拼装。

1 号梁段即墩柱两侧的第一个节段，一般与墩柱上的 0 号块以湿接缝相接。1 号块是 T 型刚构两侧悬臂箱梁的基准节段，是全跨安装质量的关键。T 型刚构悬拼施工时，防止上翘和下挠的关键在于 1 号块定位准确，因此，必须采用各种定位方法确保 1 号块定位的精度。定位后的 1 号块可由吊机悬吊支承，也可用下面的临时托架支承。为便于进行接缝处管道接头操作、接头钢筋的焊接和混凝土振捣作业，湿接缝一般宽 0.1～0.2m。

1 号节梁段拼装和湿接缝处理的程序如图 4.25 所示。

跨度大的 T 型刚构桥，由于悬臂很长，往往在伸臂中部设置一道现浇箱梁横隔板，同时设置一道湿接缝。这道湿接缝除了能增加箱梁的结构刚度外，也可以调整拼装位置；在拼装过程中，如拼装上翘的误差很大，难以用其他办法补救时，也可以增设一道湿接缝来调整。但应注意，增设的湿接缝宽度必须用凿打节段端面的办法来提供。

湿接缝铁皮管的对接，是一项工艺很高且很复杂的技术。在对接中往往不易处理，常会出现铁皮管长度、直径与接缝宽度不相称，预留管道位置不准确，管孔串浆、排气的三通铁皮管错乱等现象。施工时应特别注意以上特点。

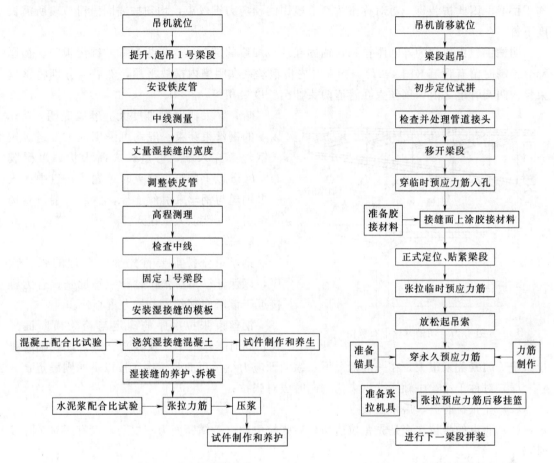

图 4.25　1 号梁段湿接缝拼装程序　　　　图 4.26　胶接缝拼装梁段程序

（3）其他节段用胶接缝或干接缝拼装。其他梁段吊上并基本定位后（此时接缝宽约 10～15cm），先将临时预应力筋穿入，安好连接器，再开始涂胶及合龙，张拉临时预应力筋，使固化前胶接缝的压应力不低于 0.4MPa，这时可解除吊钩。

胶接缝拼装梁段程序如图 4.26 所示。

（4）节段接缝处理。节段接缝采用环氧树脂胶，厚度 1.0mm 左右。环氧树脂胶接缝可使节段连接密贴，可提高结构抗剪能力、整体刚度和不透水性。一般不宜采用干接缝。干接缝节段密贴性差，接缝中水气浸入导致钢筋锈蚀。

环氧树脂胶的配方应通过试验决定，并随化学工业的迅猛发展，产品换代，应及时作市场调查，采用性能最好的产品。环氧树脂胶由环氧树脂、固化剂、增塑剂、稀释剂、填料等组成。填料一般用高强度等级水泥、洁净干燥砂。

一般对接缝混凝土面先涂底层环氧树脂底胶（环氧树脂底层胶由环氧树脂、固化剂、稀释剂按试验决定比例调配）然后再涂加入填料的环氧树脂胶。环氧树脂胶随用随配调制。

4.3.3 穿束及张拉

1. 穿束

T型刚构桥纵向预应力钢筋的布置有两个特点：①较多集中于顶板部位。②钢束布置对称于桥墩。因此拼装每一对对称于桥墩节段用的预应力钢丝束，均须按锚固该对节段所需长度下料。

明槽钢丝束通常为等间距排列，锚固在顶板加厚的部分（这种板俗称"锯齿板"）。加厚部分预制时留有管道（图4.27）。穿束时先将钢丝束在明槽内摆放平顺，然后再分别将钢丝束穿入两端管道之内。钢丝束在管道两头伸出长度要相等。

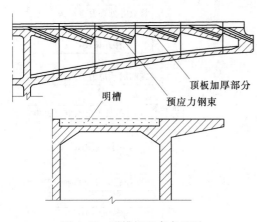

图4.27 明槽钢丝束布置图

暗管穿束比明槽难度大。经验表明，60m以下的钢丝束穿束一般均可采用人工推送。较长钢丝束穿入端，可点焊成箭头状缠裹黑胶布。60m以上的长束穿束时可先从孔道中插入一根钢丝与钢丝束引丝连接，然后一端以卷扬机牵引，一端以人工送入。

2. 张拉

钢丝束张拉前要首先确定合理的张拉次序，以保证箱梁在张拉过程中每批张拉合力都接近于该断面钢丝束总拉力重心处。

钢丝束张拉次序的确定与箱梁横断面形式、同时工作的千斤顶数量、是否设置临时张拉系统等因素关系很大。在一般情况下，纵向预应力钢丝束的张拉次序按以下原则确定：

（1）对称于箱梁中轴线，钢束两端同时成对张拉；

（2）先张拉肋束，后张拉板束；

（3）肋束的张拉次序是先张拉边肋，后张拉中肋（若横断面为三根肋，仅有两对千斤顶时）；

（4）同一肋上的钢丝束先张拉下边的，后张拉上边的；

（5）板束的次序是先张拉顶板中部的，后张拉边部的。

每一束的张拉程序参见后张法预制工艺。

4.3.4 压浆

管道压浆的目的是为了保证预应力筋不受腐蚀。目前的工艺是先用高压水检查管道的畅通、匹配面的密贴情况以及封端情况后再进行正式压浆，直到出浆口出浓浆。封闭出浆口持压几分钟，以保证水泥浆尽量充满管道。

压浆是在局部封锚后进行的，尚未进行封端，封锚水泥砂浆极易收缩开裂，造成压浆时漏浆，直接影响持压效果；且水泥浆在管道内会产生收缩，使压浆质量难以控制。故除了保证封端质量外，若在水泥浆中加入适量微膨胀剂，选取合适的配合比，则既能使压浆工作能顺利进行，又能使凝固后的水泥浆尽量充满管道，尽可能地排出管道内的水和空气，避免力筋受蚀。

值得提出的是，在正式压浆前，必须检查管道畅通及渗漏情况，在压浆时，若从一端压不通，须及时处理，不得从另一端补压了事。

4.3.5　合龙段施工

用悬臂施工法建造的连续刚构桥、连续梁桥和悬臂桁架拱，则需在跨中将悬臂端刚性连接、整体合龙。这时合龙段的施工常采用现浇和拼装两种方法。现浇合龙段预留 1.5～2m，在主梁高程调整后，现场浇筑混凝土合龙，再张拉预应力索筋，将梁连成整体。节段拼装合龙对预制和拼装的精度要求较高，但工序简单，施工速度快。箱梁 T 构在跨中合龙时初期常用剪力铰，使悬臂能相对位移和转动，但挠度连续。现在箱梁 T 构和桁架 T 构的跨中多用挂梁连接。

预制挂梁的吊装方法与装配式简支梁的安装相同。但需注意安装过程中对两边悬臂加荷的均衡性问题，以免墩柱受到过大的不均衡力矩。有两种方法：①采用平衡重；②采用两悬臂端部分分批交替架梁，以尽量减少墩柱所受的不平衡力矩。

4.3.6　施工控制

1. 悬拼质量控制

（1）预制场测量。建立基准三角网，选用平行于桥轴线的一直线作为控制中线，在预制场台座外控制中线放样。在梁段预制后，移运前，用控制中线在顶面上放出梁中线，并用最大的可能间距放出两条与中线垂直的横线。并在横线上测量 4 个固定点（每根横线取 2 个点）的高程，测定记录横线间距及 4 点高程值，供安装时使用。

（2）中线控制。悬拼时梁段的中线可能因为平面位移与平面转角而产生误差，为减小平面位移误差的叠加和传递，安装时可通过中线适当错位纠正。每次错位调节小于 4mm 为宜。

转角误差因梁段一般较短，中线上难以反映，可测量两梁段上横线是否平行判断。转角容许误差由合龙中线最大偏差确定。加以调整的办法是在一侧的腹板加垫金属板或刷厚环氧树脂。

（3）梁的高程控制。梁应按修正后的设计高程控制，修正后的高程已计入预制梁高误差（被测点梁的高度及混凝土的高低不平误差）。

施工时，影响梁高程的因素较多：预制梁高误差、梁自重误差、临时荷载、安装时立面转角及预应力筋张拉误差等。

梁自重误差一般在 ±4% 内，可不计其影响。混凝土徐变因总的悬拼时间短，预制时间长，在施工期内亦可不计。临时荷载由施工控制。预应力筋张拉引起的高程变化可通过计算求得，根据影响的大小决定是否修正。

（4）悬拼的质量控制。

1）梁段安装的主要允许偏差。

a. 中线平面位置：±10mm

b. 平面转角：±1°/m

c. 高程：±10mm

d. 立面转角：±1°/m

e. 扭转：±10mm

f. 湿接缝后第一梁段中线：±2mm

g. 湿接缝后第一梁段顶面高程：±2mm

2）悬臂合龙的主要允许偏差。

a. 悬臂合龙的中线：±50mm

b. 悬臂合龙的相对高程：±50mm

2. 悬拼线形控制

悬拼的各梁段连接后梁顶或梁底中心的连线称为梁顶或梁底的线形，相关的预拱度计算和施工控制测量工作即称为线形控制。桥梁的线形不顺，首先有损外观；如线形控制不严，合龙段有不允许的高差，将影响穿束工作，且增大钢束张拉阻力；桥中线误差，将增大梁的扭矩。桥的跨度越大，线形控制的重要性就越趋突出。

要控制好线形，应该把握以下环节：

（1）节段预制。当采用长线法预制节段时，台座可按半个"T"或整个"T"制作。台座的基础须按一定的允许承载力设计，避免制梁时台座的沉降影响预制线形。台座的底模高程应是可调的，以便制梁时进行必要的高程（梁底线形）调整。应对台座高程进行精确测量。

（2）正确计算线形高程。根据设计图、施工组织设计及预制线形，可以得到预计的各种计算参数值，并提前进行预拱度及挠度的理论计算，得到各节段块制造与施工安装高程。节段预制完以后，需称重，比较实际质量与设计质量，确定梁体自重误差对悬拼线形的影响。在计算高程时，要注意连续梁一般是逐孔逐跨推进式施工，在确定后一节段的施工安装高程前，须考虑前一节段的高程，因其高程会受到相邻节段张拉合龙跨底板束等的影响，张拉底板束时，悬臂前端高程会减少。

（3）正确测量，总结规律。在每一节段梁定位前后都要对线形（高程、中线）等进行精确测量，及时汇集监控数据并进行分析，总结规律，为下一节段悬拼控制提供参数，以便调整其控制高程。测量最好定时进行（以早晨为好），以减少温度影响。因为箱梁受日照影响，沿梁高或上、下游的温度梯度是非线性的，若不定时、适时测量，如测量时的温差太大，会引起悬臂的温差变形，测量数据可能会对施工产生误导作用。

（4）控制1号块线形。悬拼法施工的0号块一般是在墩顶灌注。1号块以后的节段是在地面上用长线法预制。1号块位于悬臂的根部，其他块在其延长线上，它的安装精度对以后的悬拼线形影响极大。0号块与1号块之间采用湿接头是十分必要的，有利于精确控制1号块的线形。安装中主要通过调整1号块的安装线形进行线形的调整，必须严格控制其高程、中线的位置，尽量减少悬拼时的纠偏工作。

（5）线形调整。由于各种原因，实际线形总是偏离设计线形，要求安装时随时调整。调整分两种：一是根据已安装T型刚构实测资料，修正1号块的安装高程；另一种是1号块以后的纠偏。纠偏工作必须及时进行，因为对采用长线法预制的拼装块只能作微量纠偏，且若不及时纠偏，线形误差会越来越大，造成纠偏困难，且不易保证接合面的质量。纠偏可采用以下措施：

1）垫铜片或石棉网。使节段块向有利方向偏转。石棉网经环氧树脂净浆浸透，以便粘贴。宽度在10cm左右，以控制最大预留缝的胶量和厚度的均匀性；厚度可根据计算求得，一次调整石棉网厚度不宜大于5mm。

2）利用临时张拉束。临时张拉可采取张拉一部分受力筋，或在箱梁内壁设置临时张拉齿块。在各临时张拉束上施加不同的力，挤出匹配面上多余的环氧树脂胶泥，也可以达到纠偏的目的。实践证明，其操作相对方便，效果也较明显。纠偏时，一次不宜太多，不仅要注意安装块的中心线与高程，更要注意其倾斜度，使纠偏工作顺利进行，避免反复纠偏，以确保合龙段的中心线与高程的精确性。

4.4　拱肋及拱上建筑安装

梁桥上部的轻型化、装配化，大大加快了梁桥的施工速度。要提高拱桥的竞争能力，拱桥也必须向轻型化和装配化的方向发展。从双曲拱桥及以后发展至桁架拱桥、刚架拱桥、箱形拱桥、桁式组合拱桥、钢管混凝土拱桥，均沿着这一方向发展。混凝土装配式拱桥拱的型式主要包括肋拱、组合箱形拱、悬砌拱、桁架拱、钢管拱、刚构拱和扁壳拱等。

装配式混凝土拱桥采用的施工方法可以分为少支架和无支架施工两种。本节将简单介绍拱肋缆索吊装及拱上构件吊装。

4.4.1　拱肋缆索吊装合龙方式

边段拱肋悬挂固定后，就可以吊运中段拱肋进行合龙。拱肋合龙后，通过接头、拱座的联结处理，使拱肋由铰接状态逐步成为无铰拱，因此，拱肋合龙是拱桥无支架吊装中一项关键工作。拱肋合龙的方式比较多，主要根据拱肋自身的纵向与横向稳定性、跨径大小、分段多少、地形和机具设备条件等不同情况，选用不同的合龙方式。

1. 单基肋合龙

拱肋整根预制吊装或分两段预制吊装的中小跨径拱桥，当拱肋高度大于（0.009～0.012）L（L 为跨径），拱肋底面宽度为肋高的 0.6～1.0 倍，且横向稳定系数不小于 4 时，可以进行单基肋合龙，嵌紧拱脚后，松索成拱，如图 4.28（a）所示。这时其横向稳定性主要依靠拱肋接头附近所设的缆风索来加强，因此缆风索必须十分可靠。

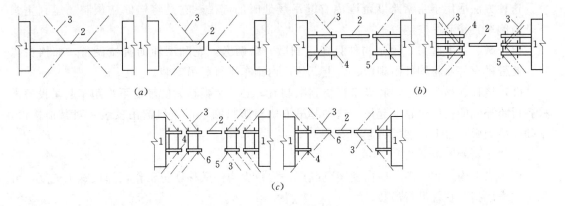

图 4.28　拱肋合龙示意图

（a）单基肋合龙；（b）3 段吊装单肋合龙；（c）5 段吊装单肋合龙
1—墩台；2—基肋；3—风缆；4—拱肋段；5—横尖木；6—次拱脚段

单基肋合龙的最大优点是所需要的扣索设备少，相互干扰也少，因此也可用在扣索设备不足的多孔桥跨中。

2. 悬挂多段拱脚段或次拱脚段拱肋后单基肋合龙

拱肋分三段或五段预制吊装的大、中跨径拱桥，当拱肋高度不小于跨径的1/100且其单肋合龙横向稳定安全系数不小于4时，可采用悬扣边段或次边段拱肋，用木夹板临时联结两拱肋后，单根拱肋合龙，设置稳定缆风索，成为基肋。待第二根拱肋合龙后，立即安装两肋拱顶段及次边段的横夹木，并拉好第二根拱肋的风缆。如横系梁采用预制安装，应将横系梁逐根安上，使两肋及早形成稳定、牢固的基肋。其余拱肋的安装，可依靠与"基肋"的横向联结，达到稳定，如图4.28（b）、（c）所示。

3. 双基肋同时合龙

当拱肋跨径大于等于80m或虽小于80m，但单肋合龙横向稳定安全系数小于4时，应采用"双基肋"合龙的方法。即当第一根拱肋合龙并调整轴线，楔紧拱脚及接头缝后，松索压紧接头缝，但不卸掉扣索和起重索，然后将第二根拱肋合龙，并使两根拱肋横向联结固定。拉好风缆后，再同时松卸两根拱肋的扣索和起重索，这种方法需要两组主索设备。

4. 留索单肋合龙

在采用两组主索设备吊装而扣索和卷扬机设备不足时，可以先用单肋合龙方式吊装一片拱肋合龙。待合龙的拱肋松索成拱后，将第一组主索设备中的牵引索、起重索用卡子固定，抽出卷扬机和扣索移到第二组主索中使用。等第二片拱肋合龙并将两片拱肋用木夹板横向联结、固定后，再松起重索并将扣索移到第一组主索中使用。

4.4.2 拱上构件吊装

主拱圈以上的结构部分，均称为拱上构件。拱上构件的砌筑同样应按规定的施工程序对称均衡地进行，以免产生过大的拱圈应力。为了能充分发挥缆索吊装设备的作用，可将拱上构件中的立柱、盖梁、行车道板、腹拱圈等做成预制构件，用缆索吊装施工，以加快施工进度，但因这些构件尺寸小、质量轻、数量多，其吊装方法与吊装拱肋有所不同。常用的吊装方法有以下几种。

1. 运入主索下起吊

这种方法适用于主索跨度范围内有起吊场地时的起吊，它是将构件从预制场运到主索下，由跑车直接起吊安装。

（1）墩、台上起吊。预制构件只能运到墩、台两旁，先利用辅助机械设备，如摇头扒杆、履带吊车等，将构件吊到墩、台上，然后由跑车进行起吊安装。

（2）横移起吊。当地形和设备都受到限制时，必须在横移索的辅助下将跑车起吊设备横移到桥跨外侧的构件位置上起吊。这种起吊方式对腹拱圈可以直接起吊安装；对其他构件，则须先吊到墩、台上，然后再起吊安装。

2. "横扁担"吊装法

由于拱上构件数目多，横向安装范围广，为减少构件横移就位工作，加快施工进度，可采用"横扁担"装置进行吊装。

（1）构造形式。"横扁担"装置可以就地取材，采用圆木或型钢等制作，其构造形式如图4.29所示。

（2）主索布置。根据拱上构件的吊装特点，主索一般有以下三种布置形式。

1）将主索布置在桥的中线位置上，跑车前后布置，并用千斤绳联结。每个跑车的吊点上安装一副"横扁担"，如图4.30所示。这种布置比较简单，但吊装的稳定性较差，起吊构

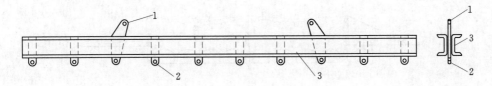

图 4.29 "横扁担"构造图

1—起吊板；2—构件吊装点；3—槽钢扁担梁

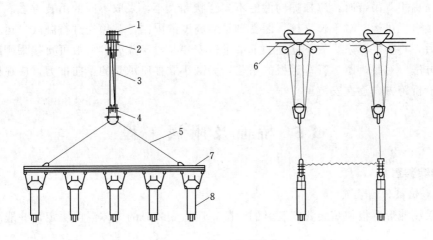

图 4.30 一组主索吊装

1—跑车；2—主索；3—超重索；4—吊点；5—千斤索；6—牵引索；7—"横扁担"；8—构件

件须左右对称、质量相等。多用在一组主索的桅杆式塔架的吊装方案中。

2）将一根主索分开成两组布置，每组主索上安置一个跑车，横向并联起来。"横扁担"装置直接挂在两跑车的吊点上，如图 4.31 所示。这种吊装的稳定性好，吊装构件不一定要求均衡对称、灵活性大，但主索布置工作量稍大，且只能安装一副"横扁担"。

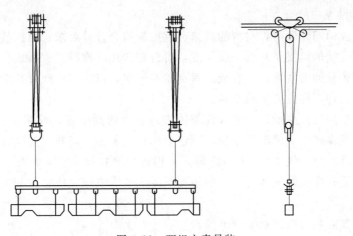

图 4.31 两组主索吊装

3）在双跨缆索吊装中，将两跑车拆开，每一跨缆索中安装一个，用一根长钢丝绳联系起来（钢丝绳长度相当于两跨中较大一跨的长度）。这种布置，由于两跑车只能平行运行，因此两跨不能同时吊装构件，如图 4.32 所示。

225

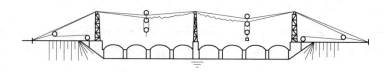

图 4.32 双跨主索单跑车吊运

3.吊装施工

用"横扁担"吊装时,应根据构件的不同形状和大小,采取不同的吊装方法。对于短立柱,可直接直立吊运。对于长立柱,因受到吊装高度的限制,常须先进行卧式吊运,待运到安装位置后,再竖立起来,放下立柱的下端进行安装。对于盖梁,一般可直接采用卧式吊运和安装的方法。对腹拱圈、行车道板的吊装,为减小立柱所承受的单向推力,应在横桥方向上分组,沿桥跨方向逐次安装。

4.5 桥面及附属工程

4.5.1 伸缩装置

1.梳形钢板伸缩装置

(1)采用梳形钢板伸缩装置安装时的间隙,应按安装时的梁体温度决定,一般可按下式计算:

$$\Delta_1 = l - l_1 + l_2$$

式中:Δ_1 为安装时的梳形板间隙,mm;l 为梁的总伸缩量,mm;l_1 为施工时梁的伸长量,应考虑混凝土干燥收缩引起的收缩量,预应力混凝土梁还应考虑混凝土徐变引起的收缩量,mm;l_2 为富裕量,mm。

(2)梳形钢板伸缩装置所用钢材的力学性能应符合有关规定。

(3)应设置橡胶封缝条防水。

2.橡胶伸缩装置

(1)采用橡胶伸缩装置时,材料的规格、性能应符合设计要求。根据桥梁跨径大小或连续梁(包括桥面连续的简支梁)的每联长度,可分别选用纯橡胶式、板式、组合式橡胶伸缩装置。对于板式橡胶伸缩装置,应有成品解剖检验证明,以检测生产过程中钢板和角钢等预埋位置是否按照设计图样位置安放准确。

安装时,应根据气温高低,对橡胶伸缩体进行必要的预压缩。伸缩装置应在工厂组装,并按照施工单位提供施工安装温度定位,固定后出厂,若施工安装时温度有变化,一定要重新调整定位后安装就位。气温在5℃以下时,不得进行橡胶伸缩装置施工。

(2)采用后嵌式橡胶伸缩体时,应在桥面混凝土干燥收缩完成且徐变也大部完成后再进行安装。

(3)伸缩装置安装时应注意下列事项。

1)检查桥面板端部预留空间尺寸、钢筋,注意不受损伤,若为沥青混凝土桥面铺装,宜采用后开槽工艺安装伸缩缝,以提高与桥面的顺适度。

2)根据安装时的环境温度计算橡胶板伸缩装置的模板宽度与螺栓间距。将准备好的加强钢筋与螺栓焊接就位,嗣后浇筑混凝土与养护。

3）将混凝土表面清洁后，涂防水胶粘材料。利用调正压缩的工具，将伸缩装置安装就位。向伸缩装置螺栓孔内灌注防蚀剂后，注意及时盖好盖帽。

3. 模数式伸缩装置

（1）伸缩装置由异形钢梁与单元橡胶密封带组合而成的称为模数式伸缩装置。它适用于伸缩量为 80～1200mm 的桥梁工程。

（2）伸缩装置中所用异形钢梁沿长度方向的直线度应满足 1.5mm/m，全长应满足 10mm/10m 的要求。伸缩装置钢构件外观应光洁、平整，不允许变形扭曲。

（3）伸缩装置必须在工厂进行组装。组装钢构件应进行有效的防护处理。吊装位置应用明显颜色标明。出厂时应附有效的产品质量合格证明文件。

（4）伸缩装置在运输中应避免阳光直接曝晒，雨淋雪浸，并应保持清洁，防止变形，且不能与其他物质相接触，注意防火。

（5）伸缩装置施工安装时注意事项。

1）要按照设计核对预留槽尺寸，预埋锚固筋若不符合设计要求，必须首先处理，满足设计要求后方可安装伸缩装置。

2）伸缩装置安装之前，应按照安装时的气温调整安装时的定位值，用专用卡具将其固定。

3）安装时，伸缩装置的中心线与桥梁中心线重合，并使其顶面标高与设计标高相吻合，按桥面横坡定位、焊接。

4）浇筑混凝土前将间隙填塞，防止浇筑混凝土时把间隙堵死，影响伸缩，并防止混凝土渗入模数式伸缩装置位移控制箱内，也不允许将混凝土溅填在密封橡胶带缝中及表面上，如果发生此现象，应立即清除，然后进行正常养护。

5）待伸缩装置两侧混凝土强度满足设计要求后，方可开放交通。

4. 弹塑体材料填充式伸缩装置

（1）伸缩体由高粘弹塑性材料和碎石结合而成的称为填充式伸缩装置。它适用于伸缩量小于 50mm 的中、小跨径桥梁工程。适应温度为 −25～60℃。应按设计要求设置。

（2）弹塑体材料物理性能应符合有关规定，产品应附有效的合格证书。弹塑体材料加热熔化温度应按要求严格控制。主层石料压碎值不大于 30%，扁平及细长石料含量少于 15%～20%，石料使用前应清洗干净。其加热温度控制在石料含量少于 15%～20%，石料使用前应清洗干净。其加热温度控制在 100～150℃。

（3）风力大于 3 级，气温低于 10℃及有雨时不宜施工。

（4）施工可采用分段分层浇灌铺筑法，亦可采用分段分层拌和铺筑法。

5. 复合改性沥青填充式伸缩装置

（1）伸缩体由复合改性沥青及碎石混合而成。适用于伸缩量小于 50mm 的中、小跨径桥梁工程，适用温度 −30～70℃。应按设计要求设置。

（2）复合改性沥青应符合产品有关规定，其加热熔化温度要控制在 170℃以内。

粗石料（14～19mm）和细石料（6～10mm）应满足下列要求：

强度＞100MPa；

相对密度：2.6～3.2；

磨耗值（L. A）＜30；

磨光值（P. S. V）＞42；

压碎值（A. C. V）＜20；

扁平细长颗粒含量＜15％。

（3）嵌入桥梁伸缩缝空隙中的 T 形钢板厚度 3～5mm，长度约为 1m 左右。

4.5.2 桥面防水与排水

1. 防水卷材防水层

（1）防水卷材防水层施工，包括垫层、隔水层及保护层三部分。

（2）垫层根据桥面横坡作成三角形。当厚度超过 5cm 时，宜用小石料混凝土铺筑；厚度在 5cm 以下时，可用 1∶3 或 1∶4 水泥砂浆抹平。水泥砂浆厚度不宜小于 2cm。垫层表面须抹平、压实，不得有毛刺。

（3）隔水层：隔水层可采用 1～2 层防水卷材及 1～3 层胶粘剂（防水卷材可用石油沥青油毡、玻璃纤维防水布或无纺布），在混凝土垫层养护 6～8d 后，使混凝土表面干燥即可涂刷胶粘剂（胶粘剂可用石油沥青材料或沥青环氧胶）。

（4）涂刷胶粘剂时，应在不低于＋5℃下进行，沥青胶涂抹厚度在 1.5～2.0mm，工作温度不低于 150℃，各种卷材应在涂刷沥青胶后趁热沿桥横向铺设，搭接不少于 10cm，为防止褶皱不平，铺设卷材时应用滚轴滚压服贴。

（5）为防止桥面水流入隔水层下面，在靠人行道处，隔水层应穿过缘石下面并在缘石内侧垂直向上弯起 10cm 左右。

（6）在隔水卷材上面，铺筑一层混凝土或钢筋混凝土，以此作为隔水层的保护层，该层铺筑时，应与桥梁高程及横纵坡的设计要求相符，表面必须平整、毛糙。

2. 防水涂料防水层

（1）在箱形梁顶面，用防水涂料作防水层时，要求在浇筑箱梁顶面混凝土时，应严格控制高程，纵、横坡应符合设计要求，混凝土表面应平整。面层混凝土养护达到设计要求强度后，用钢丝刷将表面浮浆及油污刷去，再用高压水冲洗桥面，待桥面干燥后，于面层上刷一层防水涂料，一般可用环氧沥青漆或树脂集油，以此作为桥面防水层。

1）环氧沥青漆是以环氧树脂与经过炼制的煤焦油沥青混合而成为成分甲，以乙二胺乙醇液（50％）为成分乙。将成分甲与成分乙按 100∶4.2 的质量比例混合搅匀，静置 0.5～2h 后使用。配好的漆液应在 12h 内用完。

2）树脂胶油的成分为环氧树脂∶煤焦油∶间苯二胺＝100∶100∶12（质量比）。

防水涂料应在气温 10℃ 以上配制，须使涂料有合适的稠度与粘结强度。如气温在 10℃ 以下时，胶浆粘稠影响施工，可用丙酮或汽油作稀释剂，但其掺量不能超过树脂重量的15％，否则粘结强度将降低。

胶浆涂层厚度为 1～2mm，每平方米的胶浆用量约为 0.8kg。

（2）为了保护防水层在施工和运营中完整无损，在涂层以上应铺设 4cm 以上厚的钢丝网水泥砂浆保护层，铺筑时应用平面振捣器逐点振实，并用抹子找平，但不应抹光。

在砂浆层达到预计强度后，可做桥面铺装层，再铺筑沥青混凝土或铺筑水泥混凝土。

3. 水密性混凝土桥面

（1）防水混凝土防水层多与桥面铺装层同为一层，主要是混凝土配比要求水密性，如果桥面不作沥青混凝土铺装层，则还应考虑到桥面混凝土的耐磨与防滑。

（2）桥面混凝土的铺装注意事项有以下几点：

1）将所有梁与梁之间的缝隙全部堵好，缝隙宽者下面吊板。

2）桥台或桥墩上梁端与胸墙或梁端头之间的缝隙，除按连续板做法以外者，均须用软料堵严，不得使石子或砂浆进入。

3）在桥中线处测出桥面装梁后的纵断面，除在桥中及两桥台设测点外，最远每隔 2m 测一点。

4）根据设计桥梁纵坡，计算相应点应浇筑混凝土的厚度，最好堆设面积 10cm 见方的砂浆堆（注意砂浆强度应与桥面铺装层相同）。

5）再按纵断面上不同各点高程，根据设计横断面坡度，也按每 2m 一点计算该点的高程，亦可按堆砂浆堆的方法控制浇混凝土高程。如果桥面宽度允许，夯板长度适宜，则可在相应的纵断面点的两便道附近设一相应高度的砂浆堆，以控制夯板一端的高程。

6）按上述各点浇筑混凝土，使用平板振捣器振实并进行抹面、拉毛。抹面时应严格控制高程。

4. 桥面排水设施

（1）桥面泄水管设置的位置、数量和材料应符合设计图样要求，一般情况下，泄水管应伸出结构物底面 10～15cm。

（2）桥面泄水管口应低于周围的桥面铺装层。泄水管道应远离照明线路及其他电气线路，如有十字交叉情况时，应保证泄水管道不漏水。

4.5.3 桥面铺装

1. 沥青混凝土桥面铺装

（1）沥青混凝土铺装前应对桥面进行检查，桥面应平整、粗糙、干燥、整洁。桥面横坡应符合要求，不符合时应予处理。铺筑前应洒布粘层沥青，石油沥青洒布量为 0.3～0.5L/m^2。

（2）沥青混凝土的配合比设计、铺筑、碾压等施工程序，应符合现行《公路沥青路面施工技术规范》（JTG F40—2004）的有关规定。

（3）为保护桥面防水层，宜先铺保护层。保护层采用 AC—5 型沥青混凝土，厚 1cm，用人工铺洒均匀，用 6t 轻碾慢速摆平。

（4）桥面沥青铺装宜采用双层式，底层采用高温稳定性较好的 AC—2—Ⅰ中粒式、热拌密实型沥青混合料，表层采用防滑面层，总厚度宜在 6～10cm 之间，表层厚度不宜小于 2.5cm。

（5）沥青混凝土桥面施工宜采用轮胎压路机和钢轮轻型压路机配合作业。

2. 水泥混凝土桥面铺装

（1）水泥混凝土桥面铺装的厚度应符合设计规定，其使用材料、铺装层结构、混凝土强度、防水层设置等均应符合设计要求。

（2）必须在横向连接钢板焊接工作完成后，才可进行桥面铺装工作，以免后焊的钢板引起桥面水泥混凝土在接缝处发生裂纹。

（3）浇筑桥面水泥混凝土前使预制桥面板表面粗糙，清洗干净，按设计要求铺设纵向接缝钢筋网或桥面钢筋网，然后浇筑。

（4）水泥混凝土桥面铺装如设计为防水混凝土，施工时应按照有关规定办理。

（5）水泥混凝土桥面铺装，其做面应采取防滑措施，做面宜分两次进行，第二次抹平后，沿横坡方向拉毛或采用机具压槽，拉毛和压槽深度应为 1～2mm。

（6）钢纤维水泥混凝土桥面铺装，宜符合现行中国工程建设标准化协会标准《钢纤维混凝土结构设计与施工规程》（CECS 38：1992）的规定。

4.5.4　人行道及栏杆板的安装

1. 人行道板安装

（1）人行道构件必须与主梁横向连接，同时应铺垫 M20 的水泥砂浆，人行道面应有横向坡度，以使雨水排向车道。

（2）人行道板必须在人行道梁与主梁锚固后方可安装；如无人行道横梁时，人行道板应由里向外的顺序铺设。

（3）在安装有人行道梁的人行道结构时，应对人行道梁的焊接认真检查，必须达到设计或一般规范规定的焊缝长度与厚度，以保证施工安全。

（4）铺装人行道板，应注意使纵梁接头与人行道板的接缝应在同一断面上，人行道抹面时，纵梁接头处的人行道面应沿纵梁接头方向刻缝。

2. 栏杆安装

（1）栏杆块件必须在人行道板铺装完毕后安装，安装前放线必须精确，其内容包括底脚线，柱顶高程与柱顶线及栏杆分挡位置。如栏杆与人行道施工前后流水作业，必须有统一的测量工作，在每隔固定距离施放线位固定点，以保证栏杆柱、栏杆的线位与人行道及全桥纵横坡度、高度相适应。

（2）除另有规定外，栏杆线及坡度不受桥面的几何外形的影响。栏杆柱和缘石都应保持铅直。

（3）在安装栏杆或安装栏杆柱时，在桥面伸缩缝处及纵梁接头处，桥台处均须作特殊处理，以免因桥梁伸缩或桥头沉陷使栏杆发生不规则的裂缝，影响美观或使用。

（4）栏杆安装的线型和坡度应符合设计规定，外观应流畅平顺，并应连接牢固。

（5）各种栏杆组合件都应验收合格后方可使用。

（6）栏杆安装时桥梁上部结构浇筑时的支架应松脱和卸落。

（7）栏杆安装宜采用 50m 为单元，安装一段调整一段，如有条件各种扶手安装长度（包括现浇）应更长，以便于调整，保持顺直。

（8）栏杆安装允许偏差，见表 4.1。

表 4.1　　　　　　　　　　栏杆安装允许偏差

序号	项　目		允许偏差（mm）
1	直顺度	地袱	≤5
		扶手	≤3
2	垂直度（全高）	栏杆柱	≤3
		栏心柱	≤5
3	相邻地袱高差		≤3
4	相邻扶手高差		≤1

复 习 思 考 题

4.1　板式橡胶支座的安装施工要点主要有哪些？

4.2　几种较常用的吊装方法的特点有哪些？描述其吊装过程。

4.3　双导梁穿行式架梁法原理是什么？

4.4　悬拼施工的块件拼装方法有哪些？各有何特点？

4.5　悬拼施工时，合龙段施工有何特点？

4.6　悬拼施工时，为控制和纠正安装误差，可采取哪些措施？

4.7　悬拼施工的施工控制包含哪些内容？

4.8　拱上建筑有哪些？

4.9　拱肋的接头形式有哪些？

第 5 章　几种主要桥型的施工方法简介

教学要求：通过本章的学习，要求了解连续梁桥、斜拉桥和悬索桥施工的基本组成和工作原理；理解这几种桥梁施工的基本方法、主要设备和施工技术要求；掌握连续梁桥顶推法施工的施工方法、步骤和施工控制要点。

5.1　连续梁桥的顶推施工

5.1.1　顶推法概述

预应力混凝土连续梁桥采用顶推法施工在世界各地颇为盛行。顶推法的工作原理是沿桥纵轴方向的台后开辟预制场地，分节段预制混凝土梁身，并用纵向预应力筋连成整体，然后通过水平液压千斤顶施力，借助不锈钢板与聚四氟乙烯模压板特制的滑动装置，将梁逐段向对岸顶进，就位后落架，更换正式支座完成桥梁施工。

我国于 1974 年首先在狄家河铁路桥采用顶推法施工，该桥为 4×40m 预应力混凝土连续梁桥；之后湖南望城沩水河桥使用柔性墩多点顶推施工的连续梁桥，为我国采用顶推法施工创造了成功的经验，有力地推动了我国预应力混凝土连续梁桥的发展，至今又有多座连续梁桥采用顶推法施工完成。

顶推法施工不仅适用于连续梁桥（包括钢桥），同时也可用于其他桥型。如简支梁桥，可先采用连续顶推施工，就位后解除梁跨间的连续；拱桥的拱上纵梁，可在立柱间顶推施工；斜拉桥的主梁也可采用顶推法等。

顶推法推荐的顶推跨径为 42m，不设临时支墩也无其他辅助设施的最大顶推跨径为 64m。顶推法施工的最大跨径是前联邦德国的沃尔斯（Worth）桥，该桥为 4 跨连续梁，全长 404m，最大跨径 168m，其间采用两个临时支墩，顶推跨径 56m。

预应力混凝土连续梁桥的上部结构采用顶推法施工的工序可大致如图 5.1 所示，这一施工框图主要反映我国目前采用顶推法施工的主要工序。

连续梁桥的主梁采用顶推法施工，其施工概貌见图 5.2。

5.1.2　单点顶推

顶推的装置集中在主梁预制场附近的桥台或桥墩上，前方墩各支点上设置滑动支承。顶推装置又可分为两种：一种是由水平千斤顶通过沿箱梁两侧的牵动

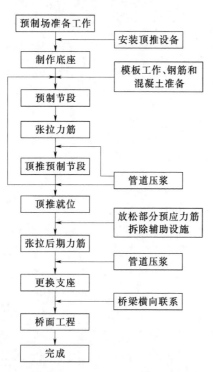

图 5.1　顶推法施工工序框图

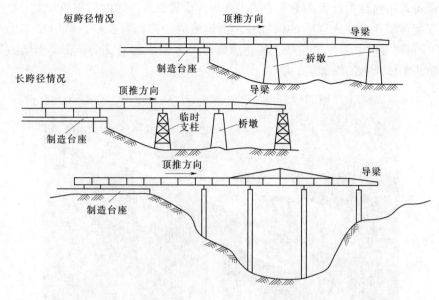

图 5.2　顶推法施工概貌

钢杆给预制梁一个顶推力；另一种是由水平千斤顶与竖直千斤顶联合使用，顶推预制梁前进，如图 5.3 所示。它的施工程序为顶梁、推移、落下竖直千斤顶和收回水平千斤顶的活塞杆。

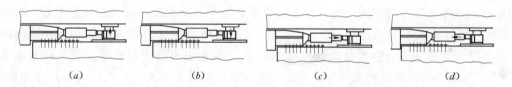

图 5.3　水平千斤顶与垂直千斤顶联用的装置
(a) 顶梁；(b) 推移；(c) 落竖直千斤顶；(d) 收水平千斤顶

　　滑道支承在桥墩的混凝土临时垫块上，它由光滑的不锈钢板与聚四氟乙烯滑块组成，其中的滑块由四氟板与具有加劲钢板的橡胶块构成。顶推时，组合的聚四氟乙烯滑块在不锈钢板上滑动，并在前方滑出，通过在滑道后方不断喂入滑块，带动梁身前进，如图 5.4 所示。

　　我国狄家河桥、万江桥均采用单点顶推法施工，将水平千斤顶与竖直千斤顶联用。顶推时，升起竖直顶活塞，使临时支承和卸载，开动水平千斤顶去顶推竖直顶，由于竖直顶下面设有滑道，顶的上端装有一块橡胶板，即竖直千斤顶在前进过程中带动梁体向前移动。当水平千斤顶达到最大行程时，降下竖直顶活塞，带动竖直顶后移，回到原来位置，如此反复不断地将梁顶推到设计位置。

　　1991 年建成的杭州钱塘江二桥（图 5.5），是一座公路、铁路两用并列桥。主桥两侧的铁路引桥均为三联预应力混凝土连续梁桥，每联分别为 $7 \times 42m$、$8 \times 42m$ 及 $9 \times 42m$，最大联长 288m，采用单点顶推法施

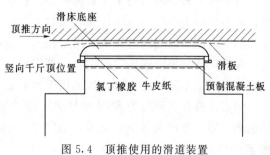

图 5.4　顶推使用的滑道装置

233

工。顶推设备采用四台大行程水平穿心式千斤顶，设置在牵引墩的前侧托架上，顶推是通过梁体顶、底板预留孔内插入强劲的钢锚柱，由钢横梁锚住四根拉杆，牵引梁体前进，见图5.6，当千斤顶回油时，需拧紧拉杆上的止退螺母，为保证施工安全，在牵引墩的后侧安装两个专供防止梁体滑移的制动架。

图 5.5　杭州钱塘江二桥

国外单点顶推法称 TL 顶推施工法，是德国的 Taktshiebe Verba 中的 Taktshiebe 与 Le-ollhardt 的两个大写字母组成。在 TL 施工的桥梁取得不少成果，如著名的位于委内瑞拉的卡罗尼河桥（图 5.7），全长在 500m 左右，上部结构顶推重力约为 98100kN，采用两台2944kN 水平千斤顶单点顶推最大顶力为 4924kN。目前在世界上已普遍采用连续滑动装置来代替人工喂入滑块，这种装置保证固定的聚四氟乙烯板连续滑动，其构造似坦克的履带，同时在梁下设置钢板，每块钢板的滑动面为不锈钢板，另一面则带动主梁前进，这样的滑动装置施工十分方便。我国在西延线刘家沟车站的三线桥上，于 1991 年也曾使用履带式滑块，空腹式滑道，实现了不间断顶推施工，顶推速度 1.2m/d。

5.1.3　多点顶推

在每个墩台上设置一对小吨位（400～800kN）的水平千斤顶，将集中的顶推力分散到各墩上。由于利用水平千斤顶传给墩台的反力来平衡梁体滑移时在桥墩上产生的摩阻力，从而使桥墩在顶推过程中承受较小的水平力，因此可以在柔性墩上采用多点顶推施工。同时，多点顶推所需的顶推设备吨位小，容易获得，所以我国在近年来用顶推法施工的预应力混凝土连续梁桥，较多地采用了多点顶推法。在顶推设备方面，国内一般较多采用拉杆式顶推方案，每个墩位上设置一对液压穿心式水平千斤顶，每侧的拉杆使用一根或两根 ϕ25mm 高强螺纹钢筋，钢筋前端通过锥楔块固定在水平顶活塞杆的头部，另一端使用特制的拉锚器、锚定板等连接器与箱梁连接，水平千斤顶固定在墩身特制的台座上，同时在梁位下设置滑板和滑块。当水平千斤顶施顶时，带动箱梁在滑道上向前滑动。拉杆式顶推装置见图5.8所示。

多点顶推在国外称为 SSY 顶推施工法，顶推装置由竖向千斤顶、水平千斤顶和滑移支承组成。施工程序为落梁、顶推、升梁和收回水平千斤顶的活塞，拉回支承块，如此反复作业。

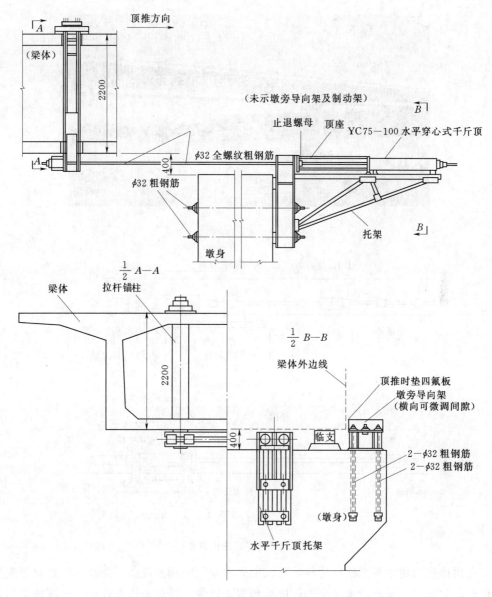

图 5.6　单点顶推设备（尺寸单位：mm）

　　多点顶推施工的关键在于同步。因为顶推水平力是分散在各桥墩上，一般均需通过中心控制室控制各千斤顶的推力等级，保证同时启动、同步前进、同步停止和同步换向。为保证在意外情况下及时改变全桥的运动状态，各机组和观测点上需装置急停按钮。对于在柔性墩上的多点顶推，为尽量减小对桥墩的水平推力及控制桥墩的水平位移，千斤顶的推力按摩擦力的变化幅度分为几个等级，通过计算确定。由于摩擦力的变化引起顶推力与摩擦力的差值变化，每个墩在顶推时可能向前或向后位移，为了达到箱梁匀速前进，应控制水平差值及桥墩位移，施工时在控制室随时调整推力的级数，控制千斤顶的推力大小。由于千斤顶传力时间差的影响，将不可避免地引起桥墩沿桥纵向摆动，同时箱梁的悬出部分可能上下振动，这些因素对施工极其不利，要尽量减少其影响，做到分级调压，集中控制，差值限定。

图 5.7　卡罗尼河桥

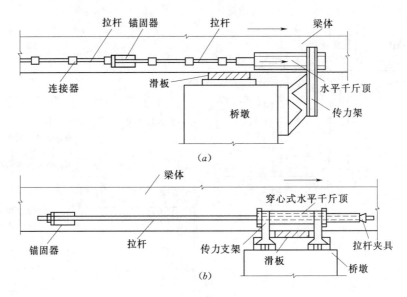

图 5.8　拉杆式顶推装置

多点顶推法与集中单点顶推比较，可以免去大规模的顶推设备，能有效地控制顶推梁的方向偏离，顶推时对桥墩的水平推力可以减到很小，便于结构采用柔性墩。在弯桥采用多点顶推时，由各墩均匀施加顶力，可使施工顺利进行。采用拉杆式顶推系统，免去在每一循环顶推过程中用竖向千斤顶将梁顶起使水平千斤顶复位，简化了工艺流程，加快顶推速度。但多点顶推需要较多的设备，操作要求也比较高。

多联桥的顶推，可以分联顶推，通联就位，也可联在一起顶推。两联间的结合面可用牛皮纸或塑料布隔离层隔开，也可采用隔离剂隔开。对于多联一并顶推时，多联顶推就位后，可根据具体情况设计解联、落梁及形成伸缩缝的施工方案。如两联顶推，第二联就位后解联，然后第一联再向前顶推就位，形成两联间的伸缩缝。

5.1.4　其他施工方法概述

1. 设置临时滑动支承顶推施工

顶推施工的滑道是在墩上临时设置的，待主梁顶推就位后，更换正式支座。我国采用顶推法施工的数座连续梁桥均为这种方法。国外也有采用当主梁在滑道上顶推完成后，使用横移法就位。

在安放支座之前，应根据设计要求检查支座反力和支座的高度，同时对同一墩位的各支座反力按横向分布要求进行调整。安放支座也称落梁，对于多联梁可按联落梁，如一联梁跨较多时也可分阶段落梁，这样施工简便，又可减少所需千斤顶数量。更换支座是一项细致而复杂的工作，往往一个支座高度变动 1mm 时，其他支座反力变化相当显著。据广东某桥的顶推资料：支座高程变化 10mm，45m 跨的支座反力变动 402kN，支点弯矩变化 5552 kN·m。因此，在调整支座前要周密计划，操作时统一指挥，做到分级、同步。

2. 使用与永久支座兼用的滑动支承顶推施工

这是一种使用施工时的临时滑动支承与竣工后的永久支座兼用的支承进行顶推施工的方法。它将竣工后的永久支座安置在桥墩的设计位置上，施工时通过改造作为顶推施工时的滑道，主梁就位后不需要进行临时滑动支座的拆除作业，也不需要用大吨位千斤顶将梁顶起。

国外把这种施工方法定名为 RS 施工法（Ribben Sliding Method）。它的滑动装置由 RS 支承、滑动带、卷绕装置组成。RS 支承的构造见图 5.9 所示，RS 顶推装置的特点是采用兼用支承，滑动带自动循环，因而操作工艺简单，省工、省时，但支承本身的构造复杂，价格较高。

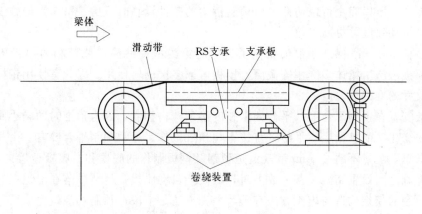

图 5.9　RS 支承的构造

此外，顶推法施工还可分为单向顶推和双向顶推施工。双向顶推需要从两岸同时预制，因此要有两个预制场，两套设备，施工费用要高。同时，边跨顶推数段后，主梁的倾覆稳定需要得到保证，常采用临时支柱、梁后压重、加临时支点等措施解决。双向顶推常用于连续梁中跨跨径较大而不宜设置临时墩的三跨桥梁。此外，在桥梁长度 $L > 600m$ 时，为缩短工期，也可采用双向顶推施工。

5.1.5　顶推施工中的几个问题

1. 确定分段长度和预制场布置

顶推法的制梁有两种方法，一种是在梁轴线的预制场上连续预制逐段顶推；另一种是在工厂制成预制块件，运送到桥位连接后进行顶推，在这种情况下，必须根据运输条件决定节段的长度和质量，一般不超过 5m，同时增加了接头工作，需要起重、运输设备，因此，以现场预制为宜。

预制场是预制箱梁和顶推过渡的场地，包括主梁节段的浇制平台和模板、钢筋和钢索的加工场地，混凝土拌和站以及砂、石、水泥的运入和运输路线用地。预制场一般设在桥台后，长度需要有预制节段长的 3 倍以上。如果路已建好，可以把钢筋加工、材料堆放场地安排得更合理一些。顶推过渡场地需要布置千斤顶和滑移装置。因此它又是主梁顶推的过渡跨。主梁节段预制完成后，要将节段向前顶推，空出浇筑平台继续浇筑下一节段。对于顶出的梁段要求顶推后无高程变化，梁的尾端不能产生转角，因此在到达主跨之前要设置过渡跨，并通过计算确定分跨和长度，如沩水桥设置了 9.5m＋11.4m 两过渡跨。如果在正桥之前有引桥跨，则可利用引桥作为顶推的过渡跨，如柳州二桥就是用引桥作过渡跨。当顶推过渡段内有多个中间支承时，很难做到各支承高程呈线性关系，梁段的尾段不产生转角，因此主梁在台座段和前方第一跨内可能由于上述原因产生顶推拼接的次内力，在施工内力计算时应予以考虑。

主梁的节段长度划分主要考虑段间的连接处不要设在连续梁受力最大的支点与跨中截面，同时要考虑制作加工容易，尽量减少分段，缩短工期。因此一般常取每段长 10～40m。同时根据连续梁反弯点的位置，参考国外有关设计规范，连续梁的顶推节段长度应使每跨梁不多于 2 个拼接缝。

2. 节段的预制工作

节段的预制对桥梁施工质量和施工速度起决定作用。由于预制工作固定在一个位置上进行周期性生产，所以完全可以仿照工厂预制桥梁的条件设临时厂房、吊车，使施工不受气候影响，减轻劳动强度，提高工效。

（1）模板工作——保证预制质量的关键。箱梁模板由底模、侧模和内模组成。一般来说，采用顶推法施工梁体多选用等截面，模板可以多次周转使用。因此宜使用钢模板；以保证预制梁尺寸的准确性。

底模板安置在预制平台上，平台的平整度必须严格控制，因为顶推时的微小高差就会引起梁内力的变化，而且梁底不平整将直接影响顶推工作。通常预制平台要有一个整体的框架基础，要求总下沉量不超过 5mm，其上是型钢及钢板制作的底模和在腹板位置的底模滑道。在底模和基础之间设置卸落设备，放下时，底模能自动脱模，将节段落在滑道上。

节段预制的模板构造与施工方法有关，一种方法是节段在预制场浇筑完成后，张拉预应力筋并顶推出预制场；另一种是在预制场先完成底板浇筑，张拉部分预应力筋后即推出预制场，而箱梁的腹板、顶板的施工是在过渡跨上完成，或底板和腹板第一次预制，顶板部分第二次预制。二次预制的模板构造如图 5.10 所示。

（2）预制周期——加快施工速度的关键。根据统计资料得知，梁段预制工作量占上部结构总工作量的 55％～65％，加快预制工作的速度对缩短工期具有十分重要的意义。为达到此目的，除在设计上尽量减少梁段的规格外，在施工上应采取一定的措施加快预制周期。目前国内外的预制梁段周期为 7～15d，为缩短预制周期，在预制时可以考虑采取如下施工措施：

1）组织专业化施工队伍，在统一指挥下实行岗位责任制。

2）采用墩头锚、套管连接器，前期钢索采用直索，加快张拉速度。

3）在混凝土中加入减水剂，增加施工和易性，提高混凝土的早期强度。

4）采用强大振捣，大型模板安装，提高机械化和装配化的程度。

（3）顶推施工中的横向导向。为了使顶推能正确就位，施工中的横向导向是不可少的。

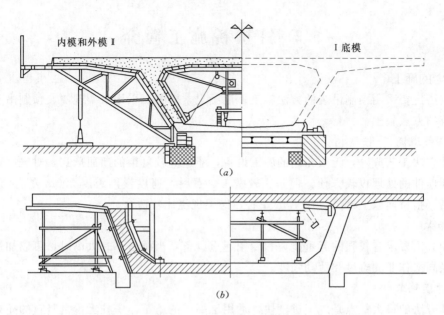

图 5.10　二次预制的模板构造

通常在桥墩台上主梁的两侧各安置一个横向水平千斤顶,千斤顶的高度与主梁的底板位置齐平,由墩(台)上的支架固定千斤顶位置。在千斤顶的顶杆与主梁侧面外缘之间放置滑块,顶推时千斤顶的顶杆与滑块的聚四氟乙烯板形成滑动面,顶推时由专人负责不断更换滑块。顶推时的横向导向装置见图 5.11。

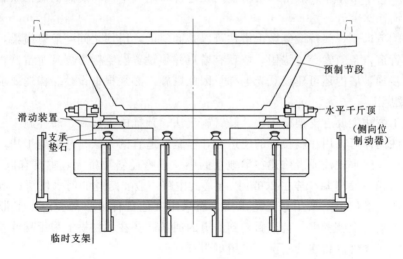

图 5.11　顶推施工的横向导向设施

横向导向千斤顶在顶推施工中一般只控制两个位置,一个是在预制梁段刚刚离开预制场的部位,另一个设置在顶推施工最前端的桥墩上。因此,梁前端的导向位置将随着顶推梁的前进不断更换位置。当施工中发现梁的横向位置有误而需要纠偏时,必须在梁顶推前进的过程中进行调整。对于曲线桥,由于超高而形成单面横坡,横向导向装置应比直线处强劲,且数量要增加,同时应注意在顶推时,内外弧两侧前进的距离不同,要加强控制和观测。

5.2　斜拉桥施工简介

5.2.1　塔的施工

钢索塔主要采用预制吊装的方法施工；混凝土索塔主要采用搭架现浇、预制吊装、滑升模板浇筑的方法施工。

1. 搭架现浇

这种方法工艺成熟，无须专用的施工设备，能适应较复杂的断面形式，对锚固区的预留孔道和预埋件的处理也较方便，但是比较费工、费料，速度慢。跨度 200m 左右的斜拉桥，一般塔高（指桥面以上部分）在 40m 左右，搭架现浇比较适合。

2. 吊装

这种方法要求有较强的起重能力和专用起重设备，当桥塔不是太高时，可以加快施工进度，减轻高空作业的难度和劳动强度。

3. 滑模施工

这种方法的最大优点是施工进度快，适用于高塔的施工。塔柱无论是竖直的还是倾斜的都可以用此法，但对斜拉索锚固区预留孔道和预埋件的处理要困难些。在各个工程中有的称为爬模，有的称为提模，其构造大同小异。所谓滑模是指模板沿着所浇注的混凝土由千斤顶（螺旋式或液压式）带动而向上滑升，它要求所浇注的混凝土强度必须达到模板滑升所需要的强度。提模则是拆模后把模板挂在支架上，模板随着支架的提升而上升。支架的提升是在塔的四周设置若干滑车组，其上端与塔柱内预埋件联结，下端与支架的底框联结，支架随拉动手拉葫芦而徐徐上升。

索塔的构造远比一般桥墩复杂，塔柱可以是倾斜的，塔柱之间一般有横梁，塔内须设置前后交叉的管道以备斜索穿过锚固，塔顶有塔冠并须设置航空标志灯及避雷器，沿塔壁须设置检修攀登步梯，塔内还可建设观光电梯。因此塔施工必须根据设计、构造要求统筹考虑。

5.2.2　主梁施工

主梁施工方法主要有支架施工法、悬臂施工法、顶推施工法和转体施工法等四种。虽然这几种方法同样可以用在斜拉桥的建造上，但是最适宜的方法是悬臂施工法，其余三种方法一般只能用在河水较浅或者修建在旱地上的中、小跨径斜拉桥上，主要有以下两个原因：①斜拉桥的跨径一般较大，常在 200m 以上，其主跨一般要跨越的河水较深、地质情况较复杂的通航河道上。如果不采用悬臂施工法，而采用其他三种方法都会给施工带来更大的困难，增大施工临时设施费用，甚至影响到河道的通航。②在斜拉桥上采用悬臂施工法要比在T 型刚构桥，连续梁桥和连续刚桥上采用更为有利。

1. 悬臂拼装法施工

国外早期建造的钢斜拉桥，大多数是用悬臂拼装而成。我国东营黄河桥是我国最早的一座钢塔斜拉桥，中跨 288m，1987 年建成，岸侧跨度 146.5m，在支架上拼装，河侧悬臂拼装，栓焊结构。混凝土斜拉桥的悬臂拼装施工是将主梁在预制场分段预制，由于主梁预制混凝土龄期较长，收缩、徐变变形小，且梁段的断面尺寸和混凝土质量容易得到保证。

美国帕斯克和肯尼维克两地之间，1978 年建成的跨越哥伦比亚河的混凝土斜拉桥（简称 P—K 桥），其正桥部分的分跨为 124.9m＋299m＋124.9m，桥面宽 24.40m，梁采用半封闭式箱形截面。其主梁施工采用预制节段的双悬臂法。主梁高 2.14m，分段长度为 8.1m，由于是全截面整体制作，因此最重节段达到 254t。主梁节段在预制后，存放 6 个月后再张拉横向预应力筋，浮运至桥孔处安装，以保证混凝土的强度和减小收缩、徐变变形。

图 5.12 所示的是 P—K 桥主要安装过程，其步骤是：先在斜撑式支架上现浇 20m 长的梁段，然后用特制的移动式吊架起吊梁段，逐节进行悬臂拼装。梁段间用环氧树脂粘结，并由拉索的水平分力施以预加力。梁内另布置有预应力粗钢筋。为了保证在安装过程中不致出现过大的塔顶水平位移，在塔顶与另一桥墩之间设有辅助拉索，它与边跨的背索一起来约束塔顶位移。该桥每安装一个节段的周期仅需 4d，全桥拼装工作仅耗去不到一年的时间。因此，如运输、起吊设备条件可以解决，以整体截面预制为好。

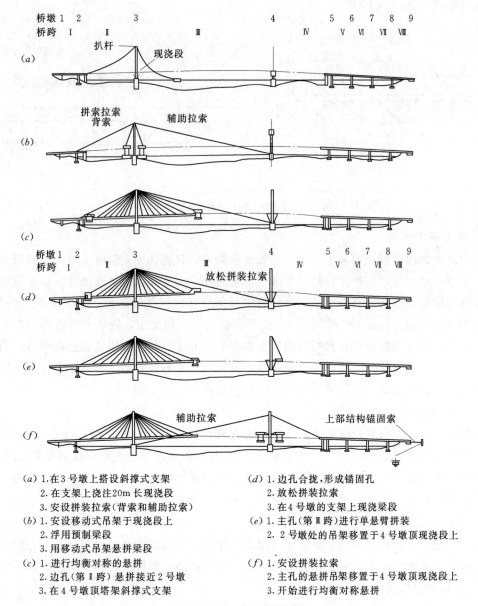

(a) 1. 在 3 号墩上搭设斜撑式支架
　　2. 在支架上浇注 20m 长现浇段
　　3. 安设拼装拉索（背索和辅助拉索）
(b) 1. 安设移动式吊架于现浇段上
　　2. 浮用预制梁段
　　3. 用移动式吊架悬拼梁段
(c) 1. 进行均衡对称的悬拼
　　2. 边孔（第 Ⅱ 跨）悬拼接近 2 号墩
　　3. 在 4 号墩顶塔架斜撑式支架

(d) 1. 边孔合拢，形成锚固孔
　　2. 放松拼装拉索
　　3. 在 4 号墩的支架上现浇梁段
(e) 1. 主孔（第 Ⅲ 跨）进行单悬臂拼装
　　2. 2 号墩处的吊架移置于 4 号墩顶现浇段上
(f) 1. 安设拼装拉索
　　2. 主孔的悬拼吊架移置于 4 号墩顶现浇段上
　　3. 开始进行均衡对称悬拼

图 5.12　P—K 桥安装过程

2. 悬臂浇注法施工

混凝土斜拉桥特别适合于悬臂浇注。我国在20世纪80年代悬臂浇注的大部分斜拉桥还是沿用一般连续梁常用的挂篮。无论是桁梁式挂篮还是斜拉式挂篮均系后支点形式，这种形式的挂篮为单悬臂受力，承受负弯矩较大，浇注节段长度受到了很大的限制，挂篮自重与所浇注梁段重力之比一般在0.7以上，甚至可能达到1～2。例如1981年建成的广西红水河铁路斜拉桥，跨径48m+96m+48m，中跨悬臂浇注，采用桁梁式挂篮，挂篮自重与梁段重力之比为0.77。20世纪80年代后期，我国桥梁工作者根据斜拉桥的特点，开始研制前支点的牵索式挂篮。利用施工节段前端最外侧两根斜拉索，将挂篮前端大部分施工荷载传至桥塔，变悬臂负弯矩受力为简支正弯矩受力。这样，随着受力条件的变化，节段悬浇长度及承受能力均大大提高，见图5.13所示。

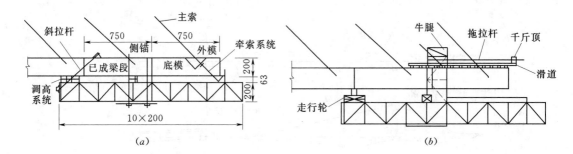

图5.13　牵索式挂篮示意图（单位：cm）
(a) 牵索式挂篮立面；(b) 牵索式挂篮走行立面

3. 在支架上施工

当所跨越的河流通航要求不高或岸跨无通航要求，且容许设置临时支墩时，可以直接在脚手架上拼装或浇注，也可以在临时支墩上设置便梁，在便梁上拼装或浇注。如果有条件的话，这种方法是最经济、最简单的。例如贝尔莱德萨瓦河双线铁路桥，是一座钢塔斜拉桥，1977年建成，中跨254m，桥宽16.5m，由于萨瓦河无通航要求，故整个桥跨都是在施工脚手架上安装，因此主梁、塔柱和斜拉索的安装都能分开进行。主梁塔柱安装完毕后，用设在支架上的千斤顶将梁顶升，然后安装斜拉索，安装就位的斜拉索借助于放松千斤顶使主梁下降而拉紧，这样斜拉索的安装就不需要大吨位千斤顶。

4. 顶推法施工

顶推法进行混凝土斜拉桥主梁的施工，需在跨内设置若干临时支墩，且在顶推过程中，主梁要反复承受正、负弯矩。为了满足施工阶段内力要求，有时主梁需配置临时预应力束筋。因此，顶推法只适用于桥下净空较低、修建临时支墩造价不高且不影响桥下交通、抗拉和抗压能力相同、能承受反复弯矩的钢斜拉桥主梁的施工。

5. 平转法施工

平转法是将斜拉桥上部结构分别在两岸或一岸顺河流方向的支架上现浇，并在岸上完成落架、张拉、调索等所有安装工作，然后以墩、塔为圆心，整体旋转到桥位合龙。

5.2.3　斜拉索的安装

斜拉索安装大致可分两步：引架作业和张拉作业。

1. 引架作业

斜拉索的引架作业是将斜拉索引架到桥塔锚固点和主梁锚固点之间的位置上，其作业方法一般有如下 5 种：

(1) 在工作索道上引架。这种方法是先在斜拉索的位置下安装一条工作索道，斜拉索沿着工作索道引架就位。国外早期的斜拉桥较多采用这种方法，如 1959 年建成的联邦德国科隆塞弗林桥，1962 年建成的委内瑞拉马拉开波湖桥，1969 年建成的前联邦德国莱茵河上克尼桥等。时至今日，这个方法已很少采用。

(2) 由临时钢索及滑轮吊索引架。这种方法是在待引架斜拉索之上先安装一根临时钢索，称为导向索，斜拉索拉在沿导向索滑动并与牵引索相连接的滑动吊钩上，用绞车引架就位，如 1978 年建成的美国帕斯-肯尼威克桥就是采用这个方法。

(3) 利用吊装天线引架。例如我国 1981 年建成的广西红水河铁路斜拉桥就是采用这种方法。如图 5.14 所示，主索 1 是 ϕ22mm 的钢丝绳，用 14mm 钢丝绳做拉索 2，通过单向滑车 3 和吊环与主索系一起，每个单向滑车上穿入一根 19mm 的白棕绳 4，白棕绳的作用是捆绑并提升斜拉索 5。全桥共设两套天线，位于主梁两侧，大致与斜拉索中心线在同一竖直平面。

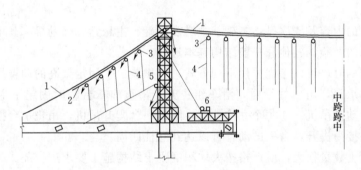

图 5.14　吊装天线布置图

1—主索；2—拉索；3—单门滑车；4—白棕绳；5—滑车；6—电动绞车

(4) 利用卷扬机或吊机直接引架。这个方法最为简捷，也特别适合于密索体系悬臂施工，前面提到的斯特姆松特桥就是用桥上吊机引架斜拉索。当索塔很高时，吊机没有那么高，则可以在浇注桥塔时，先在塔顶预埋扣件，挂上滑轮组，利用桥面上的卷扬机和牵引绳通过转向滑轮和塔顶滑轮将斜拉索起吊，一端塞进箱梁，一端塞进桥塔。这种方法在吊装过程中可能损伤外防护材料，但只要小心施工，这个问题不难克服。我国 20 世纪 80 年代以后建造的斜拉桥大都采用这个方法。1997 年建成的徐浦大桥，其斜拉索为双护层的"成品索"，出厂前缠绕在特制的索盘上，水运至工地后，由地面水平和垂直运输设备将其运到桥面，再由桥面吊机将索盘搁在特制的放索架上。施工时由安装在桥面上的 80~200kN 卷扬机通过塔顶上索具及滑轮组将斜拉索缓缓抽出，然后用桥面吊机将锚固端锚具在钢主梁中安装就位。此时，塔顶上的滑轮组继续牵引斜拉索，当张拉端锚头（锚头前端还装有"探杆"）接近塔柱上的索孔时，将其和张拉千斤顶上伸出的钢绞线连接，开动塔内张拉力 6000kN 的千斤顶将索牵引至所需位置，套上固定螺栓。如此安装就位后即可按施工控制要求张拉。

(5) 单根钢绞线安装。1995 年建成的澳大利亚悉尼格莱贝岛桥（140m＋445m＋

243

140m)，按照弗雷西奈专利的预应力法即所谓"等拉力法"，用轻型的张拉设备每次提升一根钢绞线，其承载力 225kN。一根斜拉索中有 25～74 根这样的钢绞线，一根根地提升、张拉、锚固，直至一根斜拉索中的全部钢绞线安装完成。前面介绍的"平行钢绞线"就适用于这种安装方法。

2. 张拉作业

斜拉索的张拉作业大致有以下 3 种：

（1）用千斤顶将鞍座顶起。每一对索都支承在各自的鞍座上，鞍座先就位在低于其最终的位置上，当斜拉索引架就位后，将鞍座顶到其预定的高程，使斜拉索张拉达到其承载力。前面提到的前联邦德国莱茵河上的克尼桥和麦克萨莱茵河桥都是采用这个方法。

（2）在支架上将主梁前端向上顶起。斜拉索引架时处于不受力状态比受力状态时要短，为此，于主梁与斜拉索的连接点上将梁顶起。例如前面提到的塞弗林桥最外一对索的连接点要顶起 40cm。斜拉索引架完成后放下千斤顶使斜拉索受力。

（3）千斤顶直接张拉。这是最常用也是最方便的方法。

5.3　悬索桥施工简介

悬索桥施工的内容及顺序是：基础、主塔及锚碇、主悬索、加劲梁。其中，只有主缆索的架设需有特殊的经验，其他和一般结构基本近似。

主塔为钢结构时，可以考虑采用下列方式进行拼装：①固定架高的动臂吊机。②立柱间安设竖向移动的承台，由立柱承重，滑车组提升；吊重前承台临时固定于主塔施工中的立柱，承台上安设动臂吊机。③每个立柱外侧，附设一台爬升吊机，吊机平台接近施工中的立柱顶端，随立柱接高提升，台上的动臂可以达到立柱四周。

锚碇的混凝土数量很大，应严格按大体积混凝土结构施工要求进行浇注。

下面主要就主缆及加劲梁的架设进行介绍。

5.3.1　导索过江和安设架空工作走道（猫道）

1. 导索过江

导索可利用走道索中的一根或两根承重钢缆（钢丝绳），先牵引过江，作为工作的开始。导索卷绕的滚筒，由浮船装载靠到一侧主塔，索端提升经过塔顶设置的固定滑车，然后垂下并牵引到一侧锚碇临时联结。浮船被牵引到另一侧主塔下，将再提升到塔顶，并牵引到另一侧锚碇切断联结。经校正垂度后锚固。

导索过江前后，将在两岸锚碇前及主塔顶设置各项提升、牵引、临时锚固设施。

2. 安设架空工作走道（猫道）

工作走道由 12～16 根钢缆平行放置承重。走道索载重不大，也可以采用较小直径的钢丝绳。走道索在导索及牵引设备装妥后，可以轻易地拖拉就位，每根主悬索之下，各有一条走道，即在走道承重钢缆（绳）上铺设轻型横梁及钢丝网走行面，形成组合、加工主悬索的工作平台；在适当间距走道间还有横向走道联系。走道外侧用钢缆（绳）做成扶手，扶手走道间有钢丝安全网。

5.3.2　主缆架设

主缆架设是悬索桥施工最重要的环节，首先，要准确确定基准索股（丝）的位置（线形），否则将直接影响成缆的线形及其成桥状态的线形，其次，要使各索股（丝）之间处于"若即若离"状态，以免因各索股（丝）长度不一而使其受力不均。平行线钢缆根据架设方法分为空中送丝法（AS 法）及预制索股法（PWS 法）。

1. 空中送丝法

用空中送丝法架设主缆，19 世纪中叶发明于美国，自 1855 年用于尼亚拉瀑布桥以来，多数悬索桥都用这种方法来架设主缆。在桥两岸的塔和锚碇等已安装就绪后，沿主缆设计位置，在两岸锚碇之间布置一无端头牵引绳，亦即将牵引绳的端头联结起来，形成从本岸到对岸的长绳圈。送丝轮扣牢在牵引绳上某处，将缠满钢丝的卷筒放在一岸的锚碇旁，从卷筒中抽出钢丝头，暂时固定在某靴跟（锚杆上用以缠绕钢丝的构件 A）处，称这一钢丝头为"死头"。继续将钢丝向外抽，由死头、送丝轮和卷筒将正在输送的丝形成一个钢丝套筒，用动力机驱动牵引绳，于是送丝轮就带着钢丝送向对岸。在钢丝套筒送到对岸时，就用人工将套圈从送丝轮上取下，套到其对应的靴跟（可编号 A'）上。图 5.15 为送丝工艺示意图。随着牵引绳的驱动，送丝轮又被带回本岸，取下套圈套在靴跟 A 上，然后又送向对岸。这样进行上百次，当其套在两岸对应靴跟（例如 A 及 A'）上的丝数达到一丝股钢丝的设计数目时，就将钢丝"活头"剪断，并将该"活头"同上述暂时固定的"死头"用钢丝联结器连起来。这样，一根丝股的空中编制就完成了。

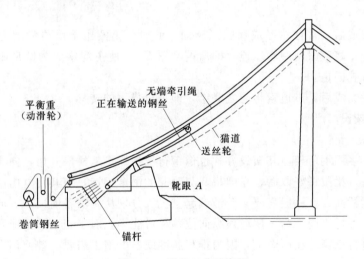

图 5.15　送丝工艺示意图

在上述基本原理基础上，可以采取多种提高工效的措施。如果对岸也有卷筒钢丝，可以利用刚才所说的送丝轮在其返程中另带一钢丝套圈到本岸来，从而在另一编号为 B、B' 的靴跟之间进行编股。另外，沿无端牵引绳可以设置两个送丝轮，两轮的间距为：当甲轮从本岸驶向对岸时，乙轮正好从对岸驶向本岸，而且两岸都有卷筒钢丝，于是就可以同时在 C、C'和 D、D' 靴跟之间编制另两丝股。这就是"以四根丝股为一批"的安排。再者，对于送丝轮和扣牢在牵引绳上的两个点而言，每点可以不只设一轮，例如美国金门桥是设四轮，而且每个送丝轮上的缠丝槽路也可以不止一条。

空中送丝法的主缆每一丝股内的钢丝根数为 400～600 根，再将这种丝股配置成六边形或矩形并挤紧而成为圆形。它的施工必须设置脚手架（猫道）、配备送丝设备，还需有稳定送丝的配套措施。为使主缆各钢丝均匀受力，必须对钢丝长度和丝股长度分别进行调整，还应及时进行紧缆和缠缆。

2. 预制索股法

用预制索股法架设主缆是 1965 年间在美国发展起来的,其目的是使空中架线工作简化。自用于 1969 年建成的纽约波特桥以后使用逐渐广泛,我国新近建成的汕头海湾大桥、虎门大桥、西陵大桥、江阴长江大桥都是采用这个方法。

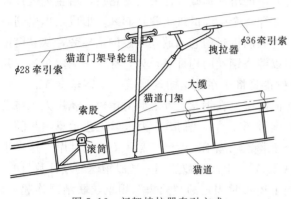

图 5.16　门架拽拉器牵引方式

预制索股每束 127 丝,每丝直径 5.2mm,采用门架式拽拉器牵引索股,如图 5.16 所示。在猫道上设置若干个门架导轮组,牵引索通过这些导轮组,牵引索上固接有拽拉器,通过主(副)牵引卷扬机的收(放)索或放(收)索,使牵引索带动拽拉器穿过导轮组作往复运动。索股前端与拽拉器相连,使得索股前段约 40m 长悬在空中运行,而索股后段则支承在导向滚轮上运行。此方式也可用于空中送丝法。

3. 紧缆

主缆架设完成后,常自然形成扁圆形断面,此时,用液压千斤顶为动力的特制压紧机具,在鞍座以外,将束股向中心压迫,即所谓"紧缆",使主缆索成为圆形断面;随即在适当间距用钢丝绑扎固定。

主缆索架设完成后,走道索将与之联结,即进行猫道的转移。

5.3.3　加劲梁架设

1. 架设方式

以往加劲梁多用钢桁架,其架设方式也像钢行架那样,从桥塔开始,向主跨跨中和岸边逐段吊装。在每一梁段拼好以后,立即将其与对应的吊索相连,使其自重由吊索传给主缆。

于三跨悬索桥而言,一般需要 4 台缆载起重机,分别从两塔各向两个方向前进。边跨和主跨的跨径比,各桥不同,为了使塔顶纵向位移尽可能小,对于当中跨拼成几段时,边跨应拼几段,应该进行推算。在历史上,因为推算速度跟不上施工需要,曾使用全桥的结构模型试验(例如美国旧金山市海湾桥)来决定其较为合理的吊装次序。如今由于计算机的普及,此问题已不难解决。

从桥塔开始吊装的优点是施工比较方便,缺点是桥塔两侧的索夹首先夹紧,此时主缆形状与最终几何线形差别最大,因而主缆中的次应力较大。汕头海湾大桥就是采用这种方式,海湾大桥混凝土加劲箱梁主跨有 74 段,边跨各 24 段,首先将预制梁段从预制场纵、横移下海,用铁驳浮运到各跨主缆下定位,用锚固在主缆索夹上的 1800kN 缆载吊机垂直起吊安装。每安装一梁段之后,吊机向前移 6m,锚固到下一对索夹上,做下一梁段的吊装准备。

当加劲梁的重力逐渐作用到主缆上,主缆将产生较大的位移,改变原来悬链线的形状,所以在吊装过程中上缘一般都顶紧而下缘张开,直到全部吊装完毕下缘才闭合。如果强制使下缘过早闭合,结构或其联结件有可能因强度不够而遭破坏。合理的做法应该是:在架设的开始阶段,使各梁段在上缘铰接,而使下缘张开。这些上缘铰接的梁段应具备整体以横向抗弯抵抗横向风荷载的能力。待到一部分梁段业已到位，主缆线形也比较接近最终线形时，再将这一部分梁段下缘强制闭合。当然必须通过施工控制确认此时闭合是结构和其联结件都能够承受的。

英国 1966 年建成的塞文桥梁段吊装是从跨中开始，向桥塔方向前进。如果边跨较长，为避免塔顶产生过大的纵向位移，应从两岸向桥塔方向同时吊装边跨梁段。这种吊装次序的优点是：在架设桥塔附近的加劲梁段时，主缆线形已非常接近其最终几何形状，此时将桥塔附近的索夹夹紧，主缆的永久性角变位最小。虎门大桥（边跨加劲梁）主跨 49 个梁段，其吊装次序就是先吊跨中段，再从跨中对称向两桥塔前进，直至合龙。

2. 缆载吊机架设

缆载吊机安装技术是指以已经架设就绪的主缆作为吊梁时的承重结构，运用专门的缆载吊机吊装主梁。这种设备最大的优点是充分利用主缆作为承重结构，不需要另外架设专门的承重结构来吊装主梁。最大的缺点是：需要专门的缆载吊机来起吊主梁，此吊机造价高；另外，缆载吊机行走缓慢，爬行坡度小，因此对地形条件有一定的要求，梁段必需能尽可能地运送到安装位置下面，这就需要架设较长的栈桥。

缆载吊机由主梁、端梁及各种运行、提升机构组成。起重机在主缆上运行及工作，故主梁的跨度即为两主缆的中心距。主缆中心线与平面的最大夹角为吊装桥塔附近梁段时主缆与水平面的夹角（接近桥塔），吊机在此倾角状态下应能正常工作及行走。吊机是在全部索夹安装就位的主缆上运行，故其运行机构必须能跨越索夹障碍。在倾斜状态下起吊时产生的下滑力由索夹承受，故应设置吊机与索夹相对固定的夹紧机构。

3. 缆索吊机架设

缆索吊机架设源于常用的拱桥缆索吊装施工，缆索吊机系统设备与拱桥吊装基本相同，参见拱桥缆索吊装部分。缆索吊装技术是近年来应用到悬索桥施工中的，它是以专门架设的施工索道来作为吊装主梁的承重结构，吊机由滑轮组组成，设计简单，造价低。它的最大优点是对施工场地的要求低，主梁可以在主跨靠近岸边的地方起吊，吊装边跨时仅需搭设低位栈桥，且栈桥很短。它的最大缺点是另需架设施工索道，安装较多的卷扬机；能适应的桥梁跨度有限，主要运用于中小型悬索桥。缆索吊装技术在重庆鹅公岩长江大桥（中跨 600m）上的应用属于首次运用于大跨悬索桥施工。

应用缆索吊装技术架设悬索桥时应注意：施工过程中索道对主塔塔偏有一定的影响，施工控制分析难度较大。

复 习 思 考 题

5.1　简述移动模架法施工的基本原理。

5.2　连续梁桥的顶推施工有何特点？

5.3　单点顶推和多点顶推的联系和区别在哪里？

5.4　顶推施工中应该注意哪些问题？

5.5　斜拉桥施工主要包括哪几个方面？

5.6　斜拉桥主梁施工方法有哪些？

5.7　悬索桥的主缆架设方法主要有哪些？

第三篇 管道工程施工技术

市政管道工程是市政工程的重要组成部分，它犹如人体内的"血管"和"神经"，日夜担负着传送信息和输送能量的任务，是城市赖以生存和发展的物质基础，是城市的生命线。

市政管道的种类很多，按其功能主要分为：给水管道、排水管道、燃气管道、热力管道、电力电缆和电信电缆六大类。

各类市政管道由于其功能不同，使得其在材料及配件要求、安装工艺和技术标准方面有较大的差异。然而，市政管道工程均为线型工程，在土石方、混凝土工程及附属构筑物施工方面又有许多共性。因此，本篇主要对各类管线的作用、组成、布置方法，管道附件及附属构筑物的类型和构造，管材的种类及每种管材的优缺点，管道的开槽和不开槽施工，附属构筑物施工，阀件安装，市政管道维护管理等内容进行阐述。

第1章 市政管道工程概述

教学要求：通过本章的学习，使学生了解给水、排水管道系统的组成和类型，掌握给水排水管线的布置要求和布置方法；了解给排水管材及附件的类型、特点，掌握其选用方法；了解给排水管道附属构筑物的类型及构造；了解其他市政管线工程的组成和布置。

1.1 给 水 管 道 工 程

1.1.1 给水管道系统的组成

给水系统由取水、水质处理、输水和配水等设施以一定的方式组合而成的。它的主要任务是从水源取水，对水质进行处理，将符合要求的水质输送和分配到各用户，满足用户对水质、水压、水量的要求。给水系统一般由取水构筑物、水处理构筑物、泵站、输水管道、配水管网、调节构筑物组成，如图1.1、图1.2所示。

（1）取水构筑物。从选定的水源（如江河、湖泊、深层地下水等）取水。

（2）水处理构筑物。对水源的水质进行处理，时期达到用水水质标准。这些构筑物一般集中布置在水厂范围内。

（3）泵站。泵站是输配水系统的加压设施，有供水泵站和加压泵站两种形式。供水泵站一般位于水厂内部，将清水池中的水加压送入输水管网；加压泵站则对远离水厂的供水区或地形较高的区域进行加压。

（4）输水管道。输水管道是指从水源到城市水厂或者从城市水厂到相距较远管网的管道，输水管道在整个给水系统中是很重要的。

（5）配水管网。配水管网是指分布在整个供水区域内的配水管道网络。其功能是将来自于较集中点（如输水管渠的末端或贮水设施等）的水量分配输送到整个供水区域，使用户从

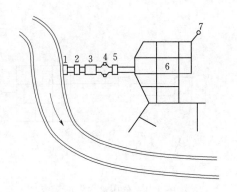

图 1.1 地表水源的给水系统
1—取水构筑物；2—一级泵站；3—水处理构筑物；4—清
水池；5—二级泵站；6—管网；7—调节构筑物

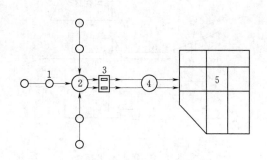

图 1.2 地下水源的给水系统
1—管井群；2—集水池；3—泵站；
4—水塔；5—管网

近处接管用水。配水管网由主干管、干管、支管、连接管、分配管等构成。配水管网中还需要安装消火栓、阀门（闸阀、排气阀、泄水阀等）和检测仪表（压力、流量、水质检测等）等附属设施，以保证消防供水和满足生产调度、故障处理、维护保养等管理需要。输水管道和配水管网构成给水管道工程。

（6）调节构筑物。它包括水压调节设施（如泵站、减压阀）和水量调节设施（如水塔、高位水池、清水池等）。

1.1.2 给水管网系统的类型

1. 统一给水管网系统

统一给水系统是用同一系统供应生活、生产、消防等各种用水，绝大多数城市采用这一系统。该系统适用于地形起伏不大，用户较集中，且各用户对水质、水压要求相差不大的城镇和工业企业的给水工程。如图 1.1、图 1.2 均为统一给水系统。

2. 分系统给水管网系统

因给水区域内各用户对水质、水压的要求差别较大，或地形高差较大，或功能分区比较明显，且用水量较大时，可根据需要采用几个相互独立工作的给水管网系统分别供水。分系统给水管网系统可以分为：分质给水管网系统和分压给水管网系统。

（1）分质给水管网系统。因用户对水质的要求不同而分成两个或两个以上系统，分别供给各类用户，称分质给水管网系统。分质给水系统可以是同一水源，在同一水厂中经过不同的工艺和流程处理后，由彼此独立的水泵、输水管和管网，将不同水质的水供给各类用户，如图 1.3 实线所示。该系统的主要特点是城市水厂的规模可缩小，特别是可以节约大量的药剂费用和动力费用，但管道设备多，管理较复杂；分质给水系统也可以是不同水源，例如地表水经过简单沉淀后，供工业生产用水，如图 1.3 中虚线所示。

（2）分压给水管网系统。用户对水压的要求不同而分成两个或两个以上系统，分别供给各类用户，称为分压给水管网系统。分压给水管网系统是将符合要求的水质由同一泵站内不同扬程的水泵分别通过高压、低压输水管网送到不同用户，如图 1.4 所示。该系统的主要特点是动力费用低、可避免采用同一管网系统满足高压区要求时，引起低压区水压的浪费、使用和维护方便并且管网系统漏水损失少。但需要增加低压管道和设备，管理较复杂。

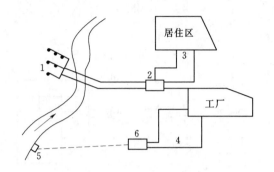

图 1.3 分质给水系统

1—管井；2—泵站；3—生活用水管网；4—生产用水管网；
5—取水构筑物；6—工业用水处理构筑物

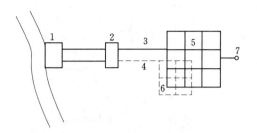

图 1.4 分压给水管网系统

1—净水厂；2—二级泵站；3—低压输水管；4—高压
输水管；5—低压管网；6—高压管网；7—水塔

3．不同输水方式的管网系统

根据水源地和给水区的地形情况，可采用不同的输水方式向用户供水。

（1）重力输水管网系统。清水池中的水依靠自身重力，经重力输水管送入水厂，经处理后送至用户使用。该系统适用于水源地地形高于给水区，并且高差可以保证以经济的造价输送所需要水量的情况。该系统无动力消耗，管理方便，费用低。当地形高差很大时为降低供水压力，可在中途设置减压水池，形成多级重力输水系统，如图 1.5 所示。

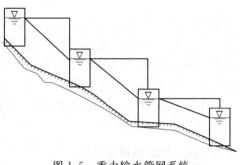

图 1.5 重力输水管网系统

（2）压力输水系统。当水源地地形低于给水区或水源地与给水区的地形高差不能保证用经济的造价输送所需要水量时，可采用压力输水系统，如图 1.6 所示。该系统的特点是需要消耗大量的动力。

在现代大型输水管道系统中应用较为广泛的是重力-压力相结合的多级输水方式。该系统的特点是充分利用地形特点，节约成本。如图 1.7 所示，上坡 1～2 段、3～4 段，分别用泵站 1、3 加压输水，下坡 2～3 段利用高位水池重力输水。

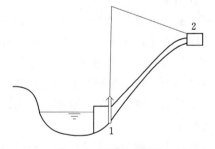

图 1.6 压力输水系统

1—泵站；2—高地水池

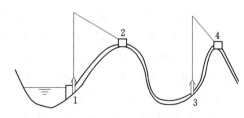

图 1.7 重力和水泵加压相结合的输水方式

1、3—泵站；2、4—高位水池

1.1.3 给水管网的布置

1．布置原则

给水管网的布置应满足以下要求：

（1）按照城市规划平面图布置管网，远近期结合，布置时应考虑给水系统分期建设的可能性，并留有充分发展的余地。

（2）管线应均匀地分布在整个给水区域内，保证用户有足够的水量和水压。

（3）力求以最短距离敷设管线，尽量不穿或少穿障碍物，以降低管网造价和供水能量费用。

（4）管线布置必须保证供水安全可靠，当发生事故时，尽量不间断供水或尽可能缩小断水范围。

（5）尽量减少拆迁、少占农田、便于管道施工和运行维护。

2. 布置形式

尽管给水管网布置受上述原则和影响因素的制约，其形状各种各样，但不外乎两种基本形式：树状管网和环状管网，如图 1.8、图 1.9 所示。

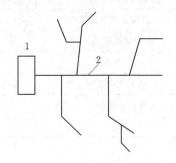

图 1.8　树状管网

1—二级泵站；2—管网

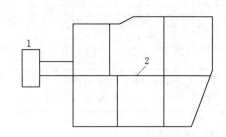

图 1.9　环状管网

1—二级泵站；2—管网

从水厂泵站或水塔到用户的管线布置类似树枝状，成为树状管网。树状管网的特点是管网布置简单，投资少。当管网中任一段管线损坏时，则该管段以后的管线就会断水，故供水可靠性差。另外在管网末端，因水量很小，水流缓慢，甚至停滞不动，因此水质容易变坏。

环状管网是管道相互连接成环状。当管网中某一段管线损坏时，可以关闭附近的阀门使其与其他的管段隔开，进行检修，水还可从另外管线供应下游用户，断水地区可以减小，从而提高供水可靠性。此外环状网还可以大大减轻水锤作用产生的危害。但环状网管线长，造价明显比树状管网高。一般在城市建设初期可采用树状管网，以后随着给水事业的发展逐步形成环状管网。现代的城市给排水管网多数是将树状管网和环状管网结合起来。在城市中心地区，布置成环状管网，在郊区则以树状管网形式向四周延伸。

3. 配水管网的布置要求

管网布置必须保证配水管网主干管的方向应与配水主要流向一致。配水管网的干管靠近大用户沿城市的主要干道敷设，以减少配水支管的数量。城镇生活饮用水的管网严禁与非生活饮用水的管网连接，应采取有效的安全隔断措施。在同一供水区内可布置若干条平行的干管，其间距可根据街区情况，采用 500～800m。连接管用于配水干管间的连接，以形成环状管网，保证在干管发生故障关闭事故管段时，能及时通过连接管重新分配流量，从而缩小断水范围，提高供水可靠性。连接管一般沿城市次要干道敷设，其间距可采用 800～1000m。

管线在道路下的平面位置和标高，应符合城市地下管线综合设计的要求，给水管线与建筑物、铁路以及其他管道的水平净距应参照《城市工程管线综合设计规范》（GB 50289—

1998）确定，见表1.1。自地表向下的排列顺序宜为电力管线、热力管线、给水管线、雨水排水管线、污水排水管线、最小垂直净距见表1.2。

表1.1 给水管线与其他管线及其他建筑物之间最小水平净距 单位：m

名称	建筑物	污水雨水排水管	燃气管				热力管		电力电缆		电缆电信		乔木	灌木	地上杆柱			道路侧石边缘	铁路钢轨（或坡脚）
			低压	中压		高压									通信照明及<10kV	高压铁塔基础边			
				B	A	B	A	直埋	地沟	直埋	缆沟	直埋	管道				≤35kV	>35kV		
D≤200	1.0	1.0	0.5	1.0	1.5			1.5		0.5		1.0		1.5		0.5	3.0		1.5	5.0
D>200	1.0	1.5																		

表1.2 配水管与工程管线交叉时的最小垂直净距

序号	工程管线名称	最小垂直净距（m）	序号	工程管线名称	最小垂直净距（m）
1	配水管线	0.15	6	电力管线：直埋及管沟	0.15
2	污、雨水排水管线	0.40	7	沟渠（基础底）	0.5
3	热力管线	0.15	8	涵洞（基础底）	0.15
4	燃气管线	0.15	9	电车（轨底）	1.0
5	电信管线：直埋 管沟	0.50 0.15	10	铁路（轨底）	1.0

1.1.4 给水管材

1. 给水管材选用的基本要求

给水管网由给水管道、配件和附件组成。按照水管工作条件，其性能应满足下列要求：

（1）有足够的强度，可以承受各种内外荷载。

（2）水密性好，它是保证管网有效而经济地工作的重要条件。如因管线的水密性差以致经常漏水，无疑会增加管理费用和导致经济上的损失。同时，管网漏水严重时也会冲刷地层而引起严重事故。

（3）水管内部光滑，以减少水头损失。

（4）价格较低，使用年限较长，并且有较高的抗腐蚀能力。

除此之外，水管接口应施工简便，工作可靠。给水管管材的选择除上述条件外，还取决于给水管承受的水压、埋管条件、管材供应情况等。

2. 给水管材的类型

（1）铸铁管。铸铁管按材质可分为灰铸铁管和球墨铸铁管。

灰铸铁管与钢管相比，铸铁管抗腐蚀性能较好，经久耐用，价格低。但质地较脆，抗冲击和抗震能力较差，重量较大，一般为同规格钢管质量的1.5～2.5倍，且经常发生接口漏水，水管断裂和爆管事故，给生产带来很大损失。

球墨铸铁管的主要成分石墨为球状结构。它具有铸铁管的许多优点，并且机械性能高，强度是铸铁管的多倍，抗腐蚀性能远高于钢管，质量较轻，很少发生爆管、渗水、漏水现象，因此是输水管道理想的管材。目前我国球墨铸铁管的产量低，产品规格少。

铸铁管接口有两种形式：承插式（图1.10）和法兰式（图1.11）。水管接头应紧密不漏水且稍带柔性，特别是沿管线的土质不均匀而有可能发生沉陷时。

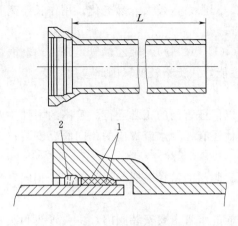

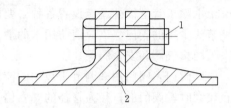

图 1.10 承插式接头
1—麻丝；2—膨胀性填料等

图 1.11 法兰式接头
1—螺栓；2—垫片

承插式接口适用于室外埋地管线，安装时将插口插入承口内，两口之间的环形空隙用接头材料填实。接口时施工麻烦，劳动强度大。接口材料分两层，内层采用油麻丝或胶圈，外层采用石棉水泥、自应力水泥砂浆等。目前很多单位采用膨胀性填料接口，利用材料的膨胀性密封接口。承插式铸铁管采用橡胶圈接口时，安装时无需敲打接口，因而减轻劳动强度，加快了施工进度。

法兰接口接头紧密，检修方便。但施工要求较高，接口管必须严格对准，为使接口不漏水，在两法兰盘之间嵌以 3～5mm 厚的橡胶垫片，再用螺栓上紧。由于螺栓易锈蚀，不适用于埋地管线，一般用于水塔进出水管、泵房、净水厂、车间内部等与设备明装或地沟内的管线。

球墨铸铁管采用 T 形划入式胶圈柔性接口，也可采用法兰接口，施工安装方便，可加快施工进度，缩短工期，接口的水密性好，有适应地基变形的能力，抗震效果好。

（2）钢管。钢管分普通无缝钢管和焊接钢管两种。焊接钢管又分直缝钢管和螺旋卷焊钢管。钢管的特点是自重轻、强度高、耐高压、耐振动。但承受外荷载的稳定性差，耐腐蚀性差，管壁内外均需有防腐措施，而且造价高。通常适用于管径大和水压高以及地质、地形条件限制或穿越铁路、河谷和地震地区。市政给水管道中常用的普通钢管工作压力不超过 1.0MPa，管径为 $DN100～DN2200$，有效长度为 4～10m。

（3）预应力和自应力钢筋混凝土管。预应力混凝土管是配有纵向和环向缠绕预应力钢筋的混凝土管。其管径一般为 400～2000mm，管长 5m，工作压力可达 0.4～1.2MPa。

用自应力水泥制成的钢筋混凝土管叫自应力钢筋混凝土管。自应力水泥由矾土水泥、石膏、高标号水泥配置而成，在一定条件下，产生晶体转变，水泥自身体积膨胀。膨胀时，带着钢筋一起膨胀，张拉钢筋使之产生自应力，所以很少应用于重要管道。自应力钢筋混凝土管的管径一般为 100～800mm，管长 3～4m，工作压力可达 0.4～1.0MPa。

预应力和自应力钢筋混凝土管均有良好的抗渗性和抗裂性，不需内外防腐，施工安装方便，输水能力强，价格便宜。但自重大，质地脆，所以装卸和搬运时严禁抛掷和碰撞。施工时管沟底必须平整，覆土必须夯实。

（4）塑料管。塑料管具有强度高、表面光滑、不易结垢、水力性能好、耐腐蚀、重量轻、加工及接口方便，施工费用低等优点，但质脆、膨胀系数较大、易老化。用作长距离管道时，需考虑温度补偿措施，例如伸缩节和活络接口。

塑料管有多种，常用的塑料管有硬聚氯乙烯管（UPVC 管）、聚乙烯管（PE）、聚丙烯管（PP）等。其中以 UPVC 管的力学性能和阻燃性能好，价格较低，因此应用广泛。

1.1.5　给水管网附件

给水除了管道以外还应设置各种必要的附件，以保证管网的正常运行。管网的附件主要有调节流量用的阀门、供应消防用水的消火栓、其他还有控制水流方向的单向阀、安装在管线高处的排气阀和安全阀等。

（1）阀门。阀门用来调节管线中的流量和水压。阀门的口径一般与水管的直径相同，当管径较大时，阀门的口径为管径的 0.8 倍。

阀门的布置要数量少而且调度灵活。承接消火栓的水管上要安装阀门，主要管线和次要管线交接处的阀门常设在次要管线上。干管上的阀门间距一般为 500～1000m。

阀门内的闸板有楔式（图 1.12）和平行式（图 1.13）两种，根据阀门使用时阀杆是否上下移动，可分为明杆和暗杆两种。明杆是阀门启闭时，阀杆随之升降，因此易于掌握阀门启闭程度，适宜于安装在泵站内。暗杆适用于安装和操作地位受到限制之处。

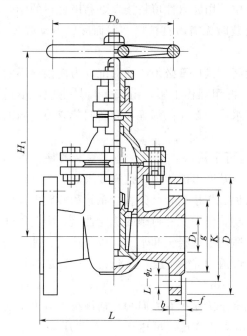

图 1.12　法兰式暗杆楔式闸阀

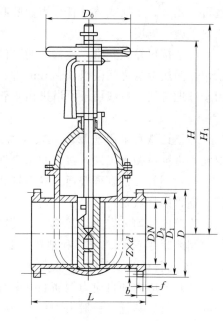

图 1.13　Z44T－10 平行式双闸板

蝶阀的作用和一般阀门相同，但结构简单，开启方便，旋转 90°就可全开或全关。可用在中、低压管线上，例如水处理构筑物和泵站内。

输配水管道上的阀门宜采用暗杆，也可以采用蝶阀。一般采用手动操作，直径较大时也可以采用电动。

（2）消火栓。消火栓分地上式和地下式两种。前者适用于气温较高地区，后者适用于气温较低地区。消火栓均设在给水管网的配水管线上，与配水管线的连接有直通式和旁通式两种方式。直通式是直接从配水干管上接出消火栓，旁通式是从配水干管上接出支管后再接消火栓。旁通式应在支管上安装阀门，以利安装、检修。

消火栓的间距不应大于120m，消火栓的接管直径不小于DN100，每个消火栓的流量为10～15L/s，地上式消火栓尽可能设在交叉口和醒目处。消火栓按规定应距建筑物不小于5m，距车行道不大于2m，以便消防车上水，并不妨碍交通，一般设在人行道边。地下式消火栓安装在阀门井内，不影响交通，但使用不及地上方便。地上式消火栓安装见图1.14，地下式消火栓安装见图1.15。

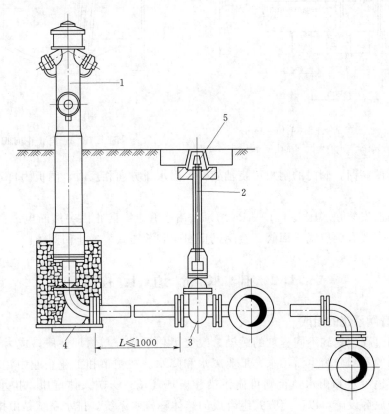

图1.14 地上式消火栓（单位：mm）
1—SS100地上式消火栓；2—阀杆；3—阀门；4—弯头支座；5—阀门套筒

（3）排气阀和泄水阀。管道在长距离输水时经常会积存空气，这既减小了过水断面积，又增大了水流阻力，同时还会产生气蚀作用，因此应及时将管道的气体排除。排气阀就是用来排除管道中气体的设备，一般设置在压力管道的隆起部分，平时排除管内积存的空气，而在管道检修、放空时进入空气，保持排水畅通，同时在产生水锤时可以使空气自动进入，避免产生负压。

排气阀适用于工作压力<1.0MPa的管道。排气阀必须设置检修阀门，定期检修，经常养护，使进气、排气灵活。排气阀应垂直安装，安装处环境清洁，满足保温和防冻要求。

在管线的最低点须安装泄水阀，它和排水管相连，以排除水管中沉淀物以及检修时放空水管内的存水。泄水阀和排水管的直径由所需放空时间决定。放空时间可按一定工作水头下孔口出流公式计算。

（4）止回阀。止回阀又称单向阀，如图1.16所示。它是限制压力管道中的水流只能朝

255

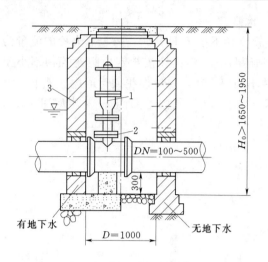

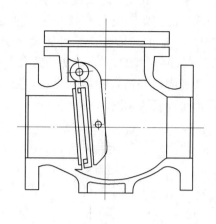

图 1.15　地下式消火栓（单位：mm）
1—SX100 消火栓；2—消火栓三通；3—阀门井

图 1.16　旋启式止回阀

一个方向流动的阀门。阀门的闸板可绕轴旋转。当水流方向相反时，闸板因自重和水压作用而自动关闭。

止回阀一般安装在水压大于 196kPa 的泵站出水管上，防止因突然断电或其他事故时水倒流。止回阀一般有旋启式止回阀、缓闭式止回阀和液压式缓冲止回阀等。

1.2　排水管道工程

1.2.1　排水管网系统的组成

水在使用过程中受到不同程度的污染，改变了化学成分与物理性质，成为废水或污水。污水按照来源的不同分为生活污水、工业废水和降水。在城市和工业企业中，应有组织地、及时地排除上述废水和雨水，否则可能污染和破坏环境，影响人体健康。排水的收集、输送、处理和排放等设施，以一定方式组合成的总体称排水系统。排水系统是由排水管网系统（管道系统）和污水处理系统（污水处理厂）组成。排水管网系统是收集和输送废水的设施，把废水从产生处输送至污水厂或出水口，它包括排水设备、检查井、管渠、污水泵站等工程设施。污水处理系统是处理和利用废水的设施，它包括城市及工业企业污水厂中的各种处理构筑物及除害设施等。

1. 城市生活污水排水系统的组成

城市生活污水排水系统包括室内污水管道系统和室外污水管道系统。

室内污水管道系统的作用是将收集的生活污水，通过水封管、支管、竖管和出户管等室内管道系统流至室外居住小区污水管道中。

室外管道系统包括居住小区污水管道系统和街道污水管道系统。居住小区污水管道系统主要任务是收集小区内各建筑物排出的污水，并将其输送到街道污水管道系统中。它分为接户管、小区支管、小区干管。其中接户管是接纳各建筑物排出的污水并将其送入到小区支管；小区支管是布置在小区内与接户管连接的污水管道并将污水送到小区干管。小区干管接纳若干小区支管流来的污水。

街道污水管道系统主要是将接收的各居住小区的污水,依靠重力流或加设泵站将污水输送到污水处理厂,经处理后排放或利用。一般由城市支管、干管、主干管等组成,见图1.17。支管承受小区干管流来的污水;干管汇集输送支管流来的污水;主干管是汇集输送由两个或两个以上干管流来的污水管道。

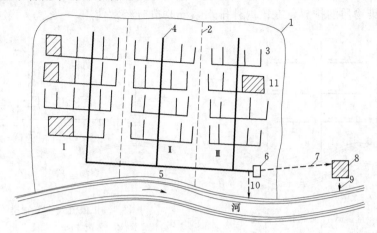

图 1.17　市政污水管道系统

Ⅰ、Ⅱ、Ⅲ—排水区域

1—城市边界;2—排水区域分界线;3—支管;4—干管;5—主干管;6—总泵站;
7—压力管道;8—城市污水厂;9—出水口;10—事故排出口;11—工厂

2. 工业废水排水系统的组成

在工业企业中,用管道将各车间及其他排水对象所排出的不同性质的废水收集起来,依靠重力流或加压泵站,将废水送至污水处理厂。工业废水排水系统包括车间内部管道系统和厂区管道系统。车间内部管道系统主要收集各生产设备排出的工业废水,并将其排放到厂区管道系统中;厂区管道系统是用来收集并输送各车间排出的工业废水的管道系统。

3. 雨水管道系统的组成

用雨水斗或天沟收集屋面的雨水,用雨水口收集地面的雨水。地面的雨水经雨水口流入居住小区、厂区或街道的雨水管渠系统。雨水排水系统由建筑物的雨水管道系统和设备,居住小区或工厂雨水管渠系统,街道雨水管渠系统,排洪沟,出水口等部分组成。

1.2.2　排水系统的体制

城市和工业企业通常有生活污水、工业废水和雨水。这些污水可采用一个管渠系统、两个或两个以上各自独立的管渠系统来排除。污水的这种不同排除方式所形成的排水系统称排水系统的体制。排水系统的体制一般分为合流制和分流制两种类型,具体选择时,应考虑多方面因素。如:城市和工业企业规划、当地降雨情况、排放标准、原有排水设施、污水处理和利用情况、地形和水体、环境保护、工程投资、维护管理等方面。

(1)合流制排水系统。利用同一个管渠收集生活污水、工业废水和雨水的排水方式称合流制排水系统。最早出现的是直排式合流制排水系统,见图1.18。排水管渠系统的布置分若干个排出口,将未经过处理的混合污水直接排入水体,污染危害大,一般不宜采用。

在直排式合流制排水系统的基础上,形成一种新的合流制排水系统。这种系统是在临河岸边建造一条截流干管,同时在合流干管与截留干管相交前或相交处设置溢流井,并在截流干管下游设置污水厂，成为截流式合流制排水系统，见图1.19。晴天时管道中只输送旱流污水，经污水处理厂处理后排放。雨天时降雨初期，旱流污水和雨水被送至污水厂，随着降雨量的增加雨水径流也增加。混合污水的流量超过截流干管的输水能力后，就有部分混合污水经溢流井溢出，直接排入水体。该系统在旧城市的排水系统改造中比较简单易行，节省投资，并降低污染物质的排放，在国内外排水系统改造时经常使用。

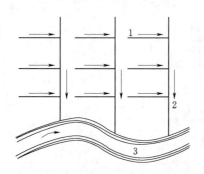

图1.18　直排式合流制排水系统

1—合流支管；2—合流干管；3—河流

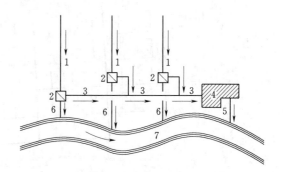

图1.19　截流式合流制排水系统

1—合流干管；2—溢流井；3—截流主干管；4—污水处理厂；
5—出水口；6—溢流管；7—河流

（2）分流制排水系统。分流制排水系统是将生活污水、工业废水和雨水采用两套或两套以上的排水管渠系统进行污水的收集和排放。根据雨水排除方式的不同，分流制排水系统又分为完全分流制和不完全分流制两种排水系统。完全分流制是将城市的生活污水和工业废水用一条管道排除，而雨水用另一条管道来排除的排水方式，见图1.20。不完全分流制排水系统是暂时不设置雨水管渠系统，雨水沿道路两边沟槽排入天然水体，见图1.21。这种情况使用于新建的城镇在建设初期，待城市发展后将其改造成完全分流制。

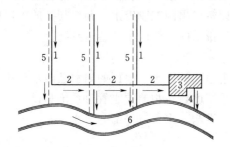

图1.20　完全分流制排水系统

1—污水干管；2—污水主干管；3—污水厂；
4—出水口；5—雨水干管；6—河流

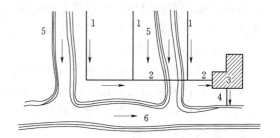

图1.21　不完全分流制排水系统

1—污水管道；2—污水主干管；3—污水厂；
4—出水口；5—原有渠道；6—河流

1.2.3　排水管网系统的布置

1. 正交布置和截流式布置

正交布置是在地势向水体有适当倾斜的地区，各排水流域的干管可以最短距离沿与水体垂直相交的方向布置，见图1.22（a）。正交布置具有干管长度短、管径小、排放流速快的特点。但正交布置的污水未经处理就直接排放，故在现代城市中这种布置一般仅适用于排除雨水。随着市政管道的发展，在正交布置的基础上出现了一种新的布置形式—截流式布置。这种布置是在正交布置基础上沿河岸再敷设主干管，并将各干管的污水截流送到污水厂，见

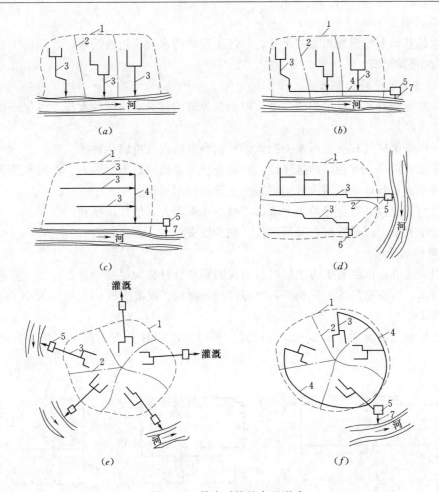

图 1.22　排水系统的布置形式

(a) 正交式；(b) 截流式；(c) 平行式；(d) 分区式；(e) 分散式；(f) 环绕式

1—城市边界；2—排水流域分界线；3—干管；4—主干管；5—污水厂；6—污水泵站；7—出水口

图 1.22 (b)。截流式布置可以减轻水体污染、改善和保护环境。

2. 平行式布置

在地势向河流方向有较大倾斜的地区，可使干管与等高线及河道基本平行，主干管与等高线及河道成一定倾斜敷设，这种布置称平行式布置，见图 1.22 (c)。平行式布置可以避免因干管坡度及管内流速过大，使管道受到严重冲刷。

3. 分区布置

分区布置是在高地区和低地区分别敷设独立的管道系统。高地区的污水靠重力流向污水厂，低地区的污水依靠水泵抽送到高地区干管或污水厂，见图 1.22 (d)。这种布置适用于地势相差较大的地区。它的优点是能充分利用地形优势，节省能源。

4. 分散布置

分散布置见图 1.22 (e)。这种布置形式适用于城市周围有河流，或城市中央部分地势高、地势向周围倾斜的地区。这种布置的特点是干管长度短、管径小、管道埋深浅、便于污水灌溉，但污水厂和泵站的数量增多。

5. 环绕式布置

在分散式基础上沿四周布置主干管，将各干管的污水截流送往污水厂，见图1.22（f）。

1.2.4 排水管渠材料

1. 对排水管渠材料的要求

（1）排水管渠必须具有足够的强度，以承受外部的荷载和内部的水压，以保证在运输和施工过程中不损坏。

（2）排水管渠应具有抵抗污水中杂质的冲刷和磨损以及抗腐蚀性能。

（3）排水管渠应具有良好的抗渗性，以防止污水渗出和地下水渗入。若污水从管渠中渗出则污染地下水；若地下水深入管渠则影响正常的排水工作。

（4）排水管渠应具有良好的水力条件，减少水头阻力，使排水畅通。

（5）排水管渠应就地取材，降低造价，减少投资。

2. 常用排水管渠

（1）混凝土管。以混凝土为主要材料制成的圆形管材称为混凝土管。混凝土管适用于排除雨水、污水。可在专门的工厂预制，也可以现场浇制。混凝土管的直径一般小于450mm，长度一般为1m。

混凝土管的管径通常有承插式、企口式、平口式，见图1.23。混凝土排水管的规格见表1.3。

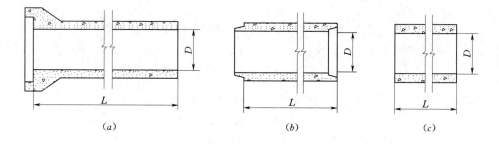

图1.23 混凝土管

（a）承插式；（b）企口式；（c）平口式

表1.3 混凝土排水管的规格

序号	公称内径（mm）	最小管长（mm）	管最小壁厚（mm）	外压试验（kg/m²）	
				安全荷载	破坏荷载
1	200	1000	27	1000	1200
2	250	1000	33	1200	1500
3	300	1000	40	1500	1800
4	350	1000	50	1900	2200
5	400	1000	60	2300	2700
6	450	1000	67	2700	3200

（2）钢筋混凝土管。为了增强管道强度，在混凝土中加入了钢筋制成钢筋混凝土管。钢筋混凝土管适用于当管道埋深较大或敷设在土质条件不良地段。当管径大于500mm时常采用钢筋混凝土管。钢筋混凝土管分为轻型钢筋混凝土管和重型钢筋混凝土管。其技术条件和标准见表1.4和表1.5。

表 1.4　　　　　　　　　　　　　　　　轻型钢筋混凝土排水管道规格

公称内径（mm）	管体尺寸		套环			外压试验		
	最小管长（mm）	最小壁厚（mm）	填缝宽度（mm）	最小管长（mm）	最小壁厚（mm）	安全荷载（kg/m²）	裂缝荷载（kg/m²）	破坏荷载（kg/m²）
200	2000	27	15	150	27	1200	1500	2000
300	2000	30	15	150	30	1100	1400	1800
350	2000	33	15	150	33	1100	1500	2100
400	2000	35	15	150	35	1100	1800	2400
450	2000	40	15	200	40	1200	1900	2500
500	2000	42	15	200	42	1200	2000	2900
600	2000	50	15	200	50	1500	2100	3200
700	2000	55	15	200	55	1500	2300	3800
800	2000	65	15	200	65	1800	2700	4400
900	2000	70	15	200	70	1900	2900	4800
1000	2000	75	18	250	75	2000	3300	5900
1100	2000	85	18	250	85	2300	3500	6300
1200	2000	90	18	250	90	2400	3800	6900
1350	2000	100	18	250	100	2600	4400	8000
1500	2000	115	22	250	115	3100	4900	9000
1650	2000	125	22	250	125	3300	5400	9900
1800	2000	140	22	250	140	3800	6100	11100

表 1.5　　　　　　　　　　　　　　　　重型钢筋混凝土排水管道规格

公称内径（mm）	管体尺寸		套环			外压试验		
	最小管长（mm）	最小壁厚（mm）	填缝宽度（mm）	最小管长（mm）	最小壁厚（mm）	安全荷载（kg/m²）	裂缝荷载（kg/m²）	破坏荷载（kg/m²）
300	200	58	15	150	60	3400	3600	4000
350	200	60	15	150	65	3400	3600	4400
400	200	65	15	150	67	3400	3800	4900
450	200	67	15	200	75	3400	4000	5200
500	200	75	15	200	80	3400	4200	6100
650	200	80	15	200	90	3400	4300	6300
750	200	90	15	200	95	3600	5000	8200
850	200	95	15	200	100	3600	5500	9100
950	200	100	18	250	110	3600	6100	11200
1050	200	110	18	250	125	4000	6600	12100
1350	200	125	18	250	175	4100	8400	13200
1550	200	175	18	250	60	6700	10400	18700

　　混凝土管和钢筋混凝土管的主要优点是原料充足，造价低。可预制和现场浇制故制造工艺简便，但管节较短、接头较多、大口径管自重大、抗酸碱腐蚀能力差。

　　（3）陶土管。陶土管是用塑性耐火粘土制坯，经高温煅烧制成的。为了防止在煅烧过程中产生裂缝，在其中按一定比例加入耐火粘土和石英砂。根据需要可制成无釉、单面釉、双面釉陶土管。陶土管一般制成圆形断面，有承压式和平口式两种，见图 1.24。陶土管管径一般不超过 600mm，管长在 0.8～1.0m 左右。陶土管的特点是耐酸碱，抗腐蚀性能强，但质脆宜碎，强度低不能承受内压，管接短，接口多。

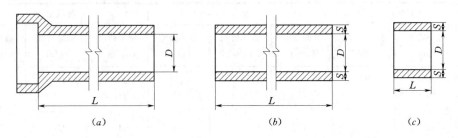

图 1.24　陶土管

(a) 承插管；(b) 直管；(c) 管箍

(4) 金属管。金属管一般使用于外荷载很大或对渗漏要求特别高的场合，如排水泵站的进出水管、穿越铁路、河道的倒虹管或靠近给水管道和房屋基础时。常用的金属管有铸铁管和钢管。铸铁管的特点是经久耐用，有较强的耐腐蚀性，但质地较脆，抗弯抗折性能差，重量较大。钢管的特点是能耐高压、耐振动、重量较轻、单管的长度大、接口方便，但耐腐蚀性差，采用钢管时必须涂刷耐腐蚀性的涂料并注意绝缘。

(5) 其他管材。随着新型建筑材料的不断研究，用于排水管道的材料也不断增加。如玻璃纤维混凝土管、加筋的热固性树脂管、离心混凝土管、聚氯乙烯塑胶硬质管、PUC 管、铝合金 UPVC 复合排水管等。

以上是常用的管材，在选择管材时，应在满足技术要求的前提下，尽可能就地取材，采用当地易于自制、便于供应和运输方便的材料，以使运输及施工总费用降至最低。

3. 排水管渠系统上的构筑物

为了保证有效地排除污水，在排水系统上除了设置管渠以外还需要设置其他一些必要的构筑物。如雨水口、连接暗井、溢流井、检查井、倒虹管等。

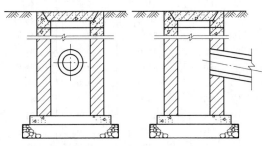

图 1.25　有沉泥井的雨水口

(1) 雨水口、连接暗井、溢流井。雨水口是雨水管渠或河流管渠上收集雨水的构筑物。地面及街道路面的雨水口通过雨水连接管流入排水管渠。

雨水口一般设置在交叉路口、路侧边沟的一定距离处以及没有道路边石的低洼地处。道路上雨水口的间距一般为 20～50m，当道路坡度大于 0.02 时，雨水口的间距可大于 50m，雨水口的深度一般不宜大于 1m。并可以在路面较差、菜市场等地方设置沉泥槽，见图 1.25。

雨水口的构造包括进水箅、井筒和连接管三部分组成，见图 1.26。井筒可用砖砌或钢筋混凝土预制，也可以采用预制的混凝土管。

雨水口由连接管和街道排水管渠的检查井连接。连接管的最小管径为 200mm，坡度一般为 0.01，长度一般不超过 25m，同一个连接管上的雨水口一般不超过 3 个。当排水管径大于 800mm 时，可在连接管与排水管连接处不设检查井，而设连接暗井，见图 1.27。

溢流井是截流干管上最主要的构筑物。通常在合流管渠与截流干管的交汇处设置溢流井，分别为截流槽式、溢流堰式和跳跃堰式，见图 1.28。

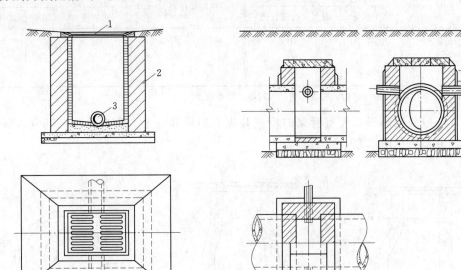

图 1.26 平箅雨水口

1—进水箅；2—井筒；3—连接管

图 1.27 连接暗井

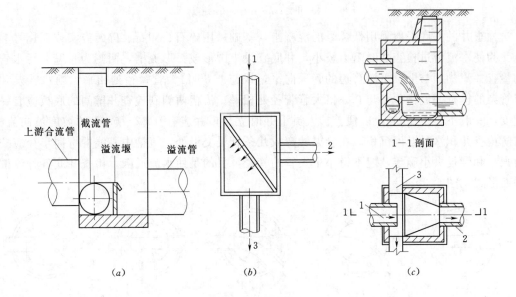

图 1.28 溢流井

(a) 截流槽式溢水井；(b) 溢流堰式溢水井；(c) 跳跃堰式溢水井

1—合流干管；2—截流干管；3—排水管渠

（2）检查井。为了便于对排水管渠系统作定期检查、维修、清通和连接上、下游管道，必须设置检查井。通常设在管渠交汇、转弯、管渠尺寸或坡度改变、跌水等处以及相隔一定距离的直线管渠段上。检查井在直线管渠段上的最大间距，一般按表 1.6 采用。

表 1.6 检查井最大间距

管径或暗渠净高 （mm）	最大间距 （m）		管径或暗渠净高 （mm）	最大间距 （m）	
	污水管道	雨水（合流管道）		污水管道	雨水（合流管道）
200～400	30	40	1100～1500	90	100
500～700	50	60	＞1500	100	120
800～1000	70	80			

注 管径或暗渠净高大于 2000mm 时，检查井的最大间距可适当增大。

检查井一般采用圆形，大型管渠的检查井也有矩形和扇形。检查井由三部分组成：井底、井身、井盖，见图 1.29。

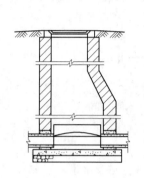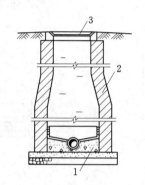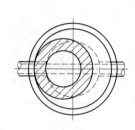

图 1.29 检查井
1—井底；2—井身；3—井盖

检查井的井底一般采用低标号的混凝土，基础采用碎石、卵石、碎砖夯实或低标号混凝土。为使水流流过检查井时阻力较小，井底宜设半圆形或弧形流槽，两侧为直壁。污水管道的检查井流槽顶与上、下游管道的管顶向平，或与 0.85 倍大管管径处相平，雨水管渠和合流管渠的检查井流槽顶可与 0.5 倍大管管径处相平。流槽两侧到检查井壁间的底板应有一定宽度，一般不小于 20cm，以便养护人员下井时立足，并应有 0.02～0.05 的坡度坡向流槽，以防检查井积水时淤泥沉积。在管渠转弯或几条管渠交汇处，流槽中心线的弯曲半径应按转角大小和管径大小确定，但不得小于大管的管径，目的是使水流通顺。检查井底各种流槽的平面形式见图 1.30。

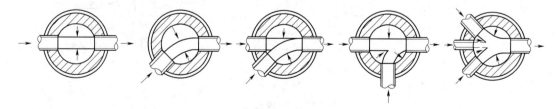

图 1.30 检查井底流槽的形式

井身的构造与是否需要工人下井有密切关系。不需要下人的浅井，一般为直壁筒形，井径一般为 500～700mm，对于经常要检修的检查井其井口大于 800mm 为宜。

检查井的井盖一般为圆形，直径采用 0.65～0.70m，可采用铸铁或钢筋混凝土材料，在车行道上一般采用铸铁，在人行道或绿化地带可采用钢筋混凝土。为防止雨水流入，盖顶略高出地面，见图 1.31。

检查井有三种特殊形式：跌水井、水封井、换气井。当检查井内衔接的上下游管渠的管底标高跌落差大于 1m 时，为消减水流速度，防止床刷，在检查井内应有消能措施，这种检查井叫跌水井。跌水井的形式有竖管式和溢流堰式。当管径直径小于或等于 400mm 时，采用竖管式跌落井。竖管式跌水井的一次允许跌落高度随管径大小不同而异；当直径大于 400mm 时，采用溢流堰式跌水井。溢流堰式跌水井跌水水头高度、跌水方式及井身长度应通过有关水力计算来确定。

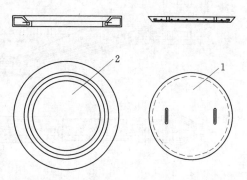

图 1.31 轻型钢筋混凝土井盖及盖座
1—井盖；2—盖座

当检查井内具有水封设施，以便隔绝易爆、易燃气体进入排水管渠，使排水管渠在进入可能遇火的场地时不至引起爆炸或火灾，这种检查井叫水封井。水封井的位置应该设在产生上述废水的生产装置、贮罐区、原料贮运场地、成品仓库、容器洗涤车间等的废水排出口处及适当距离的干管上。水封井不宜设在车行道和行人多的地段，并应适当远离产生明火的场地。水封井的深度一般采用 0.25m。井上宜设通风管，井底宜设沉泥槽。

换气井是一种设有通风管的检查井，见图 1.32。由于污水中的有机物常在管道中沉积而厌氧发酵，产生甲烷、硫化氢、二氧化碳等气体，如与一定体积的空气混合，在点火条件下将产生爆炸，甚至引起火灾。为防止此类事件发生，同时为了保证检修排水管渠时工作人员能安全地进行操作，有时在街道排水管的检查井上设置通风管，使有害气体在住宅竖管的抽风作用下，随空气沿庭院管道、出户管及竖管排入大气中。

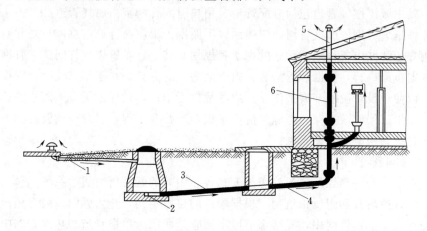

图 1.32 换气井
1—通风管；2—街道排水管；3—庭院管；4—出户管；5—透气管；6—竖管

（3）倒虹吸管。排水管道遇到障碍物，如穿过河道、铁路等地下设施时，管道不能按原有坡度埋设，而是以下凹的折线方式从障碍物下通过，这种管道称倒虹吸管。倒虹管由进水井、管道及出水井三部分组成，见图 1.33。

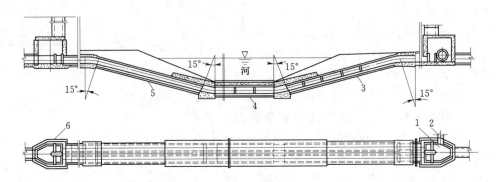

图 1.33　倒虹吸管

1—进水井；2—事故排水口；3—下行管；4—平行管；5—上行管；6—出水井

1.3　其他市政管线工程

1.3.1　燃气管道系统

　　燃气管道系统是指自气源厂或城市门站到用户引入管的室外燃气管道。燃气包括天然气、人工燃气、液化石油气。城镇燃气管网系统一般由以下几部分组成：各种压力的燃气管网；用于燃气输配、储存和应用的燃气分配站、储气站、压送机站、调压计量站等各种站室；监控及数据采集系统。

　　燃气管道的作用是为各类用户输气和配气，根据管道材质可分为：钢燃气管道，铸铁燃气管道，塑料燃气管道，复合材料燃气管道；根据输气压力分为：四种（高压、次高压、中压、低压）七级（高压 A、B，次高压 A、B，中压 A、B，低压）；根据敷设方式可分为埋地燃气管道和架空燃气管道；根据用途可分为：长距离输气管道，城镇燃气管道和工业企业燃气管道，其中城镇燃气管道包括分配管道、用户引入管和室内燃气管道。

　　布置各种压力级别的燃气管网，应遵循以下原则：①应结合城市总体规划和有关专业规划，并在调查了解城市各种地下设施的现状和规划基础上，布置燃气管网；②管网规划布线应按城市规划布局进行，贯彻远近结合、以近期为主的方针，在规划布线时，应提出分期建设的安排，以便于设计阶段开展工作；③应尽量靠近用户，以保证用最短的线路长度，达到最好的供气效果；④应减少穿、跨越河流，水域，铁路等工程，以减少投资；⑤为确保供气可靠，一般各级管网应成环路布置。

1.3.2　热力管网系统

　　热力管网系统是将热媒从热源输送分配到各热用户的管道所组成的系统。包括输送热媒的管道、沿线管道附件和附属构筑物。根据输送的热媒不同，热力管网一般有蒸汽管网和热水管网两种形式。蒸汽管网中，凝结水一般不回收，所以为单根管道。热水管网中，一般为两根管道，一根为供水管，一根为回水管。管网中的管道可分为主干管、支干管和用户支管三种，见图 1.34。

　　热力管网在城市规划的指导下进行布置，主干管要尽量布置在热负荷集中区，力求短直，尽可能减少阀门和附件的数量。通常情况下应沿道路一侧平行于道路中心线敷设，地上敷设时不应影响城市美观和交通。树状管网的布置的特点，管径随距热源距离的增大而逐渐

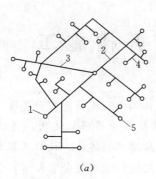 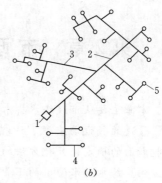

(a)　　　　　　　　　　　　　(b)

图 1.34　热力管网平面布置

(a) 环状网；(b) 枝状网

1—热源；2—主干管；3—支干管；4—支管；5—用户

减小。布置简单，管道数量少，投资少，运行管理方便。但可靠性差，当管网某处发生故障时，故障点以后的用户将停止供热。在枝状网中，为了缩小事故时影响范围和迅速消除故障，在主干管和支干管的连接处以及支干管与用户支管的连接处应设阀门。环状管网的布置是把主干管布置为环形，而支干管和用户支管仍是支状网。环状管网的主要优点是供热可靠性大，但投资也大，运行管理复杂，要求有较高的自动控制措施。

热力管道的敷设分地上敷设和地下敷设两种类型。地上敷设是指管道敷设在地面以上的独立支架或建筑物的墙壁上。低支架敷设时，管道保温结构底距地面净高为 0.5～1.0m，它是最经济的敷设方式；中支架敷设时，管道保温结构底距地面净高为 2.0～4.0m，它适合用于人行道和非机动车辆通行地段；高支架敷设时，管道保温结构底距地面净高为 4.0m 以上，它适合用供热管道跨越道路、铁路或其他障碍物的情况，该方式投资大，应尽量少用。地上敷设的优点是构造简单、维修方便、不受地下水和其他管线的影响。但占地面积大、热损失大、美观性差。因此多用于厂区和市郊。

地下敷设是热力管网广泛采用的方式，分地沟敷设和直埋敷设两种。地沟敷设时，地沟是敷设管道的维护构筑物，用以承受土压力和地面荷载并防止地下水的侵入；直埋敷设适用于热媒温度小于 150℃ 的供热管道，常用于热水供热系统，直埋敷设管道采用"预制保温管"，它将钢管、保温层和保护层紧密粘成一体，使其具有足够的机械强度和良好的防腐防水性能，具有很好的发展前途。地下敷设的优点是不影响市容和交通，因此市政热力管网经常采用地下敷设。

复 习 思 考 题

1.1　什么是给水系统？它由哪些部分组成？

1.2　什么是统一给水、分质给水和分压给水？

1.3　常用的给水管材有哪些？各有什么优缺点？

1.4　什么是排水系统及排水体制？排水体制分几类，每类的优缺点，选择排水体制的原则是什么？

1.5　检查井和雨水口的作用分别是什么？

1.6　燃气管道的布置要求有哪些？

第 2 章　市政管道开槽施工

教学要求：本章主要从市政给水排水管道的开槽施工工艺过程中的施工降排水、沟槽开挖、沟槽支撑、管道的铺设与安装、沟槽回填及工程验收等节来叙述的。通过学习要求掌握：沟槽的开挖断面的确定、开挖方法的选择；施工降排水的方法、设计及施工；沟槽支撑的种类及支设方法；给水排水管道的下管、稳管及不同材料管道的安装技术；管道铺设的质量控制与检查，包括外观、接口检查、压力试验与严密性试验；沟槽回填各部分密实度要求及检验方法，夯实制度及机具选择；工程验收的内容等。

2.1　施 工 降 排 水

2.1.1　明沟排水

明沟排水包括地面截水和坑内排水。

1. 地面截水

排除地表水和雨水，最简单的方法是在施工现场及基坑或沟槽周围筑堤截水。通常利用挖出的土沿四周或迎水一侧、二侧筑 0.5～0.8m 高的土堤。

施工时，应尽量保留、利用天然排水沟道，并进行必要的疏通。若无天然沟道，则在场地四周挖排水明沟排水，以拦截附近地面水，并注意与已有建筑物保持一定安全距离。

2. 坑内排水

在开挖不深或水量不大的基坑或沟槽时，通常采用坑内排水的方法。

坑（槽）开挖时，为排除渗入坑（槽）的地下水和流入坑（槽）内的地面水，一般可采用明沟排水。当基坑或沟槽开挖过程中遇到地下水或地表水时，在基坑的四周或迎水一侧、两侧，或在基坑中部设置排水明沟，在四角或每隔 30～40m，设一个集水井，使地下水汇流集于集水井内，再用水泵将地下水排除至基坑外。如图 2.1 所示。

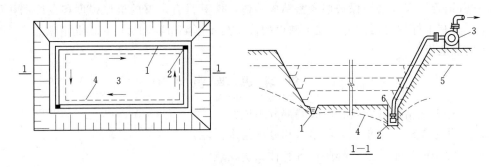

图 2.1　明沟排水方法
1—排水明沟；2—集水井；3—离心式水泵；4—降低后地下水位线；5—原地下水位线；6—集水井水位线

排水沟、集水井应设置在管道基础轮廓线以外，排水沟边缘应离坡脚不小于 0.3m。排水沟的断面尺寸，应根据地下水量及沟槽的大小来决定，一般断面不小于 0.3m×0.3m，沟底设有 1‰～5‰纵向坡度，且坡向集水井。

集水井一般设在沟槽一侧或设在低洼处，以减少集水井土方开挖量。集水井直径或边长，一般为 0.7～0.8m，一般开挖过程中集水井底始终低于排水沟底 0.5～1.0m，或低于抽水泵的进水阀高度。当基坑或沟槽挖至设计标高后，集水井底应低于基坑或沟槽底 1～2m。并在井底铺垫约 0.3m 厚的卵石或碎石组成滤水层，以免抽水时将泥沙抽出，并防止井底的土被扰动。井壁应用木板、铁笼、混凝土滤水管等简易支撑加固。

排水沟、进水口需要经常疏通，集水井需要经常清除井底的积泥，保持必要的存水深度以保证水泵的正常工作。集水井排水常用的水泵有离心泵、潜水泥浆泵、活塞泵和隔膜泵。

明沟排水是一种常用的简易的降水方法，适用于除细砂、粉砂之外的各种土质。

如果基坑较深或开挖土层有多种土层组成，中部夹有透水性强的砂类土层时，为防止上层地下水冲刷基坑下部边坡，造成塌方，可设置分层明沟排水，即在基坑边坡上设置 2～3 层明沟及相应的集水井，分层阻截并排除上部土层中的地下水（图 2.2）

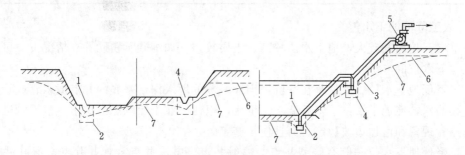

图 2.2　分层明沟排水法
1—底层排水沟；2—底层集水井；3—二层排水沟；4—二层集水井；
5—水泵；6—原地下水位线；7—降低后地下水位线

3. 涌水量计算

为了合理选择水泵型号，应对总涌水量进行计算。

（1）干河床：

$$Q = \frac{1.36KH^2}{\lg(R + r_0) - \lg r_0} \tag{2.1}$$

式中：Q 为基坑总涌水量，m^3/d；K 为渗透系数，m/d，见表 2.1；H 为稳定水位至坑底的深度，m，当基底以下为深厚透水层时，H 值可增加 3～4m；R 为影响半径，m，见表 2.1；r_0 为基坑半径，m。矩形基坑，$r_0 = u\dfrac{L+B}{4}$；不规则基坑，$r_0 = \sqrt{\dfrac{F}{\pi}}$。其中 L 与 B 分别为基坑的长与宽，F 为基坑面积；u（长宽比相关系数）值见表 2.2。

（2）基坑近河：

$$Q = \frac{1.36KH^2}{\lg\dfrac{2D}{r_0}} \tag{2.2}$$

式中：D 为基坑距河边的距离，m；

其余同式（2.1）。

选择水泵时，水泵总排水量一般采用基坑总涌水量的1.5～2.0倍。

表2.1　　　　　　　　　　各种岩层的渗透系数及影响半径

岩层成分	渗透系数（m/d）	影响半径（m）
裂隙多的岩层	>60	>500
碎石、卵石类地层，纯净无细沙粒混杂均匀的粗砂和中砂石	>60	200～600
稍有裂隙的岩层	20～60	150～250
碎石、卵石类地层、混有大量细砂粒物质	20～60	100～200
不均匀的粗粒、中粒和细砂粒	5～20	80～150

表2.2　　　　　　　　　　　　　u　值

B/L	0.1	0.2	0.3	0.4	0.5	0.6
u	1.0	1.0	1.12	1.16	1.18	1.18

2.1.2　人工降低地下水位

当基坑开挖深度较大，地下水位较高、土质较差（如细砂、粉砂等）情况下，可采用人工降低地下水位的方法。

人工降低地下水位排水就是在基坑周围或一侧的埋入深于基底的井点滤水管或管井，以总管连接抽水，使地下水位下降后低于基坑底，以便于在干燥状态下挖土、敷设管道，这不但防止流砂现象和增加边坡稳定，而且便于施工。

人工降低地下水位一般有轻型井点、喷射井点、电渗井点、管井井点、深井井点等方法。本节主要阐述轻型井点降低地下水位。各类井点适用范围见表2.3。

表2.3　　　　　　　　　　各种井点的适用范围

井点类型	渗透系数（m/d）	降低水位深度（m）	井点类型	渗透系数（m/d）	降低水位深度（m）
单层轻型井点	0.1～50	3～6	电渗井点	<0.1	视选用井点确定
多层轻型井点	0.1～50	6～12	管井井点	20～200	视选用井点确定
喷射井点	0.1～20	8～20	深井井点	10～250	>15

1. 轻型井点。

轻型井点系统适用于在粉砂、细砂、中砂、粗砂等土层中降低地下水位。轻型井点降水效果显著，应用广泛，并有成套设备可选用。

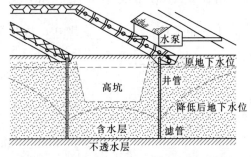

图2.3　轻型井点法降低地下水位全貌图

（1）轻型井点的组成。轻型井点由滤水管、井点管、弯联管、总管和抽水设备所组成，如图2.3所示。

1）滤水管。滤水管是轻型井点的进水设备，埋设在含水层中，由直径38～55mm，长1～2m的镀锌钢管制成，管壁上钻有直径12～18mm，呈梅花状布置的孔，外包粗、细两层滤网。为避免滤孔淤塞，在管壁与滤水网间用塑料管或铁丝绕成螺旋状隔开，滤网外面再为一层粗铁丝保护层，也有用棕代替滤水网包裹滤水管。滤网下端配有堵头，上端与井点管相连。图 2.4 为滤水管构造。

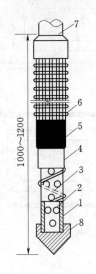

图 2.4　滤水管构造（单位：mm）
1—钢管；2—滤孔；3—塑料管；4—细滤网；
5—粗滤网；6—井点管；7—铸铁
堵头；8—管靴

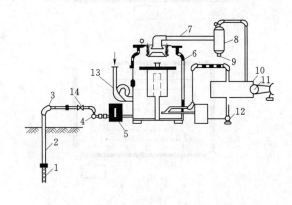

图 2.5　真空抽水设备
1—滤管；2—井点管；3—弯联管；4—总管；5—过滤室；6—水
气分离器；7—进水管；8—副水气分离器；9—放水口；
10—真空泵；11—电动机；12—循环水泵；
13—离心水泵；14—止回阀

2）井点管。井点管一般采用镀锌钢管制成，管壁上不设孔眼，直径与滤水管相同，其长度一般 6～9m，井点管与滤水管间用管箍连接。井点管上端用弯联管和总管相连。

3）弯联管。弯联管用塑料管、橡胶管或钢管制成，并装设阀门，以便检修井点。

4）总管。总管一般采用直径为 100～150mm 的钢管分节连接，每节长为 4～6m，在总管的管壁上开孔焊有直径与井点管相同的短管，用于弯联管与井点管的连接。间距一般为 0.8～1.6m，总管间采用法兰连接。

5）抽水设备。轻型井点通常采用真空泵抽水设备或射流泵，也可采用自引式抽水设备。

真空泵抽水设备是由真空泵、离心泵和水气分离器（集水箱）等组成，其工作原理如图 2.5 所示。抽水时先开真空泵，将水气分离器内部抽成一定程度真空，使土层中的水分和空气受真空吸力作用被吸进水气分离器。当进入水气分离器内的水达到一定高度后开启离心泵，水从离心泵中排出，空气积聚在上部由真空泵排除。其水位降落深度为 5.5～6.5m。

（2）轻型井点设计。轻型井点的设计包括：平面布置，高程布置，涌水量计算，井点管的数量、间距和抽水设备的确定等。井点计算由于受水文地质和井点设备等诸多因素的影响，所计算的结果只是近似数值，对重要工程，其计算结果必须经过现场试验进行修正。

1）平面布置。根据基坑（槽）平面形状与大小、土质和地下水的流向，降低地下水位的深度等要求进行布置。当沟槽宽小于 2.5m，降水深小于 4.5m，可采用单排线状井点，布置在地下水流的上游一侧，如图 2.6（a）所示；当基坑或沟槽宽度大于 6m，或土质不良，渗透系数较大时，可采用双排线状井点，如图 2.6（b）所示，当基坑面积较大时，应用 U 形或环形井点如图 2.6（c）、（d）所示。

a. 井点应布置在坑（槽）上口边缘外 1.0～1.5m，布置过近，影响施工进行，而且可

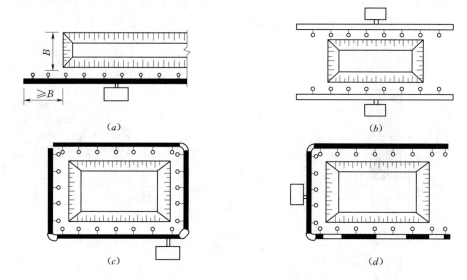

图 2.6　轻型井点的平面布置

（a）单排布置；（b）双排布置；（c）环形布置；（d）U 形布置

能使空气从坑（槽）壁进入井点系统，使抽水系统真空破坏，影响正常运行。

b. 抽水设备布置在总管的一端或中部，水泵进水管的轴线尽量与地下水位接近，常与总管在同一标高上，水泵轴线不低于原地下水位以上 0.5～0.8m。

c. 为了解降水范围内的水位降落情况，应设置一定数量的观察井，观察井的位置及数量视现场的实际情况而定，一般设在基坑中心、总管末端、局部挖深处等位置。

2）高程布置。井点管的埋设深度应根据降水深度、储水层所在位置、集水总管的高程等决定，但必须将滤管埋入储水层内，并且比所挖基坑或沟槽底深 0.9～1.2m。集水总管标高应尽量接近地下水位线并沿抽水水流方向有 0.25%～0.5% 的上仰坡度，水泵轴心与总管齐平。

井点管埋深可按下式计算，如图 2.7 所示。

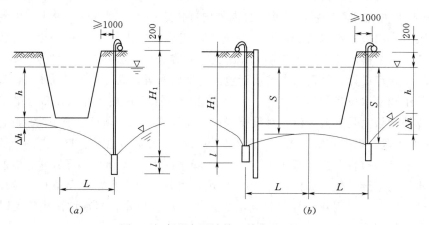

图 2.7　高程布置计算（单位：mm）

（a）单排井点；（b）双排 U 形成环状布置

$$H' = H_l + \Delta h + iL + l \tag{2.3}$$

式中：H' 为井点管埋设深度，m；H_l 为井点管埋设面至基坑底面的距离，m；Δh 为降水后地下水位至基坑底面的安全距离，m；i 为水力坡度，与土层渗透系数、地下水流量等有关，环状或双排井点可取 $1/10 \sim 1/15$，单排线状井点取 $1/4$，环状井点外取 $1/8 \sim 1/10$；L 为井点管至最不利点（沟槽内底边缘或基坑中心）的水平距离，m；l 为滤水管长度，m。

井点露出地面高度，一般取 $0.2 \sim 0.3$m。

轻型井点的降水深度以不超过 6m 为宜。如求出的 H 值大于 6m，首先应考虑降低井点管和抽水设备的埋置面，如仍达不到降水深度的要求，可采用二级井点或多级井点，如图 2.8 所示。根据施工经验，两级井点降水深度递减 0.5m 左右，布置平台宽度一般为 1.0 $\sim$ 1.5m。

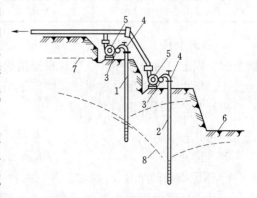

图 2.8 二级轻型井点降水示意
1—第一级井点；2—第二级井点；3—集水总管；
4—止回阀；5—水泵；6—平台；7—原地
下水位线；8—降低后地下水位线

3）总涌水量计算。井点涌水量采用裘布依公式近似地按单井涌水量算出。工程实际中，井点系统是各单井之间相互干扰的井群，井点系统的涌水量显然较数量相等互不干扰的单井的各井涌水量总和小。工程上为应用方便，按单井涌水量作为整个井群的总涌水量，而"单井"的直径按井群各个井点所环围面积的直径计算。由于轻型井点的各井点间距较小，可以将多个井点所封闭的环围面积当作一口井，即以假想环围面积的半径代替单井井径。

无压完整井的涌水量如下式：

$$Q = \frac{1.366K(2H-s)s}{\lg R - \lg x_0} \tag{2.4}$$

式中：Q 为井点系统总涌水量，m³/d；K 为渗透系数，m；s 为水位降深，m；H 为含水层厚度，m；R 为影响半径，m；x_0 为井点系统的假想半径，m。

由于工程上遇到的大多为潜水非完整井，为简化计算，其涌水量可按无压完整井公式计算，但式中的 H 应换成有效带深度 H_0。即

$$Q = \frac{1.366K(2H_0-s)s}{\lg R - \lg x_0} \tag{2.5}$$

式中：H_0 为有效带深度，m，可根据表 2.4 确定。

表 2.4 　　　　　　　　　　　　　　　 H_0 　 值

$\frac{s'}{s'+l}$	H_0	$\frac{s'}{s'+l}$	H_0	$\frac{s'}{s'+l}$	H_0	$\frac{s'}{s'+l}$	H_0
0.2	1.3 $(s'+l)$	0.5	1.7 $(s'+l)$	0.3	1.5 $(s'+l)$	0.8	1.85 $(s'+l)$

计算涌水量时应预先确定有关参数。

a. 渗透系数 K：一般根据地质报告提供的数值或以现场抽水试验取得较为可靠，若无资料时可参见表 2.5 数值选用。

表 2.5　　　　　　　　　　　　　　　　　　　　土 的 渗 透 系 数 K 值

土的类别	K (m/d)	土的类别	K (m/d)
粉质粘土	<0.1	含粘土的粗砂及纯中砂	35~50
含粘土的粉砂	0.5~1.0	纯中砂	60~75
纯粉砂	1.5~5.0	粗砂夹砾石	50~100
含粘土的细砂	10~15	砾石	100~200
含粘土的中砂及细砂	20~25		

b. 影响半径 R：确定影响半径常用三种方法：①直接观察；②用经验公式计算；③经验数据。以上三种方法中，直接观察是精确的方法。通常单井的影响半径比井点系统的影响半径小。所以，根据单井抽水试验确定影响半径是偏于安全的。

用经验公式计算影响半径：

完整井：
$$R = 1.95s\sqrt{HK} \tag{2.6}$$

非完整井：
$$R = 1.95s\sqrt{H_0 K} \tag{2.7}$$

c. 环围面积的半径 x_0 确定。井点所封闭的环围面积为非圆形时，用假想半径确定 x_0。

当井点所围的面积为近似正方形或不规则多边形时，假想半径为：

$$x_0 = \sqrt{\frac{F}{\pi}} \tag{2.8}$$

式中：x_0 为假想半径，m；F 为井点所环围的面积，m^2。

当井点所环围的面积为矩形时，假想半径为：

$$x_0 = a(L+B)/4 \tag{2.9}$$

表 2.6　　　　　　a 值

B/L	0	0.2	0.4	0.6~1.0
a	1.0	1.12	1.16	1.18

式中：L 为环围井点的总长度，m；B 为环围井点的总宽度，m；a 为与长宽比相关的系数，参见表 2.6。

4）井点数量和井点间距计算。

a. 井点数量：
$$n=1.1Q/q \tag{2.10}$$

式中：n 为井点根数；Q 为井点系统总用水量，m^3/d；q 为单个井点的涌水量，m^3/d。$q=65\pi dl^3\sqrt{K}$（d 为滤水管直径，m）。

b. 井点间距：
$$D=L_1/(n-1) \tag{2.11}$$

式中：L_1 为总管长度，m，对矩形基坑的环形井点，$L_1=2(L+B)$；双排井点，$L_1=2L$ 等。D 值求出后要取整数，并应符合总管接头的间距。

5）确定抽水设备。常用抽水设备有真空泵（干式、湿式）、离心泵等，一般按涌水量、渗透系数、井点数量与间距来确定。水泵流量应按 1.1~1.2 倍涌水量计算。

（3）轻型井点施工、运行及拆除。轻型井点系统的安装顺序是：测量定位；敷设集水总管；冲孔；沉放井点管；填滤料；用弯联管将井点管与集水总管相连；安装抽水设备；试抽。

为了充分利用抽吸能力，总管的布置标高宜接近地下水位线（可事先挖槽），与水泵轴心标高平行或略高。井点管的埋设是一项关键工作，可直接将井点管用高压水冲沉，或用冲水管冲孔，再将井点管沉入孔中，也可用带套管的水冲法或振动水冲法沉管。一般采用冲管冲孔法，分为冲孔和埋管两个过程，如图 2.9 所示。

冲孔时，先将高压水泵用高压胶管与冲管相连，用起重设备将冲管吊起并对准插在井点的位置上，然后开动高压水泵，高压水（0.6～1.2MPa）经冲管头部的三个喷水小孔，以急速的射流冲刷土壤。冲刷时，冲水管应作左右转动，将土松动，冲管则边冲边沉，逐渐形成空洞。冲孔直径一般为 300mm，以保证周围有一定的厚度的砂滤层；冲孔深度宜比滤管底标高深 0.5m 左右，以防冲管拔出时，部分土颗粒沉于底部而触及滤管底部。井点冲成后，立即拔出冲管，插入井点管，并在井点管与孔壁之间迅速填灌砂滤层，以防孔壁坍塌。砂滤层的填灌质量直接影响到轻型井点的顺利抽水，一般选用净粗砂，填灌均匀，并填灌到距滤水管顶 1～1.5m。井点填砂后，在

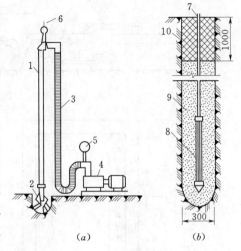

2.9 井点管的埋设
1—冲管；2—冲嘴；3—胶皮管；4—高压水泵；
5—压力表；6—起重机吊钩；7—井点管；
8—滤管；9—填砂；10—粘土封口

地面以下 0.5～1.0m 的深度内，应用粘土分层封口填实至与地面平，以防漏气。

井点管埋设完毕，应接通总管与抽水设备进行试抽，检查有无漏气、淤塞等异常现象。轻型井点使用时，应保证连续不断地抽水，并准备双电源或自备发电机。

井点系统使用过程中，应继续观察出水情况，判断是否正常。井点正常出水规律是"先大后小，先浊后清"，并应随时做好降水记录。

井点系统使用过程中，应经常观测系统的真空度，一般不应低于 55.3～66.7kPa，若出现管路漏气，水中含砂较多等现象时，应及早检查，排除故障，保证井点系统的正常运行。

坑（槽）内的施工过程全部完毕并在回填土后，方可拆除井点系统，拆除工作是在抽水设备停止工作后进行，井管常用起重机或吊链将井管拔出。当井管拔出困难时，可用高压水进行冲刷后再拔。拆除后的滤水管、井管等应及时进行保养检修，存放于指定地点，以备下次使用。井孔应用砂或土填塞，应保证填土的最大干密度满足要求。

2. 喷射井点

工程上，当坑（槽）开挖较深，降水深度大于 6.0m 时，由于施工现场条件约束，又不能使用多层轻型井点时，可采用喷射井点降水。降水深度可达 8～12m。在渗透系数为 320m/d 的砂土中应用本法最为有效，渗透系数为 0.1～3m/d 的粉砂、淤泥质土中效果也较显著。

（1）喷射井点系统组成及工作原理。根据工作介质不同，喷射井点分为喷气井点和喷水井点两种。其设备主要由喷射井管、高压水泵（或空气压缩机）及进水排水管路组成，见图 2.10。喷射井管有内管和外管，在内管下端设有喷射器与滤管相连。高压水（0.7～0.8MPa）经外管与内管之间的环形空间，并经喷射器侧孔流向喷嘴，由于喷嘴处截面突然缩小，压力水以很高的流速喷入混合室，使该室压力下降，造成一定的真空度。此时，地下水被吸入混合室与高压水汇合，流经扩散管，由于截面扩大，水流速度相应减小，使水的压力逐渐升高，沿内管上升经排水总管排出。高压水泵宜采用流量 50～80m³/h 的多级高压水

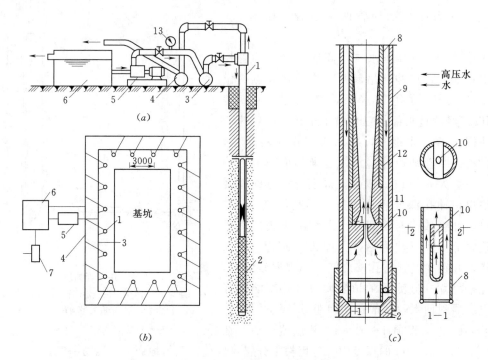

图 2.10　喷射井点设备及平面布置简图

1—喷射井点；2—滤管；3—进水总管；4—排水总管；5—高压水泵；6—集水池；7—水泵；

8—内管；9—外管；10—喷嘴；11—混合室；12—扩散管；13—压力表

泵，每套约能带动 20～30 根井管。

（2）喷射井点布置。喷射井点的平面布置，当基坑宽小于 10m 时，井点可作单排布置；当大于 10m 时，可作双排布置；当基坑面积较大时，宜采用环形布置，见图 2.10。井点距一般采用 1.5～3m。

喷射井点高程布置及管路布置方法和要求与轻型井点基本相同。

（3）喷射井点的施工与使用。喷射井点的施工顺序为：安装水泵及进水管路；敷设进水总管和回水总管；沉设井点管并灌填砂滤料，接通进水总管后及时进行单根井点试抽、检验；全部井点管沉设完毕后，接通回水总管，全面试抽，检查整个降水系统的运转状况及降水效果。然后让工作水循环进行正式工作。

进、回水总管同每根井点管的连接均需安装阀门，以便调节使用和防止不抽水发生回水倒灌。井点管路接头应安装严密。

喷射井点一般是将内外管和滤管组装在一起后沉设到井孔内的。井点管组装时，必须保证喷嘴与混合室中心向一致；组装后，每根井点管应在地面作泵水试验和真空度测定。地面测定真空度不宜小于 93.3kPa。

沉设井点管前，应先挖井点坑和排泥坑，井点坑直径应大于冲孔直径。冲孔直径为 400～600mm，冲孔深度比滤管底深不小于 1m。井点管的孔壁及管口封闭做法与轻型井点一样。

开泵时，压力要小于 0.3MPa，以后再逐渐达到设计压力。抽水时如发现井管周围有泛砂冒水现象，应立即关闭井点管进行检修。工作水应保持清洁，试抽两天后应更换清水，以减轻工作水对喷嘴及水泵叶轮等的磨损。

（4）喷射井点的计算。喷射井点的涌水量计算及确定井点管数量与间距，抽水设备等均与轻型井点计算相同，水泵工作水需用压力按下式计算：

$$P = \frac{P_0}{A} \qquad (2.12)$$

式中：P 为水泵工作水压力，m；P_0 为扬水高度，m，即水箱至井管底部的总高度；A 为水高度与喷嘴前面工作水头之比。

混合室直径一般为 14mm，喷嘴直径为 5～7mm。

3. 管井井点

管井适用于中砂、粗砂、砾砂、砾石等渗透系数大、地下水丰富的土、砂层或轻型井点不易解决的地方。

管井井点系统由滤水井管、吸水管、抽水机等组成，如图 2.11 所示。管井井点排水量大，降水深，可以沿基坑或沟槽的一侧或两侧作直线布置，也可沿基坑外围四周呈环状布设。井中心距基坑边缘的距离为：采用冲击式钻孔用泥浆护壁时为 0.5～1m；采用套管法时不小于 3m。管井埋设的深度与间距，根据降水面积、深度及含水层的渗透系数等而定，最大埋深可达 10m 以上，间距 10～50m。

井管的埋设可采用冲击钻或螺旋钻，泥浆或套管护壁。钻孔直径应比滤水管外径大 150～250mm。井管下沉前应进行清孔，并保持滤网的畅通；滤水管放于孔中心，用圆木堵塞管口。孔壁与井管间用 3～15mm 砾石填充作过滤层，地面下 0.5m 以内用粘土填充夯实。高度不小于 2m。

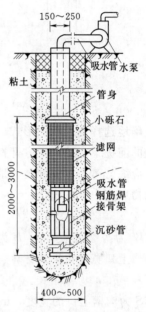

图 2.11　管井井点构造（单位：mm）

管井井点抽水过程中应经常对抽水机械的电机、传动轴、电流、电压等作检查，对管井内水位下降和流量进行观测和记录。

管井使用完毕，采用人工拔杆，用钢丝绳导链将管口套紧慢慢拔出，洗净后供再次使用，所留孔洞用砾砂回填夯实。

除上述介绍的几种人工降低地下水位的方法外，还有电渗井点、深井井点。这里就不一一介绍了。

2.2　沟　槽　开　挖

2.2.1　施工准备

1. 编制施工方案

沟槽开挖时，施工单位应根据施工现场的地形、地貌及其他设施情况，在了解施工现场的地质及水文地质资料的基础上，结合工程所在地的材料、水电、交通及机械供应情况，编制施工设计方案。

2. 施工现场准备

施工现场准备主要是场地清理与平整工作、施工排水、管线的定位与放线工作。

开挖沟槽时，在管道沿线进行测量和施工放线，建立临时水准点和管道轴线控制桩，而且要求开槽铺设管道沿线临时水准点每 200m 不宜少于 1 个；临时水准点、管道轴线控制桩、高程桩，应经复核方可使用，并经常校核。

2.2.2 沟槽断面形式

沟槽断面形式有直槽、梯形槽、混合槽和联合槽等，如图 2.12 所示。

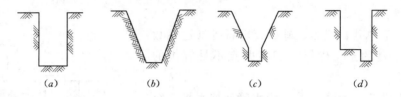

图 2.12 沟槽断面形式

(a) 直槽；(b) 梯形槽；(c) 混合槽；(d) 联合槽

正确地选择沟槽断面形式，可以为管道施工创造良好的作业条件，在保证工程质量和施工安全的前提下，减少土方开挖量，降低工程造价，加快施工速度。要使沟槽断面形式选择合理，应综合考虑土的种类、地下水情况、管道断面尺寸、埋深和施工环境等因素。

沟槽底宽由下式确定：

$$W = B + 2b \tag{2.13}$$

式中：W 为沟槽底宽，m；B 为基础结构宽度，m；b 为工作面宽度，m。

沟槽上口宽度由下式计算：

$$S = W + 2nH \tag{2.14}$$

式中：S 为沟槽上口的宽度，m；n 为沟槽壁边坡率；H 为沟槽开挖深度，m。

工作面宽度 b 决定于管道断面尺寸和施工方法，每侧工作面宽度参见表 2.7。

表 2.7　　　　　　　　　　　沟槽底部每侧工作面宽度

管道结构宽度	沟槽底部每侧工作面宽度		管道结构宽度	沟槽底部每侧工作面宽度	
	非金属管道	金属管道或砖沟		非金属管道	金属管道或砖沟
200~500	400	300	1100~1500	600	600
600~1000	500	400	1600~3000	800	800

注　沟底有排水沟时工作面应适当加宽，有外防水的砖沟或混凝土沟，每侧工作面宽度宜取 800mm。

沟槽开挖深度按管道设计断面确定。当地质条件良好、土质均匀，地下水位低于沟槽地面高程，且开挖深度在 5m 以内、边坡不加支撑，沟槽边坡最陡坡度应符合《给水排水管道工程施工及验收规范》（GB 50268—97）中的规定。

2.2.3 沟槽及基坑土方量计算

1. 沟槽土方量计算

沟槽土方量计算通常采用平均法，由于管径的变化、地面起伏的变化，为了更准确地计算土方量，应沿长度方向分段计算。

2. 基坑土方量计算

基坑土方量可按立体几何中柱体体积公式计算。

2.2.4　沟槽及基坑的土方开挖

1. 土方开挖的一般原则

（1）合理确定开挖顺序。应结合现场的水文、地质条件，合理确定开挖顺序，并保证土方开挖按顺序进行。如相邻沟槽和基坑开挖时，应遵循先深后浅或同时进行的施工顺序。

（2）土方开挖不得超挖。采用机械挖土时，可在设计标高以上留 20cm 土层不挖，待人工清理。即使采用人工挖土也不得超挖。如果挖好后不能及时进行下一工序时，可在基底标高以上留 15cm 土层不挖，待下一工序开始前再挖除。

（3）人工开挖时应保证沟槽槽壁稳定，一般槽边上缘至弃土坡脚的距离应不小于 0.8～1.5m，堆土高度不应超过 1.5m。

（4）采用机械开挖沟槽时，应由专人负责掌握挖槽断面尺寸和标高。施工机械离槽边上缘应有一定的安全距离。

（5）软土、膨胀土地区开挖土方或进入季节性施工时，应遵照有关规定。

2. 开挖方法

土方开挖方法分为人工开挖和机械开挖两种方法。为了减轻繁重的体力劳动，加快施工速度，提高劳动生产率，应尽量采用机械开挖。

沟槽、基坑开挖常用的施工机械有单斗挖土机和多斗挖土机两种，机械开挖适用于一～三类土。单斗挖土机在沟槽或基坑开挖施工中应用广泛。按其工作装置不同，分为正铲、反铲、拉铲和抓铲等，按其操纵机构的不同，分为机械式和液压式两类。

机械开挖前，应对司机详细交底，主要指挖槽断面（深度、边坡、宽度）的尺寸、堆土位置、地下其他构筑物具体位置及施工要求，并制定安全措施后，方可进行施工。

3. 开挖质量标准

（1）不扰动天然地基或地基处理符合设计要求。

（2）槽壁平整，边坡坡度符合施工设计规定。

（3）沟槽中心每侧净宽不应小于管道沟槽底部开挖宽度的一半。

（4）槽底高程允许偏差：＋0、－50mm。

4. 沟槽、基坑土方工程机械化施工方案的选择

大型工程的土方工程施工中应合理地选择机械，使各种机械在施工中配合协调，充分发挥机械效率，保证工程质量、加快施工进度、降低工程成本。

在大型管沟、基坑施工中，可根据管沟、基坑深度、土质、地下水及土方量等情况，结合现有机械设备的性能、适合条件，采取不同的施工方法。

开挖沟槽应优先考虑采用挖土机，并根据管沟情况，采取沟端开挖或沟侧开挖。大型基坑施工常采用正铲挖土机挖土，自卸汽车运土；当基坑有地下水时，可先用正铲挖土机开挖地下水位以上的土，再用反铲、拉铲或抓铲开挖地下水位以下的土。采用机械挖土时，为了不使地基土遭到破坏，管沟或基坑底部应留 200～300mm 厚土层，由人工清理整平。

2.3　沟　槽　支　撑

2.3.1　支撑的目的及要求

支撑的目的是为防止施工过程中土壁坍塌，为安全施工创造条件。支撑是由木材或钢材做成的临时性挡土结构，一般情况下，当土质较差、地下水位较高、沟槽和基坑较深而又必须挖成直槽时，均应支设支撑。支设支撑既可减少挖方量、施工占地面积小，又可保证施工的安全，但增加了材料消耗，有时还影响后续工序操作。

支设支撑的要求：

（1）牢固可靠，支撑材料的质地和尺寸合格。

（2）在保证安全可靠的前提下，尽可能节约材料。

（3）方便支设和拆除，不影响后续工序的操作。

2.3.2　支撑的种类及其使用的条件

在施工中应根据土质、地下水情况、沟槽或基坑深度、开挖方法、地面荷载等因素确定是否支设支撑。

支撑的形式分为水平支撑、垂直支撑和板桩支撑，开挖较大基坑时还采用锚碇式支撑。

水平和垂直支撑由撑板、横梁或纵梁、横撑组成。

水平支撑的撑板水平设置，根据撑板之间有无间距又分为断续式水平支撑、连续式水平支撑和井字水平支撑三种。

垂直支撑的撑板垂直设置，各撑板间密接铺设。撑板可在开槽过程中边开槽边支撑，回填时边回填边拔出。

（1）断续式水平支撑（图2.13）：适用于土质较好、地下水含量较小的粘性土及挖土深度小于3.0m的沟槽或基坑。

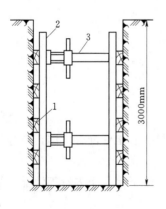 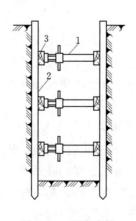 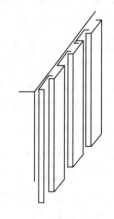

图2.13　断续式水平支撑　　　　图2.14　垂直支撑　　　　图2.15　板桩撑
1—撑板；2—纵梁；3—横撑　　1—工具式横撑；2—撑板；3—横梁

（2）连续式水平支撑：适用于土质较差及挖土深度在3～5m的沟槽或基坑。

（3）井字支撑：它是断续式水平支撑的特例。一般适用于沟槽的局部加固，如地面上有建筑或有其他管线距沟槽较近时。

（4）垂直支撑（图 2.14）：它适用于土质较差、有地下水，且挖土深度较大的情况。这种方法在支撑和拆撑操作时较为安全。

（5）板桩撑（图 2.15）：板桩撑分为钢板撑、木板撑和钢筋混凝土桩等数种。板桩撑是在沟槽土方开挖前就将板桩打入槽底以下一定深度，适用于宽度较窄、深度较浅的沟槽。其优点是土方开挖及后续工序不受影响，施工条件良好。

（6）锚碇式支撑（图 2.16）：适用于面积大、深度大的基坑。在开挖较大基坑或使用机械挖土，而不能安装撑杠时，可改用锚碇式支撑。

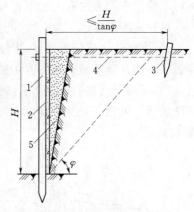

图 2.16　锚碇式支撑

1—柱桩；2—挡土板；3—锚桩；4—拉杆；
5—回填土；φ—土的摩擦角

2.3.3　支撑的材料要求

支撑的材料的尺寸应满足设计的要求，施工时常根据经验确定。

（1）木撑板。一般木撑板长 2～4m，宽度为 20～30cm，厚 5cm。

（2）横梁。截面尺寸为 10cm×15cm～20cm×20cm。

（3）纵梁。截面尺寸为 10cm×15cm～20cm×20cm。

（4）横撑。采用 10cm×10cm～15cm×15cm 的方木或采用直径大于 10cm 的圆木。为支撑方便尽可能采用工具式撑杠。

2.3.4　支撑的支设和拆除

沟槽挖到一定深度时，开始支设支撑。先校核一下沟槽开挖断面是否符合要求宽度，然后用铁锹将槽壁找平，按要求将撑板紧贴于槽壁上，再将纵梁或横梁紧贴撑板，继而将横撑支设在纵梁或横梁上，若采用木撑板时，使用木模、扒钉将撑板固定于纵梁或横梁上，下边钉一木托防止横撑下滑。支设施工中一定要保证横平竖直，支设牢固可靠。

施工中，如原支撑妨碍下一工序施工时、原支撑不稳定时、一次拆撑有危险时或因其他原因必须重新安设支撑时，需要更换纵梁和横撑位置，这一过程称为倒撑，倒撑操作应特别注意安全，施工前必须先制定好安全措施。

2.4　管道的铺设与安装

管道的铺设与安装应在沟槽施工验槽后进行，其主要任务是按照设计意图把管道定位并安装在要求的平面位置、高程上。

管道铺设时的基线桩及辅助基线桩、水准基点桩的测量，应在沟槽施工后按设计图纸坐标进行复核测量，对给水排水管道及附属构筑物的中心桩及各部位置进行施工放样，同时做好护桩。

2.4.1　下管与稳管

管道铺设前，首先应检查管道沟槽开挖深度、沟槽断面、沟槽边坡、堆土位置是否符合规定，检查管道地基处理情况。

1. 下管

管子经过检验、修补后，运至沟槽边。按设计进行排管，核对管节、管件位置无误后，方可下管。下管方法有人工下管和机械下管两种方法。

（1）人工下管。

1）贯绳法：适用于管径 300mm 以下的混凝土管、缸瓦管。用一端带有铁钩的绳子钩住管子一端，绳子另一端由人工徐徐放松直至将管子放入槽底。

2）压绳下管法：压绳下管法是人工下管法中最常用的一种方法。适用于中、小型管子，方法灵活，可用于分散下管。压绳下管法包括人工撬棍压绳下管法和立管压绳下管法等，如图 2.17 所示。

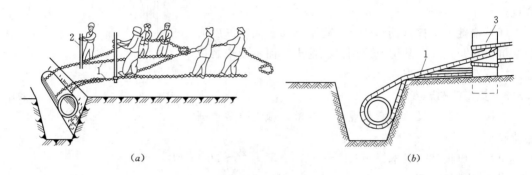

（a）　　　　　　　　　　　　　　　　（b）

图 2.17　压绳下管法
1—大绳；2—撬棍（a）；3—立管（b）

除上述方法外，还有塔架下管法、溜管法等。

（2）机械下管。机械下管速度快、安全，并且可以减轻工人的劳动强度，劳动效率高，所以有条件尽可能采用机械下管法。机械下管视管子重量选择起重机械，常用汽车式或履带式起重机械下管。

2. 稳管

稳管包括管子对中和对高程两个环节，两者同时进行。压力流管道铺设的高程和平面位置的精度都可低些。通常情况下，铺设承插式管节时，承口朝向介质流来的方向。

稳管工序是决定管道施工质量的重要环节，必须保证管道的中心线与高程的准确性。允许偏差值应按《给水排水管道工程施工及验收规范》（GB 50268—97）规定执行。

2.4.2　排水管道的安装与铺设

室外排水管道通常采用非金属管材。常用的有混凝土管、钢筋混凝土管及陶土管等。排水管道是重力流管道，施工中对管道的中心与高程控制要求较高。

1. 安管（稳管）

排水管道安装（稳管）就是使管道轴线和高程与设计的相一致。管道轴线控制常用坡度板法和边线法，高程控制采用在坡度板上钉高程钉来控制管道坡度。

在沟槽上口，每隔 10～15m 埋设一块横跨沟槽的木板，该木板即为坡度

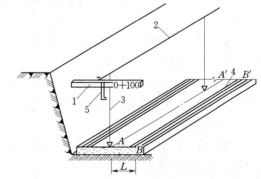

图 2.18　基础定位
1—坡度板；2—中心线；3—中心垂线；4—管道基础；5—高程

板。变坡点、管道转向及检查井处必须设置。在坡度板上找到管道中心位置并钉中心钉，用 20mm 左右的铅丝拉一根通长的中心线，用垂球将中心线移至槽底，如图 2.18 所示。

中心线法是当坡度板上的中心垂线与管道水平尺中心刻度对准时，管道即为对中了，如图 2.19 所示。边线法对中就是将坡度板上的定位钉钉在管道外皮的垂直面上。操作时，只要管道向左或向右一移动，管道的外皮恰好碰到两坡度板间定位钉连线的垂线（或边桩之间的连线）即可，如图 2.20 所示。

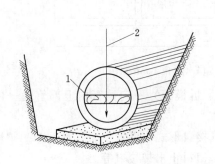

图 2.19　中心线对中法
1—水平尺；2—中心垂线

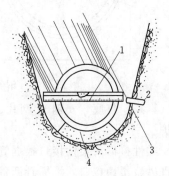

图 2.20　边线法
1—水平尺；2—边桩；3—边线；4—砂垫弧基

2. 接口

混凝土管的规格为 DN100～600，长为 1m；钢筋混凝土管的规格为 DN300～2400，长为 2m。管口形式有承插口、平口、圆弧口、企口几种。根据管道接口弹性不同，可分为刚性接口和柔性接口两大类。

（1）刚性接口。刚性接口有水泥砂浆抹带接口和钢丝网水泥砂浆抹带接口两种。

水泥砂浆抹带接口，如图 2.21 所示。一般在地基较好、管径较小时采用。其施工程序为：浇筑管座混凝土→勾捻管座部分管内缝→管带与管外皮及基础结合处凿毛清洗→管座上部内缝支垫托→抹带→勾捻管座以上内缝→接口养护。

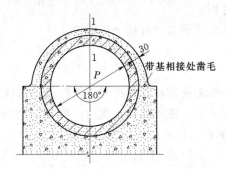

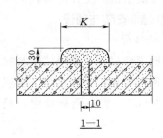

图 2.21　水泥砂浆抹带接口（单位：mm）

钢丝网水泥砂浆抹带接口，如图 2.22 所示。由于在抹带层内埋置 20 号 10mm×10mm 方格的钢丝网，因此接口强度高于水泥砂浆抹带接口。

施工程序：管口凿毛清洗（管径≤500mm 者刷去浆皮）→浇筑管座混凝土→将钢丝网片插入管座的对口砂浆中并以抹带砂浆补充肩角→勾捻管内下部管缝→为勾上部内缝支托架

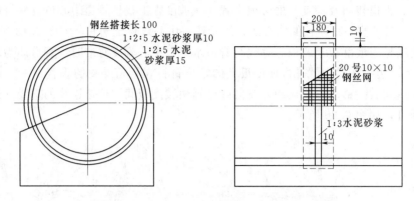

图 2.22　钢丝网水泥砂浆抹带接口（单位：mm）

→抹带（素灰、打底、安钢丝网片、抹上层、赶压、拆模等）→勾捻管内上部管缝→内外管口养护。

（2）柔性接口。柔性接口根据管道端部形式，其接口形式有沥青麻布（玻璃布）柔性接口、沥青砂浆柔性接口、承插管沥青油膏柔性接口、塑料止水带接口等。

沥青麻布（玻璃布）柔性接口适用于无地下水、地基不均匀沉降不严重的平口或企口排水管道。接口时，先清刷管口，并在管口上刷冷底子油，热涂沥青，作四油三布，并用钢丝将沥青麻布或沥青玻璃布绑扎，最后捻管内缝（1∶3 水泥砂浆）。

沥青砂浆柔性接口（图 2.23 所示）与沥青麻布（玻璃布）柔性接口相同，但不用麻布（玻璃布），成本降低。沥青砂浆重量配合比为石油沥青∶石棉粉∶砂 = 1∶0.67∶0.69。施工程序：管口凿毛及清理→管缝填塞油麻、刷冷底子油→支设灌口模具→浇灌沥青砂浆→拆模→捻内缝。

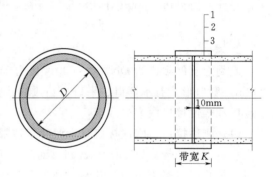

图 2.23　沥青砂浆柔性接口
1—沥青砂浆；2—石棉沥青；3—沥青砂浆

2.4.3　压力管道安装与铺设

1. 给水铸铁管

（1）承插刚性接口。承插式刚性接口一般由嵌缝材料和密封填料组成，嵌缝材料常用麻和橡胶圈，密封填料有石棉水泥、膨胀水泥砂浆、铅等。其组成为：麻-石棉水泥、麻-膨胀水泥砂浆、麻-铅、胶圈-石棉水泥、胶圈-膨胀水泥砂浆等。如图 2.24 所示。

1）麻及其填塞：麻经 5% 石油沥青与 95% 汽油混合溶液浸泡处理，干燥后即为油麻，油麻最适合作铸铁管承插口接口的嵌缝填料。麻的作用主要是防止外层散状接口填料漏入管内，如图 2.25 所示。

2）胶圈及填塞：填打油麻劳动强度大，技术要求高，而且油麻使用一定时间后会腐烂，影

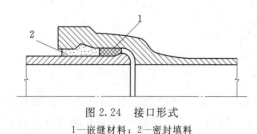

图 2.24　接口形式
1—嵌缝材料；2—密封填料

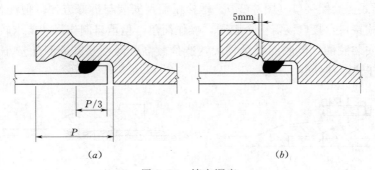

图 2.25 填麻深度

(a) 石棉水泥接口；(b) 青铅接口

响水质。胶圈具有弹性，水密性好，当承口和插口产生一定量的相对轴向位移或角位移时，也不会渗水。因此，胶圈是取代油麻作为承插式刚性接口理想的内层填料。普通铸铁管承插接口用的圆形胶圈，外观不应有气孔、裂缝、重皮、老化等缺陷。胶圈的物理性能应符合现行国家标准或行业标准的要求。

3）石棉水泥及其填打：石棉水泥作为普通铸铁管的填料，具有抗压强度较高、材料来源广、成本低的优点。但石棉水泥接口抗弯曲应力或冲击应力的能力很差。接口需经较长时间养护才能通水，且打口劳动强度大，操作水平要求高。石棉应选用机选 4F 级温石棉。水泥应采用 32.5 级普通硅酸盐水泥，不允许使用过期或结块的水泥。

4）膨胀水泥砂浆及其填塞：膨胀水泥砂浆接口与石棉水泥接口比较，抗压强度远高于石棉水泥接口，因此是取代石棉水泥接口的理想填料。膨胀水泥填料接口刚度大，在地震烈度 6 度以上、土质松软、管道穿越重载车辆行驶的公路时不宜采用。

5）铅接口及其操作：由于铅的来源少、成本高，现在已基本上被石棉水泥或膨胀水泥所代替。但铅接口具有较好的抗振、抗弯性能，接口的地震破坏率远较石棉水泥接口低。铅接口通水性好，接口操作完毕即可通水；损坏时容易修理。施工程序为：安设灌铅卡箍→熔铅→运送铅溶液→灌铅→拆除卡箍。

（2）承插式柔性接口。承插式刚性接口，抗应变能力差，受外力作用容易产生填料碎裂与管内流体外渗等事故，尤其在软弱地基地带和强震区，接口破碎率高。此时，采用柔性接口则较为有利。

1）楔形橡胶圈接口。如图 2.26 所示，承口内壁为斜槽形，插口端部加工成坡形，安装时在承口斜槽内嵌入起密封作用的楔形橡胶圈。由于斜形槽的限制作用，橡胶圈在水压作用下与管壁压紧，具有自密性，使接口对于承插口的椭圆度、尺寸公差、插口轴向相对位移及角位移具有一定的适应性。施工程序：下管→清理承口和胶圈→上胶圈→清理插口外表面及刷润滑剂→接口→检查。实践表明，此种接口的抗震性能良好，而且可以提高施工速度，减轻劳动强度。

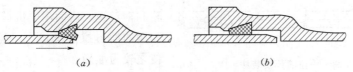

图 2.26 承插口楔形橡胶圈接口

(a) 起始状态；(b) 插入状态

2）其他形式橡胶圈接口（图 2.27）。螺栓压盖型安装与拆修方便，但配件多，造价高；中缺型是插入式接口，接口仅需一个胶圈，操作简单，但承口制作尺寸要求较高；角唇型的承口可以固定安装胶圈，但胶圈耗量较大，造价较高；圆型具有胶圈耗量小，造价低的特点，但仅适用于离心铸铁管。

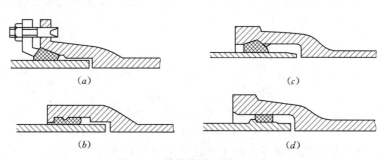

图 2.27　其他橡胶圈接口形式

（*a*）螺栓压盖形；（*b*）中缺形；（*c*）角唇形；（*d*）圆形

2. 钢管

钢管自重轻、强度高、抗应变性能优于铸铁管、硬聚氯乙烯管及预应力钢筋混凝土管，接口方便、耐压程度高、水力条件好，但钢管的耐腐蚀能力差，必须作防腐处理。钢管主要采用焊接和法兰连接。

焊接口通常采用气焊、手工电弧焊等。

在现场多采用手工电弧焊，为提高管口的焊接强度，应根据管壁厚度采用平口（壁厚 δ 小于 6mm）、V 形（壁厚 $\delta=6\sim12\text{mm}$）、X 形（壁厚 δ 大于 12mm）等焊缝。

焊缝质量要进行外观检查和内部检查。外观缺陷主要有焊缝形状不正、咬边、焊瘤弧坑、裂缝等；内部缺陷有未焊透、加渣、气孔等，通过油渗检查，一般每个管口均应检查。

由于钢管的耐腐性差，现已越来越多地被衬里（衬塑料、衬橡胶、衬玻璃钢、衬玄武石）钢管所代替。

3. 预应力钢筋混凝土管

预应力钢筋混凝土管接口形式多为承插式柔性接口，其施工工序为：排管→下管→清理管膛、管口→清理胶圈→初步对口找正→顶管接口→检查中线、高程→用探尺检查胶圈位置→锁管→部分回填→水压试验合格→全部回填。

顶管接口常用的安装方法：

（1）导链（手拉葫芦）拉入法。在已安装稳固的管子上拴住钢丝绳，在待拉入管子承口处架上后背横梁，用钢丝绳和吊链连好绷紧对正，两侧同步拉吊链，将已套好胶圈的插口经撞口后拉入承口中，注意随时校正胶圈位置。如图 2.28 所示。

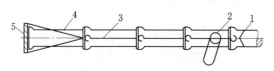

图 2.28　手拉葫芦安装法

1—后背钢丝绳；2—手拉葫芦；3—拉杆；
4—带安装管；5—横铁

（2）牵引机拉入法。安好后背方木、滑轮和钢丝绳，启动牵引机械或卷扬机将对好胶圈的插口拉入承口中，随拉随调整胶圈，使之较为准确。

（3）DKJ 多功能快速接管机安管。由北京市政设计研究院研制的 DKJ 多功能快速接管机,可进行管道接口作业,并具有自动对口、纠偏功能,操作简便。

此外,还有千斤顶小车拉杆法及撬杠顶进法等顶管接口的施工方法。

另外,近年来塑料管作为市政管道地下铺设越来越多,有关塑料管的施工要求应参考相应的塑料管的施工技术规程。

2.4.4 管道压力试验及严密性试验

验收压力管道时必须对管道、接口、阀门、配件、伸缩器及其他附属构筑物仔细进行外观检查,复测管道的纵断面,并按设计要求检查管道的放气和排水条件。地下管道必须在管基检查合格、管身两侧及其上部回填不小于 0.5m、接口部分尚敞露时,进行初次试压。全部回填土,完成该管段各项工作后,进行末次试压。

压力管道工作压力大于或等于 0.1MPa 时,应进行压力管道的强度及严密性试验;当管道压力小于 0.1MPa 时,除设计另有规定时,应进行无压力管道严密性试验。

试压管段的长度不宜大于 1km,非金属管段不宜超过 500m。地下钢管或铸铁管,在冬季或缺水情况下,可用空气进行压力试验,但均须有防护措施。

1. 压力管道的水压试验

压力管道水压试验包括强度试验(又称落压试验)和严密性试验(又称渗水量试验)。试压前管段两端要封以试压堵板,堵板应有足够的强度,试压过程中与管身接头处不能漏水。试压管道两端应设试压后背,后背应有足够的强度来满足试压需要。可用天然土壁作试压后背,也可用已安装好的管道作试压后背。

管道试压前应排除管内空气,灌水进行浸润,试验管段灌满水后,应在不大于工作压力条件充分浸泡不低于 24h 后进行试压。试验压力按表 2.8 确定。

表 2.8　　　　　　　　　　　压力管道水压试验压力值　　　　　　　　单位:MPa

管材种类	工作压力 P	试验压力 P
普通铸铁管及球墨铸铁管	$P<0.5$	$2P$
	$P\geqslant0.5$	$P+0.5$
预应力钢筋混凝土管与自应力钢筋混凝土管	$P<0.6$	$1.5P$
	$P\geqslant0.6$	$P+0.3$
给水硬聚氯乙烯管	P	强度试验 $1.5P$;严密试验 $0.5P$
现浇或预制钢筋混凝土管渠	$P\geqslant0.1$	$1.5P$
水下管道	P	$2P$
钢管	P	$P+0.5$ 且不小于 0.9

(1)落压试验法。在已充水的管道上用手摇泵向管内充水,待升至试验压力后,停止加压,观察表压下降情况。如 10min 压力降不大于 0.05MPa,且管道及附件无损坏,将试验压力降至工作压力,恒压 2h,进行外观检查,无漏水现象表明试验合格。落压试验装置见图 2.29。

(2)渗水量试验法。将管段压力升至试验压力后,记录表压降低 0.1MPa 所需的时间 T_1(min),然后再重新加压

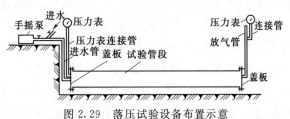

图 2.29　落压试验设备布置示意

至试验压力,从放水阀放水,并记录表压下降0.1MPa所需的时间T_2(min)和此间放出的水量W。按下式计算渗水率:

$$q = W/[(T_1 - T_2)L]$$

式中:L为试验管段长度,km。

渗水量试验示意见图2.30。若q值小于或等于《给水排水管道工程施工及验收规范》(GB 50268—97)中压力管道严密性试验允许渗水量,即认为合格。

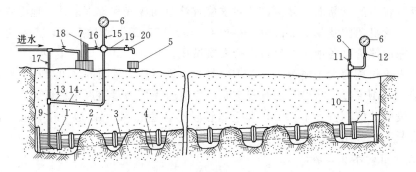

图2.30 渗水量试验设备布置示意

1—封闭端;2—回填土;3—试验管道;4—工作坑;5—水筒;6—压力表;7—手摇泵;
8—放气口;9—水管;10、13—压力表连接管;11~19—闸门;20—龙头

2. 无压管道严密性试验

污水、雨污水合流及湿陷土、膨胀土地区的雨水管道,回填土前应采用闭水法进行严密性试验。试验管段应按井距分隔,长度不宜大于1km,带井试验。

试验管段应符合:管道及检查井外观质量已验收合格;管道未回填且沟槽内无积水;全部预留孔应封堵坚固,不得渗水;管道两端堵板承载力经核算应大于水压力的合力。

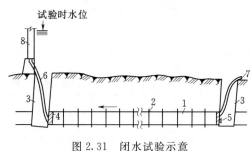

图2.31 闭水试验示意

1—试验管段;2—接口;3—检查井;4—堵板;
5—放水口;6—进水管;7—出水管;8—水塔

闭水试验应符合:试验段上游设计水头不超过管顶内壁时,试验水头应以试验段上游管顶内壁加2m计;当上游设计水头超过管顶内壁时,试验水头应以上游设计水头加2m计;当计算出的试验水头小于10m,但已超过上游检查井井口时,试验水头应以上游检查井井口高度为准。无压管道闭水试验装置见图2.31。

试验管段灌满水后浸泡时间不小于24h。当试验水头达到规定水头时,开始计时,观测管道的渗水量,观测时间不少于30min,期间应不断向试验管段补水,以保持试验水头恒定。实测渗水量小于或等于《给水排水管道工程施工及验收规范》(GB 50268—97)中无压力管道严密性试验允许渗水量,即认为合格。

3. 给水管道冲洗与消毒

给水管道在试验合格验收交接前,应进行一次通水冲洗和消毒,冲洗流量不应小于设计流量或流速不小于1.5m/s。冲洗应连续进行,当排水的色、透明度与入口处目测一致时,即为合格。生活饮用水管冲洗后，用含 20～30mg/L 游离氯的水，灌洗消毒，含氯水留置 24h 以上。消毒后再用饮用水冲洗，直至水质管理部门取样化验合格为止。冲洗时应注意保护管道系统内仪表，防止堵塞或损坏。

2.5　沟 槽 回 填

沟槽回填是在管道铺设完成，并检验合格后进行的。回填施工包括返土、摊平、夯实、检查等施工过程。其中关键是夯实，应符合设计所规定密实度要求。沟槽回填密实度要求如图 2.32 所示。

沟槽回填前，管道基础混凝土强度和抹带水泥砂浆接口强度不应小于 5MPa，现浇混凝土管渠的强度达到设计规定，砖沟或管渠顶板应装好盖板。

沟槽回填土夯实通常采用人工夯实和机械夯实两种方法。管顶 50cm 以下部分返土的夯实，应采用人工轻夯，夯击力不应过大，防止损坏管壁与接口。

管顶 50cm 以上部分返土的夯实，应采用机械夯实。常用的夯实机械有蛙式打夯机、内燃打夯机、履带式打夯机、压路机等。

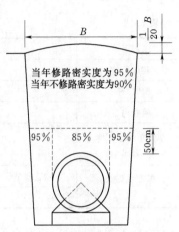

图 2.32　沟槽回填土密实度要求

返土一般用沟槽原土，槽底到管顶以上 50cm 范围内，不得含有机物、冻土以及大于 50mm 的砖、石等硬块。冬季回填时，管顶以上 50mm 范围以外可均匀掺入冻土，其数量不得超过填土总体积的 15%，且冻块尺寸不得超过 100mm。

沟槽回填顺序，应按沟槽排水方向由高向低分层进行。回填应采用分层回填，分层夯实。在施工时，应建立回填制度，根据不同的夯实机具、土质、密实度要求、夯击遍数、走夯形式等确定返土厚度和夯实后厚度。回填土的含水量宜按土类和采用的压实工具控制在最佳含水量附近。

表 2.9　　回填土每层虚铺厚度

压实工具	虚铺厚度（cm）
木夯、铁夯	≤20
蛙式夯、火力夯	20～25
压路机	20～30
振动压路机	≤40

回填土的每层虚铺厚度，应按采用的压实工具和要求的压实度确定。对一般的压实工具，铺土厚度可参考表 2.9 的数值采用。

每层的压实遍数，应按要求的压实度、压实工具、虚铺厚度和含水量，经现场试验确定。

每层土夯实后，应检测密实度。测定方法有环刀法和贯入法。

2.6　工 程 验 收

工程验收制度是检验工程质量必不可少的一道程序，也是保证工程质量的一项重要措施。如质量不符合规定时，可在验收中发现和处理，并避免影响使用和增加维修费用，为此，必须严格执行工程验收制度。

管道工程施工应经过竣工验收合格后，方可投入使用。隐蔽工程应经过中间验收合格后，方可进入下一工序，当隐蔽工程全部验收合格后，方可回填沟槽。

市政给水排水管道的验收应按照国家颁发的《给水排水管道工程施工及验收规范》（GB 50268—1997）、《工业管道工程施工及验收规范》（GBJ 235—82）、《室外硬聚氯乙烯给水管道工程施工及验收规程》（CECS 18—90）进行施工及验收。

隐蔽工程验收时，应填写中间验收记录表，其格式见表 2.10。

表 2.10　　　　　　　　　　　　　　中 间 验 收 记 录 表

工程名称		工程项目	
建设单位		施工单位	
验收日期	年　月　日		
验收内容			
质量情况及验收意见			
参加单位及人员	监理单位	建设单位	设计单位	施工单位

隐蔽工程验收时，应对以下几方面进行检查验收：

（1）管道地基和基础。

（2）管道位置与高程。

（3）管道的结构和断面尺寸。

（4）管道的接口、变形缝及防腐层。

（5）管道及附属构筑物防水层。

（6）地下管道交叉的处理。

工程竣工后，施工单位应提交下列资料：

（1）施工竣工图及设计文件。

（2）管道及构筑物的位置及高程的测量记录。

（3）主要材料、制品和设备的出厂合格证或试验记录。

（4）混凝土、砂浆、防腐、防水及焊接检验记录。

（5）中间验收记录及有关资料。

（6）管道的试压记录、闭水试验记录。

（7）回填土压实度的检验记录。

（8）工程质量检验评定记录。

（9）工程质量事故处理记录。

（10）给水管道的冲洗及消毒记录。

竣工验收时，应核实竣工验收资料，并进行复验与外观检查。对管道的位置及高程、管道及附属构筑物的断面尺寸、给水管道配件安装的位置和数量、给水管道的冲洗与消毒、外观等做出鉴定，并填写竣工验收鉴定书，其格式见表 2.11。

表 2.11　　　　　　　　　**竣 工 验 收 鉴 定 书**

工程名称			工程项目		
建设单位			施工单位		
开工日期	年　月　日		竣工日期	年　月　日	
验收日期	年　月　日				
验收内容					
复验质量情况					
鉴定结果及验收意见					
参加单位及人员	监理单位	建设单位	设计单位	施工单位	管理或使用单位

复 习 思 考 题

2.1　明沟排水由哪些部分组成？其适用条件是什么？

2.2　明沟排水的排水沟有哪些技术要求？绘图说明其开挖方法？

2.3　轻型井点由哪些部分组成？其适用条件是什么？怎样进行轻型井点系统的设计？

2.4　喷射井点降水系统的工作原理是什么？

2.5　沟槽土方开挖常用的机械有哪些？各有什么特点？

2.6　沟槽断面有哪几种形式？选择断面形式时应考虑哪些因素？

2.7　什么情况下沟槽开挖需要加设支撑？支撑结构应满足哪些要求？

2.8　支撑有哪些种类？其适用条件是什么？

2.9　沟槽土方回填的注意事项有哪些？其质量要求是什么？

2.10　市政管道工程开槽施工包括哪些工序？

2.11　人工下管的方法有哪些？机械下管时应注意哪些问题？

2.12　简述稳管的方法。

2.13　承插式铸铁管的接口方法有哪些？其适用条件各是什么？如何施工？

2.14　简述球墨铸铁管的性能、适用条件和接口施工方法？

2.15　排水管道常用的接口方式有哪些？

2.16　水压试验设备由哪几部分组成？

2.17　试述室外排水管道闭水试验的方法。

2.18　试述室外给水管道水压试验的方法。

2.19　试述室外给水管道的冲洗、消毒方法。

第3章 市政管道不开槽施工

教学要求：通过本章学习，要求了解室外不开槽施工在管道工程施工中的优点；掌握掘进顶管法的工作坑的型式、主要的工具设备及施工中要注意的问题；掌握管道误差的校正方法；了解掘进的几种方法；了解挤压土顶管和管道牵引不开槽铺设的施工方法；了解浅埋暗挖法和盖挖逆作法的施工工艺；了解盾构施工的类别、准备工作、掘进和衬砌方法，掌握盾构施工的主要构造和施工工艺。

穿越铁路、公路、河流、建筑物等障碍物铺管；或在城市道路下铺管，常常采用不开槽施工。不开槽敷设的室外地下管道的形状和材料，采用最多的是各种圆形管道，如钢管、普通钢筋混凝土管、以及其他各种合金管道和非金属管道，也可采用方形、矩形和其他非圆形的预制或现浇的钢筋混凝土管沟。

不开槽施工与开槽施工比较，管道不开槽施工的土方开挖和回填工作量减少很多；不必拆除地面障碍物，一般也不必拆除浅埋地下障碍物，施工占地面积减少很多；不会影响地面交通；穿越河底铺管时既不影响通航，也不需要修建围堰或进行水下作业，能消除冬季或雨季对开槽施工的影响；也不会因管道埋设较深而增加开挖土方量；工程立体交叉施工时，不会影响上部工程施工；管道不必设置基础和管座；可减少对管道沿线的环境污染等，为此，室外地下管道不开槽施工得到广泛应用。

不开槽施工一般适用于非岩性土层。在岩石层、含水层施工、或遇地下障碍物，都需要有相应的附加措施。因此，施工前应详细勘察施工地段的水文地质和地下障碍物等情况。

管道不开槽施工方法很多，主要可分为以下几类：
（1）人工、机械或水力掘进顶管。
（2）不出土的挤压土层顶管。
（3）盾构掘进衬砌成型管道或管廊等。

采用何种方法，要根据管子的材料、尺寸、土层性质、管线长度、障碍物性质及占地范围等因素进行选择。

3.1 掘 进 顶 管 法

掘进顶管的工作过程如图 3.1 所示。先开挖工作坑，再按照设计管线的位置和坡度，在工作坑底修筑基础、设置导轨，把管子安放在导轨上顶进。顶进前，在管前端开挖坑道，然后用千斤顶将管子顶入。一节管顶完，再连接一节管子继续顶进。千斤顶支承于后背，后背支承于原土后座墙或人工后座墙上。除直管外，顶管法也可用于弯管的施工。

为了便于管内操作和安放施工设备，管子直径，采用人工掘进时，一般不应小于900mm；采用螺旋水平钻进，一般在 300～1000mm。

292

3.1.1 人工掘进顶管

1. 工作坑及其布置

工作坑亦称竖井，其位置根据地形、管线设计、地面障碍物情况等因素决定。排水管道顶进的工作坑通常设在检查井位置上。

（1）工作坑种类和尺寸。管道只向一个方向顶进的工作坑称单向坑。向一个方向顶进而又不会因顶力增大而导致管端压裂或后背破坏所能达到的最大长度，称一次顶进长度。单向坑最大顶进距离为一次顶进长度。一次顶进长度因管材、顶进土质、后背和后座墙种类及其强度、顶进技术、管子埋设深度不同而异。为了增加从一个工作坑顶进的管道有效长度，可以采用双向坑。根据不同功能，其他工作坑还有：转向坑、多向坑、交汇坑、接收坑等，如图 3.2 所示。工作坑一般为单管顶进。有时，两条或三条管道在同一工作坑内同时或先后顶进。

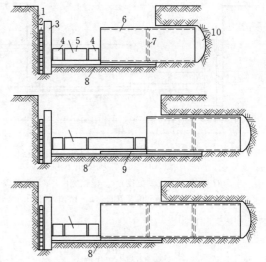

图 3.1　掘进顶管过程示意

1—后座墙；2—后背；3—立铁；4—横铁；5—千斤顶；6—管子；7—内胀圈；8—基础；9—导轨；10—掘进工作面

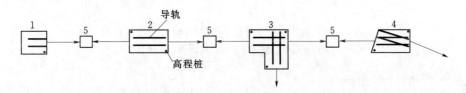

图 3.2　工作坑种类

1—单向坑；2—双向坑；3—多向坑；4—转向坑；5—交汇坑

工作坑坑底宽度 W 如图 3.3 所示。操作宽 B 根据施工方法和设备尺寸决定，坑底长度 L 如图 3.4 所示，按实际布置情况确定。钢管顶进时应留焊接口的操作长度。工作坑深度 H 见图 3.3。C 为管外壁与基础面之间的孔隙，一般为 10～30mm。

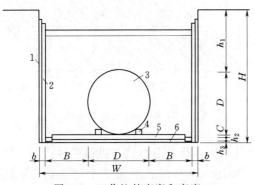

图 3.3　工作坑的底宽和高度

1—撑板；2—支撑立木；3—管子；4—导轨；5—基础；6—垫层

工作坑纵断面形状有直槽形、阶梯形等。由于操作需要，工作坑最下部的坑壁一般应为直壁，其高度一般不少于 3m。如需开挖斜槽，则顶管前进方向两端应为直壁。土质不稳定的工作坑壁应设支撑或板柱。如图 3.5 所示。

在松散土层或饱和土层内，经常采用沉井或连续壁方法修建工作坑；这种工作坑平面一般为圆形和方形。

为了顶进时校测管线位置，工作坑内应设置中心桩和高程桩，都由地面桩引入。坑内中心桩引入方法如图 3.6 所示。坑内高程

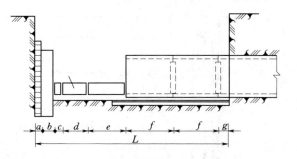

图 3.4 工作坑底的长度

a—后背宽度；b—立铁宽度；c—横铁宽度；d—千斤顶长度；

e—顺铁长度；f—单节管长；g—已顶入管子的全长

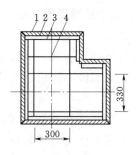

图 3.5 工作坑壁支撑（单位：cm）

1—坑壁；2—撑板；3—横木；4—撑杠

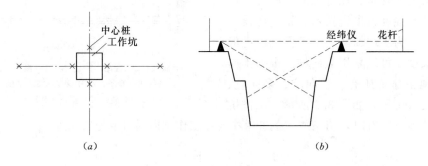

图 3.6 工作坑内中心桩引入

（a）地面中心桩位置；（b）坑内中心桩测设

桩引入方法如图 3.7 所示。

（2）工作坑基础。为了防止工作坑地基沉陷，导致管子顶进误差过大，应在坑底修筑基础或加固地基。含水弱土层通常采用混凝土基础。基础尺寸根据地基承载力、施工荷载、操作要求而定。基础宽不少于管外径，长度至少为 1.2～1.3 单节管长。基础一般厚度为 150～250mm，用 C10 混凝土浇筑，下铺卵石垫层厚约 100mm。

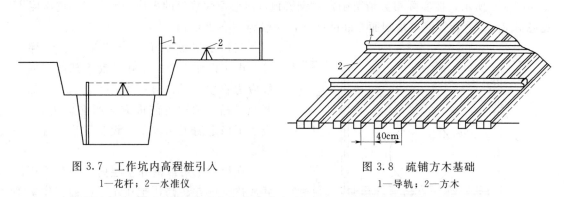

图 3.7 工作坑内高程桩引入

1—花杆；2—水准仪

图 3.8 疏铺方木基础

1—导轨；2—方木

为了安放导轨应在混凝土基础内预埋方木轨枕。方木轨枕分横铺与纵铺两种。

密实地基土可采用木筏基础，由方木铺成，如图 3.8 所示。平面尺寸与混凝土基础相同，分密铺和疏铺两种。疏铺木筏基础的方木净距约为 400mm。

对于粉砂地基且有少量地下水时，为了防止扰动地基，可铺设厚为 100～200mm 的卵石或级配砂石，在其上安装轨枕，铺设导轨。

（3）导轨。导轨的作用是引导管子按设计的中心线和坡度顶入土中，保证管子在将要顶入土中前的位置正确。

导轨由轻轨（图 3.9）、重轨、型钢或滚轮做成，根据管径和管重选择导轨。导轨也可采用方木，还必须作抹角处理，因施工不便，目前现已很少使用。导轨高程按管线坡度铺设。导轨用道钉固定于木筏基础的轨枕上，或固定于混凝土基础内预埋的轨枕上。在每条导轨选 6～8 点，测每点高程，检查安装质量。还可采用滚轮式导轨（图 3.10）。这种导轨的优点是可以调节两导轨的中距，而且减少导轨对管子的摩擦。

施工时，导轨可能产生各种质量事故。如从工作坑一侧开挖坡道下管时，管子从侧面撞击导轨，使之向管中心位移；垂直下管，管子撞击导轨，使之向两侧位移；导轨可能因基础下沉而下沉；基础纵向开裂，其中一半下沉，使两个导轨面高程不一致等。这些事故都需采用相应措施予以补救。

（4）后座墙与后背。

1）形式和构造。后座墙与后座背是千斤顶的

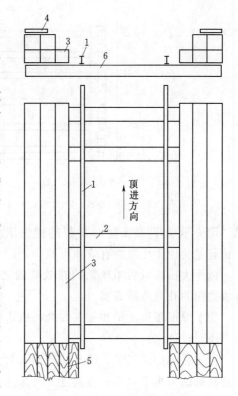

图 3.9　工作坑的底宽和高度

1—钢轨导轨；2—方木轨枕；3—护木；4—铺板；
5—平板；6—混凝土基础

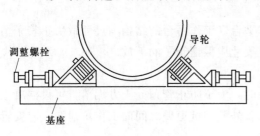

图 3.10　滚轮式导轨

支承结构，经常采用原土后座墙。这种后座墙造价经济，修建方便。粘土、粉质粘土均可做原土后座墙。根据施工经验，管顶埋深 2～4m，浅覆土原土后座墙的长度一般需 4～7m。选择工作坑位置时，应考虑有无原土后座墙可以利用。

无法建立原土后座墙时，可修建人工后座墙。人工后座墙的种类很多，图 3.11 所示为其中的一种。

后背的作用是减少对后座墙单位面积的压力。

在工作坑双向顶进时，已顶进的管段作为未顶进管段的后背。双向顶进时，就不必设后背和后座墙。

2）后背的计算。应该保证后背在顶力或后座墙土压力作用下不会破坏；不发生不允许的均匀压缩变形及不均匀的压缩变形。

后背和后座墙在顶力作用下产生压缩，压缩方向与顶力作用方向一致。停止顶进，顶力消失，压缩变形也随之消失。这种弹性变形现象称后座现象。由于后座墙土体和后背材料的弹性性质、后背各部件之间和后背与后座墙之间存在安装孔隙。顶力作用时，首先是安装孔

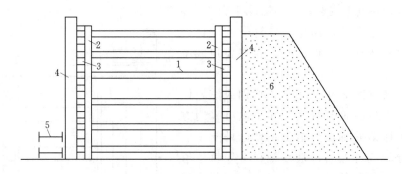

图 3.11　工作坑的底宽和高度
1—撑杠；2—立柱；3—后背方木；4—立铁；5—横铁；6—填土

隙"消失"，随即是土体和材料的弹性压缩。位移量 0.5～2cm 的轻微后座现象是正常的。大位移量会使千斤顶的有效顶程减少，而且后座墙的大量位移会导致被动土压力出现。

减少大位移量后座现象的有效措施之一就是保证后背各部件之间接触紧密、后背与后座墙之间的孔隙灌砂捣实。

为了保证顶进质量和施工安全，应进行后背的强度和刚度计算。须根据承受荷载——顶力大小而设计。

由于影响因素很多，以及这些因素对土压力值的定量影响不易确定，后背强度和刚度计算的精确结果难于取得，目前施工所采用的大多为经验估算的方法。

（5）工作坑的垂直运输。地面与工作坑底之间的土方、管子和顶管设备等的垂直运输方法很多。一般可采用单轨电动吊车，三脚架——卷扬机等。由于三脚架起重设备不能作水平运输，采用这种方法还需搭地面操作平台。

（6）工作平台

直槽形工作坑一般需在坑口、地面搭设工作平台。工作平台的结构与尺寸取决于管子情况，若用槽钢横梁支承的工作平台，其中平台口尺寸应保证管子的下放。

（7）顶进口处理

管子入土处的坑壁应不支设支撑，土质较差时，为了防止管顶处土方塌落，可设混凝土护管装置。采用触变泥浆顶管时，为防止泥浆从管外壁和坑道壁之间向工作坑泄漏，应安置顶进口装置，使钢环上的橡胶垫阻止泥浆的外溢。

工作坑布置时，还应解决电源、坑内排水、地面排水、防雨、地面运输、堆料场、地面临时工作场、照明、扶梯和工人工地生活设施等问题。

2. 顶进设备

顶进设备种类很多，目前大多采用液压千斤顶顶管，如图 3.12 所示为包括千斤顶在内的油压回路。电动机使油泵工作，把工作油加压到工作压力，由管路输送，经分配器、控制阀进入千斤顶。电能经油泵转换为机械能，对负载作功——顶入管子。机械能输出后，工作油以一个大气压状态回到油箱。

顶管的千斤顶一般可分：用于顶进管子的顶进千斤顶；用于校正管子位置的校正千斤顶；用于中继间顶管的中继千斤顶。顶进千斤顶一般采用的顶力为 200～400t。油压系统的工作油应具有的技术特性，适宜的粘度；较高的化学稳定性；良好的润滑性；不燃或难燃

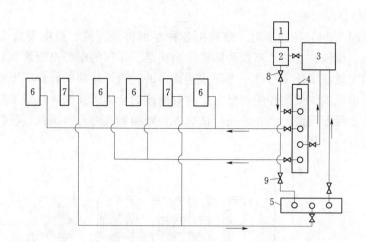

图 3.12　顶管油压系统

1—电机；2—油泵；3—油箱；4—主分配器；5—副分配器；6—顶进千斤顶；

7—回程千斤顶；8—单向阀；9—阀门

性；低压缩性；良好的防锈性，不会导致油压系数中密封材料膨胀、硬化或熔解等。顶管施工中经常采用的是变压器油。顶程有 0.5m、1.0m、1.5m、3.0m 等种类。

　　顶进千斤顶按其作用不同可分为单作用千斤顶和双作用千斤顶，按其构造又可分为活塞式和柱塞式。施工中常用的为单杆千斤顶，又称双作用千斤顶。液压千斤顶接活塞杆，行程伸出的数目，又可分为单行程、双行程和多行程千斤顶。为了减少缸体长度而又要增加行程长度，可采用多行程千斤顶。此外，采用长行程千斤顶可减少搬放顶铁的工作时间，减少液压系统启动，提高效率，缩短回油时间，减少后座现象的频数，提高顶管的速度。

　　千斤顶在工作坑内的布置方式分单列、并列和环周列，如图 3.13 所示。当要求的顶力较大时，可采用数个千斤顶并列顶进，但是，如果由于某种原因致使各千斤顶出程速度不等，将

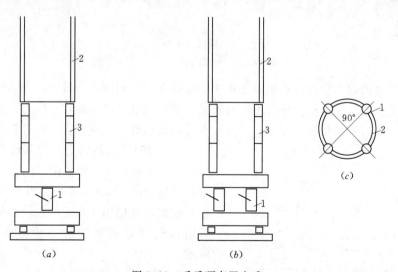

图 3.13　千斤顶布置方式

(a) 单列式；(b) 双列式；(c) 环周列式

1—千斤顶；2—管子；3—顺铁

297

使管子偏斜或实际总顶力减少。

采用顶铁（图3.14）传递顶力。顶铁由各种型钢拼接制成。根据安放位置和传力作用不同，可分顺铁、横铁、立铁、弧铁和圆铁。顺铁是千斤顶的顶程小于单节管子长度时，在顶进过程中陆续安放在千斤顶与管子之间传递顶力的。当千斤顶的行程等于或大于一节管子长度时，就可不用顺铁。弧铁和圆铁是宽度为管壁厚的全圆形顶铁，包括半圆形的各种弧度的弧形顶铁以及全圆形顶铁。此外，还可做成各种结构形式的传力顶铁。顶铁应按受力条件作强度和刚度的设计计算。

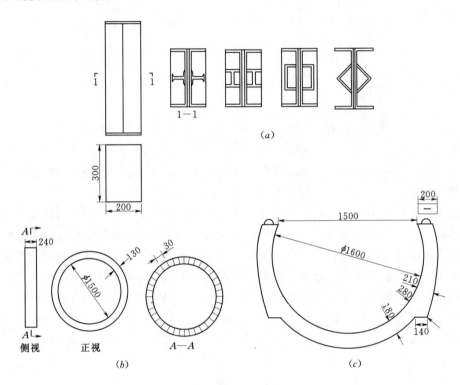

图 3.14 顶铁（单位：mm）
(a) 矩形顶铁；(b) 圆形顶铁；(c) U 形顶铁

千斤顶顶力的合力位置应该和顶进抗力的位置在同一轴线上，避免产生顶进力偶。使管子不发生位置误差。顶进抗力即为土壁与管壁摩擦阻力和管前端的切土阻力。当上半部管壁与坑壁间有孔隙时，根据施工经验，千斤顶在管端面的着力点应在管子垂直直径的 $1/4 \sim 1/5$ 处（图3.15）。这是因为，管子水平直径以下部分管壁与土壁摩擦，摩擦阻力的合力大致位于管子垂直直径的 $1/4 \sim 1/5$ 处。当管子全周与土接触摩擦时，可使用 4 个、6 个，甚至更多个，千斤顶接管子环周列对称布置，如图 3.13（c）所示。

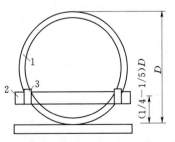

图 3.15 千斤顶在管口的作用点
1—管子；2—横铁；3—顺铁

3. 前方人工挖土和运土

工作坑布置完毕，开始挖土和顶进。管内挖土分人工和机械两种。密实土层内坑壁与管上方可有 1～2cm 间隙，以减少顶进阻力。孔隙范围愈大，即管壁与坑道壁接触所形成的管中心包角愈小，顶进阻力愈小，但管子偏移随意性增大。如果不允许构筑物地基沉降，管壁与坑壁间就不应留孔隙，而且最好是少许切土顶进。

人工每次掘进深度，一般等于千斤顶的顶程。土质较好，挖土技术水平较高，每次挖深在 0.5～0.6m，甚至在 1m 左右。开挖纵深过大，坑道开挖形状就不易控制；并易引起管子位置偏

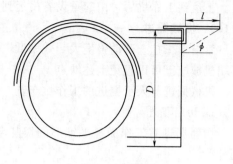

图 3.16　管檐

差。因此，长顶程千斤顶用于管前方人工挖土情况下，全顶程可分若干次顶进。地面有震动荷载时，要严格限制每次开挖纵深。

土质松散或有流砂时，为了保证安全和便于施工，在管前端安装管檐，如图 3.16 所示。施工时，先将管檐顶入土中，工人在檐下挖土。

除管檐外，还可采用工具管（图 3.17）装在顶进管段的最前端。施工时把工具管先顶入土中，工人在工具管内挖土。

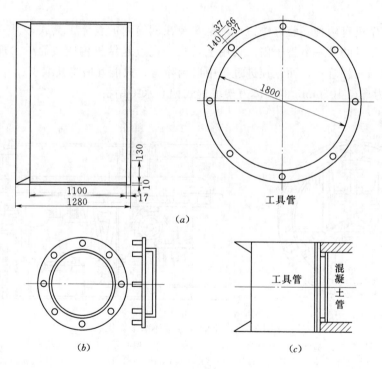

图 3.17　工具管（单位：mm）

（a）工具管；（b）工具管与钢筋混凝土管的连接设备；（c）连接方式

产生顶管施工位置误差的原因很多，主要是由于坑道开挖形状不正确，使管子沿着已开挖的坑道前进而引起的。因此，必须注意保证开挖断面形状的正确。

前方挖出的土，应及时运出管外，避免管端因堆土过多而下沉，并改善工作环境。可用卷扬机牵引或电动、内燃的运土小车在管内进行有轨或无轨运土两种，也可用皮带运输机运

土。土运到工作坑后，由起重设备吊运到工作坑外。

3.1.2　机械掘进

管端人工挖土劳动强度大，效率低，劳动环境恶劣，较小直径管子工人无法进入挖土。管端机械挖土可以避免上述缺点。

机械掘进与人工掘进的工作坑布置一般相同，不同处主要是管端挖土与运土的方法。

1.切削掘进

切削掘进有工作面呈平锥形的切削轮偏心径向切削和工作面呈锥形的偏心纵轴向切削两种。

偏心径向切削主要由切削轮，刀齿组成。切削轮用于支承或安装切削臂，固定于主轮并由主轮旋转而转动。切削轮分盘式和刀架式两种，盘式切削轮的盘面上安装切削臂，也可直接安装刀齿而进行全断面同时切削。刀架式是在切削轮上安装悬臂式切削臂。刀齿架可做成任意锥角的锥形。大直径管子，锥角较大，锥形平缓。在松散土层掘进时，切削头可安装在工具管内。

偏心水平钻机切削机构的旋转轴线与管子轴线同向。

刮刀、刀齿架或切削圆盘切下的土自由落下，然后由刮土环的隔板提起落在皮带运输机上。

偏心水平钻机有两种安装方法：一种是安装在钢筒内的整体工具式；另一种是装配式，施工前安装在顶进的第一节管子内。采用工具式的优点是钻机构造较简单、现场安装方便，但是它只适用于一种管径，而且顶进过程中遇到障碍，只能开槽将其取出。

图3.18为直径1050mm的整体刀架掘进式偏心水平钻机。

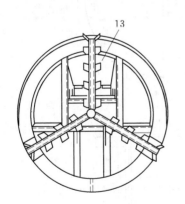
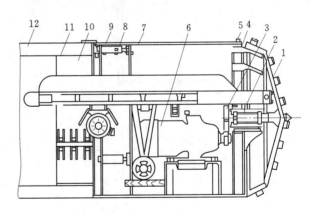

图3.18　φ1050mm整体水平钻机

1—机头的刀齿架；2—轴承座；3—减速齿轮；4—刮泥板；5—偏心环；6—摆线针轮减速电机；7—机壳；
8—校正千斤顶；9—校正室；10—链带传送器；11—内涨圈；12—管子；13—切削刀

偏心水平钻机用于粘土、粉质粘土和砂土中钻进。在弱土层中顶进时，由于设备重量较大，常因引起管端下沉，导致顶进位置误差。在含水土层内，土方不易自刀齿架卸下，而且，工作条件恶化。在这种情况，经常采用工作面封闭的水力顶进，见后叙述。

2.水平钻进法

螺旋掘进机一般用于小直径钢管顶进。管子按设计方向和坡度摆放在导向架上，管前由旋转切削式钻头切土，并由螺旋输送器运土。切削钻头与输送器安装在管内，并由电动机带动工作。电动机等动力和传动装置也安装在导向架上，可随着掘进面向前移动。管子、钻头和螺旋输送器借千斤顶顶进。随着掘进距离的延长，可继续接长螺旋输送器。一般情况下，管节和螺旋输送器段节长度相等。

这种施工方法安装方便，但是顶进过程中可能产生较大的下沉误差。由于钻杆与螺旋叶片的重量，当钻头切削片安装方向不准时，也会产生较大的水平或垂直误差。而且，误差产生后不易纠正。因此，这种方法适用于短距离顶进，一般最大顶进长度在 70～80m。

600mm 以下的小口径钢管顶进方法有很多种。如真空振动法顶进。这种方法适用于直径为 200～300mm 管子在松散土层。如在松散砂土、砂粘土、淤泥土、软粘土等土层内掘进。这种方法顶距一般为 20～30m。

3．纵向切削挖掘

图 3.19 所示的纵向切削挖掘设备。掘进机构为球形框架或刀架，刀架上安装刀臂，切齿装于刀臂上。切削旋转的轴线垂直于管子中心线，刀架纵向掘进，切削面呈半球状。

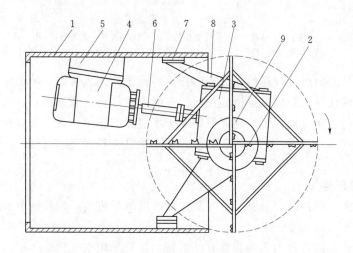

图 3.19　纵向切削挖掘设备

1—工具管；2—刀臂；3—减速箱；4—电机；5—机座；6—传送轴；7—底架；8—支撑翼板；9—锥形筒架

由于纵向掘进，混凝土产生横向掘进力矩而使工具管转动。同时，由于刀架高速旋转而使切下的土借离心力向工具管右抛掷，便于运输出管外。这种掘进装置的电动机装于工具管顶部，使工作面操作空间增大。该设备构造简单，易于制作，拆装、维修方便，便于调向挖掘，效率高，适用于粉质粘土和粘土。

4．顶管盾构法

在坚硬或密实土层内顶管，或大直径管道顶进时，管前端阻力很大。为了不减少工作坑和千斤顶的顶进长度，可采用盾构顶管法施工。这种方法的特点是前方切土由一特制的顶管盾构来完成，工作坑千斤顶只需克服管壁与坑壁间的摩擦阻力，将顶管盾构后的管子顶入盾尾。顶管盾构法与一般盾构法的区别是盾构衬砌环内不是安装砌块，而是顶入管子。顶管盾构的构造与一般人工掘进盾构相同。

5．水力掘进

水力掘进是利用高压水枪射流将切入工作管管口的土冲碎，水和土混合成泥浆状态输送出工作坑。

在高地下水头的弱土层、流砂层或穿越水下（河底、海底）的饱和土层，可采用水力掘进顶管，见图 3.20 所示。

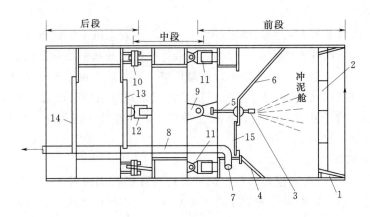

图 3.20　水力掘进工具管

1—刃脚；2—网格；3—水枪；4—格栅；5—水枪操作把；6—观察窗；7—泥浆吸口；8—泥浆管；9—水平铰；
10—垂直铰；11—上下纠偏千斤顶；12—左右纠偏千斤顶；13—气阀门；14—大水密门；15—小水密门

水力掘进工具的前段为冲泥舱。为了防止流砂或淤泥涌入管内，冲泥舱是密封的。在刃脚处安装网格，网孔的面积取决于土的性质。在吸泥口处再安装格栅，防止粗颗粒进入泥浆输送管道。水冲射方向可由人工控制，泥浆由于水射器的作用，进入吸口并压至泥浆输送管道。在有充足工作水水源和泄泥场条件下，这种掘进方法使饱和弱土层内顶管过程大为简化。

3.1.3　管子的临时连接

一节管子顶完，再将另一节管子下入工作坑。继续顶进前，应将两节管子连接好，以提高管段的整体性和减少误差。

顶进时的管子连接，分永久性和临时性两种。钢管采用永久性的焊接。顶进过程中管子永久性连接，导致管子的整体顶进长度越长，管子位置偏移随意性就愈小；但是一旦产生顶进位置误差积累，校正较困难。因此，整体焊接钢管的始顶阶段，应在始顶时随时进行测量，避免积累误差。

钢筋混凝土管通常采用钢板卷圆的整体型内套环临时连接，在水平直径以上的套环与管壁间楔入木楔，如图 3.21 所示，这种内套环的优点是重量轻，安装方便，但刚性较差。为了提高刚性，可用肋板加固。两管间设置柔性材料（油麻、油毡），以防止管端压裂。由于临时连接口的非密封性，因而不能用于未降水的高地下水水头的含水层内顶进，顶进工作全部完成后，拆除内套环，再进行永久性内接口。

3.1.4　中继间顶进、泥浆套顶进和蜡覆顶进

顶端施工的一次顶进长度取决于顶力大小，管材强度，后座墙强度，顶进操作技术水平等。通常情况下，一次顶进长度最大达 60～100m。当顶进距离超过一次顶进长度时，可以采用中继间顶进、对向顶进、泥浆套顶进、蜡覆顶进等方法，提高在一个工作坑内的顶进长度，减少工作坑数目。

1. 中继间顶进

采用中继间施工时，当工作坑达一次顶进长度时，安设中继间。中继间为一种可前移的

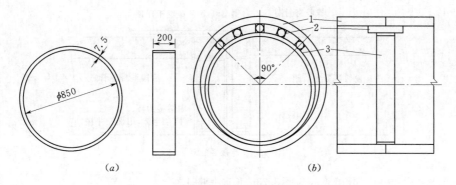

图 3.21　钢内胀圈临时支设（单位：mm）

(a) 内胀圈；(b) 内胀圈支设

1—管子；2—木楔；3—内胀圈

顶进装置。外径与顶进管的外径相同，中继间千斤顶在管全周上等距或对称非等距布置。中继间之前的管子用中继间千斤顶顶进，而工作坑内千斤顶（顶镐）将中继间及其后的管子顶进。中继间施工并不提高千斤顶一次顶进长度；只是减少工作坑数目，安装一个中继间，可增加一个一次顶进长度。安装多个中继间可用于一个工作坑长距离顶管。图 3.22 所示即为一种中继墙。施工结束后，拆除中继千斤顶，而中继间钢外套环留在坑道内。在含水土层内，中继间与前后管之间的连接应有良好的密封。另一类型中继间如图 3.23 所示。施工结束时，拆除中继间千斤顶和中继间接力环。后中继间将前段管顶进，弥补前中继间千斤顶拆除后所留下的间隙。采用中继间的主要缺点是顶进速度降低，通常情况下，每安装一个中继间，实际延长顶进速度降慢一倍。但是，当安装多个中继间时，间隔的中继间可以同时工作，以提高顶进速度。

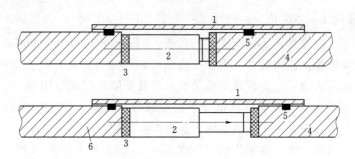

图 3.22　顶进中继间之一

1—中继间外套；2—中继间千斤顶；3—垫料；4—前管；5—密封环；6—后管

2. 泥浆套顶进

在管壁与坑壁间注入触变泥浆，形成泥浆套，减少管壁与土壁之间摩擦阻力，一次顶进长度可较非泥浆套顶进增加 2~3 倍。长距离顶管时，经常采用中继间-泥浆套顶进。

触变泥浆的触变性在于泥浆在输送和灌注过程中具有流动性、可泵性和承载力，经过一定静置时间，泥浆固结，产生强度。

触变泥浆的主要成分是膨润土。膨润土是颗粒粒径小于 $2\mu m$，主要矿物成分是 Si-Al-

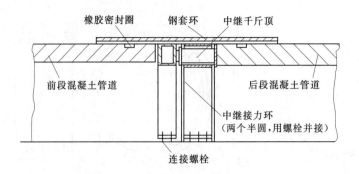

图 3.23 顶进中继间之二

Si（硅-铝-硅）的微晶高岭土。矿物成分的组成和性能指标因产地不同而不同。膨润土的相对密度为 $2.5\sim2.95$，密度为 $8.3\sim11.3kN/m^3$。用于触变泥浆的膨润土的膨胀倍数应大于6。膨润倍数愈大，其造浆率就愈高。还应具有稳定的胶质价，不致因重力作用而颗粒沉淀，保证泥浆的稠度。曾经用于顶管施工的两种膨润土的物理指标，如表 3.1 所列。

表 3.1 两种膨润土的物理指标

品　种	SiO_2	Al_2O_2	Fe_2O_3	CaO	MgO	烧失量	色泽	膨润倍数	胶质价
Ⅰ	60.4	19.4	3.3	2.2	3.4	8.9	灰白	7	82
Ⅱ	63.1	15.8	2.8	2.6	3.1	10.1	微红	8	76

触变泥浆的相对密度应为 $1.13\sim1.17$，粘度 $60\sim80s$，静切力 $15\sim25mg/cm^2$，胶体率不应低于 98%，泥浆的失水量一般不应超过 $50mL/h$，泥皮厚度为 $2\sim5mm$，pH 值 ≈8.5。触变泥浆的配合比应由试配确定，曾经采用过的重量配合比为：

$$膨润土：水：碱 = A：B：C = 23：77：0.03A（A 为膨润土）$$

膨润土内掺入工业碱是为了提高泥浆的稠度；泥浆稠度应根据土的渗透系数和孔隙率确定，还应具有良好的可泵性。此外，为了提高粘土颗粒的分散性，防止颗粒相互吸附凝聚，可掺入羟甲基纤维素。为了提高泥浆的泵送性，降低泥浆粘度和静切力，可掺入占膨润土重量 $1\%\sim2\%$ 的腐殖酸盐，如硝基腐殖酸钠、腐酸铵等。铁铬木质素磺酸盐也可降低泥浆的粘度和静切力。在不允许发生沉降的地面，顶管时应采用自凝泥浆。在自凝泥浆中，为了在顶进完毕后使泥浆固结，掺入氢氧化钙（固化剂）；并掺入松香酸钠（塑化剂）以提高流动性，为了施工时保持流动性，可掺入工业葡萄糖（缓凝剂）。这些成分的掺入量都应根据实验确定。

3. 蜡覆顶进

管子表面覆蜡，在某些地段内施工，曾减少了 20% 的顶力。蜡覆是用喷灯在管表面熔蜡覆盖。蜡覆既减少顶进摩擦力，又提高管表面平整度。但是，当熔蜡散布不均匀时，会导致新的"粗糙"。

还有一种润滑剂为沥青混合料。材料配比为 30 号石油沥青：石墨：汽油＝1：2：3 或 1：2：4（体积比）。配制时，先把沥青加热至熔化，加入汽油稀释，然后加入石墨搅拌成稠糊状。顶管时，涂于管外壁表面。

此外，为了减少工作坑数目，可同时采用对向顶和双向顶。对向顶是在相邻的两个工作坑内对向顶进，管子在坑道内吻合。双向顶是在一个工作坑内同时或先后向相对两个方向顶进。

3.1.5　管道测量和误差校正

掘进顶管敷设的管道，通常情况下，重力流管道的中心水平允许误差为±36mm，高程误差为＋10mm 和－20mm。误差超过允许值，就要校正管子位置。

产生顶管误差的原因很多，大部分是由于坑道开挖形状不正确引起的。开挖时不注意、坑道形状质量、坑道一次挖进深度较大、在砂砾石层开挖，都会导致开挖形状不正确。工作面土质不均，管子向软土一侧偏斜。千斤顶安装位置不正确导致管子受偏心顶力、并列的两个千斤顶的出程速度不一致、管子两侧顺铁长度不等、后背倾斜，均会导致水平误差。在弱土层或流砂层内顶进管端很易下陷，机械掘的机头重量也会使管头下陷；管前端堆土过多使管端下陷；顶力作用点不在管壁与坑壁摩擦力合力同一轴线，产生顶进力偶，均会产生高程误差。

由于顶进时管子间已有连接，误差是逐渐积累和逐渐校正的，形成误差和消除误差的长度为一弯折段。顶管施工中的误差校正是指将已偏斜的顶进方向校正到正确的方向。管道弯折还将作为永久误差而留存。随后顶进的管子都经越这一弯折区间，导致对所有经越的管口连接产生误差应力。因此，应该在误差很小时就进行校正。随时注意使第一节管子位置正确，就可能保证全段位置正确。

人工校正误差的方法很多，应根据坑道土质、误差种类和误差大小，采用相应的校正方法。误差值很小时，校正是容易的。积累误差很大，校正便增加了困难。

除了人工校正以外，还可采用校正环全断面千斤顶校正。这种方法是在首节工具管之后安装校正环，在校正环内上下、左右安装 4 个校正千斤顶。当发现首节工具管位置误差时，开动相应的千斤顶即可校正。

3.1.6　掘进顶管的内接口

管子顶进完毕，将临时连接拆除，进行内接口。内接口应有一定强度和水密性，并且保证管底流水面的平整度。接口方法根据管口形状而定。

图 3.24 所示为平口钢筋混凝土管油麻石棉水泥内接口。施工时，在内胀圈连接前把麻辫填入两管之间。顶进完毕，拆除内胀圈，在管口缝隙处填打石棉水泥或填塞膨胀水泥砂浆。这种内接口防渗性较好。

企口管的接口如图 3.25 所示。图 3.25（a）为油麻石棉水泥或膨胀水泥接口，管壁外侧油毡为缓压层。图 3.25（b）内接口的外半圈采用聚氯乙烯胶泥接口。

这些接口的优点是：管底面平齐、水流通畅、管内不易产生滞留杂物、便于养护。

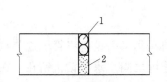

图 3.24　平口钢筋混凝土管油麻
石棉水泥内接口
1—麻辫或塑料圈或扎绑绳；2—石棉水泥

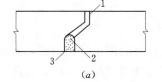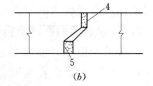

图 3.25　企口钢筋混凝土管内接口
1—油毡；2—油麻；3—石棉水泥或膨胀水泥砂浆；
4—聚氯乙烯胶泥；5—膨胀水泥砂浆

管子顶进完毕，工作坑内各种机具拆除后，装在小车上，用钢丝绳借助卷扬机拉到工作坑内并运到地面。

3.2　挤压土顶管和管道牵引不开槽铺设

3.2.1　挤压土顶管

1. 不出土挤压土层顶管

这种方法也称为直接贯入法，是用千斤顶将管道直接顶入土层内，管周围土被挤密而不需要外运。顶进时，在管前端安装管尖，如图 3.26 所示，采用偏心管尖可减少管壁与土间的摩擦力。

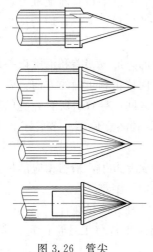

图 3.26　管尖

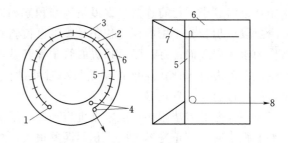

图 3.27　挤压切土工具管
1—钢丝绳固定点；2—钢丝绳；3—R 形卡子；4—定滑轮；5—挤压口；
6—工具管；7—刃脚；8—钢丝绳与卷扬机连接

该法适用于管径较小（一般小于 300mm）的金属管道的顶进，如在给水管、热力管、燃气管的施工中经常采用，在大管径的非金属排水管道施工中则很少采用。

2. 出土挤压顶管

该法是在管前端安装一个挤压切土工具管，工具管由渐缩段、卸土段和校正段三部分组成，如图 3.27 所示。顶进时土体在工具管渐缩段被压缩，然后被挤入卸土段并装入弧形运土小车，启动卷扬机将土运出管外。校正段装有 4 个可调向的油压千斤顶，用来调整管中心和调和的偏差。

这种方法避免了挖土、装土等工序，减轻了劳动强度，施工速度比人工掘进顶管提高 1～2 倍。管壁周围土层密实，不会出现超挖，有利于保证工程质量。一般用于在松散土层中顶进直径较大的管道。

3.2.2　管道牵引不开槽铺设

管道牵引不开槽铺设是不在管后用千斤顶顶管，而是在前端用牵引设备将管子逐节拉入土中。施工时，先在欲铺设管段两端开挖工作坑，在两个工作坑之间用水平钻机钻孔，在钻孔内安放钢丝绳。在后方坑内进行安管、坑道开挖、出土、运土等，在前方工作坑内用千斤顶牵引钢索把管子拉向前。这种方法改由后方顶进管子为前方牵引管子，因此不需要设置后背和使用顶铁，设备和施工简便，可增加一次顶进长度。而且由于牵引误差小，可使敷管精度提高，这种方法适用于直径大于 800mm 的混凝土管、钢管敷设，而且还可采用牵引挤压不出土方法敷设直径 500mm 的钢管。

3.3　其他暗挖法简介

随着城市建设的飞速发展，城市交通日趋紧张。为最大限度减少对交通和房屋的拆迁，改善市容和环境卫生，在城区修建地铁、排水、热力、人行地下通道等市政基础设施建设中，采用暗挖方法施工已经成为城市建设中的重要课题。

3.3.1　浅埋暗挖法

在无地下水条件下，本施工方法的主要程序为：竖井的开挖与支护→洞体开挖→初期支护→二次衬砌及装饰等过程。若遇有地下水，则增加了施工难度。采用何种方法降水和防渗成为施工关键。

1. 竖井

竖井的作用如同顶管法施工的工作坑，它作为浅埋暗挖法临时施工过程进、出口以及建成后永久性地下管线检查井、热力管线小室、地下通道进、出口等用途。

竖井的开挖应根据土层的性质、地下水位高低、竖井深浅以及周围施工环境等因素，选择适宜的施工方法。

竖井内尽量减少或少用横向加固支撑，致使竖井壁所承受土压力增大，要求井壁刚度高，这样可选用地下连续墙或喷射混凝土分步逆作支护法进行施工。

喷射钢筋混凝土分步逆作支护法施工方法是按一定间距排布工字钢桩群为井壁支撑骨架，桩间用横拉筋焊联，并放置钢筋网片，然后向工字钢间喷射一定厚度的混凝土，而形成一个完整的钢筋混凝土支护井壁。竖井按分层施工至井底。井底设一定间距工字钢底撑，然后现浇为 300～400mm 厚混凝土作为施工期间临时底板。

2. 洞体开挖

洞体井挖步骤和方法，要视洞体断面尺寸大小，土质情况，确定每一循环掘进长度，一般控制在 0.5～1.0m 范围内。为了防止工作面土壁失稳滑坡，每一循环掘进均保留核心土，其平均高度为 1.5m，长度 1.5～2.0m。洞体断面大，净空高，掘进时应采用微台阶，台阶长度为洞高 0.8 倍左右，一般掌握 3.0～4.0m 以内。参见图 3.28。

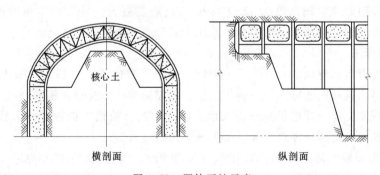

图 3.28　洞体开挖示意

在洞体开挖中为了确保安全，及时封闭整圈钢框架，减少地表沉降。若开挖断面大，可分为上、下两个开挖台阶，每一循环掘进长度定为 0.5～0.6m，下台阶每开挖 0.6m，则应支护钢架整圈封闭一次。

3. 初期支护

洞体边开挖边支护，初期支护是二次衬砌作业前保证土体稳定，抑制土层变形和地表沉降的最重要环节。一般初期支护采用钢筋格网拱架、钢筋网喷射混凝土以外，根据现场特点，采用有针对性的技术措施。

(1) 无注浆钢筋超前锚杆。锚杆可采用 $\phi22mm$ 螺纹钢筋，长度一般为 $2.0 \sim 2.5m$，环向排列，其间距视土壤情况确定，一般为 $0.2 \sim 0.4m$，排列至拱脚处为止。锚杆每一循环掘进打入一次。可用风动凿岩机打入拱顶上部，钢锚杆末端要焊接在拱架上。此法适用于拱顶土壤较好情况下，是防止塌坍的一种有效措施。

(2) 注浆小导管。当拱顶土层较差，需要注浆加固时，利用导管代替锚杆。导管可采用直径为 $32mm$ 钢管，长度为 $3 \sim 7m$，环向排列间距为 $0.3m$，仰角 $7° \sim 12°$。导管管壁设有出浆孔，内梅花状分布。导管可用风动冲击钻机或 PZ75 型水平钻机成孔，然后推入孔内。

(3) 喷射混凝土。喷射混凝土是借助喷射机械，利用压缩空气或其他动力，将按一定配合比的拌和料，通过管道输送并以高速喷射到受喷面上凝结硬化的一种混凝土。

根据喷射混凝土拌和料的搅拌和运输方式，喷射方式一般分为干式和湿式两种。常采用干式。

干式射喷是依靠喷射机压送干拌和料，在喷嘴处加水。在国内外应用较为普遍，它的主要优点是设备简单，输送距离长，速凝剂可在进入喷射机前加入。

湿式喷射是用喷射机压送湿拌和料（加入拌和水），在喷嘴处加入速凝剂。它的主要优点是拌和均匀，水灰比能准确控制，混凝土质量容易保证，而且粉尘少，回弹较少。但设备较干喷机复杂，速凝剂加入也较困难。

(4) 回填注浆。在暗挖法施工中，在初期支护的拱顶上部，由于喷射混凝土与土层未密贴，拱顶下沉形成空隙，为防止地面下沉，采用水泥浆液回填注浆。这样不仅挤密了拱顶部分的土体，而且加强了土体与初期支护的整体性，有效防止地面的沉降。

注浆设备可采用灰浆搅拌机和柱塞式灰浆泵，根据地层覆盖条件确定注浆压力，一般为 $50 \sim 200kPa$ 范围内。

4. 二次衬砌

完成初期支护施工之后，需进行洞体二次衬砌，二次衬砌采用现浇钢筋混凝土结构。混凝土强度选用 C20 以上，坍落度为 $18 \sim 20cm$ 高流动混凝土。采用墙体和拱顶分步浇筑方案，即先浇侧墙，后浇拱顶。拱顶部分采用压力式浇筑混凝土。

3.3.2 盖挖逆作法

本法可作为市区修建地下人行通道，地铁车站等工程的施工方法。其施工程序概括为：开挖路面及土槽至顶板底面标高处→制作土模、两端防水→绑扎顶板钢筋→浇筑顶板混凝土→重做路面、恢复交通→开挖竖井→转入地下暗挖导洞、喷锚支护侧壁→分段浇筑 L 形墙基及侧墙→开挖核心土体→浇筑底板混凝土→装修等过程。

盖挖法结构要采取防水措施，如顶板可采用阳离子乳化沥青胶乳冷涂工艺，底板和侧墙可在找平层上，用 PEE—3 聚合乙烯卷材热熔粘接工艺。除防水层外，还可以采用补偿收缩混凝土办法，减少了干缩、温度引起的施工裂缝，从而提高了混凝土自身的抗渗性能。

3.4　盾 构 法 施 工

盾构是地下掘进和衬砌的施工设备,广泛应用于铁路隧道、地下铁道、地下隧道、水下隧道、水工隧洞、城市地下综合管廊、地下给排水管沟的修建工程。

盾构为一钢制壳体,称盾构壳体,主要由三部分组成,按掘进方向:前部为切削环,中部为支承环,尾部为衬砌环,如图 3.29 所示。切削环作为保护罩,在环内安装挖土设备,或工人在切削环内挖土和出土。切削环还可对工作面起支撑作用。切削环前沿为挖土工作面。在支承环内安装液压千斤顶等推进机构。在衬砌环内衬砌砌块,设有衬砌机构。当砌完一环砌块后,以已砌好的砌块作后背,由支承环内的千斤顶顶进盾构本身,开始下一循环的挖土和衬砌,如图 3.30 所示。

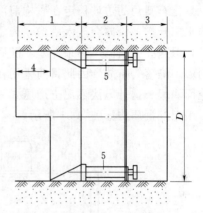

图 3.29　盾构构造示意图
1—切削环;2—支撑环;3—衬砌环;4—盾檐;
5—千斤顶;D—盾构直径

盾构施工时,由盾构千斤顶将盾构推进。在同一土层内所需施工顶力为一常值,向一个方向掘进长度不受顶力大小的限制,铺设单位长度管沟所需要的顶力较掘进顶管要少。盾构施工不需要坚实的后背,长距离掘进也不需要泥浆泵、中继间等附加设施。

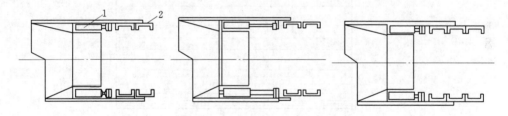

图 3.30　盾构施工过程
1—盾构千斤顶;2—砌块

盾构断面可以做成任何形状:圆形、矩形、方形,多边形、椭圆形、马蹄形等。采用最多的为圆形断面。

安装不同的掘进机构,盾构可在岩层,砂卵石层、密实砂层、粘土层、流砂层和淤泥层中掘进。

由于盾构的机动性,可以开挖曲线走向的隧道。

3.4.1　盾构的分类和构造

确定盾构形式时,要考虑到掘进地段的土质、施工段长度、地面情况、隧道形状、隧道用途、工期等因素。

根据挖掘形式,可分为手工挖掘盾构、半机械盾构和机械化盾构。根据切削环与工作面的关系,可分为开放式或密闭式。当土质较差,应在工作面上进行全断面或部分断面的支撑。当土质为松散的粉砂、细砂,液化土等,为了保持工作面稳定,应采用密闭式盾构。当需要对工作面进行支撑时，可采用如气压盾构或泥水压力盾构。

盾构工作类型按其发展顺序可分为开口人工挖掘、封闭式、半机械式、机械式、多种类机械式、泥水加压式、土压式、泥土加压式等。盾构结构的这种发展过程，完全是为了适应开挖面土质稳定的要求。

盾构开挖时，工作面土方的稳定程度取决于土质。由于工作面敞开，土将坍入盾构内，以自然化石斜角的边坡稳定在盾构前部。弱土层开挖时，将导致切削环长度增加，在含水量大的土层开挖，流砂会进入盾构，为了稳定工作面的土质，可以采用气压、注浆等辅助人工开挖，但这些方法的工作条件差，随后又发展泥水加盛盾构。但这种方法易产生漏浆、开挖面崩塌、陷落等事故。因此目前采用在水中掺入塑化剂和减水剂等外加剂，搅拌混合，防止开挖面崩塌。这种方法称泥土加压式（泥土稳定式）盾构。

手工挖掘盾构如图3.31所示。

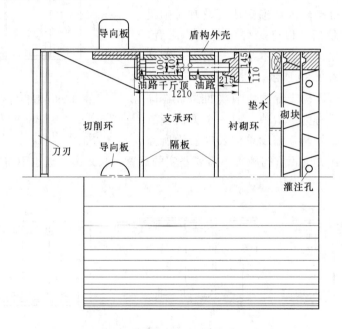

图3.31　手挖式盾构（单位：mm）

工人在切削环内开挖工作面土方。切削环与支承环之间和支承环与衬砌环之间均有环状隔板，以固定千斤顶。这种盾构设有导向板。但当误差已经产生后，导向板会妨碍误差的纠正。

图3.32为有衬砌机的手掘式盾构，由外壳、作业部分、顶进部分和衬砌机等组成。工人在切削环内开挖土方，衬砌机用于对水平直径以上部分进行砌块补砌。

在松散土层内掘进时，可用正面支撑千斤顶对工作面支撑。可分全断面支撑和部分断面支撑两种。

手掘盾构的优点是：盾构结构和设备位置简单，较大直径盾构的平台隔板可提高盾构的刚性，由于开挖面是开放的，操作人员可直接观察掘进过程中土质的情况，地下障碍物容易处理。容易做到在需要的方向起挖，便于盾构斜偏。但是，手掘盾构的工人劳动强度大，在松散土层内施工开挖面容易坍方。含水土层内需要采用降水措施。为了防止松散土层或含水

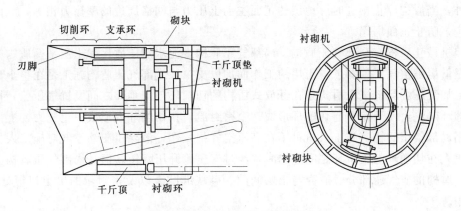

图 3.32　有衬砌机的手挖式盾构

土层对施工的影响，也可采用气压人工掘进盾构。

在地层条件较好的断面掘进时，手掘盾构仍被广泛采用。

半机械盾构是用反铲挖土机或螺旋切削机代替人工掘进。当盾构直径大于 5m 时，也可设工作平台，分层开挖。半机械化盾构的适用范围与手掘盾构相同，适宜于较好土层内掘进。这种盾构的制造费较机械化盾构低得多，又可减轻工人劳动强度。

机械化盾构的种类很多，旋转切削刀盘由液压或电力机械带动，可作正、反双向转动切削。大刀盘可分为刀架间有封板和无封板两种。前者可支撑开挖面，后者只宜在地质条件较好情况下掘进。

在液化土层内采用开放式盾构掘进，无法保持工作面稳定，而且涌入盾构的土方量会超过挖掘坑道的计算土方量，从而产生虚方量和地面沉陷，使盾构无法进行。因此可采用密闭式盾构。

密闭式盾构又称挤压式盾构，如图 3.33 所示，是在盾构的开挖面上用钢制胸板密闭。工作面分全断面密闭和非全断面密闭，全断面密闭盾构又称闭腔挤压盾构。由于不出土挤压上层掘进，可能导致地面隆起，因此，一般只适用于高液化粘土层掘进，如海底和深水河底淤泥层中掘进。开孔放土的非全断面密闭的局部挤压盾构，如出土控制较好，可在建筑物下掘进。但出土一般较难控制，从而导致对地层扰动和地形变化，因此，也不宜在建筑物下面或毗邻地段施工。

密闭式盾构在饱和较弱土层内掘进时，在盾构正面胸板上可开设用于纠偏和减少顶力的进土孔，进土孔大小可用闸门或闸门千斤顶调节。掘进时，调整进土孔位置及进土孔开口大小来调节掘进方向和顶力大小。

在饱和较弱土层中掘进，还可采用网格式盾构。盾构开挖用钢板隔成很多小开口格栅，掘进时，开挖面土层被切成条状土体格入切削环内，落入底部提土转盘内，经提升由刮板运输机运出。

这种盾构的特点是半封闭掘进，对土体的挤压作用较小，因而引起的地层变形也较

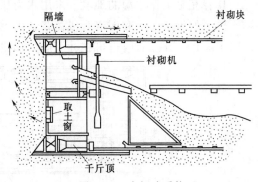

图 3.33　密闭式盾构

小。此外，当盾构停止掘进时，地层的正面主动土压力与网格周边的摩擦力相等，从而使开挖面稳定，防止正面坍塌。

闭腔机械化盾构有全部气压盾构、局部气压盾构，泥水加压盾构和土压平衡盾构等。气压盾构是借压缩空气对饱和软弱土层的工作面加以支撑，全部气压盾构施工是在整个沟渠施工段内增加气压，局部气压盾构是在开放式盾构的切削环与支承环之间设置气压舱，把切削环与支承环隔绝，使开挖面与切削环形成一个密封舱，在切削环内形成一定压力，支撑工作面。采用局部气压盾构，施工人员可不在高压空气中操作，消除了压缩空气对施工人员的危害。当工人在切削环与支承环之间进出时，经过气压舱升压降压。但是局部气压盾构会在松散地层、盾构的非气压部分、盾壳与土层间隙、砌块缝隙、以及密封舱的出土口等处漏气，影响使用。

泥水加压盾构是在盾构切削环的密封舱内通入泥水（泥浆），用泥水压力支撑工作面，进行全断面机械化切削。

泥水加压盾构的泥浆自进泥管压入，掘下的土方经刀盘和旋转搅拌器与工作泥水混合，由输泥管输出，并由泥浆泵提升到地面。

泥水加压盾构可使施工人员不必在压缩空气条件下操作，在高覆土条件下掘进。地层的透水性较透气性差，在一般情况下泥水不易外泄，在大孔隙土中施工不必另行加固土层。

泥水加压盾构对土质种类的适应性很强。但是，在高透水性的粗砂、砂砾层内，也可能发生开挖面崩坍或泥水逸出等事故。此外，如掘进过程中遇到障碍物也较难清除。

土压平衡式盾构，又称削土密闭盾构或泥土加压盾构。在切削环与支承环之间设密封隔板，切削环形成一个密闭舱。在工作面被切削的土方中掺入一种特殊的具有流动性和不透水性的外加剂，经过搅拌混合，使被切削土方具有流动性和不透水性，填满切削环密闭舱及长角形螺旋输送器。盾构向前掘进，对混合土方加压，从而使混合土方传递压力而支撑工作面。

由于土压式盾构和泥水加压式盾构存在的缺点，从而产生了一种称为泥土压式盾构。

泥土压式盾构是在土渣间内，把挖出的土渣与塑化剂和防水剂拌和均匀，以抵抗开挖面的土压和水压，进行掘进。

由于盾构施工的日趋广泛，因此出现很多派生的盾构施工法。扩大盾构法就是其一。

扩大盾构法是在先导盾构隧道的外围使用扩大盾构，沿隧道轴线进行环状开挖，扩大断面。

在具有充足工作水源的地段，采用水力盾构，如图 3.34 所示。水力盾构是由高压水枪冲挖工作面的土层，水和泥混合成泥浆，由泥浆管输出坑道。切削环部分为冲泥舱，与支承环之间用隔板隔开。有时也可在冲泥舱内形成一定的气压，以支撑工作面。

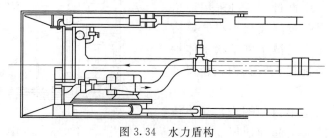

图 3.34 水力盾构

盾构形式和种类十分繁多，应该根据具体的施工条件设计或选用。

3.4.2　盾构施工的勘察和准备工作

为了安全、迅速、经济地进行盾构施工，应该在盾构施工前进行勘察工作。勘察的内容有：用地条件勘察、障碍物勘察、地形及地质勘察。

用地条件勘察包括：施工地区的情况；工作坑、仓库、料场的占地可能性；道路条件和运输情况，水、电供应条件等。

障碍物勘察包括：地上和地下障碍物的调查。

地形及地质勘察的内容包括：地形、地层柱状图、土质、地下水等。

根据勘察结果，编制盾构施工方案。

盾构施工的准备工作包括：测量定线、工作坑开挖、衬砌块准备、盾构机的组装和试运转、降低地下水位和土层加固等。

测量定线有工作坑上测量和工作坑下测量。工作坑上测量包括：导线测量和水准测量、确定工作坑的中心线和地面高程，设置中心线桩和水准点。工作坑下测量是从地面基点向坑内引入中心线和水准点，测量方法和顶管工作坑的测量方法相同。

工作坑可用大开槽方法建成。根据情况，也可用沉井或连续壁修建如果需要在工作坑内拼装盾构，工作坑面积应保证拼装的要求。

砌块在混凝土预制构件厂或施工现场准备。衬砌块环应在坑上地面预装配。

盾构在含水层内掘进，如果不采用水力开挖，应在施工前降低地下水位或冻结加固。降水可用井点系统。盾构在弱土层内掘进，如果不采用气压盾构或泥水加压盾构，应在施工前采用药液或冻结加固方法加固土层。

3.4.3　盾构的下放与始顶

盾构在工作坑内开始顶进，这种工作坑称起点井。施工完毕，盾构从地下取出，也需开挖工作坑，称终点井。如果盾构的掘进长度很长，开设中间井以减少土方和材料的地下运输距离。起点井和中、间井间距以及各中间井间距，取 150～300mm。

盾构从起点井进入土层时，起点井壁挖口土方很易坍塌，也可对土层局部加固，如图 3.35 所示。

整体盾构可用起重设备下放到起点井，类似顶管施工时下管。

大直径盾构难以进行整体搬运时，可在现场组装。如果难以将盾构从地面运入坑内，则

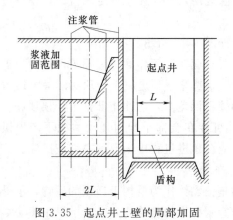

图 3.35　起点井土壁的局部加固

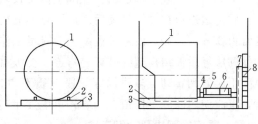

图 3.36　盾构在导轨上始顶
1—盾构；2—导轨；3—基础；4—横铁；5—顺铁；
6—千斤顶；7—立铁；8—方木

需要在工作坑内装配。

盾构安放在导轨上顶进。盾构自、起点井开始至其完全没入土中前这一段距离，借另外的千斤顶顶进，如图 3.36 所示。

盾构千斤顶以已砌好的砌块环作为支承结构推进盾构。在一般情况下，砌块环长度约需 30～50m，才足以支承盾构千斤顶。在此之前，应设立临时支承结构。通常做法是：盾构已经没入土中后，在起点井后背与盾构衬砌块环内，各设置一个其外径和内径均与砌块环的外径与内径相同的圆形木环。在两木环之间干砌半圆形的砌块环，而在木环水平直径以上用圆木支撑，如图 3.37 所示，作为始顶段的盾构千斤顶的支承结构。随着盾构的推进，第一圈永久性砌块环用粘结料紧贴木材砌筑。

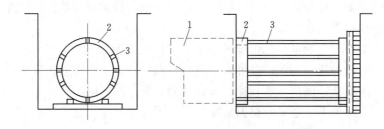

图 3.37　始顶段盾构千斤顶支撑结构
1—盾构；2—木环；3—撑杆

3.4.4　盾构掘进的挖土及顶进

盾构掘进的挖土方法取决于土的性质和地下冰情况，手挖盾构适用于比较密实的土层。工人在切削环保护罩内挖土，工作面挖成锅底形，一次挖深一般等于砌块的宽度。为了保证坑道形状正确，减少与砌块间的空隙，贴进盾壳的土应由切环切下，厚度约 10～15cm。在工作面不能直立的松散土层中掘进时；将盾构刃脚先切入工作面，然后工人在保护罩切削环内挖土。根据土质条件，进行局部挖土。局部挖出的工作面应支设支撑，如图 3.38 所示。应依次进行到全部挖掘面。局部挖掘从顶部开始，当盾构刃脚难于先切入工作面，如砂砾石层，可以先挖后顶，但必须严格控制每次掘进的纵深。

粘性土的工作面虽然能够直立，但工作面停放时间过长，土面会向外胀鼓，造成坍方，导致地基下沉。因此，在粘性土层掘进时，也应支撑。

在砂土与粘土交错层、壤土与岩石交错层等复杂地层，都应注意选定相应的挖掘方法和支撑方法。

土方由斗车或矿车运出。在隧道内铺设轨道，如图 3.39 所示。

盾构顶进应在砌块衬砌后立即进行。盾构顶进时，应保证工作面稳定不被破坏。顶进速度常为 50mm/min。顶进过程中一般应对工作面支撑、挤紧。顶进时千斤顶实际最大顶力不能使砌块等后部结构遭到破坏。弯道、变坡掘进和校正误差时，应使用部分千斤顶顶进。还要防止误差和转动。当盾构穿越段土质不匀，估计可能在全部千斤顶开动情况不产生误差时，也应使用部分千斤顶。如盾构可能发生转动，应在顶进过程中采取偏心堆载措施。

3.4.5　盾构的砌块及衬砌方法

盾构顶进后应及时进行衬砌工作，衬砌的目的是：砌体作为盾构千斤顶的后背，承受顶力；掘进施工过程中作为支撑；盾构施工结束后作为永久性承载结构。

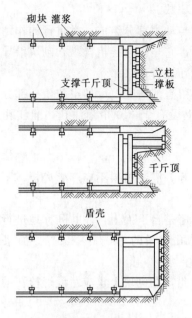

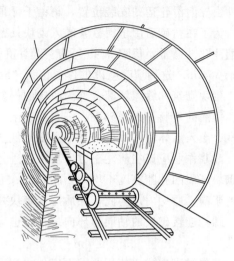

图 3.38　手挖盾构的工作面支撑　　　　图 3.39　盾构内运土

通常采用钢筋混凝土或预应力钢筋混凝土砌块。砌块形状有矩形、梯形、中缺形等。矩形砌块如图 3.40 所示，根据施工条件和盾构直径，确定每环的分割数。矩形砌块形状简单，容易砌筑，产生误差时容易纠正，但整体性差。梯形砌块的衬砌环的整体性较矩形砌块为好。为了提高砌块环的整体性，可采用图 3.41 所示的中缺形砌块，但安装技术水平要求高，而且产生误差后不易调整。砌块的连接有平口和企口两种。企口接缝防水性好，但拼装不易。

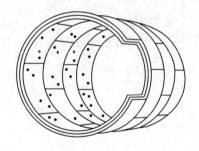

图 3.40　矩形砌块

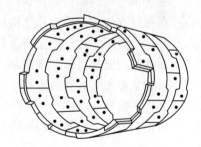

图 3.41　中缺形砌块

上述砌块用粘结剂连接。粘结剂要有足够的粘着力，良好的不透水性、涂抹容易，砌筑后粘接料不易流失，连接厚度不致因千斤顶顶压而过多地减薄，并且成本低廉。常用粘结剂有沥青胶或环氧胶泥等。

为了提高砌块的整圆度和强度，可采用如图 3.42 所示的彼此间有螺栓连接的砌块。螺栓不仅将一环中相邻两砌块连接，而且也将相邻两环砌块连接。为了提高单块刚性，

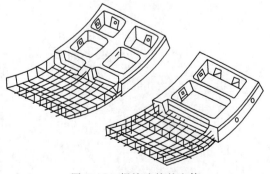

图 3.42　螺栓连接的砌体

砌块最好带肋。每环砌块的肋数不应小于盾构的千斤顶数。

砌块拼装的工具常用杠杆式拼装器,系由举重臂与动力部分组成,举重臂的作用是夹住砌块,并将其举到安装的位置。另一种是弧形拼装器,它是由卷扬机操纵,砌块沿导向弧形构件由导向滑轮运到安装位置,再由千斤顶使其就位,进行拼装。

为了在衬砌后用水泥砂浆灌入砌块外壁与土壁间留有的盾壳厚度的空隙,一部分砌块应有灌注孔。通常,每隔 3~5 环有一灌注孔环,此环上设有 4~10 个灌注孔。灌注孔直径不小于 36mm。这种填充空隙的作业称为"缝隙填灌"。

砌块砌筑和缝隙填灌合称为盾构的一次衬砌。

填灌的材料有水泥砂浆、细石混凝土、水泥净浆等。灌浆材料不应产生离析、不丧失流动性、灌入后体积不减少,早期强度不低于地耐力。

灌浆作业应该在盾尾土方未坍以前进行。灌入顺序是自下而上,左右列称地进行,以防止砌块环周的孔隙宽度不均匀。浆料灌入量应为计算孔隙量的 130%~150%。灌浆时应防止料浆漏入盾构内,为此,在盾尾与砌块外皮间应作止水。

螺栓连接砌块的轴向与环向螺栓孔也应灌浆。为此,在砌块上也应留设螺栓孔的浆液灌注孔。

二次衬砌按隧道使用要求而定,在一次衬砌质量完全合格的情况下进行。二次衬砌采用浇灌细石混凝土,或采用喷射混凝土

在给水排水工程中,当隧道作为管廊时,应在隧道内修建管架。

复 习 思 考 题

3.1 市政管道不开槽施工有哪些特点?其使用条件有哪些?

3.2 掘进顶管法的原理是什么?

3.3 在掘进顶管施工中工作坑的种类有哪些?怎样布置和设计工作坑?

3.4 掘进顶管施工过程中怎样进行中心控制和高程控制?怎样进行顶管接口?

3.5 试述浅埋暗挖法施工程序。

3.6 盾构法施工有什么特点?

3.7 盾构法有哪些类别?

3.8 盾构法施工的具体过程及在施工过程中要注意哪些问题?

第4章　附属构筑物施工及管道维护

教学要求：通过本章的学习，使学生掌握检查井、雨水口和阀门井的施工工艺；了解支墩和阀件安装的施工工艺；了解室外给水管道、排水管道、地下燃气管道、热力管道、通信管线和电力电缆的维护方法。

4.1　附属构筑物施工及阀件安装

4.1.1　检查井施工

检查井一般分为现浇钢筋混凝土、砖砌、石砌、混凝土或钢筋混凝土预制拼装等结构形式，其中以砖（或石）砌检查井居多。

1. 施工工艺

（1）砌筑检查井施工。

1）检查井基础施工。在开槽时应计算好检查井的位置，挖出足够的肥槽。浇筑管道混凝土平基时，应将检查井基础宽度一次浇够，不能采用先浇筑管道平基，再加宽的办法做井基。

2）排水管道检查井内的流槽及井壁应同时进行浇筑，当采用砌块砌筑时，表面应用水泥砂浆分层压实抹光，流槽与上、下游管道接顺。

3）砌筑时管口应与井内壁平齐，必要时可伸入井内，但不宜超过30mm。不准将截断管端放入井内；预留管的管口应封堵严密，并便于拆除。

4）检查井的井壁厚度常为240mm，用水泥砂浆砌筑。圆形砖砌检查井采用全丁式砌筑，收口时，如四面收口则每次收进不超过30mm；如为三面收口则每次收进不超过50mm。矩形砖砌检查井采用一顺一丁式砌筑。检查井内的踏步应随砌随安，安装前应刷防锈漆，砌筑时用水泥砂浆埋固，在砂浆未凝固前不得踩踏。

5）检查井内壁应用原浆勾缝，有抹面要求时，内壁用水泥砂浆抹面并分层压实，外壁用水泥砂浆搓缝严实。抹面和搓缝高度应高出原地下水位以上0.5m。

6）井盖安装前，井室最上一皮砖必须是丁砖，其上用1：2水泥砂浆座浆，厚度为25mm，然后安放盖座和井盖。

7）检查井接入较大管径的混凝土管道时，应按规定砌砖券。管径大于800mm时砖券高度为240mm；小于800mm时砖券高度为120mm。砌砖券时应由两边向顶部合龙砌筑。

8）有闭水试验要求的检查井，应在闭水试验合格后再回填土。

9）砌筑井室应符合下列要求：

a. 砌筑井壁应位置准确、砂浆饱满、灰缝平整、抹平压光，不得有通缝、裂缝等现象。

b. 井底流槽应平顺、圆滑、无杂物。

c. 井圈、井盖、踏步应安装稳固，位置准确。

d. 砂浆标号和配合比应符合设计要求。

（2）预制检查井安装。

1）应根据设计的井位桩号和井内底标高，确定垫层顶面标高、井口标高及管内底标高等参数，作为安装的依据。

2）按设计文件核对检查井构件的类型、编号、数量及构件的重量。

3）垫层施工不得扰动井室地基，垫层厚度和顶面标高应符合设计规定，长度和宽度要比预制混凝土底板的长、宽各大 100mm，夯实后用水平尺校平，必要时应预留沉降量。

4）标示出预制底板、井筒等构件的吊装轴线，先用专用吊具将底板水平就位，并复核轴线及高程，底板轴线允许偏差±20mm，高程允许偏差位±10mm。底板安装合格后再安装井筒，安装前应清除底板上的灰尘和杂物，并按标示的轴线进行安装。井筒安装合格后再安装盖板。

5）当底板、井筒与盖板安装就位后，再连接预埋连接件，并做好防腐。然后将边缝润湿，用 1∶2 水泥砂浆填充密实，做成 45°抹角。当检查井预制件全部就位后，用 1∶2 水泥砂浆对所有接缝进行里、外勾平缝。

6）最后将底板与井筒、井筒与盖板的拼缝，用 1∶2 水泥砂浆填满密实，抹角应光滑平整，水泥砂浆标号应符合设计要求。当检查井与刚性管道连接时，其环形间隙要均匀、砂浆应填满密实；与柔性管道连接时，胶圈应就位准确、压缩均匀。

（3）现浇检查井施工。

1）按设计要求确定井位，井底标高、井顶标高、预留管的位置与尺寸。

2）按要求支设模板。

3）按要求拌制并浇筑混凝土。先浇底板混凝土、再浇井壁混凝土、最后浇顶板混凝土。混凝土应振捣密实，表面平整、光滑，不得有漏振、裂缝、蜂窝和麻面等缺陷；振捣完毕后进行养护，达到规定的强度后方可拆模。

4）井壁与管道连接处应预留孔洞，不得现场开凿。

5）井底基础应与管道基础同时浇筑。

2. 质量要求

检查井施工允许误差应符合表 4.1 的规定。

4.1.2 雨水口施工

1. 施工工艺

雨水口一般采用砖、石砌筑施工，砌筑工艺与检查井相同，要点如下：

（1）按道路设计边线及支管位置，定出雨水口中心线桩，使雨水口的长边与道路边线重合（弯道部分除外）。

（2）根据雨水口的中心线桩挖槽，挖槽时应留出足够的肥槽，如雨水口位置有误差应以支管为准进行核对，平行于路边修正位置，并挖至设计深度。

（3）夯实槽底。有地下水时应排除并浇筑 100mm 的细石混凝土基础；为松软土时应夯筑 3∶7 灰土基础，然后砌筑井墙。

（4）砌筑井墙。

1）按井墙位置挂线，先干砌一层井墙，并校对方正。一般井墙内口为 680mm×380mm 时，对角线长 779mm；内口尺寸为 680mm×410mm 时，对角线 794mm；内口尺寸为 680mm×415mm 时，对角线长 797mm。

表 4.1　　　　　　　　　　　　　　检查井施工允许误差

项目			允许偏差（mm）	检验频率		检验方法
				范围	点数	
井深尺寸	长、宽		±20	每座	2	用尺量，长宽各计一点
	直径		±20	每座	2	用水准仪测量
井口高程	非路面		±20	每座	1	用水准仪测量
	路面		与道路规定一致	每座	1	用水准仪测量
井底高程	安管（mm）	$D \leqslant 1000$	±10	每座	1	用水准仪测量
		$D > 1000$	±15	每座	1	用水准仪测量
	顶管（mm）	$D < 1500$	+10，-20	每座	1	用水准仪测量
		$D \geqslant 1500$	+10，-40	每座	1	用水准仪测量
踏步安装	水平及竖直间距外露长度		±10	每座	1	用尺量，计偏差较大者
脚窝	高、宽、深		±10	每座	1	用尺量，计偏差较大者
	流槽宽度		+10	每座	1	用尺量

注　表中 D 为管径。

2）砌筑井墙。雨水口井墙厚度一般为 240mm，用 MIJ10 砖和 M10 水泥砂浆按一顺一丁的形式组砌，随砌随刮平缝，每砌高 300mm 应将墙外肥槽及时填土夯实。

3）砌至雨水口连接管或支管处应满卧砂浆，砌砖已包满管道时应将管口周围用砂浆抹严抹平，不能有缝隙，管顶砌半圆砖券，管口应与井墙面平齐。当雨水连接管或支管与井墙必须斜交时，允许管口进入井墙 20mm，另一侧凸出 20mm，超过此限时必须调整雨水口位置。

4）井口应与路面施工配合同时升高，当砌至设计标高后再安装雨水箅。雨水箅安装好后，应用木板或铁板盖住，以免在道路面层施工时，被压路机压坏。

5）井底用 C10 细石混凝土抹出向雨水口连接管集水的泛水坡。

（5）安装井箅。井箅内侧应与道牙或路边成一条直线，满铺砂浆，找平坐稳，井箅顶与路面平齐或稍低，但不得凸出。现浇井箅时，模板支设应牢固、尺寸准确，浇筑后应立即养护。

2．施工注意事项

（1）位置应符合设计要求，不得歪扭。

（2）井箅与井墙应吻合。

（3）井箅与道路边线相邻边的距离应相等。

（4）内壁抹面必须平整，不得起壳裂缝。

（5）井箅必须完整无损、安装平稳。

（6）井内严禁有垃圾等杂物，井周回填土必须密实。

（7）雨水口与检查井的连接应顺直、无错口；坡度应符合设计规定。

3．质量要求

雨水口施工允许误差应符合表 4.2 的规定。

表 4.2   雨 水 口 允 许 误 差

顺　序	项目	允许偏差（mm）	检验频率		检验方法
			范围	点数	
1	井圈与井壁吻合	10	每座	1	用尺量
2	井口高	0 −10	每座	1	与井周路面比
3	雨水口与路边线平行位置	20	每座	1	用尺量
4	井内尺寸	+20 0	每座	1	用尺量

4.1.3　阀门井施工

1. 施工工艺

阀门井一般采用砖、石砌筑施工，砌筑工艺与检查井相同，要点如下：

（1）井底施工要点。

1）用 C10 混凝土浇筑底板，下铺 150mm 厚碎石（或砾石）垫层，无论有无地下水，井底均应设置集水坑。

2）管道穿过井壁或井底，须预留 50～100mm 的环缝，用油麻填塞并捣实或用灰土填实，再用水泥砂浆抹面。

（2）井室的砌筑要点。

1）井室应在管道铺设完毕、阀门装好之后着手砌筑，阀门与井壁、井底的距离不得小于 0.25m；雨天砌筑井室，须在铺设管道时一并砌好，以防雨水汇入井室而堵塞管道。

2）井壁厚度为 240mm，通常采用 MU10 砖、M5 水泥砂浆砌筑，砌筑方法同检查井。

3）砌筑井壁内外均需用 1：2 水泥砂浆抹面，厚 20mm，抹面高度应高于地下水最高水位 0.5m。

4）爬梯通常采用 ϕ16 钢筋制作，并防腐，水泥砂浆未达到设计强度的 75% 以前，切勿脚踏爬梯。

5）井盖应轻便、牢固、型号统一、标志明显；井盖上配备提盖与撬棍槽；当室外温度小于等于 −21℃时，应设置为保温井口，增设木制保温井盖板。安装方法同检查井井盖。

6）盖板顶面标高应与路面标高一致，误差不超过 ±50mm，当在非铺装路面上时，井口须略高于路面，但不得超过 50mm，并有 2% 的坡度做护坡。

2. 施工注意事项

（1）井壁的勾缝抹面和防渗层应符合质量要求。

（2）井壁同管道连接处应严密，不得漏水。

（3）阀门的启闭杆应与井口对中。

3. 质量要求

阀门井施工允许误差应符合表 4.3 的规定。

4.1.4　支墩施工

1. 材料要求

支墩通常采用砖、石砌筑或用混凝土、钢筋混凝土现场浇筑，其材质要求如下：

表 4.3 阀门井施工允许误差

项 目		允许误差（mm）	检验频率		检验方法
			范围	点数	
井身尺寸	长、宽	±20	每座	2	用尺量，长宽各计一点
	直径	±2	每座	2	用尺量
井盖高程	非路面	±20	每座	1	用水准仪测量
	路面	与道路规定一致	每座	1	用水准仪测量
底高程	$D<1000$	±10	每座	1	用水准仪测量
	$D>1000$	±15	每座	1	用水准仪测量

注 表中 D 为管径（mm）。

（1）砖的强度等级不应低于 MU7.5。

（2）片石的强度等级不应低于 MU20。

（3）混凝土或钢筋混凝土的强度等级不应低于 C10。

（4）砌筑用水泥砂浆的强度等级不应低于 M5。

2．支墩的施工

（1）平整夯实地基后，用 MU7.5 砖、M10 水泥砂浆进行砌筑。遇到地下水时，支墩底部应铺 100mm 厚的卵石或碎石垫层。

（2）水平支墩后背土的最小厚度不应小于墩底到设计地面深度的 3 倍。

（3）支墩与后背的原状土应紧密靠紧，若采用砖砌支墩，原状土与支墩间的缝隙，应用砂浆填实。

（4）对水平支墩，为防止管件与支墩发生不均匀沉陷，应在支墩与管件间设置沉降缝，缝间垫一层油毡。

（5）为保证弯管与支墩的整体性，向下弯管的支墩，可将管件上箍连接，钢箍用钢筋引出，与支墩浇筑在一起，钢箍的钢筋应指向弯管的弯曲中心，钢筋露在支墩外面部分，应有不小于 50mm 厚的 1∶3 水泥砂浆作保护层；向上弯管应嵌入支墩内，嵌进部分中心角不宜小于 135°。

（6）垂直向下弯管支墩内的直管段，应包玻璃布一层，缠草绳两层，再包玻璃布一层。

3．支墩施工注意事项

（1）位置设置要准确，锚定要牢固。

（2）支墩应修筑在密实的土基或坚固的基础上。

（3）支墩应在管道接口做完、位置固定后再修筑。

（4）支墩修筑后，应加强养护、保证支墩的质量。

（5）在管径大于 700mm 的管线上选用弯管，水平设置时，应避免使用 90°弯管，垂直设置时，应避免使用 45°弯管。

（6）支墩的尺寸一般随管道覆土厚度的增加而减小。

（7）必须在支墩达到设计强度后，才能进行管道水压试验，试压前，管顶的覆土厚度应大于 0.5m。

（8）经试压支墩符合要求后，方可分层回填土，并夯实。

4.1.5 阀件安装

1. 安装要求

（1）阀件安装前应检查填料是否完好，压盖螺栓是否有足够的调节余量。

（2）法兰或螺纹连接的阀件应在关闭状态下进行安装。

（3）焊接阀件与管道连接焊缝的封底宜采用氩弧焊施焊，以保证其内部平整光洁。焊接时阀件不宜关闭，以防止过热变形。

（4）阀件安装前，应按设计核对型号，并根据介质流向确定其安装方向。

（5）水平管道上的阀件，其阀杆一般应安装在上半圆范围内。

（6）阀件传动杆（伸长杆）轴线的夹角不应大于30°，有热位移的阀件，传动杆应有补偿措施。

（7）阀件的操作机构和传动装置应作必要的调整和固定，使其传动灵活，指示准确。

（8）安装铸铁、硅铁阀件时，须防止因强力连接或受力不均而引起损坏。

（9）安装高压阀件前，必须复核产品合格证。

2. 阀件安装

（1）水表的安装

1）水表设置位置应尽量与主管道靠近，以减少进水管长度，并便于抄读、安拆，必要时应考虑防冻与卫生条件。

2）注意水表安装方向，使进水方向与表上标志方向一致。旋翼式水表应水平安装，切勿垂直安装；螺翼式水表可水平、倾斜、垂直安装，但倾斜、垂直安装时，须保证水流流向自上而下。

3）为使水流稳定地流经水表，使其计量准确，表前阀门与水表之间的稳流段长度应大于或等于8~10倍管径。

4）小口径水表在水表与阀门之间应装设活接头，以便于拆卸更换水表；大口径水表前后采用伸缩节相连，或者水表两侧法兰采用双层胶垫，以便于拆卸水表。

5）大口径水表安装时应加旁通管，以便于当水表出现故障时，不影响通水。

（2）室外消火栓安装。

1）安装位置通常选定在交叉路口或醒目地点，距建筑物距离不小于5m，距路边不大于2m，地下式消火栓应在地面上明显标示，并保证栓口处接管方便。

2）消火栓连接管管径应不小于100mm。

3）消火栓安装时，凡埋入土中的法兰接口均涂沥青冷底子油一道，热沥青两道，并用沥青麻布或塑料薄膜包严，以防锈蚀。

4）寒冷地区应考虑防冻措施。

（3）安全阀安装

1）安装方向应使管内水由阀盘底向上流出。

2）安装弹簧式安全阀时，应调节螺母位置，使阀板在规定的工作压力下可以自动开启。

3）安装杠杆式安全阀时，须保持杠杆水平，根据工作压力将重锤的重量与力臂调整好，并用罩盖住，以免重锤移动。

4）安全阀应垂直安装，当发现倾斜时，应予纠正。

5）在管道试运行时，应及时调校安全阀。

6）安全阀的最终调整宜在系统上进行，开启压力和回座压力应符合设计规定，当设计无规定时，其开启压力为工作压力的 1.05～1.15 倍，回座压力应大于工作压力的 0.9 倍。调整时每个安全阀的启闭试验不得少于 3 次。安全阀经调整后，在工作压力下不得有泄漏。

（4）排气阀安装

1）排气阀应设在管线的最高点处，一般管线隆起处均应设排气阀。

2）在长距离输水管线上，每隔 50～100m 应设置一个排气阀。

3）排气阀应垂直安装，不得倾斜。

4）地下管道的排气阀应安装在排气阀门井内，安装处应环境清洁，寒冷地区应采取保温措施。

5）管道施工完毕试运行时，应对排气阀进行调校。

（5）排泥阀安装

1）安装位置应有排除管内污物的场所。

2）安装时应采用与排污水流成切线方向的排泥三通。

3）安装完毕后应及时关闭排泥阀。

（6）泄水阀安装

1）泄水阀应安装在管线最低处，用来放空管道及排除管内污水，一般常与排泥管合用。

2）泄水阀放出的水，可直接排入附近水体；若条件不允许则设湿井，将水排入湿井内，再用水泵抽送到附近水体。

3）安装完毕后应及时关闭泄水阀。

4.2　市政管道维护管理

市政管道工程施工完毕，经过一段时间的使用后，由于设计上的缺陷、工作条件和外界环境的变化、施工中存留的质量隐患、设备和材料的腐蚀老化等原因，会使管道系统的性能减退，丧失管道设施的功能，影响正常使用。因此，在使用过程中要对管道系统进行必要的维护管理，以保证其正常运行。

4.2.1　室外给水管道的维护

1. 常用的检漏方法

室外给水管道的维护与检修的主要内容是管道漏水问题，明设给水管道比较容易查出漏水部位，而埋地给水管道则不易查出。市政埋地给水管道出现明漏时，可根据一些迹象进行判断，如地面有水渗出；管道上部土泥泞或湿润；杂草生长比周围茂盛，冬天雪地有反常的融雪；用户水压突然降低；管道上部地面突然发生沉陷；排水管道内出现清水等。通过对上述现象的详细观察，就能判断出漏水点。市政埋地给水管道出现暗漏时，检查的手段主要是听漏法。

听漏法是通过漏水时产生声响的振动来确定漏水点，一般在夜间进行听漏，以免受其他噪声的干扰。常用的听漏工具有听漏器和电子检漏仪。

（1）听漏器的工作原理。当漏水冲击土壤或漏水从漏孔中喷出使管道本身发生振动时，其振动的频率传至地面，将听漏器放在地面上，通过共振由空气传至操作者耳中，即可听到漏水声，判断漏水点。

（2）电子检漏仪的工作原理。漏水声波由漏口处产生并通过管道向远处传播，同时也通过土壤从不同的方向传播到地面。电子检漏仪是专门探测管道泄漏噪声的仪器，其构造是一个简单的高频放大器，利用拾音器接收传到地面的声波振动信号，再把该振动信号通过放大系统以声音信号传至耳机及仪表中，从而可判断漏水点。

2.常用的堵漏方法

查到漏水点后，可根据漏水原因、管道材质、管道连接方法，确定堵漏方法。常用的堵漏方法可分为承插口漏水的堵漏和管壁小孔漏水的堵漏。

（1）承插口漏水的堵漏方法。先把管内水压降至无压状态，然后将承口内的填料剔除再重新打口。如管内有水，应用快硬、早强的水泥填料（如氯化钙水泥和银粉水泥等）。对水泥接口的管道当承口局部漏水时，可不必把整个承口的水泥全部剔除，只需在漏水处局部修补即可。如青铅接口漏水，可重新打实接口或将部分青铅剔除，再用铅条填口打实。

（2）管壁小孔漏水的堵漏方法。管道由于腐蚀或砂眼造成的漏水，可采用管卡堵漏、丝堵堵漏、铅塞堵漏和焊接堵漏等方法。

管卡堵漏时，如水压较大应停水堵漏，如水压不大可带水堵漏。堵漏时将锥形硬木塞轻轻敲打进孔内堵塞漏水处，紧贴管外皮锯掉木塞外露部分，然后在漏水处垫上厚度为3mm的橡胶板，用管卡将橡胶板卡紧即可。

丝堵堵漏时，以漏水点为中心钻一孔径稍大于漏水孔径的小孔，攻丝后用丝堵拧紧即可。

铅塞堵漏时，先用尖凿把漏水孔凿深，塞进铅块并用手锤轻打，直到不漏水为止。

焊接堵漏时，把管道降至无压状态后，将小孔焊实即可。

4.2.2　排水管道的维护

排水管道的维护的主要内容为管道堵漏和清淤。

排水管道漏水时，可根据漏水量的大小和管道的材质，采用打卡子或混凝土加固等方法进行维修，必要时应更换新管。

排水管道为重力流，发生淤积和堵塞的可能性非常大，常用的清淤方法有：

1.水力清通法

将上游检查井临时封堵，上游管道憋水，下游管道排空，当上游检查井中水位提高到一定程度后突然松堵，借助水头将管道内淤积物冲至下游检查井中。为提高水冲效果，可借助"冲牛"进行水冲，必要时可采用水力冲洗车进行冲洗。

2.竹劈清通法

当水力清通不能奏效时，可采用竹劈清通法。即将竹劈从上游检查井插入，从下游检查井抽出，将管道内淤物带出，如一根竹劈长度不够，可连接多根竹劈。

3.机械清通法

当竹劈清通不能奏效时，可采用机械清通法。即在需清淤管段两端的检查井处支设绞车，用钢丝绳将管道专用清通工具从上游检查井放入，用绞车反复抽拉，使清通工具从下游检查井被抽出，从而将管道内淤物带出。根据管道堵塞程度的不同，可选择不同的清通工具进行清通。常用的清通工具有骨骼形松土器、弹簧刀式清通器、锚式清通器、钢丝刷、铁牛等。

清通后的污泥可用吸泥车等工具吸走，以保证排水管道畅通。我国目前常用的吸泥车主要有羁泥车、真空吸泥车、射流泵式吸泥车等，因排水管道中污泥的含水率相当高，现在一些城市已采用了泥水分离吸泥车。

4.2.3　地下燃气管道的维护

由于燃气是易燃、易爆、易使人中毒的气体，为确保燃气管道及其附件处于安全运行状态，必须对地下燃气管道进行周密的检查和维护。检查和维护的内容如下：

1. 燃气管道的检查

（1）管道安全保护距离内不应有土壤塌陷、滑坡、下沉、人工取土、堆积垃圾或重物、管道裸露、深根植物及建（构）筑物等。

（2）管道沿线不应有燃气异味、水面冒泡、树草枯萎和积雪表面有黄斑等异常现象或燃气泄出声响等。

（3）施工单位应向城镇燃气主管部门申请现场安全监护，不应因其他工程施工而造成燃气管道的损坏、悬空等事故。

（4）不应有燃气管道附件损坏或丢失现象。

（5）应定期向周围单位和住户询问有无异常情况。发现问题，应及时上报并采取有效的处理措施。

2. 燃气管道检查应符合下列规定

（1）泄漏检查可采用仪器检测或地面钻孔检查，可沿管道方向检测或从管道附近的阀门井、检查井或地沟等地下构筑物检测。

（2）对设有电保护装置的管道，应定期做测试检查。

（3）运行中的管道第一次出现腐蚀漏气点后，应对该管道选点检查其腐蚀情况，针对实际情况制定维护方案；管道使用 20 年后，应对其进行评估，确定继续使用年限，制定检测周期，并应加强巡视和泄漏检查。

3. 阀门的运行、维护应符合下列规定

（1）阀门应定期检查，应无泄漏、损坏等现象，阀门井应无积水、塌陷，无影响阀门操作的堆积物等。

（2）阀门应定期进行启闭操作和维护保养（一般半年一次）。

（3）无法启动或关闭不严的阀门，应及时维修或更换。

4. 凝水器的运行、维护应符合下列规定

（1）凝水器应定期排放积水，排放时不得空放燃气；在道路上作业时，应设作业标志。

（2）应定期检查凝水器护盖和排水装置，应无泄漏、腐蚀和堵塞情况，无妨碍排水作业的堆积物。

（3）凝水器排出的污水应收集处理，不得随意排放。

5. 补偿器接口应定期进行严密性检查及补偿量调整

4.2.4　热力管道的维护

市政热力管道工程是城市建设的一项基础工程，保证热力管道良好运行，是涉及到千家万户的供热采暖和工矿企业产品生产的大事情。因此，应采取有效的措施，做好热力管网的维护工作。

1. 热力管道的维护

（1）热力管道的维护。热力管道在运行期间通常不需要维护，只要保证管道的保温层和保护层完好即可，并要防止保温层受潮。

（2）热力管网中压力表的维护。热力管网中安装有压力表时，应经常进行维护并按时校验，保持压力表准确无误。热力管网的压力表一般只在需要测定管内压力时才与管内介质相通，测定完毕后应立即关闭压力表阀门，否则压力表长时间受到管内水、汽压力的作用，会引起弹簧或膜片松弛，使其失去准确性。

压力表也可测定管道内的堵塞情况。如果管段两端的压力表指示的压力相差过大，表明管内可能堵塞。压力表还可反映管网中是否存有空气，如果管网中有空气，压力表的指针会剧烈跳动。

（3）热力管网中阀门的维护。热力管网运行期间应做好阀门的维修工作，使阀门始终处于灵活状态。阀杆应定期进行润滑，填料的填装要松紧适度，密封面来回研磨，阀门外表面应经常清扫，保持清洁。

所有法兰连接部位都应保持严密，不得漏水、漏汽，螺栓、螺母要齐全。管网运行期间最好用加有石墨粉的油脂涂抹螺栓的螺纹，以防止螺纹的腐蚀。

套筒式伸缩器的填料盒漏水时要用扳手用力均匀地拧紧所有螺栓上的螺母，压紧填料。但填料也不宜压得过紧，以免影响内筒的正常移动。

2. 热力管网的检修

（1）管道的检修。热力管网中的管道经过长时间运行后，管道内表面会出现磨损、结垢、腐蚀等现象；管道外表面保护层脱落后会受到空气中氧的侵害；管道对口焊接的焊缝会出现裂纹；螺纹连接的填料会出现老化或变性以致破坏连接的严密性；法兰连接会出现拉紧螺栓的折断和螺栓、螺母的腐蚀；法兰连接中的垫片会出现陈旧变质或被热媒冲刷破坏而造成漏水、漏汽事故；有时，由于管内出现水击或冻结现象，某些管段会开裂破坏。根据损坏方式的不同，常用的检修方法有：

1）磨损或腐蚀的检修。因磨损或腐蚀而使管壁已经减薄或穿孔的管段、管壁某部位已经开裂的管段、截面已被水垢封死的管段，检修中都应切除掉更换新管。新换管道应防腐刷油，并重新做保温层。

管道外壁腐蚀不严重时，应清理干净管外壁的腐蚀物，重新防腐刷油。

2）结垢的检修。因结垢而使管内流通断面缩小但尚未堵死的管道，可用酸洗除垢的办法处理。酸洗时应用泵使酸溶液在管内循环，以缩短酸洗时间，取得更好的除垢效果。酸洗后再用碱溶液进行中和处理，然后用清水对管道进行彻底冲洗。酸洗时必须严格控制酸溶液的浓度，而且一定要加入缓蚀剂。

3）管道连接的检修。管道螺纹连接中已老化变性的填料，法兰连接中已陈旧变质或被热媒冲刷损坏的垫片，均应进行更换。

垫片安装前应先用热水浸透，安装时，两面均应涂抹石墨粉和机油的混合物，或抹干的银色石墨粉，以便拆卸。但不能只抹铅油，否则垫片会粘在法兰密封面上很难拆掉。石棉橡胶垫片应用剪刀做成带柄状，以便安装时调整垫片位置。

法兰连接处损坏的螺栓、螺母要更新，丢失的应配齐。工作温度超过100℃管道上的法兰，其连接螺栓于安装前在螺纹上涂一层石墨粉和机油的混合物，以方便拆卸。

4）裂纹的检修。管道出现裂纹时，应在裂纹两端钻孔，切除该段焊缝至露出管子金属，然后重新进行补焊。如果裂纹缺陷超过维修范围，应将焊口全部切除，然后另加短管重新焊接。

（2）管道保温层的检修。保温层在长期使用中受自然损坏或人为破坏后，应重新做保温层。如果只换个别管段的保温层，其保温材料和保温方式应尽量与原保温层一致。当需要更换大多数管道的保温层或重新更换整个管网的保温层时，应尽量采用最先进的保温材料进行技术更新，禁止再用混凝土、草绳和石棉绳等保温材料。更新后的保温层最好用铝皮或镀锌铁皮作保护层，不得再用水泥抹面作保护层。重新保温时，应先消除管道外壁的锈蚀和其他污物，然后涂刷防锈漆两遍。

如果采用涂抹法保温，只能在加热后的管道表面上涂抹。其方法是先抹 5mm 厚较稀的保温材料，然后再抹较稠的，每层厚约 10～15mm，等前一层干燥后再抹第二层。如管道公称直径超过 150mm，应用铁丝骨架进行加固，并包直径为 0.8～1mm、网孔尺寸为 50mm×50mm×100mm 的镀锌铁丝网。

采用预制瓦保温时，拼缝应错开，缝隙不大于 5mm，并填满水泥砂浆，然后用直径为 1.2mm 的镀锌钢丝捆牢，每块瓦至少捆两道。

检修中要特别注意排除地表水和地下水，防止因水进入地沟和检查井内而破坏地下管道的保温层。

检修保温层时，除管道以外，凡表面温度超过 50℃ 的阀门和法兰等都必须采取保温措施。

（3）管道支承结构的检修。管道支承结构包括支架、吊架、托钩和卡箍等。这些支承结构在长期运行中的主要破坏形式是断裂、松动或脱落。

1）断裂的检修。因本身的机械强度不够，在管道重力和热伸长推力的作用下破坏，或受到人为破坏，都可能引起断裂。

已经断裂的支承结构应拆除换新。拆除时应从建筑结构上连根拆下，不能拆下时应沿建筑结构表面切去。新支承结构必须经过强度核算，为了增加支承结构的强度，可采取添装支架、吊架、托钩或卡箍的办法，以缩小它们的间距。

2）松动或脱落的检修。支承结构松动或脱落的原因，主要是在建筑结构上固定的强度不够，或者受到重力、热伸长推力作用后开始松动，并最终同建筑结构脱离。有时支撑的悬臂太长或斜支撑的斜臂强度不够，在管道重力所产生的弯矩作用下也会出现松动或脱落现象。松动或脱落的支架、吊架、托钩或卡箍应重新栽好并加固，最好是缩小它们的间距。

3）重新安装管道支承结构时的注意事项。

a. 支承结构所用型钢应当牢固地固定在建筑结构上，埋设在墙内者至少应深入墙体 240mm，并应在型钢尾部加挡铁或将尾部向两边扳开，洞内填塞水泥砂浆。

b. 支承结构所用型钢在管道运行时不能产生影响正常运行的变形。

c. 活动支架不应妨碍管道热伸长时所产生的位移。

d. 固定支架上的管道要与支架型钢焊牢或用卡箍卡紧，不让管道与支架产生相对位移。

e. 没有热伸长的管道吊架拉杆应当铅垂安装，有热伸长的管道吊架拉杆应安装成倾斜于位移方向相反的一侧，倾斜的尺寸为该处管道位移的一半。

f. 支架安装好后应防腐刷油。

（4）伸缩器的检修。在设计尺寸正确，加工安装时不留隐患的情况下，方型或其他弯曲型伸缩器在运行中很少出现损坏现象，因而不用年年检修，一般每隔三四年仔细检修一次即可。但套筒式伸缩器则不同，它运行中时时都在移动，容易损坏，所以每年都应定期安排人员进行检修。

套筒式伸缩器的内筒只要温度稍一发生变化就会改变自己的位置。由于受温度变化的影响，内筒在伸缩器外筒中前、后移动，使填料逐渐磨损，最后引起伸缩器漏水漏气。为了消除泄漏并使填料盒中的填料密实，每次都要拉紧填料压盖上的双头螺栓，而到停止运行时，压盖往往已被拉紧到了极点，导致螺栓、螺母的损坏。套筒式伸缩器常规检修的主要任务是：

1）更换填料。更换已经磨损的填料时，先拧掉所有螺栓上的螺母，用专门工具逐一取出旧的填料。但旧填料在伸缩器运行期间早已被压得紧紧的，并且紧贴在外筒上，很不容易取出。为便于取出，最好在拆开填料盒（外筒和内筒的间隙）后往填料中喷洒少许煤油，这样就能比较方便地取出填料。除掉所有旧填料后，把伸缩器外筒上的填料残渣清理干净，然后把浸过油和石墨粉的新填料圈填装到填料盒中。填料圈要逐个填装，每个填料圈的切口应做成斜口，每层填料圈的切口位置要互相错开。每填好两层填料圈就用压盖把填料压一下，以保证填料盒的密封效果。填料装好一段时间后要拉紧压盖，然后取掉压盖再加填料，直到全部装满为止。

2）处理腐蚀。检修中如发现伸缩器内筒已经腐蚀，就应当进行处理。内筒最常见的腐蚀部位是压盖下面的内筒外壁，因为它经常处于潮湿环境中。制作内筒时如果选用的管壁太薄，或加工时去掉的金属太多而导致筒壁减薄，在运行中只要受到腐蚀，就会很快使筒壁穿孔。内筒壁如已经腐蚀穿孔，就应重新加工制作。若虽遭受腐蚀但对强度尚无影响时，则应清除腐蚀物，把内筒外壁清理到露出金属光泽后再刷防锈漆。

3）安装矫正。检修中如发现套筒式伸缩器安装不正，则应检查管路状况。这种现象很可能是安装伸缩器的管段下垂的结果，检查时要注意伸缩器两侧的支架是否出现故障。若是支架故障，就应当修理支架，并对伸缩器的安装进行矫正。

如果由于伸缩器的吸收能力不足而引起破坏，检修中应当核算伸缩器的能力，必要时应添装伸缩器。

4.2.5　通信管线、电力电缆的维护

1. 通信光缆的维护

光缆线路是整个光纤通信网的重要组成部分，加强光缆线路的维护是保障通信联络不中断的重要措施。维护中要贯彻预防为主的原则。值勤维护人员要加强责任感，认真学习新知识，严格遵守各项规章制度，熟练掌握操作维护方法，熟悉线路及设备情况，及时发现和处理各种问题，努力提高值勤维护质量，确保线路通畅。

光缆线路维护工作的基本任务是保持设备的传输质量良好，预防并尽快排除障碍。

光缆线路的维护工作主要包括路面维修、充气维护、防雷、防蚀、防强电等。一般可分为日常维护与技术维护两大类。

日常维护工作由维护站担任，主要内容是定期巡回、特殊巡回、护线宣传、对外配合、清除光缆上易燃易爆等危险物品等。

技术维护由机务站光缆线路维护分队负责，主要内容是光缆线路的光电测试、金属护套对地绝缘测试及光缆障碍的判断测试；光缆线路的防雷、防蚀、防强电设施的维护和测试；防白蚁、鼠类危害的措施制定和实施等。

线路维护工作必须严格按操作程序进行，执行维护工作时，务必注意各项操作规定，防止发生人身伤害和仪表设备损坏事故。

（1）架空光缆的维护。

1）杆路维护。架空光缆杆路的维护质量标准是杆身牢固、杆基稳固、杆身正直、杆号清晰、拉线及地锚强度可靠。一般每年逐杆检修一次。

2）吊线检修。吊线检修包括检修吊线终结，吊线保护装置及吊线锈蚀情况，发现锈蚀应予更换。一般每隔4~5年检查一下吊线长度，若发现明显下垂时，应调整垂度，及时更换损坏的挂钩。

3）光缆的下垂检修。观察外保护层有无异常情况，光缆明显下垂或外保护层发生异常时，应及时处理；检查杆上保护套安装是否牢靠，接头盒和预留箱安装是否牢固，有无锈蚀、损伤等，发现问题应及时处理。光缆外保护套的修复方法一般采用热缩包封或胶粘剂粘补。下垂的修复方法是更换损坏的挂钩。

4）排除外力影响。应经常剪除影响光缆的树枝，清除光缆及吊线上的杂物。检查光缆吊线与电力线，广播线交越处的防护装置是否齐全、有效、符合规定要求；检查光缆与其他建筑物距离是否符合规定要求。

（2）直埋光缆的维护。

1）埋深要求。光缆埋深不得小于标准埋深的2/3，否则应采取必要的保护措施。当光缆路面上新填永久性土方的厚度超过原光缆标准埋深的1m以上时，应将光缆向上提升，并对光缆采取安全可靠的保护措施。

2）地面维护。地面维护应使光缆线路上无杂草丛生；无严重坑洼、挖掘、冲刷、光缆裸露等现象；规定间距内不得栽树，种竹等。

3）标石的设置与维护。光缆路面的标石应位置准确，埋设正直，齐全完整，油漆相同，编号正确，字迹清楚，并符合相关工程设计要求。

（3）管道光缆的维护。管道光缆维护的内容包括：长途干线光缆应有醒目标志；定期检查人孔内光缆托架是否完好；光缆外保护层是否腐蚀，损坏；定期清除人孔内光缆上的污垢；检查人孔内光缆走线是否合理；发现管道或人孔沉陷、损坏、井盖丢失等情况，应配合维护人员及时修复。

（4）水底光缆的维护。水底光缆维护的内容包括：标志牌和指示灯的规格是否符合航道要求；水线区内禁止抛锚、捕鱼、炸鱼、挖沙；岸滩光缆易受洪水冲刷，应经常巡视，发现问题及时处理；光缆与河渠交越时应下落处理；光缆埋深，通航河不小于1.5m，不通航河不小于1.2m；水线端房应保持整洁、安全、禁止无关人员入内。

（5）充气光缆的维护。由于光缆中大多含金属材料，为提高其长期可靠性，应对其进行必要的充气维护。

充气维护应注意：充入光缆的气体可以是空气或氮气，但必须达到一定干燥度（含水量小于1.5g/m。），且不得含灰尘或其他杂质；充气端气压不超过150kPa，平稳后气压值须保持在50~70kPa之间；闭气段气压每天下降超过10kPa时，属于大漏气，必须立即查找原因，并不断充气，直到修复为止。

2. 电力电缆的维护

为保证电力电缆的长期可靠性，应对其进行必要的维护。对于埋地敷设、敷设在隧道以及沿桥梁架设的电缆，至少每三个月应进行一次检查维护。

电力电缆在维修中应注意如下问题：

（1）为防止在电缆线路上面取土损伤电缆，挖掘时必须有电缆专业人员在现场监护，并告知施工人员有关注意事项。

（2）电缆线路发生故障后，必须立即进行修理，以免水分大量侵入，扩大损坏的范围。处理的步骤主要包括故障测寻、故障检查及原因分析、故障修理和修理后的试验等。

（3）防止电缆腐蚀。当电缆线路上的土壤中含有损害铅（铝）包的化学物质时，应将该段电缆装入管道内，并用中性土壤作电缆的垫层及覆土，在电缆上涂抹沥青等；当发现土壤中有腐蚀电缆铅（铝）包的溶液时，应调查附近工厂排出的废水情况，并采取适当的改善措施和防护方法。

（4）当沿电缆走向检查时，应及时补充丢失损坏的标示，更换损坏的盖板，填平凹坑。

复 习 思 考 题

4.1　简述检查井的施工要点。

4.2　简述雨水口的施工要点。

4.3　简述阀门井的施工要点。

4.4　简述支墩的设置要求及施工要点。

4.5　市政管道维护的内容有哪些？应如何维护？

参 考 文 献

[1]　CJJ 1—90 市政道路工程质量检验评定标准［S］. 北京：中国建筑工业出版社，1990.

[2]　CJJ 2—90 市政桥梁工程质量检验评定标准［S］. 北京：中国建筑工业出版社，1990.

[3]　CJJ 03—90 市政排水管渠工程质量检验评定标准［S］北京：中国建筑工业出版社，1990.

[4]　CJJ 44—91 城市道路路基工程施工及验收规范［S］. 北京：中国建筑工业出版社，1991.

[5]　JTJ 041—2000 公路桥涵施工技术规范［S］. 北京：人民交通出版社，2000.

[6]　JTG F40—2004 公路沥青混凝土路面施工技术规范［S］. 北京：人民交通出版社，2004.

[7]　JTG F30—2003 公路水泥混凝土路面施工技术规范［S］. 北京：人民交通出版社，2003.

[8]　JTG B01—2003 公路工程技术标准［S］. 北京：人民交通出版社，2003.

[9]　JTG F80/1—2004 公路工程质量检验评定标准［S］. 北京：人民交通出版社，2004.

[10]　JTG D50—2006 公路沥青路面设计规范［S］. 北京：人民交通出版社，2006.

[11]　文德云. 路基路面施工技术［M］. 北京：人民交通出版社，2006.

[12]　姚笠晨. 市政道路工程［M］. 北京：中国建筑工业出版社，2007.

[13]　李金海. 城市道路工程施工技术［M］. 北京：中国标准出版社，2007.

[14]　杨云芳. 城市道路工程施工监理［M］. 北京：人民交通出版社，2005.

[15]　傅智. 水泥混凝土路面施工技术［M］. 上海：同济大学出版社，2004.

[16]　张登良. 沥青路面工程手册［M］. 北京：人民交通出版社，2003.

[17]　郝培文. 桥涵施工技术［M］. 北京：人民交通出版社，2006.

[18]　魏红一. 桥涵施工及组织管理. 2版［M］. 北京：人民交通出版社，2008.

[19]　王常才. 桥涵施工技术. 2版［M］. 北京：人民交通出版社，2006.

[20]　桂业昆，邱式中编. 桥梁施工专项技术手册［M］. 北京：人民交通出版社，2005.

[21]　李世华. 城市高架桥施工手册［M］. 北京：中国建筑工业出版社，2006.

[22]　干云江，刑鸿燕. 桥梁施工技术［M］. 北京：中国建筑工业出版社，2003.

[23]　白建国，戴安全，吕宏德. 市政管道工程施工［M］. 北京：中国建筑工业出版社，2007.

[24]　张奎. 给水排水管道工程技术［M］. 北京：中国建筑工业出版社，2005.

[25]　龚利红. 施工员一本通［M］. 北京：中国电力出版社，2008.

[26]　交通部第一公路工程公司. 公路施工手册——桥涵（上、下册）. 北京：人民交通出版社，1985.